普通高等教育“十二五”规划教材

电子信息科学与工程类专业规划教材

单片机原理与嵌入式系统设计

——原理、应用、Proteus 仿真、实验设计

张　齐　朱宁西　毕　盛　编著

電子工業出版社
Publishing House of Electronics Industry
北京 · BEIJING

内 容 简 介

本书系统地介绍基于单片机的嵌入式系统的基本原理和应用技术，共10章，主要内容包括单片机与嵌入式系统概述、嵌入式系统基础知识、单片机嵌入式系统的开发环境、80C51系列单片机硬件基础及编程语言、80C51单片机内嵌外设和外部扩展应用、多任务实时操作系统RTX-51及应用实例、教学实验和课程设计等。本书实例丰富，以C51高级语言作为编程教学语言，实用性较强。提供电子课件、大部分程序的源代码和Keil μVision2 IDE调试配合的Proteus单片机仿真电路。

本书可作为高等学校电子、计算机、机械等专业嵌入式系统和单片机等课程的教材，也可作为相关领域应用工程师和业余爱好者的参考书。

图书在版编目（CIP）数据

单片机原理与嵌入式系统设计：原理、应用、Proteus仿真、实验设计/张齐，朱宁西，毕盛编著.
北京：电子工业出版社，2011.8
电子信息科学与工程类专业规划教材
ISBN 978-7-121-14083-9

I. 单… II. ①张…②朱…③毕… III. ①单片微型计算机－高等学校－教材 ②单片微型计算机－系统设计－高等学校－教材 IV. ①TP368.1 ②TP360.21

中国版本图书馆CIP数据核字（2011）第136849号

策划编辑：王羽佳
责任编辑：王羽佳　　　　特约编辑：王 崧
印　　刷：北京虎彩文化传播有限公司
装　　订：北京虎彩文化传播有限公司
出版发行：电子工业出版社
　　　　　北京市海淀区万寿路173信箱　　邮编：100036
开　　本：787×1092　1/16　印张：21.25　字数：602.7千字
版　　次：2011年8月第1版
印　　次：2022年12月第12次印刷
定　　价：39.00元

凡所购买电子工业出版社图书有缺损问题，请向购买书店调换。若书店售缺，请与本社发行部联系，联系及邮购电话：(010)88254888。

质量投诉请发邮件至zlts@phei.com.cn，盗版侵权举报请发邮件至dbqq@phei.com.cn。

服务热线：(010)88258888。

前　言

2003年，国内单片机教学以8位机和16位机为主，80C51单片机是其中的主流机型，尽管当时许多使用80C51单片机开发产品的工程师已开始使用C51高级语言开发软件，但在高校里，许多老师仍然以汇编语言作为教学语言，许多大学生感到单片机的开发抽象且难以理解，从此放弃进入此行业。为了在高校推广单片机高级语言教学，笔者在广泛收集材料的基础上，于2004年在电子工业出版社出版了《单片机应用系统设计技术——基于C语言编程》，前后印刷4次，被不少学校、培训单位选为教材。

2008年秋季学期，因课程调整，遂产生对教材进行修订的想法，第1版教材到2008年已过去4年，国内外单片机系统软硬件开发技术也得到了很大发展，如在我国香港地区乃至国外单片机开发中，非常普遍地应用了Proteus虚拟仿真技术。Proteus提供了一种可视化仿真开发环境，很好地解决了单片机及其外围电路的设计和协同仿真问题，可以在没有实际单片机系统硬件的条件下，利用PC进行虚拟仿真，实现单片机系统的软硬件协同设计。在原理图设计阶段即可对系统性能进行评估，验证所设计的电路是否达到了功能和性能要求，使设计过程变得简单容易。修订教材的想法在电子工业出版社的大力支持下很快变为现实，《单片机应用系统设计技术——基于C51的Proteus仿真（第2版）》于2009年与读者见面，随后又出版了配套的仿真实验教材《单片机原理与应用系统设计——基于C51的Proteus仿真实验与解题指导》。至2011年1月底已重印4次，被国内30多所高校选为教材，得到读者的广泛好评。

笔者长期从事与嵌入式系统有关的科研与教学工作，近年来一直有这样的愿望，即编写一部嵌入式系统课程方面的教材，内容包括嵌入式系统基础、8位单片机原理与应用、32位单片机原理与应用。大量的实践经验表明，只有学习完单片机和C语言，并已经很好地掌握了其中的知识点，才有可能进一步学习ARM、Linux等高级嵌入式课程。我们最终决定将上述内容分为两个不同层次编写：本书为第一层次是基于8位单片机的嵌入式计算机系统，这个层次是面向目前最广泛的中低端应用，带有明显的电子系统设计特点。第二个层次则是基于32位单片机的嵌入式计算机系统，这个层次主要是面向中高端应用，如移动信息设备、网络产品等。从8位AVR或51单片机，到32位ARM、Linux和Windows Embedded等高端嵌入式系统，使读者可以从一个没有任何基础的初学者，循序渐进地成长为可以进行复杂嵌入式系统设计和开发的工程师。教学计划上，建议两个层次安排在不同学期，前者为嵌入式系统的入门教材，作为必修课，后者为嵌入式系统的高级教程，作为高年级选修课或作为研究生课程。

许多公司推出了1T规格的80C51单片机，即1个时钟周期为1个机器周期，与标准的80C51相比，指令执行速度提高了约12倍；同时进一步增强了单片机的SoC功能，如片内集成大容量存储器、A/D转换器、PWM、DataFlash、多种串行通信接口等外设；并直接使用标准的异步串口下载程序。基于这些特性，第一层次的机型仍选用80C51单片机。

全书包含理论知识、教学实验和课程设计，共10章。

第1章阐述嵌入式系统的定义、组成、概念、特点和分类，介绍嵌入式处理器的分类和选择方法、嵌入式操作系统的特点与分类、基于单片机的嵌入式系统、常用的单片机系列。

第2章阐述与计算机有关的数学知识及嵌入式计算机系统中最基本的单元电路。

第3章从实用的角度介绍单片机化产品的研制步骤和软硬件开发环境，着重介绍Keil C51的集成开发环境μVision2 IDE和支持微处理芯片仿真的Proteus VSM软件。

第 4 章阐述 80C51 单片机中的 CPU 结构、存储器结构及 I/O 端口的功能。

第 5 章阐述单片机指令系统和程序设计语言。

第 6 章阐述 80C51 单片机的内嵌外设：中断系统、定时器/计数器、串行口的工作原理与应用编程。

第 7 章阐述 80C51 单片机系统扩展与应用编程。

第 8 章以电梯控制器为设计实例，介绍 80C51 单片机嵌入式系统硬件电路设计和软件编程方法。

第 9 章阐述多任务实时操作系统 RTX-51，并以 Proteus 交通信号灯控制器仿真电路为实例，介绍 RTX-51 TINY 实时操作系统的应用。

第 10 章为教学实验和课程设计内容，共包含 11 个教学实验和 3 个课程设计。

本书大部分程序均配有与此程序相对应的 Proteus 格式的电路原理图，打开原理图文件，单击“运行”按钮可以看到该示例程序的仿真运行情况。Keil μVision2 IDE 调试配合 Proteus 单片机仿真电路，解决了以往单片机课堂教学无法现场演示的问题。

为了方便教师备课和读者学习，本书除提供 PPT 格式的教学课件外，还包括各章的 Proteus 仿真电路、相应的源程序及工程文件，单击 PPT 课件中的 CAI 图标，即可打开相应的仿真电路。

本书由张齐、朱宁西和毕盛编著。在成书过程中，莫锦辉、李蕾、赵峙岳、曾令华、李大新、张英彬、胡佳、劳炽元、李攀登、杨琴波、何俊伟、王京林、甘义成等参与了部分内容的编写、仿真电路设计和程序调试等工作，限于幅面，封面和扉页上无法一一署名。

本书得以顺利出版与电子工业出版社的大力支持和帮助是分不开的，王羽佳编辑对本书的出版做了大量细致的工作。本书部分程序示例来自于互联网，许多网友只是用昵称或符号表示，无法署名，在此一并表示衷心的感谢。

本书配套电子课件和大部分程序的源代码以及 Keil μVision2 IDE 调试配合的 Proteus 单片机仿真电路，请登录华信教育资源网 http://www.hxedu.com.cn/，免费注册后，即可直接下载。或与电子工业出版社的王羽佳编辑联系（wyj@phei.com.cn）。

由于作者水平有限，本书一定还有不完善之处，殷切地期望读者给予批评指正。

作　者

2011 年 7 月

目　录

第1章　单片机与嵌入式系统概述

本章阐述嵌入式系统的定义、组成、概念、特点和分类；介绍嵌入式处理器的分类和选择方法，嵌入式操作系统的特点与分类，基于单片机的嵌入式系统，常用的单片机系列。

1.1　现代计算机的技术发展史

1.1.1　始于微型计算机时代的嵌入式应用

电子数字计算机诞生于1946年，在其后漫长的历史进程中，计算机始终是供养在特殊机房中的、实现数值计算的大型昂贵设备。直到20世纪70年代微处理器的出现，计算机才发生了历史性的变化。以微处理器为核心的微型计算机（简称微型机）以其小型、价廉、高可靠性的特点，迅速走出机房。基于高速数值计算能力的微型机所表现出的智能化水平，引起了控制专业人士的兴趣，要求将微型机嵌入一个对象体系中，实现对象体系的智能化控制。例如，将微型计算机经电气加固、机械加固，并配置各种外围接口电路，安装到大型舰船中构成自动驾驶仪或轮机状态监测系统。这样一来，计算机便失去了原来的形态与通用的计算机功能。为了区别于原有的通用计算机系统，把嵌入到对象体系中、实现对象体系智能化控制的计算机，称为嵌入式计算机系统。因此，嵌入式系统诞生于微型计算机时代，嵌入式系统的嵌入性本质，是将一个计算机嵌入到一个对象体系中去，这些是理解嵌入式系统的基本出发点。

1.1.2　现代计算机技术的两大分支

由于嵌入式计算机系统要嵌入到对象体系中，实现的是对象的智能化控制，因此，它有着与通用计算机系统完全不同的技术要求与技术发展方向。**通用计算机系统**的技术要求是**高速、海量的数值计算**，技术发展方向是总线速度的无限提升，存储容量的无限扩大。而**嵌入式计算机系统**的技术要求则是**对象的智能化控制能力**，技术发展方向是与对象系统密切相关的**嵌入性能、控制能力与控制的可靠性**。

早期，人们勉为其难地将通用计算机系统进行改装，在大型设备中实现嵌入式应用。然而，由于众多的对象系统（如家用电器、仪器仪表、工控单元等）的物理环境（小型）和电气环境（可靠）的局限性，无法嵌入通用计算机系统，况且嵌入式系统与通用计算机系统的技术发展方向完全不同，因此，必须独立地发展通用计算机系统与嵌入式计算机系统，这就形成了现代计算机技术发展的两大分支。

如果说微型机的出现使计算机进入现代计算机发展阶段，那么嵌入式计算机系统的诞生，则标志了计算机进入了通用计算机系统与嵌入式计算机系统两大分支并行发展的时代，从而导致20世纪末计算机的高速发展时期。

1.1.3　两大分支发展的里程碑事件

通用计算机系统与嵌入式计算机系统的专业化分工发展，导致20世纪末、21世纪初计算机技术的飞速发展。计算机专业领域集中精力发展通用计算机系统的软硬件技术，不必兼顾嵌入式应用要求，通用微处理器迅速从286、386、486发展到奔腾系列；操作系统则迅速从单用户、单任务、字符界面操作系统（如 PC-DOS）发展到多用户、多任务、图形界面的视窗操作系统（如 Windows 2000、Windows XP），使通用计算机系统进入尽善尽美阶段。

嵌入式计算机系统则走上了一条完全不同的道路，这条独立发展的道路就是单芯片化道路。它动员了原有的传统电子系统领域的厂家与专业人士，接过起源于计算机领域的嵌入式系统，承担起发展与普及嵌入式系统的历史任务，迅速地将传统的电子系统发展到智能化的现代电子系统时代。

因此，现代计算机技术发展的两大分支的里程碑意义在于：它不仅形成了计算机发展的专业化分工，而且将发展计算机技术的任务扩展到了传统的电子系统领域，使计算机成为进入人类社会全面智能化时代的有力工具。

1.2　嵌入式系统的定义与特点

1.2.1　嵌入式系统的定义

按照历史性、本质性、普遍性要求，嵌入式系统应定义为："嵌入到对象体系中的专用计算机系统"。**嵌入性**、**专用性**与**计算机系统**是嵌入式系统的 3 个基本要素。对象系统则是指嵌入式系统所嵌入的宿主系统。

IEEE（美国电气和电子工程师协会）的定义是：嵌入式系统是"控制、监视或者辅助装置、机器和设备运行的装置"（devices used to control，monitor，or assist the operation of equipment，machinery or plants）。从中可以看出嵌入式系统是软件和硬件的综合体，还可以涵盖机械等附属装置。

而目前在国内最常见、最通用的一个定义是：**嵌入式系统是以应用为中心，以计算机技术为基础，并且软硬件可裁剪，适用于应用系统对功能、可靠性、成本、体积、功耗有严格要求的专用计算机系统**。这个定义是从技术角度来进行定义的，更加全面。它不仅指明了嵌入式系统是一种专用计算机系统（非 PC 的智能计算机系统），而且还说明了嵌入式系统的几个基本要素。嵌入式系统中的"嵌入"一词，即指其软硬件可裁剪性，也表示该系统通常是更大系统中的一个完整的部分。嵌入的系统中可以共存多个嵌入式系统。

另外，在理解**嵌入式系统**的定义时，不要与**嵌入式设备**相混淆。嵌入式设备是指内部有嵌入式系统的产品、设备和装置等，是指嵌入式系统所嵌入的宿主系统。例如，内含单片机系统的家用电器、仪器仪表、工控单元、机器人、手机、PDA、MP3/MP4、PLC 等。

1.2.2　嵌入式系统组成

嵌入式系统是专用计算机应用系统，它具有一般计算机组成的共性，也是由硬件和软件组成的。图1.1 完整地描述了嵌入式系统的软硬件各部分的组成结构。输入系统获取外界信息，传输给嵌入式处理器进行处理，处理后发出指令，输出系统接收到指令后进行动作。输入系统和输出系统可以很简单，如温控系统在感知温度变化后需要使用继电器动作；也可能很复杂，如机器人的手臂，输入系统有几十个传感器，输出系统则有近十个伺服电机，可以执行复杂的动作。

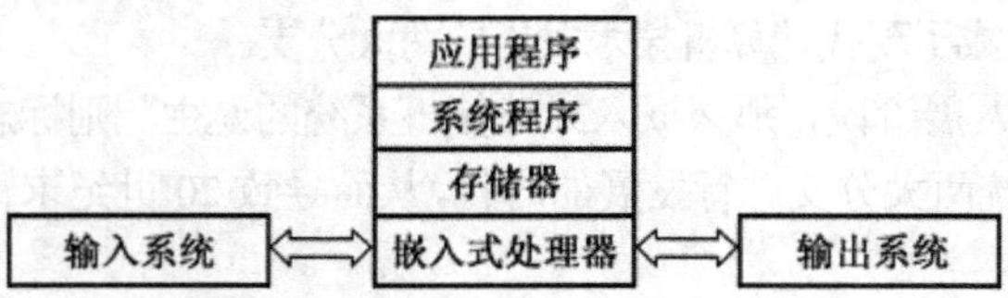

图 1.1　嵌入式系统组成

嵌入式系统硬件的组成可以简单地分为嵌入式处理器、存储器和输入/输出系统。实际上，由于超大规模集成电路的迅速发展，很多单片的嵌入式处理器中都含有丰富的资源。目前，一片嵌入式处理器加上电源电路、时钟电路和存储器电路，就构成了一个嵌入式核心控制模块。软件中的系统程序和应用程序都可以存放在存储器中。

1.2.3　嵌入式系统中的有关概念

1．嵌入式处理器

嵌入式处理器是嵌入式系统的核心部件，是控制、辅助系统运行的硬件单元，其范围极其广阔，从最初的 4 位处理器，目前仍在大规模应用的 8 位处理器，到最新的受到广泛青睐的 32 位、64 位嵌入式处理器。

2．实时操作系统

实时操作系统（Real Time Operating System，RTOS）是嵌入式系统中最主要的组成部分。根据操作系统的工作特性，实时是指物理进程的真实时间。实时操作系统具有实时性，是能从硬件方面支持实时控制系统工作的操作系统。其中实时性是第一要求，需要调度一切可利用的资源完成实时控制任务，其次才着眼于提高计算机系统的使用效率，重要特点是要满足对时间的限制和要求。

3．分时操作系统

对于分时操作系统，软件的执行在时间上的要求并不严格，时间上的错误一般不会造成灾难性的后果。目前分时系统的强项在于多任务的管理，而实时操作系统的重要特点是具有系统的可确定性，即系统能对运行情况的最好和最坏等情况做出精确的估计。

4．多任务操作系统

系统支持多任务管理和任务间的同步和通信，传统的单片机系统和 DOS 系统等对多任务支持的功能很弱，而目前的 Windows 是典型的多任务操作系统。在嵌入式应用领域中，多任务是一个普遍的要求。

5．实时操作系统中的重要概念

系统响应时间（System response time）：系统发出处理要求到系统给出应答信号的时间。

任务换道时间（Context-switching time）：任务之间切换所使用的时间。

中断延迟（Interrupt latency）：计算机接收到中断信号到操作系统做出响应，并转入中断服务程序的时间。

6．实时操作系统的工作状态

实时操作系统中的任务有 4 种状态：运行（Executing）、就绪（Ready）、挂起（Suspended）、休眠（Dormant）。

运行：获得 CPU 控制权。

就绪：进入任务等待队列，通过调度转为运行状态。

挂起：任务发生阻塞，移出任务等待队列，等待系统实时事件的发生而唤醒，从而转为就绪或运行。

休眠：任务完成或错误等原因被清除的任务，也可以认为是系统中不存在的任务。

任何时刻系统中只能有一个任务处于运行状态，各任务按级别通过时间片分别获得对 CPU 的访问权。

1.2.4　嵌入式系统的特点

嵌入式系统包括嵌入式硬件系统与嵌入式软件系统，是软硬件两者的综合体。

嵌入式系统的特点与定义不同，它是由定义中的 3 个基本要素衍生出来的。不同的嵌入式系统其特点会有所差异。

与“嵌入性”相关的特点：由于是嵌入到对象系统中的，因此必须满足对象系统的环境要求，如物理环境（小型）、电气环境（可靠）、成本（价廉）等要求。

与“专用性”相关的特点：软硬件的裁剪性；满足对象要求的最小软硬件配置等。

与“计算机系统”相关的特点：嵌入式系统必须是能满足对象系统控制要求的计算机系统。与上面两个特点相呼应，这样的计算机必须配置有与对象系统相适应的接口电路。

嵌入式系统是嵌入式硬件与嵌入式软件两者的综合体，其主要特点具体描述如下。

1. 嵌入式系统通常极其关注成本

嵌入式系统必须能根据特定应用的需求对软硬件进行裁剪，以满足应用系统对功能、可靠性、成本、体积等的要求。

在大多数情况下，需要注意的成本是系统成本。处理器成本固然是一个因素，但是如果采用高度集成的微控制器（Microcontroller Unit，MCU），而不是微处理器（Microprocessing Unit，MPU）和独立外设器件的组合，就能减小印制电路板的面积，减少所使用器件的个数，降低对电源输出功率的要求，这些都可降低器件的总成本、生产管理和装配成本、产品调试成本。同时也可提高产品的可靠性，降低产品的维护成本。

2. 嵌入式系统通常对实时性有要求

嵌入式系统一般对程序执行时间的要求都较高，故称之为实时系统。实时系统一般分为两类：软实时系统和硬实时系统。硬实时系统要求相关任务（时间关键性的任务）必须在某个时间间隔内完成，一旦响应时间不能满足，就可能会引起系统崩溃或致命的错误；而软实时系统的任务为时间敏感性任务，若响应时间不能满足，一般不会引起非常严重的后果。

3. 嵌入式系统一般采用 EOS 或 RTOS

为使程序能满足系统功能的要求，在必须保证程序逻辑正确性的同时，响应时间也必须达到系统的要求。对于功能较为复杂的嵌入式系统而言，控制响应时间是程序设计的关键。而这对程序员来说，往往很难驾驭或实现起来相当困难。因此，此类系统一般采用嵌入式操作系统（Embedded Operation System，EOS）来管理系统的硬件资源和时间资源。对于实时系统，应采用具有实时特性的嵌入式操作系统——实时操作系统（Real Time Operation System，RTOS）。另外，使用操作系统也可缩短产品的开发周期。

对于功能较简单的小型电子装置，可以不采用操作系统，而由应用软件来直接管理系统的硬件资源和时间资源。

4. 嵌入式系统软件故障造成的后果较通用计算机更为严重

嵌入式系统必须尽量减少软件的瞬时故障（软故障），嵌入式系统一般都采用一些保障机制，例如看门狗定时器（Watch Dog Timer，WDT），来提高系统的可靠性。

5. 嵌入式系统多为低功耗系统

许多嵌入式系统没有充足的电能供应（如采用电池供电），而且功耗越小，散热越容易、系统温升越低，系统的稳定性和可靠性越高。

6. 嵌入式系统经常在极端恶劣的环境下运行

极端恶劣的环境一般意味着严酷的温度与很高的湿度，特殊场合下使用的嵌入式系统必须还要考虑防震、防尘、防水、防电磁干扰等问题。集成电路芯片分为商业级、工业级和军品级，嵌入式系统一般应选工业级或军品级嵌入式处理器和外围电路。

7. 嵌入式系统的系统资源与通用计算机相比是非常少的

嵌入式系统一般没有系统软件和应用软件的明显区分，不要求其功能设计及实现上过于复杂。这样一方面利于控制系统成本，另一方面也利于实现系统安全。

嵌入式系统的个性化很强，其中的软件系统和硬件的结合非常紧密，一般要针对硬件进行操作系统的移植，即使在同一品牌、同一系列的产品中，也需要根据系统硬件的变化和增减不断进行修改。

针对不同的任务，往往需要对系统进行较大的更改，程序的编译、下载要和系统相结合，这种修改和通用软件的“升级”是完全不同的概念。

8．嵌入式系统通常在 ROM 中存放所有程序的目标代码

几乎所有的计算机系统都要在 ROM 中存放部分代码（如 PC 中的 BIOS 是存放在 FLASH ROM 中的），而多数嵌入式系统必须把所有的代码都存放在 ROM 中。这意味着对存放在 ROM 中的代码长度有极严格的限制。除此之外，由于 ROM 的读取速度比 RAM 的要低，有时为提高系统性能，将程序从 ROM 移至 RAM 运行。在设计系统硬件和软件时应考虑此问题。

9．嵌入式系统可采用多种类型的处理器和处理器体系结构

系统所采用的处理器确定了系统的体系结构（包括系统硬件的组成和指令系统），可选择的处理器有微处理器、微控制器、数字信号处理器（Digital Signal Processor，DSP）等，还可选择片上系统（System on Chip，SoC）。

10．嵌入式系统需要专用开发工具和方法进行设计

嵌入式系统的开发工具通常由软件和硬件组成。软件包括交叉编译器、模拟器、调试器、集成开发环境（Integrated Development Environment，IDE）等；硬件包括 ROM 仿真器、在线仿真器（In-Circuit Emulator，ICE）、在线调试器（In-Circuit Debugger，ICD）、片上调试器（On-Chip Debugger，OCD）等。

11．嵌入式处理器包含专用调试电路

当今，嵌入式处理器较过去的嵌入式处理器，其最大区别是在处理器中包含有专用调试电路，具有片上调试电路的嵌入式处理器很好地解决了嵌入式系统的调试问题。

1.2.5 嵌入式系统的种类与发展

按照上述嵌入式系统的定义，只要满足定义中三要素（**嵌入性、专用性与计算机系统**）的计算机系统，都可称为嵌入式系统。

嵌入式系统的种类**按形态**可分为**设备级**（工控机）、**板级**（单板、模块）、**芯片级**（MCU、SoC）。

嵌入式系统的种类**按应用**可分为工业应用和消费电子。

需要注意的是，嵌入式处理器不是嵌入式系统，嵌入式处理器只是嵌入式硬件系统中的 CPU 芯片，类似于 PC 主板上的 CPU。只有在将嵌入式处理器和外围硬件接口电路构成一个嵌入式硬件系统，并写入软件作为嵌入式应用时，这样的计算机系统才可称为嵌入式系统。

嵌入式系统与对象系统密切相关，其主要技术发展方向是满足嵌入式应用要求，不断扩展对象系统要求的外围电路（如 ADC、DAC、PWM、日历时钟、电源监测、程序运行监测电路等），形成满足对象系统要求的应用系统。因此，嵌入式系统作为一个专用计算机系统，要不断向计算机应用系统发展。因此，可以把嵌入式系统定义中的专用计算机系统引伸到满足对象系统要求的计算机应用系统。

1.3 嵌入式处理器

1.3.1 嵌入式处理器简介

1．嵌入式硬件系统

像通用计算机系统的组成一样，嵌入式系统由嵌入式硬件系统和嵌入式软件系统组成。嵌入式硬件系统，是以嵌入式处理器为中心，由存储器、I/O 设备以及电源等必要的辅助接口组成的，如图 1.2 所示。嵌入式系统是量身定做的专用计算机应用系统，在实际应用中的嵌入式系统硬件配置非常精简，除了嵌入式处理器和基本的外围电路以外，其余的电路都可根据需要和成本进行裁剪、定制，非常经济、可靠。

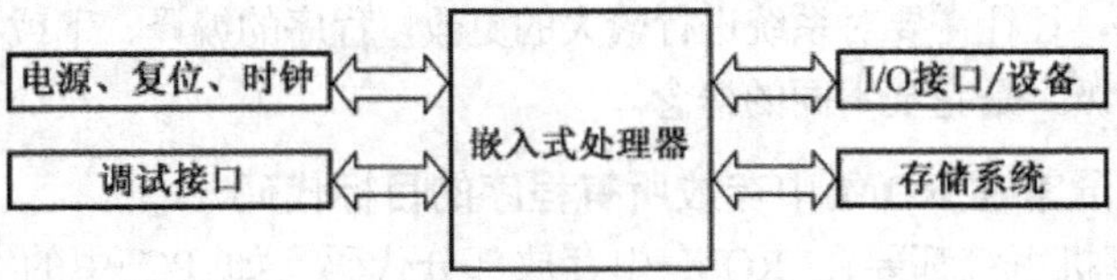

图 1.2 嵌入式硬件系统

嵌入式硬件系统的核心是嵌入式处理器，有时为了提高系统的信息处理能力，常外接 DSP 和 DSP 协处理器，以完成高性能信号处理。

随着计算机技术、微电子技术、应用技术的不断发展，以及纳米芯片加工工艺技术的发展，很多单片的嵌入式处理器中都含有电源控制电路、复位电路、时钟电路、I/O 接口和存储器电路等资源。这种以微处理器为核心的、集成多种功能的单芯片级的 MCU，已成为嵌入式系统的核心。有的 MCU 甚至集成了大量的外围 USB、UART、以太网、AD/DA、IIS 等功能模块。在嵌入式系统设计中，要尽可能地选择满足系统功能接口的 MCU 芯片。

2. 嵌入式处理器简介

嵌入式处理器是指应用在嵌入式计算机系统中的处理器，嵌入式处理器是嵌入式系统的核心，是控制、辅助系统运行的硬件单元。其范围极其广阔，从最初的 4 位处理器，目前仍在大规模应用的 8 位单片机，到最新的受到广泛青睐的 32 位、64 位嵌入式 CPU。

鉴于嵌入式系统广阔的发展前景，很多半导体制造商都大规模生产嵌入式处理器，并且公司自主设计处理器也已经成为未来嵌入式领域的一大发展趋势，其中从单片机、DSP 到 FPGA 有着各式各样的品种，速度越来越快，性能越来越强，价格也越来越低。目前嵌入式处理器的寻址空间可以从 64 KB 到 4 GB，处理速度最快可以达到 2000 MIPS，封装从 8 个引脚到 200 个引脚不等。

嵌入式系统硬件层的核心是嵌入式处理器，嵌入式处理器与通用 CPU 最大的不同，在于嵌入式处理器大多工作在为特定用户群所专门设计的系统中，它将通用 CPU 中许多由板卡完成的任务集成在芯片内部，从而有利于嵌入式系统在设计时趋于小型化，同时还具有很高的效率和可靠性。

嵌入式处理器的体系结构可以采用冯·诺依曼体系结构或哈佛体系结构；指令系统可以选用精简指令系统（Reduced Instruction Set Computer，RISC）和复杂指令系统（Complex Instruction Set Computer，CISC）。RISC 计算机在通道中只包含最有用的指令，确保数据通道快速执行每一条指令，从而提高了执行效率，并使 CPU 硬件结构设计变得更为简单。

嵌入式处理器有各种不同的体系，即使在同一体系中，也可能具有不同的时钟频率和数据总线宽度，或集成了不同的外设和接口。据不完全统计，目前全世界嵌入式处理器已经超过 1000 多种，体系结构有 30 多个系列，其中主流的体系有 80C51、AVR、ARM、MIPS、PowerPC、X86 和 SH 等。但与全球 PC 市场不同的是，没有一种嵌入式处理器可以主导市场，仅以 32 位的产品而言，就有 100 多种嵌入式处理器。嵌入式处理器的选择是根据具体的应用来决定的。

1.3.2 嵌入式处理器的分类

嵌入式处理器按**字长宽度**可分为 4 位、8 位、16 位、32 位和 64 位。国内一般把 16 位及以下的嵌入式处理器称为单片机或微控制器（MicroController Unit），而把 32 位及以上的嵌入式处理器称为微处理器。但按字长宽度划分微控制器和微处理器的界限并非绝对，许多内含 ARM 核的 32 位处理器芯片在其厂家数据手册中也称为微控制器。

如果按系统集成度划分，则可以分为两类：一种是微处理器内部仅包含单纯的中央处理器单元，称为一般用途型微处理器，另一种则是将CPU、RAM、ROM及I/O等部件集成在同一个芯片上，称为单片机或单芯片微控制器。

通常我们根据用途来分类，如下所述。

1．嵌入式微处理器MPU（Microprocessor Unit）

嵌入式微处理器是由通用计算机中的CPU演变而来的。它的特征是具有32位以上的处理器，具有较高的性能，当然其价格也相应较高。但与通用计算机处理器不同的是，在实际嵌入式应用中，只保留和嵌入式应用紧密相关的功能硬件，去除其他的冗余功能部分，这样就以最低的功耗和资源实现嵌入式应用的特殊要求。和工业控制计算机相比，嵌入式微处理器具有体积小、质量轻、成本低、可靠性高的优点。目前主要的嵌入式处理器类型有Am186/88、386EX、SC-400、PowerPC、68000、MIPS、ARM系列等。

其中Am186/88、386EX是由通用计算机中的CPU演变而来的；PowerPC、68000、MIPS处理器最初用于桌面计算机，目前则大量用于嵌入式计算机系统；而ARM则是专为嵌入式应用需要而开发的微处理器。

2．嵌入式微控制器MCU（Microcontroller Unit）

嵌入式微控制器的典型代表是8位单片机。从20世纪70年代末单片机出现到今天，虽然已经经过了30多年的历史，但这种8位单片机目前在嵌入式设备中仍然有着极其广泛的应用。单片机芯片内部集成ROM/RAM、总线、总线逻辑、定时/计数器、看门狗、I/O、串行口、脉宽调制输出、A/D、D/A、E^2PROM等各种必要的功能和外设。和嵌入式微处理器相比，微控制器的最大特点是单片化，体积大大减小，从而使功耗和成本下降，可靠性提高。**微控制器是目前嵌入式系统工业的主流。**微控制器的片上外设资源一般比较丰富，适合于控制，因此称为微控制器。

由于MCU低廉的价格，优良的功能，所以拥有的品种和数量最多，比较有代表性的包括80C51、68K、PIC、AVR、ARM7系列各类微处理器，并且有支持I^2C、SPI、CAN-BUS、LCD、USB及众多专用MCU的兼容系列。目前MCU占嵌入式系统约70%的市场份额。

3．嵌入式数字信号处理器DSP（Digital Signal Processor）

DSP处理器是专门用于信号处理方面的处理器，其在系统结构和指令算法方面进行了特殊设计，具有很高的编译效率和指令的执行速度。在数字滤波、FFT、谱分析等各种仪器上，DSP获得了大规模的应用。

DSP的理论算法在20世纪70年代就已经出现，但是由于专门的DSP处理器还未出现，所以这种理论算法只能通过MPU实现。MPU较低的处理速度无法满足DSP的算法要求，其应用领域仅仅局限于一些尖端的高科技领域。随着大规模集成电路技术发展，1982年世界上诞生了首枚DSP芯片。其运算速度比MPU快了几十倍，在语音合成和编码解码器中得到了广泛应用。至20世纪80年代中期，随着CMOS技术的进步与发展，第二代基于CMOS工艺的DSP芯片应运而生，其存储容量和运算速度都得到成倍提高，成为语音处理、图像硬件处理技术的基础。到20世纪80年代后期，DSP的运算速度进一步提高，应用领域也从上述范围扩大到了通信和计算机方面。20世纪90年代后，DSP发展到了第五代产品，集成度更高，使用范围也更加广阔。

4．嵌入式片上系统SoC（System on Chip）

SoC是在单芯片上集成数字信号处理器、微控制器、存储器、数据转换器、接口电路等电路功能模块，可以直接实现信号采集、转换、存储、处理等功能，其中IP核（Intellectual Property core，知识产权核）是SoC设计的基础。

IP 核是指具有知识产权的、功能具体的、接口规范的、可在多个集成电路设计中重复使用的功能模块，是实现系统级芯片（SoC）的基本构件。在十大 IP 供应商排行中，ARM、Rambus 和 MIPS 居前 3 位。

SoC 追求产品系统最大包容的集成器件，是目前嵌入式应用领域的热门话题之一。SoC 最大的特点是成功实现了软/硬件的无缝结合，在一个硅片内部运用硬件描述语言 HDL（VHDL、Verilog HDL 等）实现一个复杂的系统。用户不需要再像传统的系统设计一样，绘制庞大复杂的电路板，一点一点地连接焊制，只需要使用精确的语言，综合时序设计直接在器件库中调用各种通用处理器的 IP 核，然后通过仿真之后就可以直接交付芯片厂商进行生产。由于绝大部分系统构件都在系统内部，因而整个系统特别简洁，不仅减小了系统的体积和功耗，而且提高了系统的可靠性，提高了设计生产效率。

1.3.3　几种嵌入式处理器之关系

微处理器（MPU）通常代表一个功能强大的 CPU，但不是为任何已有的特定计算目的而设计的芯片。这种芯片往往是个人计算机和高端工作站的核心 CPU。最常见的微处理器是 Motorola 的 68 K 系列和 Intel 的 X86 系列。早期的微控制器是将一个计算机集成到一个芯片中，实现嵌入式应用，故称为单片机（Single-Chip Microcomputer, SCM）。随后，为了更好地满足控制领域的嵌入式应用，单片机中不断扩展一些满足控制要求的电路单元。目前，单片机已广泛称为微控制器（MCU）。换一个说法，就是 MCU 集成了片上外围器件，MPU 不带外围器件，是高度集成的通用结构的处理器，是去除了集成外设的 MCU。

也有由微处理器发展的微控制器，例如，Intel 的 386EX 就是很成功的 80386 微处理器的微控制器版本。它与嵌入式应用的微处理器一样，也称为嵌入式微处理器。数字信号处理器（DSP）里的 CPU 是专门设计用来极快地进行离散时间信号处理计算的，比如那些需要进行音频和视频通信的场合。DSP 内含乘加器，能比其他处理器更快地进行这类运算。

在当今嵌入式技术领域，微处理器（MPU）和微控制器（MCU）形成了各具特色的两个分支。与微处理器（MPU）以运算性能和速度为特征的飞速发展不同，微控制器（MCU）则是以其控制功能的不断完善为发展标志的。它们互相区别，但又互相融合、互相促进。

值得注意的是，在嵌入式系统领域中的微处理器和微控制器的划分界限并非十分严格，MPU 内部也集成了具有控制功能的大量片上外围器件，同样 MCU 也不只局限于 8 位与 16 位的单片机，32 位和 64 位的高性能的单片机也不断推出。

1.3.4　如何选择嵌入式处理器

与全球 PC 市场不同，没有一种嵌入式微处理器可以主导嵌入式系统。那么在设计手持电话、传真机、机器人、打印机和网络路由器等应用产品时，应如何选择嵌入式微处理器呢？仅有一种答案，那就是选择是多样化的。因为嵌入式系统设计的差异性极大，这就是有众多嵌入式微处理器存在的原因。

嵌入式系统通常是为专门执行某项任务而设计和开发的，其功能范围狭窄。设计时需要进行高度优化，必须为这些设计选择适合的处理器。合理选择恰当的处理器是个复杂的工作，在某种情况下，性能极为重要，而在另一种情况下，低功耗又成为最关键的因素。另外，一些设计者会考虑支持软件、代码的大小以及多种渠道的资源和过去的经验。选择处理器的一般原则如下。

1. 低成本和供货

对成本要求严格的项目一般选择畅销的、高度集成的部件。应选择能保证在足够长的时间段内持续不断地供应处理器产品并能提供工业级、军品级处理器的一家厂商。

2. 低功耗

对于有功耗限制的嵌入式系统，必须限制使用过多的外扩器件（如 RAM、ROM、I/O 接口等）。应考虑选择低功耗、高集成度的处理器，如果处理器的时钟频率可程控，能进一步降低功耗。

从软件设计的观点来看，如果功耗成为压倒性的系统约束，那么会影响软件开发工具的选择，有可能要求用汇编语言来编写软件，以提高软件的运行效率。

3．恰当的处理能力

处理器必须能在规定的时间内完成所有任务，不同的嵌入式系统对处理器的性能要求也不尽相同，从能处理单一的数字信号、处理数字/模拟信号到 DSP 应用等。

4．支持合适的嵌入式操作系统

微处理器的选择还依赖于是否有合适的嵌入式操作系统支持。对于 8 位和 16 位微处理器，可以配置对资源要求不高的较小内核尺寸的嵌入式操作系统；对于 32 位微处理器，应该支持商业嵌入式操作系统。在商业嵌入式操作系统中调试实时软件时，一般需要使用与所采用的嵌入式操作系统兼容的开发工具，最好采用嵌入式操作系统开发商提供的集成解决方案。

5．与原有产品的兼容

随着电子技术和计算机技术的发展，在同一系列的处理器中，性能较低的处理器会被性能较高的取代。新推出的处理器将会继续保持与旧代码、旧系统体系结构的兼容性。

在选择处理器时，主要决定因素不仅是要最高的性价比，而且要求可利用已有的软件、开发工具及在此系列上积累的丰富经验。

Intel 公司的 X86 系统是最好的例子。今天最高性能的奔腾处理器仍能执行在古老的 IBM PC 上使用的 8086 处理器的目标代码。

6．编程语言的限制

编程语言的选择是非常重要的，但有时开发人员却别无选择，有些工业部门对特定编程语言有着强烈的偏好。

如果项目要求在原有程序的基础上进行再开发，要么继续使用原先的编程语言，要么使用支持与原有编程语言混合编程的编译器和连接器。

7．上市时间

开发工程师一般会低估上市时间的重要性，认为只要设计性能出众、特性丰富，产品就会在市场上大获成功。事实上，上市时间是产品成败非常关键的因素。如果所选择的处理器致使上市时间延期，那么就是处理器选择失败。

对于嵌入式系统的设计者，更多更好的嵌入式微处理器/微控制器将不断出现。综合考虑系统的性能、功耗、价格、供货保证、开发工具的配备以及工程师过去对这种处理器的经验和软件的支持等因素，决定用户使用哪一种处理器。嵌入式处理器的选择不是一成不变的，伴随着技术的发展，速度快、价格低、功能强的嵌入式处理器不断涌现，给用户提供了更多的选择。**够用、成本和供货**是选择嵌入式处理器的 3 个主要考虑的因素。

1.4　嵌入式操作系统

1.4.1　嵌入式操作系统特点

嵌入式操作系统（Embedded Operation System，EOS）是一种用途广泛的系统软件，过去它主要应用于工业控制和国防系统领域。EOS 负责嵌入式系统的全部软硬件资源的分配、任务调度，控制、协调并发活动。它必须体现其所在系统的特征，能够通过装卸某些模块来达到系统所要求的功能。目前，已推出一些应用比较成功的 EOS 产品系列。随着 Internet 技术的发展、信息家电的普及应用，以及 EOS 的微型化和专业化，EOS 开始从单一的弱功能向高专业化的强功能方向发展。嵌入式操作系统在系统实时高效性、硬件的相关依赖性、软件固化以及应用的专用性等方面具有较为突出的特点。EOS 是相对于一般操作系统而言的，它除具有了一般操作系统最基本的功能，如**任务调度、同步机制、中断处理、文件处理**等外，还有具有以下特点。

① 可装卸性：开放性、可伸缩性的体系结构。

② 强实时性：EOS 实时性一般较强，可用于各种设备控制当中。

③ 统一的接口：提供各种设备驱动接入。

④ 操作方便、简单、提供友好的图形界面（GUI），追求易学易用。

⑤ 提供强大的网络功能：支持 TCP/IP 协议及其他协议，提供 TCP/UDP/IP/PPP 协议支持及统一的 MAC 访问层接口，为各种移动计算设备预留接口。

⑥ 强稳定性，弱交互性：嵌入式系统一旦开始运行，就不需要用户过多的干预，这就要求负责系统管理的 EOS 具有较强的稳定性。嵌入式操作系统的用户接口一般不提供操作命令，它通过系统调用命令向用户程序提供服务。

⑦ 固化代码：在嵌入系统中，嵌入式操作系统和应用软件被固化在嵌入式系统计算机的 ROM 中。

⑧ 更好的硬件适应性：也就是良好的移植性。

1.4.2　嵌入式操作系统分类

目前的嵌入式操作系统一般可以分为两类：一类是面向控制、通信等领域的**实时操作系统**，如 μC/OS-II、VxWorks、Nucleus、QNX、pSOS 等；另一类是面向消费电子产品的**非实时操作系统**，如 WinCE、Linux 等。

1.4.3　使用嵌入式操作系统的优缺点

在嵌入式操作系统环境下开发应用程序，可以使程序的设计和扩展变得容易，不需要大的改动就可以增加新的功能。通过将应用程序分割成若干独立的任务模块，可以使应用程序的设计过程大为简化；而且对实时性要求苛刻的事件都得到了快速、可靠的处理。通过有效的系统服务，嵌入式实时操作系统使得系统资源得到更好的利用。

但使用嵌入式操作系统需要占用嵌入式处理器的硬件资源和部分内存，另外还需支付操作系统内核费用。因此，是否在嵌入式系统中使用嵌入式操作系统，应视所开发的项目而定，对于一些简单的、低成本的项目来说，就没有必要使用嵌入式操作系统。

1.5　基于单片机的嵌入式系统

1.5.1　单片机开创了嵌入式系统独立发展道路

嵌入式系统虽然起源于微型计算机时代，然而，微型计算机的体积、价位、可靠性都无法满足广大对象系统的嵌入式应用要求，因此，嵌入式系统必须走独立发展道路。这条道路就是芯片化道路。将计算机做在一个芯片上，从而开创了嵌入式系统独立发展的单片机时代。

在探索单片机的发展道路时，有过两种模式，即“Σ模式”与“创新模式”。“Σ模式”本质上是通用计算机直接芯片化的模式，它将通用计算机系统中的基本单元进行裁剪后，集成在一个芯片上，构成单片微型计算机；“创新模式”则完全按嵌入式应用要求设计全新的、满足嵌入式应用要求的体系结构、微处理器、指令系统、总线方式、管理模式等。Intel 公司的 MCS-48、MCS-51 就是按照创新模式发展起来的单片形态的嵌入式处理器（单片微型计算机）。MCS-51 是在 MCS-48 探索基础上，进一步完善了的单片机处理器。历史证明，"创新模式"是嵌入式系统独立发展的正确道路，MCS-51 的体系结构也因此成为**单片机**嵌入式系统的典型结构体系。

1.5.2　单片机的技术发展史

单片机作为微型计算机的一个重要分支，应用面很广，发展很快。自单片机诞生至今，已发展为上百种系列的近千个机种。如果将 8 位单片机的推出作为起点，那么单片机的发展历史大致可分为以下几个阶段。

（1）第一阶段（1976—1978 年）：单片机的探索阶段。以 Intel 公司的 MCS-48 为代表。MCS-48 的推出是在工控领域的探索，参与这一探索的公司还有 Motorola、Zilog 等，都取得了满意的效果。这就是 SCM 的诞生年代，"单片机"一词即由此而来。

（2）第二阶段（1978—1982 年）：单片机的完善阶段。Intel 公司在 MCS-48 的基础上推出了完善的、典型的单片机系列 MCS-51。它在以下几个方面奠定了典型的通用总线型单片机体系结构：

① 完善的外部总线。MCS-51 设置了经典的 8 位单片机的总线结构，包括 8 位数据总线、16 位地址总线、控制总线及具有多机通信功能的串行通信接口。

② CPU 外围功能单元的集中管理模式。

③ 体现工控特性的位地址空间及位操作方式。

④ 指令系统趋于丰富和完善，并且增加了许多突出控制功能的指令。

（3）第三阶段（1982—1990 年）：8 位单片机的巩固发展及 16 位单片机的推出阶段，也是单片机向微控制器发展的阶段。Intel 公司推出的 MCS-96 系列单片机，TI 公司的 MSP430 Flash 系列单片机，将一些用于测控系统的 A/D 转换器、D/A 转换器、程序运行监视器、脉宽调制器等纳入片中，体现了单片机的微控制器特征。随着 MCS-51 系列的广泛应用，许多电气厂商竞相使用 80C51（兼容 MCS-51）为内核，将许多测控系统中使用的电路技术、接口技术、多通道 A/D 转换部件、可靠性技术等应用到单片机中，增强了外围电路的功能，强化了智能控制的特征。

（4）第四阶段（1990 年至今）：微控制器的全面发展阶段。随着单片机在各个领域全面深入的发展和应用，出现了高速、大寻址范围、强运算能力的 8 位/16 位/32 位通用型单片机，以及小型廉价的专用型单片机。

1.5.3　嵌入式系统应用的高低端

由于嵌入式系统走过很长的一段单片机的独立发展道路，大多是基于 8 位单片机的，实现最底层的嵌入式系统应用，带有明显的电子系统设计模式特点。因此，不少从事单片机应用的人，不了解单片机与嵌入式系统的关系，在谈到"嵌入式系统"领域时，往往理解成计算机专业领域的，基于 32 位嵌入式处理器的从事网络、通信、多媒体等的应用。这样，"单片机"与"嵌入式系统"形成了嵌入式系统中常见的两个独立的名词。但由于"单片机"是典型的、独立发展起来的嵌入式系统，从学科建设的角度出发，应该把它统一成"嵌入式系统"。考虑到原来单片机的电子系统底层应用特点，可以把嵌入式系统应用分成高端与低端，把原来的单片机应用理解成嵌入式系统的低端应用，含义为它的底层性以及与对象系统的紧耦合。

1. 高端：基于 32/64 位微处理器的嵌入式硬件系统

由微处理器构成的嵌入式硬件系统必须在其外部添加 ROM、RAM、I/O 端口和定时器等，使得系统完整可用。如图1.3所示，虽然添加ROM、RAM、I/O端口和定时器使得系统变得复杂，成本变得更高，但这种方式提供了更多的灵活性。可以选择ROM和RAM的容量大小，多少个I/O端口，以便适应所需的用途。

2. 低端：基于8/16位单片机的嵌入式硬件系统

单片机内部包含微处理器，还有固定数量的ROM、RAM、I/O端口和定时器等，都集成到一个芯片上，功耗更低，可靠性更高。只需要简单的外围电路即可组成系统，如图1.4所示。对于许多嵌入式应用，它们所占用的空间、所消耗的功率以及单位成本比起计算能力来说，都是更关键的考虑因素。单片机则是较好的选择。目前许多单片机片内除了有固定数量的ROM、RAM、I/O端口和定时器外，也提供外部扩展接口，使用更为灵活。

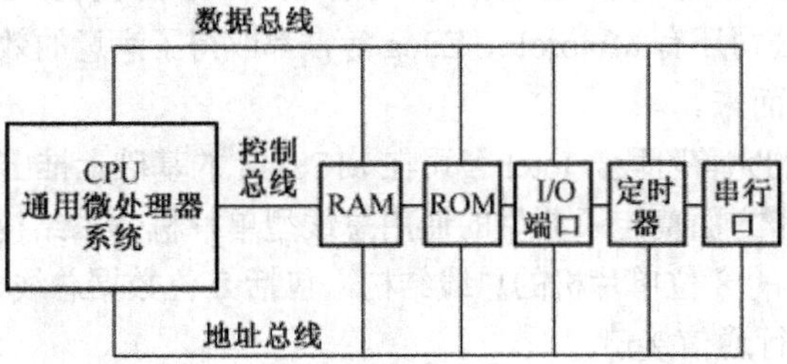

图1.3　采用微处理器嵌入式系统硬件

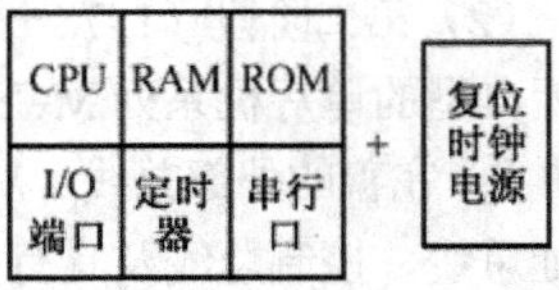

图1.4　采用单片机的嵌入式系统硬件

在嵌入式技术领域，这种高低端的划分并不是绝对的，基于微处理器的嵌入式系统以运算性能和速度为发展目标，基于单片机或微控制器的嵌入式系统则以其强大的控制功能为发展目标。它们互相区别，但又互相融合、互相促进。基于单片机的嵌入式系统MCU也不只局限于8位与16位的单片机，随着技术的进步与发展，32位和64位的高性能的MCU也不断被推出。

1.5.4　单片机嵌入式系统的特点

单片机嵌入式系统除了具备体积小、价格低、性能强大、速度快、用途广、灵活性强、可靠性高等优点外，它与通用微型计算机系统相比，在硬件结构和指令设置上还具有以下独特之处。

① 存储器ROM和RAM是有严格分工的。ROM用做程序存储器，只存放程序、常数和数据表格，而RAM用做数据存储器，存放临时数据和变量。这样的设计方案使单片机更适用于实时控制（也称为现场控制或过程控制）系统。配置较大程序存储空间的ROM，将已调试好的程序固化（即对ROM编程，也称烧录或烧写），这样不仅掉电时程序不会丢失，还避免了程序被破坏，从而确保了程序的安全性。实时控制仅需容量较小的RAM，用于存放少量随机数据，这样有利于提高单片机的操作速度。

② 采用面向控制的指令系统。在实时控制方面，尤其是在位操作方面，单片机有着不俗的表现。

③ 输入/输出（I/O）端口引脚通常设计有多种功能。在设计时，究竟使用多功能引脚的哪一种功能，可以由用户编程确定。

④ 品种规格的系列化。属于同一个产品系列、不同型号的单片机，通常具有相同的内核、相同或兼容的指令系统，其主要的差别仅在于片内配置了一些不同种类或不同数量的功能部件，以适用于不同的被控对象。

⑤ 单片机的硬件功能具有广泛的通用性。同一种单片机可以用在不同的控制系统中，只是其中所配置的软件不同而已。换言之，给单片机固化上不同的软件，便可形成用途不同的专用智能芯片，有时将这种芯片称为固件（Firmware）。

1.6　单片机的分类和技术指标

1.6.1　单片机的分类

单片机作为计算机发展的一个重要领域，应有一个较科学的分类方法。根据目前的发展情况，从不同角度单片机大致可以分为通用型/专用型、总线型/非总线型、工控型/家电型。

1. 通用型/专用型

这是按单片机的用途或适用范围来区分的。例如，80C51 是通用型单片机，它不是为某种专用途设计的；专用型单片机是针对一类产品甚至某一个产品设计生产的，如 DVD 控制器和数码摄像机控制器芯片等，在用量不大的情况下，设计和制造这样的专用芯片成本很高，而且设计和制造的周期也很长。我们通常所用的都是通用型单片机，通用型单片机把所有资源（如 ROM、I/O 等）全部提供给用户使用。

2. 总线型/非总线型

这是按单片机是否提供并行总线来区分的。

总线型单片机普遍设置有并行地址总线、数据总线、控制总线，这些引脚用以扩展并行外围器件，都可通过并行口与单片机连接；非总线型单片机已把所需要的外围器件及外设接口集成一个芯片内，因此在许多情况下可以不要并行扩展总线，大大节省封装成本和芯片体积，这类单片机称为非总线型单片机。

3. 工控型/家电型

这是按照单片机大致应用的领域进行区分的。一般而言，工控型寻址范围大，运算能力强；用于家电型的单片机多为专用型，通常是小封装，低价格，外围器件和外设接口集成度高。

1.6.2　单片机的技术指标

当今通用型单片机的生产厂家已不下几十家，种类有几百种之多。下面就从单片机的几个重要指标进行介绍。

位数：指单片机能够一次处理的数据的宽度，有 4 位机（如 MSM64155A）、8 位机（如 MCS-51）、16 位机（如 MCS-96）、32 位机（如含 ARM 核的微处理器/微控制器）。

存储器：包括程序存储器和数据存储器，程序存储器空间较大，字节数一般从几 KB（$1\ KB=2^{10}\ B=1024\ B$）到几 MB（$1\ MB=2^{20}\ B$），另外还有不同的类型，如 ROM、EPROM、E^2PROM、Flash ROM 和 OTP ROM（详细解释参见 2.3.4 节）型。数据存储器的字节数则通常为几十到几百 KB 之间。程序存储器的编程方式也是用户选择的一个重要因素，有的是串行编程，有的是并行编程，新一代的单片机有的还具有在系统编程（In-System-Programmable，ISP）或在应用再编程（In-Application re-Programmable，IAP）功能，有的还有专用的 ISP 编程接口 JTAG。

I/O 口：即输入/输出口，一般有几个到几十个，用户可以根据自己的需要进行选择。

速度：指的是 CPU 的处理速度，以每秒执行多少条指令衡量，常用单位是 MIPS（百万条指令每秒），目前最快的单片机可达到 100 MIPS。单片机的速度通常是与系统时钟（相当于 PC 的主频）相联系的，但并不是频率高的处理速度就一定快，对于同一种型号的单片机来说，采用频率高的时钟一般比频率低的速度要快。

工作电压：通常工作电压是 5 V，范围是±5%或±10%，也有 3 V/3.3 V 电压的产品，更低的可在 1.5 V 工作。现代单片机又出现了宽电压范围型，即在 2.5～6.5 V 内都可以正常工作。

功耗：低功耗是现代单片机所追求的一个目标，目前低功耗单片机的静态电流可以低至μA（微安，10^{-6} A）或 nA（纳安，10^{-9} A）级。有的单片机还具有等待、关断、睡眠等多种工作模式，以此来降低功耗。

温度：单片机根据工作温度可分为民用级（商业级）、工业级和军用级三种。民用级的温度范围是 0℃～70℃，工业级的温度范围是–40℃～85℃，军用级的温度范围是–55℃～125℃（不同厂家的划分标准可能不同）。

附加功能：有的单片机有更多的功能，用户可根据自己的需要选择最适合自己的产品。比如有的单片机内部有 A/D、D/A、串口、LCD 驱动等，使用这种单片机可以减少外部器件，提高系统的可靠性。

1.7　常用的单片机系列

1．MCS-51 系列及与之兼容的 80C51 系列单片机

由于历史的原因，Intel 公司的 MCS-51 及与之兼容的 80C51 系列单片机（以下统称 80C51 系列单片机）是国内应用最为广泛的单片机，也是最多地被电子设计工程师掌握的单片机。市场上关于单片机的书籍资料有很大一部分是基于 80C51 系列的，各种 80C51 系列单片机的开发工具如汇编器、编译器、仿真器和编程器等也很容易找到。另外，除了 Intel 公司，还有 Atmel、Winbond、Philips、TEMIC、ISSI 和 LG 等公司都生产兼容 80C51 的产品。因此用户在采购时具有广泛的选择余地，而且由于激烈的竞争关系，各兼容生产厂家不断推出性价比更高的产品，选用该系列的用户就能获得更大的价值。大量熟练的用户群、充足的支持工具、充沛的货源，是 80C51 兼容系列单片机的市场优势。所以自从 80C51 系列单片机推出以来，虽然其他的公司也推出了许多新的单片机系列，但是 80C51 系列单片机及其兼容产品仍然占据了国内市场的很大份额。

2．TI 公司的超低功耗 Flash 型 MSP430 系列单片机

关于超低功耗单片机，有业界最佳“绿色微控制器”（Green MCUs）称号的 TI 公司的 MSP430 Flash 系列单片机，是目前业界所有内部集成闪速存储器（Flash ROM）产品中功耗最低的，消耗功率仅为其他闪速微控制器（Flash MCUs）的 1/5。在 3V 工作电压下其耗电电流低于 350μA/MHz，待机模式仅为 1.5μA/MHz，具有 5 种节能模式。该系列产品的工作温度范围为-40℃～85℃，可满足工业应用要求。MSP430 微控制器可广泛地应用于煤气表、水表、电子电度表、医疗仪器、火警智能探头、通信产品、家庭自动化产品、便携式监视器及其他低耗能产品。由于 MSP430 微控制器的功耗极低，可设计出只需一块电池就可以使用长达 10 年的仪表应用产品。MSP430 Flash 系列的确是不可多得的高性价比单片机。

3．OKI 低电压、低功耗单片机

OKI 公司的高性价比 4 位机 MSM64K 系列也是低功耗低电压的微控制器，其工作电压可低至 1.25 V，使用 32 kHz 的工作频率，典型工作电流可低至 3～5 μA，HALT（关断）模式下小于 1 μA，而其功能却并不逊色，片内集成了 LCD（液晶显示器）驱动器，可方便地与液晶显示器接口，具有片内掩模（Mask）的程序存储器，有些型号还带有串口、RC 振荡器、看门狗、ADC（模/数转换器）、PWM（脉宽调制）等，几乎不需要外扩芯片即可满足应用，工作温度范围可达-40℃～85℃，提供 PGA 封装和裸片。该系列微控制器应用广泛，适用于使用 LCD 显示、电池供电的设备，如掌上游戏机、便携式仪表（体温计、湿度计）、智能探头、定时器（时钟）等低成本、低功耗的产品。

4. ST 公司的 ST62 系列单片机

美国 ST 微电子公司是一家独立的全球性公司，专门从事应用于半导体集成电路的设计、生产、制造和销售，以及生产各种微电子应用中的分立器件。应用领域涉及电子通信系统、计算机系统、消费类产品、汽车应用、工业自动化和控制系统等。ST 公司可提供满足各种场合的单片机或微控制器，其中，ST62 系列 8 位单片机以其简单、灵活、低价格等特点，特别适用于汽车、工业、消费领域的嵌入式微控制系统。ST62 系列提供多种不同规格的单片机以满足各种需要，存储器从 1 KB 到 8 KB，有 ROM、OTP、EPROM、E^2PROM、Flash E^2PROM，I/O 口从 9 个到 22 个，引脚从 16 个到 42 个，还有 ADC、LCD 驱动、看门狗、定时器、串行口、电压监控等部件。ST62 单片机采用独特的制造工艺和技术，大大提高了抗干扰能力，能适应于各种恶劣环境。

5. AD 公司的带 A/D 与 D/A 转换器的单片机

ADμC812 是 AD 公司推出的全集成 12 位数据采集系统，片内集成了 8 路 12 位高性能的自校准 ADC、2 路 12 位 DAC 和与 80C51 指令兼容的 8 位 MCU。AD 公司最近又推出了 16 位和 24 位 ADC 的 ADμC816 和 ADμC824，其他性能特性与 ADμC812 的基本相同。

ADμC812 MCU 包括 8 KB 的 Flash 程序存储器、640 B 的 Flash 数据存储器、256 B 的 RAM 和与 80C51 兼容的内核，并且具有看门狗定时器、电源监视器及 ADC DMA 功能，32 个可编程 I/O 口、I^2C/SPI 兼容和标准 UART 串行通信接口。芯片具有正常、空闲和掉电 3 种工作模式，非常适合低功耗应用的电源管理方案，如智能传感器、电池供电系统（可移动 PC、手持仪器、终端）、瞬时捕捉系统、DAS 和通信系统等。

6. ATMEL 公司的 AVR 高速嵌入式单片机

ATMEL 公司是世界上著名的生产高性能、低功耗、非易失性存储器和各种数字模拟 IC 芯片的半导体制造公司。在单片微控制器方面，ATMEL 公司有基于 8051 内核、基于 AVR 内核和基于 ARM 内核的三大系列单片机产品。

ATMEL 公司的 AVR 是 8 位单片机中第一个真正的 RISC 结构的单片机。它采用了大型快速存取寄存器组、快速的单周期指令系统以及单级流水线等先进技术，使得 AVR 单片机具有高达 1 MIPS/MHz 的高速运行处理能力。

AVR 单片机内嵌高质量的 Flash ROM 程序存储器，擦写方便，支持 ISP 和 IAP，便于产品的调试、开发、生产、更新。内嵌的 E^2PROM 可长期保存关键数据，避免断电丢失。片内大容量的 RAM 不仅能满足一般场合的使用，同时也更有效地支持使用高级语言开发系统程序，并可像 MCS-51 单片机需要大容量的 RAM 时那样只能在外部扩展。

AVR 单片机的 I/O 线全部带可设置的上拉电阻、可单独设定为输入/输出、可设定（初始）高阻输入、驱动能力强（可省去功率驱动器件）等特性，使得 I/O 口资源灵活、功能强大、可充分利用。AVR 单片机有自动上电复位电路、独立的看门狗电路、低电压检测电路 BOD，多个复位源（自动上下电复位、外部复位、看门狗复位、BOD 复位），可设置的启动后延时运行程序，增强了嵌入式系统的可靠性。

AVR 单片机具有多种省电休眠模式，且可宽电压运行（5～1.8 V），抗干扰能力强，可降低一般 8 位机中的软件抗干扰设计工作量和硬件的使用量。

AVR 单片机技术体现了单片机集多种器件（包括 Flash 程序存储器、看门狗、E^2PROM、同/异步串行口、TWI、SPI、A/D 模数转换器、定时器/计数器等）和多种功能（增强可靠性的复位系统、降低功耗抗干扰的休眠模式、品种多门类全的中断系统、具输入捕获和比较匹配输出等多样化功能的定时器/计数器、具替换功能的 I/O 端口……）于一身，充分体现了单片机技术的从“片自为战”向“片上系统 SoC”过渡的发展方向。

ATMEL 公司在推出 8 位 AVR 单片机之后，又推出了性价比更高的 16 位和 32 位的 AVR 单片机供用户选用。

7．基于 ARM 核的 32 位单片机

ARM（Advanced RISC Machine）是一种通用的 32 位 RISC 处理器。32 位是指处理器的外部数据总线是 32 位的，与 8 位和 16 位的相同主频处理器相比，性能更强大。ARM 是一种功耗很低的高性能处理器，如 ARM7TDMI 具有每瓦产生 690 MIPS（百万条指令/秒）的能力，已被证明在工业界处于领先水平。ARM 公司并不生产芯片，而是将 ARM 的技术授权其他公司生产。ARM 本质上并不是一种芯片，而是一种芯片结构技术，不涉及芯片生产工艺。授权生产 ARM 结构芯片的公司采用不同的半导体技术，面对不同的应用进行扩展和集成，标有不同的系列号。目前可以提供含 ARM 核 CPU 芯片的著名半导体公司有：英特尔、德州仪器、三星半导体、摩托罗拉、飞利浦半导体、意法半导体、亿恒半导体、科胜讯、ADI 公司、安捷伦、高通公司、Atmel、Intersil、Alcatel、Altera、Cirrus Logic、Linkup、Parthus、LSI Logic、Micronas、Silicon Wave、Virata、Portalplayer Inc.、NetSilicon、Parthus。ARM 的应用范围非常广泛，如嵌入式控制——汽车、电子设备、保安设备、大容量存储器、调制解调器、打印机，数字消费产品——数码相机、数字式电视机、游戏机、GPS、机顶盒，便携式产品——手提式计算机、移动电话、PDA、灵巧电话。

1.8　单片机嵌入式系统的应用领域

单片机嵌入式系统由于其体积小、功耗低、价格低廉，且具有逻辑判断、定时计数、程序控制等多种功能，因此广泛应用于仪器仪表、家用电器、医用设备、航空航天、专用设备的智能化管理及过程控制等领域。下面简单介绍一些典型的应用。

1．单片机在智能仪表中的应用

单片机具有体积小、功耗低、控制功能强、扩展灵活、微型化和使用方便等优点，被广泛应用于仪器仪表中，结合不同类型的传感器，可实现诸如电压、功率、频率、湿度、温度、流量、速度、厚度、角度、长度、硬度、压力等物理量的测量。采用单片机控制使得仪器仪表数字化、智能化、微型化，且功能比起采用电子或数字电路更加强大，提高了其性能价格比，如精密的测量设备（功率计、示波器、各种分析仪）。

2．单片机在机电一体化中的应用

机电一体化是机械工业发展的方向。机电一体化产品是指集机械技术、微电子技术、计算机技术、传感器技术于一体，具有智能化特征的机电产品，如微机控制的车床、钻床等。单片机作为产品中的控制器，能充分发挥其体积小、可靠性高、功能强等优点，可大大提高机器的自动化、智能化程度。可编程顺序控制器也是一个典型的机电控制器，其核心常常就是由一个单片机构成的。

3．单片机在实时控制中的应用

单片机广泛地应用于各种实时控制系统中。例如，在工业测控、航空航天、尖端武器等各种实时控制系统中，都可以使用单片机作为控制器。单片机的实时数据处理能力和控制功能，能使系统保持在最佳工作状态，提高系统的工作效率和产品质量。再如机器人，每个关节或动作部位都是一个单片机实时控制系统。

4．单片机在分布式多机系统中的应用

在比较复杂的系统中，常采用分布式多机系统。多机系统一般由若干功能各异的单片机嵌入式系统组成，各自完成特定的任务，它们通过串行通信相互联系、协调工作。单片机在这种系统中往往作为一个终端机，安装在系统的某些节点上，对现场信息进行实时测量和控制。单片机的高可靠性和强抗干扰能力，使它可以被置于恶劣环境的前端工作。

5. 消费类电子产品控制

该应用主要反映在家电领域，如洗衣机、空调器、汽车电子与保安系统、电视机、录像机、DVD 机、音响设备、电子秤、IC 卡、手机、BP 机等。在这些设备中使用单片机机芯之后，其控制功能和性能大大提高，并实现了智能化、最优化控制。

6. 终端及外部设备控制

在计算机网络终端设备［如银行终端、商业 POS（自动收款机）、复印机等］和计算机外部设备（如打印机、绘图机、传真机、键盘和通信终端等）中使用单片机，使其具有计算、存储、显示、输入等功能，具有和计算机连接的接口，使计算机的能力及应用范围大大提高，可以更好地发挥计算机的性能。

可以毫不夸张地说：凡是能想到的地方，单片机都可以用得上。全世界单片机的年产量数以亿计，应用范围之广，花样之多，一时难以详述。单片机应用的意义不仅在于它的广阔应用范围和所带来的经济效益，更重要的还在于从根本上改变了传统的控制系统设计思想和设计方法。从前，必须由模拟电路或数字电路实现的大部分控制功能，现在可以使用单片机通过软件方法实现。这种以软件取代硬件并能提高系统性能的控制技术称为微控制技术。微控制技术标识着一种全新概念，随着单片机应用的推广普及，微控制技术必将不断发展和日趋完善，而单片机的应用必将更加深入、更加广泛。

单片机与常用的 TTL、CMOS 数字集成电路相比，掌握起来不太容易，问题在于单片机具有智能化功能，不仅要学习其硬件的使用方法，还要学习其软件的使用方法，而软件设计需要有一定的创造性。这虽然给学习者带来了一定的难度，但这也正是它的迷人之处。一个普通的消毒碗柜配上装有专用软件的单片机，虽然成本增加了 10 余元，但市场售价可高出 300 余元。理由何在？原因在于它的技术含量高，其中的软件凝聚着开发者的聪明和智慧。

由此可见，单片机技术无疑将是 21 世纪最为活跃的新一代电子应用技术。随着微控制技术（以软件代替硬件的高性能控制技术）的发展，单片机的应用必将导致传统控制技术发生巨大变革。换言之，单片机的应用是对传统控制技术的一场革命。因此，学习单片机的原理，掌握单片机嵌入式系统设计技术，具有划时代的意义。

1.9　单片机嵌入式系统的发展趋势

低功耗化：目前生产的 CHMOS 电路已达到 LSTTL 的速度，传输延迟时间小于 2 ns，它的综合优势已优于 TTL 电路。采用 CHMOS 电路的微控制器的功耗已至 mA 级，甚至 1 μA 以下；使用电压在 3～6 V，完全适应电池工作。低功耗化的效应不仅是功耗低，而且带来了产品的高可靠性、高抗干扰能力以及产品的便携化。

低电压化：几乎所有的微控制器都有待机和休眠等省电运行方式。允许使用的电压范围越来越宽，一般在 3～6 V 范围内工作。低电压供电的单片机电源下限已可达 1～2 V。目前 0.8 V 供电的单片机已经问世。

低噪声与高可靠性：为提高微控制器的抗电磁干扰能力，使产品能适应恶劣的工作环境，满足电磁兼容性方面更高标准的要求，各制造商在单片机内部电路中都采用了新的技术措施。

大容量化：以往单片机内的 ROM 为 1～4 KB，RAM 为 64～128 B。但在需要复杂控制的场合，该存储容量是不够的，必须进行外接扩充。为了适应这种领域的要求，须运用新的工艺，使片内存储器大容量化。例如，80C51 单片机系列某些型号的单片机片内 ROM 最大可达 64 KB，RAM 最大为 4 KB。

高性能化：主要是指进一步改进 CPU 的性能，加快指令运算的速度和提高系统控制的可靠性。采用精简指令集（RISC）结构和流水线技术，可以大幅度提高运行速度。现指令速度最高者已达 100 MIPS（Million Instruction Per Seconds，兆指令每秒），并加强了位处理功能、中断和定时控制功能。这类单片机的运算速度比标准的单片机高出 10 倍以上。由于这类单片机有极高的指令速度，因此可以用软件模拟其 I/O 功能，由此引入了虚拟外设的新概念。

小容量、低价格化：与上述相反，以 4 位、8 位机为中心的小容量、低价格化也是发展动向之一。这类单片机的用途是把以往用数字逻辑集成电路组成的控制电路单片化，可广泛用于家电产品。

外围电路内装化：这也是单片机发展的主要方向。随着集成度的不断提高，有可能把众多的各种处围功能器件集成在片内。除了一般必须具有的 CPU、ROM、RAM、定时器/计数器等以外，片内集成的部件还有模/数转换器、DMA 控制器、声音发生器、监视定时器、液晶显示驱动器、彩色电视机和录像机用的锁相电路等。

串行扩展技术：在很长一段时间里，通用型单片机通过三总线结构扩展外围器件成为单片机应用的主流结构。随着低价位 OTP（One Time Programble）及各种类型片内程序存储器的发展，加之处围接口不断进入片内，推动了单片机“单片”应用结构的发展。特别是 I^{2}C、SPI 等串行总线的引入，可以使单片机的引脚设计得更少，单片机系统结构更加简化及规范化。

本 章 小 结

现代计算机技术发展的两大分支：通用计算机系统与嵌入式计算机系统。

嵌入式系统是以应用为中心，以计算机技术为基础，并且软硬件可裁剪，适用于应用系统对功能、可靠性、成本、体积、功耗有严格要求的专用计算机系统。

嵌入式系统是由嵌入式硬件和嵌入式软件组成的。

嵌入式系统的种类按形态可分为设备级（工控机）、板级（单板、模块）、芯片级（MCU、SoC）。嵌入式系统的种类按应用可分为工业应用和消费电子。

嵌入式处理器是指应用在嵌入式计算机系统中的处理器，嵌入式处理器是嵌入式系统的核心，是控制、辅助系统运行的硬件单元。范围极其广阔，从最初的 4 位处理器，目前仍在大规模应用的 8 位单片机，到最新的受到广泛青睐的 32 位、64 位嵌入式 CPU。

嵌入式处理器根据用途可分为：嵌入式微处理器、嵌入式微控制器、嵌入式数字信号处理器、嵌入式片上系统。在嵌入式系统领域中的微处理器和微控制器的划分界限并非十分严格。

够用、成本和供货是选择嵌入式处理器的 3 个主要考虑的因素。

嵌入式操作系统负责嵌入式系统的全部软硬件资源的分配、任务调度，控制、协调并发活动。

嵌入式系统应用高端主要指基于 32/64 位微处理器的嵌入式硬件系统。嵌入式系统应用低端主要指基于 8/16 位单片机的嵌入式硬件系统。

单片机嵌入式系统具有体积小、价格低、性能强大、速度快、用途广、灵活性强、可靠性高等特点。

单片机嵌入式系统广泛应用于仪器仪表、家用电器、医用设备、航空航天、专用设备的智能化管理及过程控制等领域。

习　题　1

1．你是如何理解嵌入式系统的“嵌入性”的？
2．通用计算机系统与嵌入式计算机系统各自的技术要求与技术发展方向有何不同？
3．什么是嵌入式系统？从两个方面说明嵌入式系统的基本概念。
4．简述嵌入式系统与嵌入式设备的关系。
5．为何说嵌入式系统是专用计算机应用系统？嵌入式系统由哪些部分组成？
6．简述 MCU、MPU、DSP 和 SoC 之间的区别和联系。
7．嵌入式系统主要有哪些特点？
8．嵌入式操作系统一般如何分类？
9．说明使用嵌入式操作系统的优缺点。
10．简述单片机的发展历史。
11．你是如何理解嵌入式系统应用的高低端的？
12．简述单片机嵌入式系统的特点。
13．简述单片机的技术指标。
14．通过查阅资料，谈谈单片机嵌入式系统产品开发和应用的发展趋势如何。
15．举出几个嵌入式系统应用的例子，通过查资料和独立思考，分析这些嵌入式系统产品主要由哪几部分组成，每个组成部分分别完成什么功能（提示：数码相机、办公类产品、工业控制类产品的例子等）。

第2章　嵌入式系统基础知识

计算机是微电子学与计算数学相结合的产物。微电子学的基本元器件及其集成电路形成了计算机的硬件基础，而计算数学的计算方法与数据结构则构成了计算机的软件基础。本章简要阐述与计算机有关的数学知识及嵌入式计算机系统中最基本的单元电路。本章的内容是必要的入门知识，是以后各章的基础。对于已掌握这些知识的读者，本章将起到复习和系统化的作用。

2.1　数制与编码

数制是人们利用符号进行计数的科学方法。数制有很多种，在嵌入式系统中常使用的有二进制、十进制和十六进制。

数制所使用的数码的个数称为基，数制的每一位所具有的值称为权。

2.1.1　进位计数制

1．十进制计数制

十进制的基为10，即它所使用的数码为0～9，共10个数字。十进制各位的权是以10为底的幂，每个数因所处位置不同，其值是不同的，每一位数是其右边相邻那位数的10倍。

计数规律：逢10进1。

任意一个十进制数$(S)_{10}$，可以表示为

$$(S)_{10}=k_{n-1}10^{n-1}+k_{n-2}10^{n-2}+\cdots+k_0 10^0+k_{-1}10^{-1}+k_{-2}10^{-2}+\cdots+k_{-m-1}10^{-m-1}$$

式中，k_i是0～9中的任意一个数字，m、n是正整数，10是十进制的基数。

【例2.1】 $(2001.9)_{10}=2\times10^3+0\times10^2+0\times10^1+1\times10^0+9\times10^{-1}$

十进制在书写中通常可省去下标，如2001.9即表示$(2001.9)_{10}$。

十进制是日常生活中常用的数制，人机交互也常采用十进制。

2．二进制计数制

二进制的基为2，即它所使用的数码为0、1，共两个数字。二进制各位的权是以2为底的幂，每个数因所处位置不同，其值是不同的，每一位数是其右边相邻那位数的2倍。

计数规律：逢2进1。

任意一个二进制数$(S)_2$可以表示成

$$(S)_2=k_{n-1}2^{n-1}+k_{n-2}2^{n-2}+\cdots+k_0 2^0+k_{-1}2^{-1}+k_{-2}2^{-2}+\cdots+k_{-m-1}2^{-m-1}$$

式中，k_i只能取0或1，m、n是正整数，2是二进制的基数。

【例2.2】 $(1101.101)_2=1\times2^3+1\times2^2+0\times2^1+1\times2^0+1\times2^{-1}+0\times2^{-2}+1\times2^{-3}$

二进制数只有两个数码，即0和1，在电子计算机中容易实现。例如，可以用高电平表示1，低电平表示0，或者用晶体管截止时的输出表示1，导通时的输出表示0。所以，采用二进制就可以利用电路进行计数工作。二进制数的运算规则类似于十进制，加法为逢2进1，减法为借1为2。利用加法和减法就可以进行乘法、除法及其他数值运算。

由于二进制位数太长，不易记忆和书写，所以人们又提出了十六进制的书写形式。

3．十六进制计数制

十六进制的基为 16，即它所使用的数码为 0～9 和 A～F，共 16 个数字。十六进制各位的权是以 16 为底的幂，每个数因所处位置不同，其值是不同的，每一位数是其右边相邻那位数的 16 倍。

计数规律：逢 16 进 1。

任意一个十六进制数$(S)_{16}$可以表示成

$$(S)_{16}=k_{n-1}16^{n-1}+k_{n-2}16^{n-2}+\cdots+k_0 16^0+k_{-1}16^{-1}+k_{-2}16^{-2}+\cdots+k_{-m-1}16^{-m-1}$$

式中，k_i可取 0, 1, 2, …, 9, A, B, C, D, E, F 这 16 个数码和字母之一，用 A～F 表示 10～15；m、n 是正整数；16 为十六进制的基数。

【例 2.3】 $(8AE6)_{16}=8\times16^3+A\times16^2+E\times16^1+6\times16^0$

十六进制数在书写中可使用另一种表示方式，如$(8AE6)_{16}$可表示为 8AE6H。

2.1.2 进位计数制的相互转换

人们习惯使用的是十进制数，计算机采用的是二进制数，人们书写时又多采用十六进制数，因此，必然产生各种进位计数制之间的相互转换问题。

1．十进制数转换成十六进制数

一个十进制整数转换成十六进制数时，按除 16 取余的方法进行。

【例 2.4】 $(725)_{10}=(?)_{16}$

```
16|7 2 5      余数 5
   16|4 5     余数 13，即十六进制数 D
      16|2    余数 2
```

转换结果$=(725)_{10}=(2D5)_{16}$。

一个十进制小数转换成十六进制小数时，可按乘 16 取整的方法进行。

【例 2.5】 $(0.7875)_{10}=(?)_{16}$

```
      0.7875
×    16
     12.6          取整数 12，即十六进制数 C
      0.6
×    16
      9.6          取整数 9
      0.6
×    16
      9.6          取整数 9
```

转换结果$=(0.7875)_{10}=(0.C99)_{16}$。

注意：小数转换不一定能算尽，只需算到一定精度的位数即可，因此可能会产生一些误差，但当位数较多时，这个误差就很小了。

如果一个十进制数既有整数部分又有小数部分，可将整数部分和小数部分分别进行十六进制数的等值转换，然后合并即可得到结果。

2. 十六进制数转换成十进制数

十六进制数转换成等值的十进制数时，可用按权相加的方法进行。

【例 2.6】

$$
\begin{aligned}
(1C4.68)_{16} &= 1\times16^2 + C\times16^1 + 4\times16^0 + 6\times16^{-1} + 8\times16^{-2} \\
&= 256 + 192 + 4 + 0.375 + 0.03125 \\
&= (452.40625)_{10}
\end{aligned}
$$

3. 十六进制数与二进制数的转换

一位十六进制数表示的数值恰好相当于 4 位二进制数表示的数值，因此彼此之间的转换极为方便，只要从小数点开始分别向左右展开即可。

【例 2.7】

$$(3AB4)_{16} = (0011\ 1010\ 1011\ 0100)_2$$

$$(1111\ 1101.0100\ 1111)_2 = (FD.4F)_{16}$$

可见，在计算机中用十六进制书写要比用二进制书写简短，而且用十六进制表示的数据信息很容易转换成二进制表示。这就是普遍使用十六进制数的原因。

当十进制数转换成二进制数时，可采用十六进制数作为中间过渡。

2.1.3　数码和字符的代码表示

1. 术语

数码：代表一个确切的数字，如二进制数、八进制数等。

代码：特定的二进制数码组，是不同信号的代号，不一定有数的意义。

编码：n 位二进制数可以组合成 2^n 个不同的信息，给每个信息规定一个具体码组，这个过程叫做编码。

2. 二进制码

自然码：有权码，每位代码都有固定权值，结构形式与二进制数完全相同。

循环码：无权码，每位代码无固定权值，任何相邻的两个码组中，仅有一位代码不同。

自然二进制码和循环二进制码如表2.1 所示。

表 2.1　两种 4 位二进制编码

十进制数	自然二进制码	循环二进制码	十进制数	自然二进制码	循环二进制码
0	0000	0000	8	1000	1100
1	0001	0001	9	1001	1101
2	0010	0011	10	1010	1111
3	0011	0010	11	1011	1110
4	0100	0110	12	1100	1010
5	0101	0111	13	1101	1011
6	0110	0101	14	1110	1001
7	0111	0100	15	1111	1000

3. 二–十进制码（BCD 码）

BCD 码是用二进制代码对十进制数进行编码，它既具有二进制码的形式（4 位二进制码），又有十进制数的特点（每 4 位二进制码是 1 位十进制数）。BCD 码有多种形式，单片机系统软件中常常用到 8421BCD 码，编码值与字符 0～9 的低 4 位码相同，易于实现人机交互。

【例 2.8】

$$(1999)_{10}=(0001\ 1001\ 1001\ 1001)_{BCD}$$
$$(0110\ 1000\ 0100\ 0000)_{BCD}=(6840)_{10}$$

4．字母与字符的编码

嵌入式计算机系统不仅能够对数值数据进行处理，还能够对文本和其他非数值数据信息进行处理。计算机中这些非数值数据如字母、字符等都要用特定的二进制码表示。字母与字符用二进制码表示的方法很多，目前在计算机中普遍采用的是 ASCII 码（American Standard Code for Information Interchange，美国标准信息交换码）。常见的 ASCII 码，采用 7 位二进制数（00H～7FH）表示一个字符，包括 10 个十进制数码 0～9，52 个英文大、小写字母（A～Z，a～z），32 个专用符号和 32 个控制符号，共计 128 个字符。在 128 个字符中有 96 个是可打印字符，32 个是不可打印的字符。ASCII 字符编码如表2.2 所示。

表 2.2　ASCII 码字符表

字　符	ASCII 码	字　符	ASCII 码	字　符	ASCII 码	字　符	ASCII 码
NUL	0	Space	32	@	64	、	96
SOH	1	!	33	A	65	a	97
STX	2	"	34	B	66	b	98
ETX	3	#	35	C	67	c	99
EOT	4	$	36	D	68	d	100
ENQ	5	%	37	E	69	e	101
ACK	6	&	38	F	70	f	102
BEL	7	'	39	G	71	g	103
BS	8	(	40	H	72	h	104
HT	9	)	41	I	73	i	105
LF	10	*	42	J	74	j	106
VT	11	+	43	K	75	k	107
FF	12	,	44	L	76	l	108
CR	13	–	45	M	77	m	109
SO	14	.	46	N	78	n	110
SI	15	/	47	O	79	o	111
DLE	16	0	48	P	80	p	112
DC1	17	1	49	Q	81	q	113
DC2	18	2	50	R	82	r	114
DC3	19	3	51	S	83	s	115
DC4	20	4	52	T	84	t	116
NAK	21	5	53	U	85	u	117
SYN	22	6	54	V	86	v	118
ETB	23	7	55	W	87	w	119
CAN	24	8	56	X	88	x	120
EM	25	9	57	Y	89	y	121
SUB	26	:	58	Z	90	z	122
ESC	27	;	59	[	91	{	123
FS	28	<	60	\	92	¦	124
GS	29	=	61	]	93	}	125
RS	30	>	62	^	94	~	126
US	31	?	63	_	95	del	127

在计算机的存储单元中，一个 ASCII 码值占一个字节（8 个二进制位），低 7 位（b6～b0）表示不同的字符代码，其最高位（b7）用做奇偶校验位。

除标准 ASCII 码外，有的公司通过使用字节最高位（b7）将 ASCII 码扩展到 256 个，增加 80H～0FFH 共 128 个字符，一般称为“扩充字符”，并非标准的 ASCII 码。

2.2　数字集成电路

无论多么复杂的单片机嵌入式系统，其硬件都是由单片机和若干基本电路单元组成的。本节对单片机系统中最常见的基本电路进行简单介绍，这些电路是组成单片机嵌入式系统的硬件基础。对于这些器件进一步的详细分析和计算，请读者参考有关的数字电路教材。

2.2.1　常用的逻辑门电路

最基本的门电路是与门、或门、非门，把它们适当连接可以实现任意复杂的逻辑功能。用小规模集成电路构成复杂逻辑电路时，最常用的门电路是与门（AND）、或门（OR）、非门（INV BUFF）、恒等门（BUFF）、与非门（NAND）、或非门（NOR）、异或门（XOR）。主要是因为这 7 种电路既可以完成基本逻辑功能，又具有较强的负载驱动能力，便于完成复杂而又实用的逻辑电路设计。

1．与门

与门是一个能够实现逻辑乘运算的、多端输入、单端输出的逻辑电路。图 2.1 所示为一个二输入的与门的逻辑符号，其逻辑函数式是 F=A·B（或 AB）。该电路输入与输出之间的逻辑运算关系可用真值表表示，如表2.3 所示。其记忆口诀为：有 0 出 0，全 1 才 1。

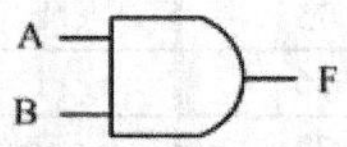

图 2.1　二输入与门逻辑符号

表 2.3　二输入与运算真值表

输　入		输　出
A	B	F
0	0	0
0	1	0
1	0	0
1	1	1

2．或门

或门是一个能够实现逻辑加运算的多端输入、单端输出的逻辑电路。图 2.2 所示为一个二输入的或门的逻辑符号，其逻辑函数式是 F=A＋B。该电路输入与输出之间的逻辑运算关系可用真值表表示，如表2.4 所示。其记忆口诀为：有 1 出 1，全 0 才 0。

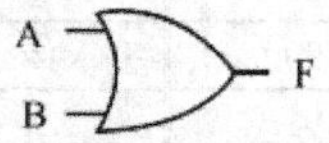

图 2.2　二输入或门逻辑符号

表 2.4　二输入或运算真值表

输　入		输　出
A	B	F
0	0	0
0	1	1
1	0	1
1	1	1

3. 非门

实现非逻辑功能的电路称为非门，有时又叫反相缓冲器。非门只有一个输入端和一个输出端。图2.3所示为一个非门的逻辑符号，其逻辑函数式是 $F=\overline{A}$。该电路输入与输出间的逻辑运算关系可用真值表表示，如表2.5所示。

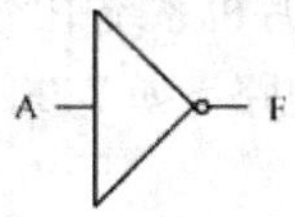

图 2.3　非门逻辑符号

表 2.5　非运算真值表

输　入	输　出
A	F
0	1
1	0

4. 恒等门

实现恒等逻辑功能的电路称为恒等门，有时又叫同相缓冲器。恒等门只有一个输入端和一个输出端。图2.4所示为恒等门的逻辑符号，其逻辑函数式是 $F=A$。该电路输入与输出间的逻辑运算关系可用真值表表示，如表2.6所示。同相缓冲器和反相缓冲器在数字系统中用于增强信号的驱动能力。

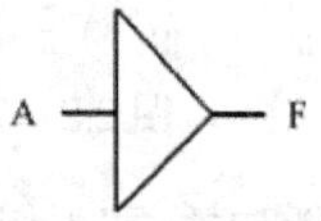

图 2.4　恒等门逻辑符号

表 2.6　恒等运算真值表

输　入	输　出
A	F
0	0
1	1

5. 与非门

与和非的复合运算称为与非运算。图 2.5 所示为一个二输入的与非门的逻辑符号，其逻辑函数式是 $F=\overline{AB}$。该电路输入与输出间的逻辑运算关系可用真值表表示，如表2.7所示。其记忆口诀为：有0出1，全1才0。

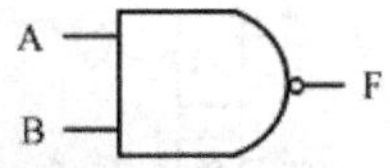

图 2.5　二输入与非门逻辑符号

表 2.7　与非运算真值表

输　入		输　出
A	B	F
0	0	1
0	1	1
1	0	1
1	1	0

6. 或非门

或和非的复合运算称为或非运算。图 2.6 所示为一个二输入的或非门的逻辑符号，其逻辑函数式是 $F=\overline{A+B}$。该电路输入与输出间的逻辑运算关系可用真值表表示，如表2.8所示。其记忆口诀为：有1出0，全0才1。

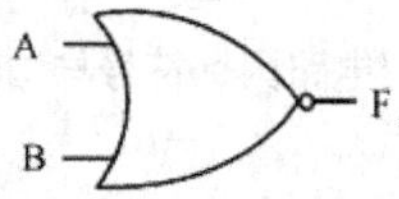

图 2.6　二输入或非门逻辑符号

表 2.8　或非运算真值表

输　入		输　出
A	B	F
0	0	1
0	1	0
1	0	0
1	1	0

7. 异或门

异或逻辑也是一种广泛应用的复合逻辑。图 2.7 所示为异或门逻辑符号，其逻辑函数式是 $F=A\overline{B}+\overline{A}B$ 或 $F=A\oplus B$。该电路输入与输出间的逻辑关系可用真值表表示，如表2.9所示。其记忆口诀为：相同出 0，相异出 1。

逻辑门电路是单片机外围电路运算、控制功能所必需的电路。在单片机系统中经常使用集成逻辑电路（常称为集成电路）。一片集成逻辑门电路中通常含有若干逻辑门电路，如 7400 为 4 重二输入与非门，即 7400 内部有 4 个二输入的与非门，其外部引线如图2.8所示。

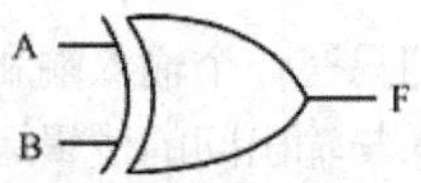

图 2.7　二输入异或门逻辑符号

表 2.9　异或运算真值表

输入		输出
A	B	F
0	0	0
0	1	1
1	0	1
1	1	0

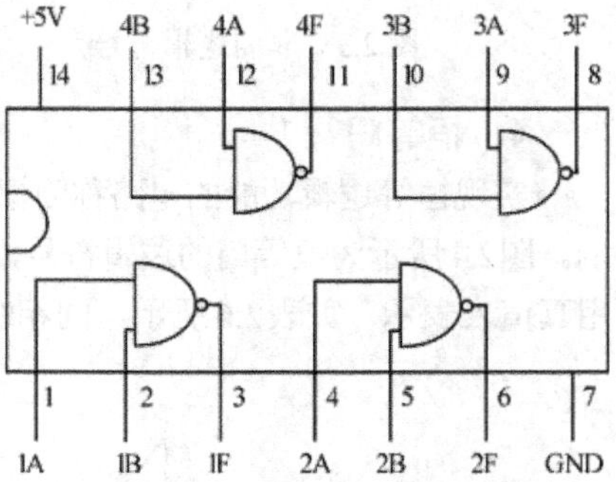

图 2.8　7400 外部引线图

高速 CMOS 集成逻辑门电路 74HC 逻辑系列集成电路具有低功耗、宽工作电压、强抗干扰的特性，是单片机外围通用集成电路的首选系列。常用的逻辑门基本上都有相应的 HC 型号。表2.10 所示为单片机系统中部分常用 HC 型号的逻辑门电路。随着单片机内部功能的不断增强和硬件软件化，外部所用的逻辑门电路将越来越少。

8. 门电路的国标符号与国际流行符号

常用门电路国标符号与国际流行符号对照如图2.9所示，本书图例多以国际流行符号为主介绍。

表 2.10　单片机系统中常用的门电路

功　能	型　号	说　明
与非门	74HC00	4 重二输入
	74HC10	3 重三输入
	74HC20	2 重四输入
	74HC30	1 重八输入
或非门	74HC02	4 重二输入
	74HC27	3 重三输入
与门	74HC08	4 重二输入
	74HC11	3 重三输入
或门	74HC32	4 重二输入
反相缓冲器	74HC04	6 重反相器

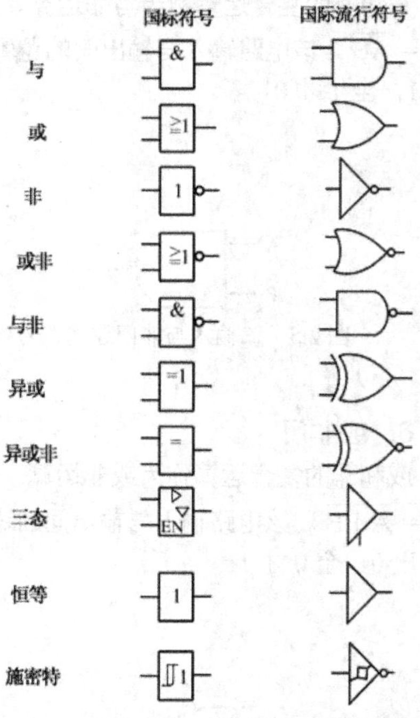

图 2.9　常用门电路国标符号与国际流行符号对照图

2.2.2　集电极开路门输出电路

TTL 门电路中，因为输出级采用了推拉式电路，无论输出是高电平还是低电平，它的输出电阻都很低，从而有效地降低了输出级的静态功耗并提高了驱动负载的能力。这种形式的电路称为推拉式

（Push-pull）电路或图腾柱（Totem-pole）输出电路。但推拉式输出结构有其局限性：首先，它们的输出端不能并联使用，因为若一个门输出高电平而另一个门输出低电平，则并联后将有很大的负载电流同时流过这两个门的输出级，可能使门损坏；其次，无法满足对不同输出高低电平的需要；第三，不能满足驱动较大电流、较高电压的负载的要求。克服上述局限的方法就是，门电路的输出级采用集电极开路的三极管结构，制成集电极开路门电路（OC 门，Open Collector Gate）。OC 与非门的逻辑符号如图2.10所示。

由于 OC 门的输出端是开路的，即悬空的，故 OC 门在应用时输出端需要外接一个上拉负载电阻到电源。通过选择合适的电阻和电源电压，既可以保证输出的高、低电平合乎要求，又可使输出端三极管的负载电流不会过大。

OC 门在单片机系统中主要有两个作用：线与和作为驱动器。几个 OC 门的输出端连在一起，输出可以实现与的功能（F = F1 F2 …Fn），简称线与，如图2.11所示。

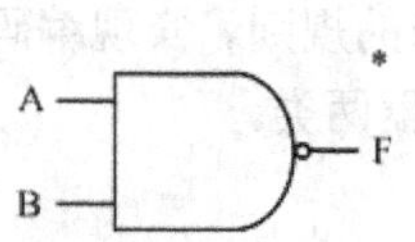

图 2.10　OC 与非门逻辑符号

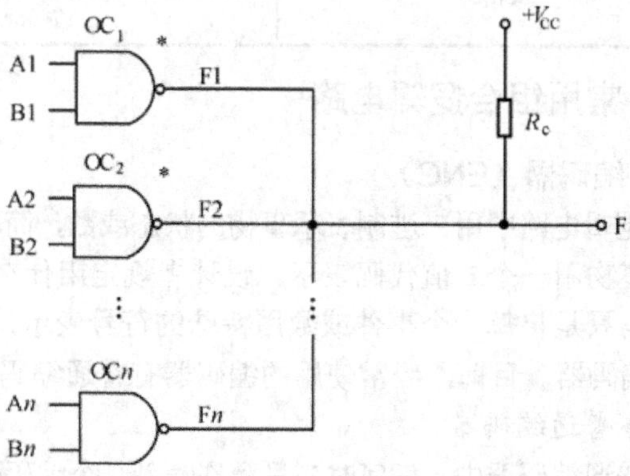

图 2.11　多个 OC 门输出线与

OC 门在单片机系统中，还常常作为控制执行机构。利用 OC 门可以控制一些较大电流的执行机构，用 OC 门和晶体管控制电动机的电路如图2.12所示。7406 是集电极开路反相器，由它控制晶体管的基极。由晶体管的集电极驱动继电器线圈，电动机的启动和停止由继电器的触点接通和断开决定。当 OC 门反相器的输入 C 为 1 时，其输出为 0，这时晶体管 VT 处于饱和导通状态，继电器线圈有电流流过，继电器触点闭合，电动机处于运转状态。当 OC 门反相器的输入 C 为 0 时，其输出为 1，这时晶体管 VT 处于截止状态，继电器线圈无电流，继电器触点断开，电动机处于停止状态。在线圈两端并联二极管的作用是限制线圈两端产生高电压。此外，还可以用 OC 门直接驱动发光二极管和指示灯等显示器件，电路如图2.13所示。表2.11所示为单片机系统中常用的 OC 门电路。

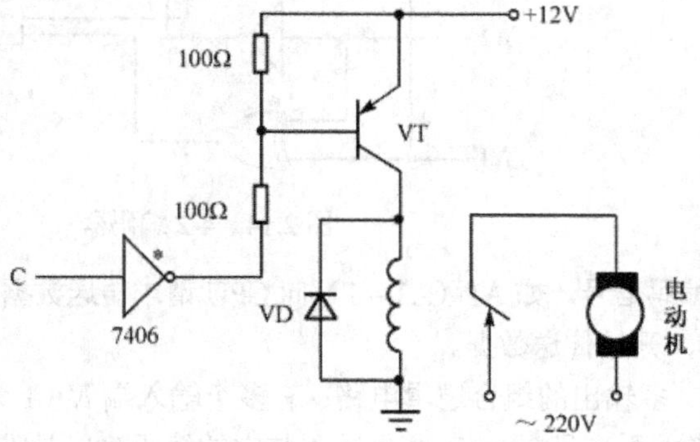

图 2.12　OC 非门和晶体管控制电动机

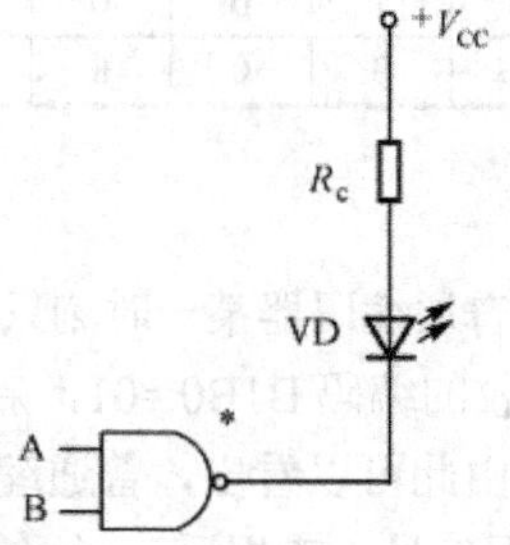

图 2.13　OC 与非门驱动发光二极管

表 2.11　单片机系统中常用的 OC 门电路

功　能	型　号	说　明
与非门	7401	4 重二输入
	7412	3 重三输入
	7422	2 重四输入
或非门	7433	4 重二输入
与门	7409	4 重二输入
	7416	6 重反相器
恒等门	7407	6 重恒等门
	7417	6 重恒等门
反相器	7405	6 重反相器
	7406	6 重反相器

2.2.3　常用组合逻辑电路

1．编码器（ENC）

在逻辑电路中用二进制表示事物的状态或数，简称代码，为了区分一系列不同事物，通常将其中的每个事物用一个二值代码表示。设计者规定用什么形式的代码表示事物或数，称为编码。一般来说，编码只是将每一个事件或数用特殊的符号表示，不需要有特殊的规则。实现编码的组合逻辑电路称为编码器。目前，经常使用的编码器有普通编码器和优先编码器两类。

（1）普通编码器

在普通编码器中，任何时刻只允许输入一个编码信号，否则输出将发生混乱。下面以 2 位普通编码器为例，分析普通编码器的工作原理。图2.14 所示为 4-2 编码器。

4-2 编码器将计算机视为配有的 4 个外部设备：声卡（A0）、硬盘驱动器（A1）、鼠标（A2）、网卡（A3）作为输入信号，B0、B1 作为编码输出。逻辑表达式为

$$B0=\overline{A2}\,\overline{A0}\left(A3\oplus A1\right)$$

$$B1=\overline{A1}\,\overline{A0}\left(A3\oplus A2\right)$$

其真值表如表2.12 所示。

表 2.12　4-2 编码器真值表

A3	A2	A1	A0	B1	B0
0	0	0	1	0	0
0	0	1	0	0	1
0	1	0	0	1	0
1	0	0	0	1	1

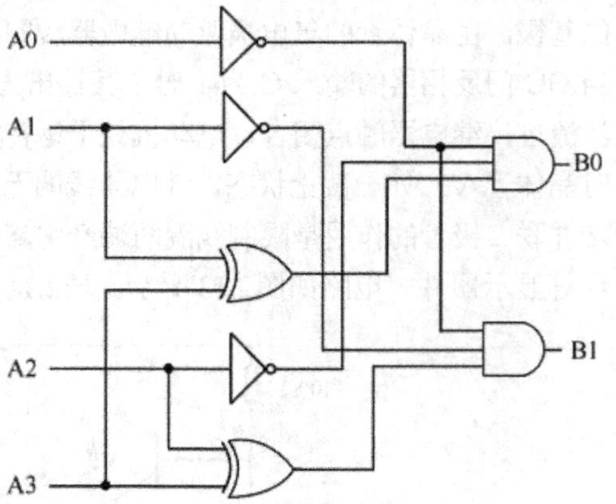

图 2.14　4-2 编码器

普通编码器某一时刻只允许输入一个编码信号，如 A1（A1＝1）向 CPU 请求传送数据，CPU 根据接收的编码 B1B0=01，启动硬盘驱动器，开始传送数据。

由此可以看出，普通编码器是多输入、多输出的组合逻辑电路：有多个输入端 N（1 为有信号，0 为无信号，或相反），多个输出端 n，两者关系满足 $2^n=N$。某一输入与它的编码输出是唯一对应的关系。

（2）优先编码器

在优先编码器电路中，允许同时输入两个以上的信号。不过在设计优先编码器时将所有的输入信号按优先顺序排队，当几个输入信号同时出现时，只对其中优先权最高的一个进行编码。

优先编码器电路由优先排队电路和普通编码器组成。例如，图 2.15 所示电路规定：A3 优先权最高，A0 优先权最低。优先排队电路的逻辑表达式为

$$A = A0\overline{A1}\ \overline{A2}\ \overline{A3} \qquad B = A1\ \overline{A2}\ \overline{A3} \qquad C = A2\ \overline{A3} \qquad D = A3$$

当 A0＝1 有信号，且 A1＝A2＝A3＝0 无信号时，B1B0＝00 有编码输出；当 A1＝1 有信号，且 A0=x（无论是 0 还是 1 均无所谓），A2=A3=0 无信号时，B1B0=01 有编码输出，依次类推，真值表如表2.13 所示。A3 的优先级最高。

常用的优先编码器电路如表2.14 所示。

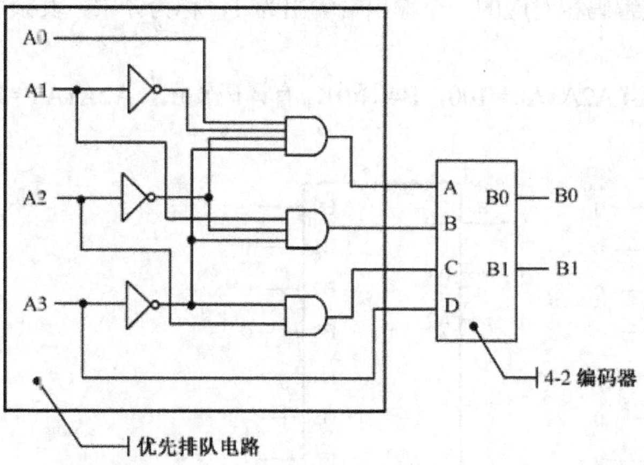

图 2.15　4-2 优先编码器电路

表 2.13　4-2 优先编码器真值表

A3	A2	A1	A0	B1	B0
0	0	0	1	0	0
0	0	1	x	0	1
0	1	x	x	1	0
1	x	x	x	1	1

表 2.14　单片机系统中常用的优先编码器电路

功　能	型　号	说　明
10-4 优先编码器	74HC147	十进制-二进制编码器
8-3 优先编码器	74HC148	八进制-二进制编码器
3 状态 8-3 优先编码器	74LS348	八进制-二进制编码器，三态输出，可接单片机数据总线

2. 译码器（DEC）

译码器是编码器的逆过程，编码器和译码器成对存在。译码器的逻辑功能是将每个输入的二进制编码译成对应的高、低电平输出。译码器也是多输入、多输出的组合逻辑电路，多个输入端数为 N，则输出端数为 $n=2^N$。

图2.16所示是一个 2-4 线译码器电路，如果编码输入 N=2，则译码输出 n=4。对于任意组输入编码，仅有与该编码相对应的一个输出端输出为 0，称为译中，其余所有输出都为 1，称为未译中。逻辑表达式为

$$B0 = \overline{\overline{A0}\ \overline{A1}} \qquad B1 = \overline{A0\ \overline{A1}} \qquad B2 = \overline{\overline{A0}\ A1} \qquad B3 = \overline{A0\ A1}$$

当编码输入 A0=0，A1=0 时，B0=0（有译码输出），B1=B2=B3=1（无译码输出），依次类推，真值表如表2.15 所示。

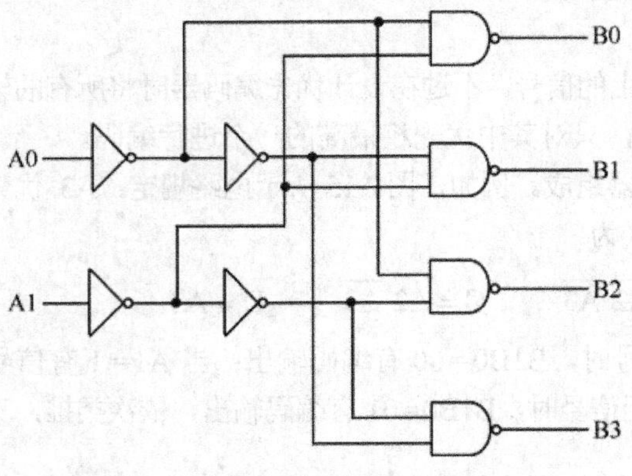

图 2.16　2-4 线译码器电路

表 2.15　2-4 线译码器真值表

A0	A1	B0	B1	B2	B3
0	0	0	1	1	1
0	1	1	0	1	1
1	0	1	1	0	1
1	1	1	1	1	0

也可以对于任意组输入编码，仅有与该编码相对应的一个输出端输出为 1，称为译中，其余所有输出都为 0，称为未译中。

图2.17 所示为一个 3-8 线译码器电路，当 A2A1A0＝100，B4 译中，有译码输出，A2A1A0＝110，B6 译中，有译码输出。

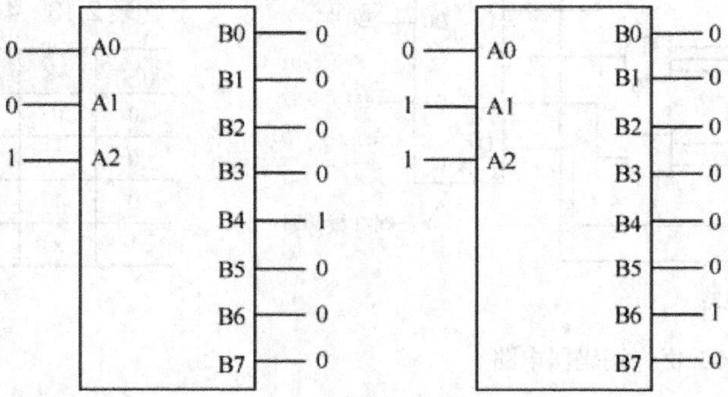

图 2.17　3-8 线译码器电路

经常使用的 3-8 线译码器型号是 74HC138，由 3 个地址输入端 A1、A2、A3，3 个使能输入端 G1、$\overline{G2}$ 、$\overline{G3}$ 和 8 个输出端组成，如图2.18 所示。$\overline{G2}$ 、$\overline{G3}$ 输入有小圈，表示低有效。

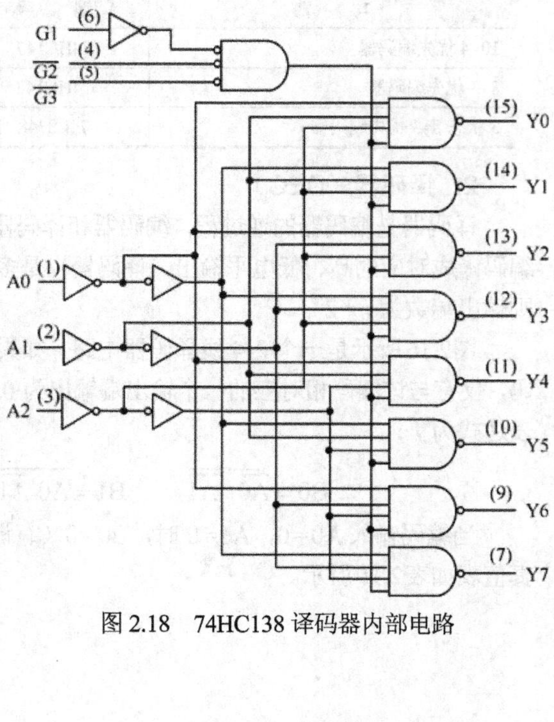

图 2.18　74HC138 译码器内部电路

74HC138 译码器输出逻辑表达式为

$Y0=\overline{EN\overline{A0}\ \overline{A1}\ \overline{A2}}$　　$Y1=\overline{ENA0\ \overline{A1}\ \overline{A2}}$

$Y2=\overline{EN\overline{A0}\ A1\ \overline{A2}}$　　$Y3=\overline{ENA0\ A1\ \overline{A2}}$

$Y4=\overline{EN\overline{A0}\ \overline{A1}\ A2}$　　$Y5=\overline{ENA0\ \overline{A1}\ A2}$

$Y6=\overline{EN\overline{A0}\ A1\ A2}$　　$Y7=\overline{ENA0\ A1\ A2}$

使能输入逻辑表达式为 $EN=G1\overline{G2G3}$ 。当 EN＝1 时译码器工作，3-8 线译码器有输出（0 表示有译码输出，1 表示无译码输出）。单片机系统中常用的译码（驱动）器电路如表2.16 所示。

表 2.16　单片机系统中常用的译码（驱动）器电路

功　能	型　号	说　明
2-4 译码器	74HC139	双重
3-8 译码器	74HC138	
4-15 译码器	74HC154	
BCD 十进制译码驱动器	74LS145	OC 门输出
7 段显示译码驱动器	74LS48	二-十进制

3. 数据选择器和数据分配器

（1）数据选择器

在数字系统的数据传输过程中，有时需要从多路输入数据中选中某一路输出，这时就要用到称为数据选择器（MUX）的逻辑电路。数据选择器也称多路选择器或多路开关，是多路输入、一路输出的组合逻辑器件。选择哪一路输入传送到输出端，由当时的控制信号决定。MUX 实现了多通道的数据传送。

下面以 4 选 1 数据选择器为例，说明其工作原理。

4 选 1 数据选择器是指，从 4 路输入信号中有选择性地选中某一路信号送到输出端的组合逻辑电路。逻辑电路图如图2.19 所示。4 路输入信号是 D0、D1、D2 和 D3，地址选择端是 A 和 B，输出端是 Y。逻辑表达式为

$$Y=\overline{A}\ \overline{B}D0+A\overline{B}D1+\overline{A}BD2+ABD3$$

输入信号中的哪一路送到输出端，决定于 A 和 B 的状态：AB=00，Y=D0，信号 D0 送到输出端；AB=10，Y=D1，信号 D1 送到输出端；AB=01，Y=D2，信号 D2 送到输出端；AB=11，Y=D3，信号 D3 送到输出端。

（2）数据分配器

数据分配器也称多路分配器，是一路输入、多路输出的组合逻辑器件。一路输入信号传送到哪一路输出端，由当时的控制信号决定。数据分配器与数据选择器的用途相反，它们配合使用，实现多通道的数据传送。1-4 数据分配器是指 1 路输入、4 路输出的组合逻辑电路，逻辑电路图如图2.20 所示。

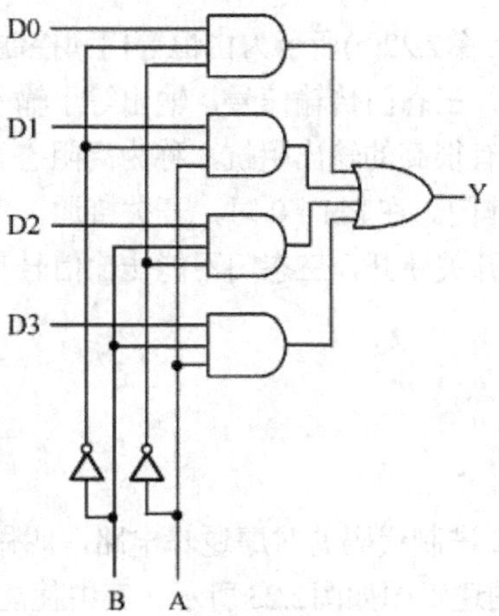

图 2.19　4 选 1 数据选择器逻辑电路

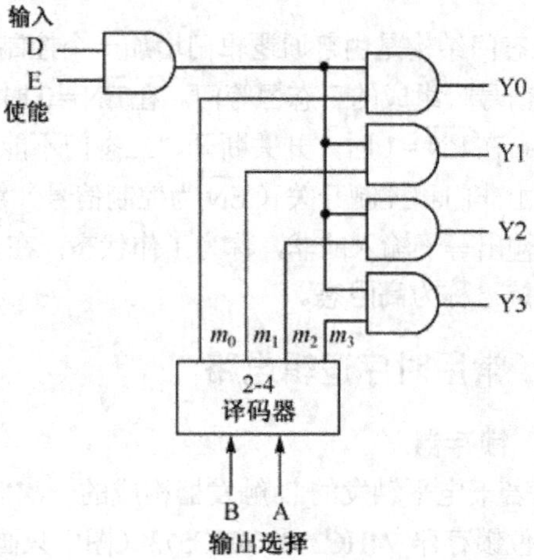

图 2.20　1-4 数据分配器逻辑电路图

译码器也可以作为数据分配器使用，只要将译码器的使能端连接数据输入端即可实现数据分配器的功能，如图 2.21 所示。

单片机系统中常用的数据选择器和数据分配器，如表2.17所示。

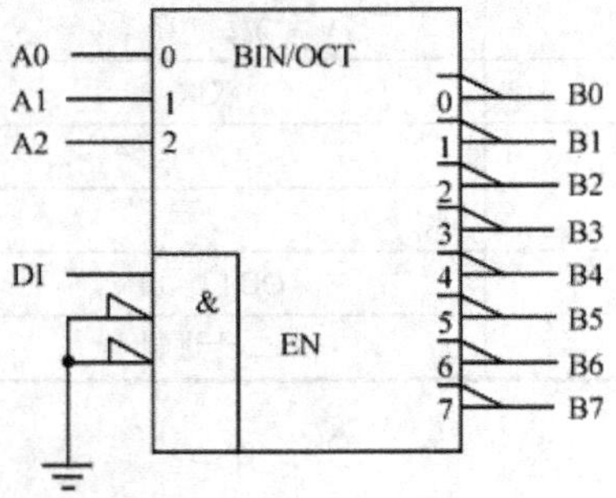

图 2.21　用 3-8 译码器实现数据 1-8 分配器

表 2.17　单片机系统中常用数据选择器和数据分配器

功　能	型　号	说　明
16-1 数据选择器	74HC150	
8-1 数据选择器	74HC151	有反相输出
8-1 数据选择器	74HC152	
4-1 数据选择器	74HC153	双重 4 选 1
2-1 数据选择器	74HC257	三态输出
2-4 数据分配器	74HC155	
2-4 数据分配器	74LS156	OC 门输出

4. 三态门与传输门

（1）总线

总线（BUS）是一组导线，是数据传送的公共通路。在总线结构的计算机中，多个部件挂在总线上，共享总线，多个部件分时使用总线，进行部件间的数据传送。所谓分时使用总线，就是在某一时刻，只允许一组数据发送到总线上，使相应的部件接收总线上的数据。

（2）特殊控制开关——三态门

在比较复杂的系统中，为了能在一条传输线上传送不同部件的信号，使用的相应的逻辑器件称为三态门。三态门是一种扩展逻辑功能的输出级，也是一种控制开关。三态门中恒等门和非门的逻辑符号如图2.22所示，真值表如表2.18所示。

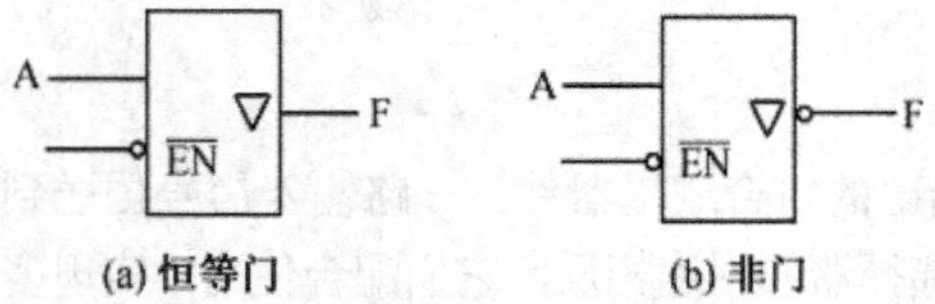

图 2.22　恒等门和非门的逻辑符号

表 2.18　恒等门和非门真值表

恒等门			非门		
EN	A	F	EN	A	F
0	0	0	0	0	1
0	1	1	0	1	0
1	x	高阻	1	x	高阻

三态门结构是由普通逻辑门增加一个控制信号构成的。图2.22(a)所示为由恒等门和控制开关（$\overline{EN}$为控制信号）组成的三态恒等门。在$\overline{EN}$=0 时，开关接通，三态门传输信号，输出等于输入，称为工作状态；在$\overline{EN}$=1 时，开关断开，三态门不能传输信号且有很高的输出阻抗，称为高阻态。图2.22(b)所示为由非门和控制开关（$\overline{EN}$为控制信号）组成的三态非门。在$\overline{EN}$=0 时，开关接通，三态门传输信号，输出等于输入的非，称为工作状态；在$\overline{EN}$=1 时，开关断开，三态门不能传输信号且有很高的输出阻抗，称为高阻态。

2.2.4　常用时序逻辑电路

1. 锁存器

由若干电平触发的 D 触发器构成的一次能存储多位二进制代码的时序逻辑电路，叫做锁存器。

8 位锁存器 74HC373/74HC573（图中只画出 4 位）的逻辑图如图2.23所示。其中使能端 G 加入 CP 信号，D 为数据信号。输出控制信号为 0 时，锁存器的数据通过三态门输出。表 2.19 所示为 74HC373/74HC573 的功能表。Q^n为 1Q、2Q 等的初始状态（初态），74HC373 与 74HC573 仅仅是引脚排列位置不同，74HC573 的输入引脚和输出引脚分别排列在芯片两边，使用较 74HC373 方便。

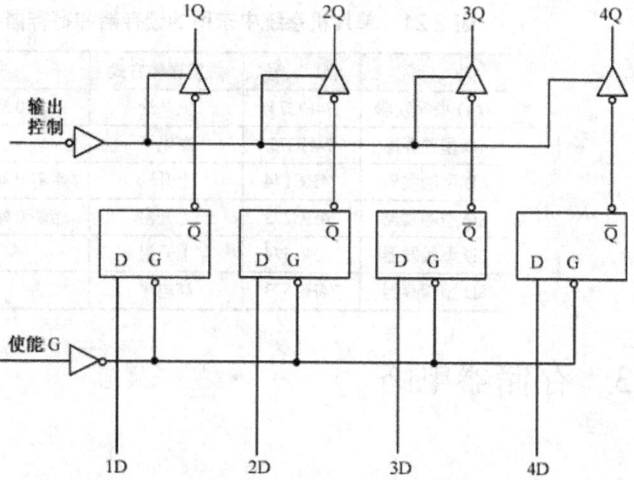

图 2.23　74HC373/74HC573 锁存器内部逻辑图

表 2.19　74HC373/74HC573 功能表

输出控制	G	D	输　出
0	1	1	1
		0	0
0	0	x	Q^n
1	x	x	高阻

锁存器的工作特点为数据信号有效滞后于时钟信号有效，这就意味着时钟信号先到，数据信号后到。

74HC373/74HC573 常作为单片机低 8 位地址总线锁存器。在单片机进行外部扩展时，74HC373/74HC573 可以作为外部 I/O 口扩展器件。

2. 寄存器

由若干正沿 D 触发器构成的一次能存储多位二进制代码的时序逻辑电路，叫做寄存器，也称为数据触发器。

8 位寄存器 74HC374/74HC574（图中只画出 4 位）的逻辑图如图2.24 所示。由于它具有三态门控制输出，因而其输出适合于挂接在数据总线上。表2.20 所示为 74HC374/74HC574 功能表。图2.25 所示为 74HC374/74HC574 寄存器时序图。

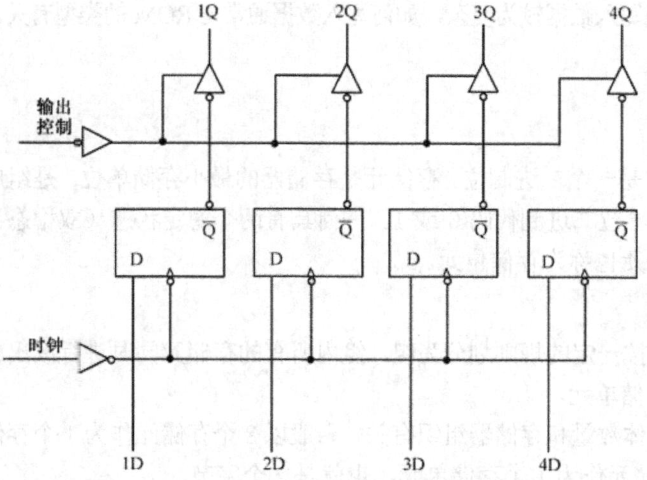

图 2.24　74HC374/74HC574 锁存器内部逻辑图

表 2.20　74HC374/74HC574 功能表

输出控制	CP	D	输　出
0	↑	1	1
0	↑	0	0
0	0	x	Q^n
1	x	x	高阻

寄存器的工作特点为时钟信号有效滞后于数据信号有效，这就意味着数据信号先建立，时钟信号后建立，在 CP 上升沿时刻打入到触发器。

寄存器是计算机系统或其他数字系统中使用最多的时序逻辑构件，可以说是无处不在的。它用来保存一个字，这个字一般由 n 位二进制代码组成。

单片机系统中常用的锁存器和寄存器如表2.21 所示。

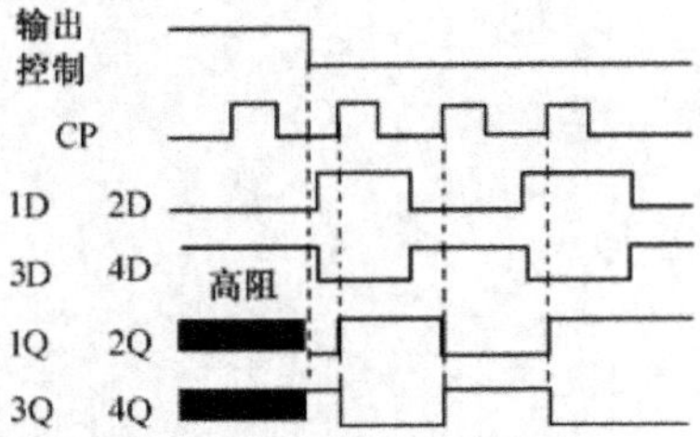

图 2.25　74HC374/74HC574 寄存器时序图

表 2.21　单片机系统中常用的锁存器和寄存器

功　能	型　号	触发送数方式	备　注
双 D 型触发器	74HC74	上升沿	带清 0 端
4D 型锁存器	74HC75	高电平	
6D 型触发器	74HC174	上升沿	带清 0 端
8D 型触发器	74HC273	上升沿	带清 0 端
8D 型触发器	74HC574	上升沿	
8D 型锁存器	74HC573	高电平	

2.3　存储器电路

2.3.1　存储器概述

存储器是用来存放数据的集成电路或介质，常见的存储器有半导体存储器（ROM、RAM）、光存储器（如 CD、VCD、MO、MD、DVD）、磁介质存储器（如磁带、磁盘、硬盘）等。存储器是计算机极为重要的组成部分，有了它计算机才具有存储信息的功能，才能使计算机可以脱离人的控制自动工作。单片机嵌入式系统中主要使用的存储器是半导体存储器，从使用功能上，可分为随机存取存储器（RAM）和只读存储器（ROM）两类。RAM 主要用于存放各种现场数据、中间计算结果，以及主机与外设交换信息等，它的存储单元的内容既可读出，又可写入。ROM 中存储的信息只能读出，不能写入，如 PC 主板上的存放 BIOS 程序的芯片就是 ROM 存储器。

在单片机系统中，RAM 存储器常用来作为数据存储器，ROM 存储器常用来作为程序存储器。RAM 存储器的优点是读/写方便，使用灵活，但断电后 RAM 中的信息会丢失，为易失性存储器。ROM 存放的数据一般不能用简单的方法对其内容进行改写，正常使用时主要对其进行读取操作，一般用于存放程序或一些固定的数据，一般在使用之前由生产厂家或用户将内容直接写入器件中。ROM 存储器的优点是在断电时信息不会丢失，为非易失性存储器。但写入数据较为复杂，如何写入数据通常与 ROM 的类型有关。

2.3.2　存储器有关概念

1．存储元

计算机中最小的信息单位是 bit，也就是一个二进制位。存储元是存储器的最小存储单位，是组成存储器的基础和核心，其作用是用来存放 1 位二进制代码 0 或 1。任何具有两个稳定状态（双稳态）的物理器件都可以用来作为存储元。存储元也称为存储位元。

2．存储单元

在存储器中有大量的存储元，把它们按一定的规则划分为组，组内所有的存储元同时进行读出或写入操作，这样的一组存储元称为一个存储单元。

一个存储单元包含若干存储元，其具体数量和存储器组织有关。一般以 8 个存储元作为 1 个存储单元，也就是 1 个字节。也可以 16 个存储元作为 1 个存储单元，也就是 2 个字节。

在存储器中每个存储单元都有一个唯一的整数编码，称为存储地址或字地址。计算机通过这个地址访问相应的存储单元。

存储单元一般用十六进制数表示，而每一个存储器地址中又存放着一组二进制表示的数，通常称为该地址的内容。值得注意的是，内储单元的地址和地址中的内容两者是不一样的。前者是存储单元的编号，表示存储器总的一个位置，而后者表示这个位置里存放的数据。正如一个是房间号码，另一个是房间里住的人一样。

3. 存储容量

存储容量是指存储器可以容纳的二进制信息量。

存储容量大小由存储器的地址线和数据线多少决定。假设某存储器芯片有 M 条地址线和 N 条数据线，则 M 决定了存储单元数，N 决定了每个存储单元的数据位数。

芯片的存储容量 = 存储单元数×每个存储单元的数据位数 $=2^M \times N$。例如，RAM 存储器 RAM 62256 的地址线为 A0～A14，共 15 线，数据线为 D0～D7，共 8 线，则该存储器容量为 $2^{15} \times 8=262144$ 存储元。

半导体存储器芯片是以位 b（Bit）为基本单位说明其存储容量的。但通常我们是以字节 B（Byte）为基本单位说明其存储容量的。

每一千个字节称为 1 KB，注意，这里的“千”不是我们通常意义上的 1000，而是指 1024。即 1 KB = 2^{10} B = 1024 B。更大的存储单位是 MB（2^{20} B）、GB（2^{30} B）、TB（2^{40} B）。

另外，需要注意的是，存储产品生产商会直接以 1 GB = 10^9 B，1 MB = 10^6 KB，1 KB = 10^3 B 的计算方式统计产品的容量，这就是为何买回的存储设备容量达不到标称容量的主要原因。

下面将分别简介 RAM 和 ROM 两大类存储器。

2.3.3　RAM 存储器

RAM 存储器是指断电时信息会丢失的存储器，但是这种存储器可以现场快速地修改信息，所以 RAM 存储器是可读/写存储器，一般都作为数据存储器使用，用来存放现场输入的数据，或者存放可以更改的运行程序和数据。根据其工作原理不同，可分为以下两类：基于触发器原理的静态读/写存储器（Static RAM，SRAM）和基于分布电容电荷存储原理的动态读写存储器（Dynamic RAM，DRAM）。前者相对读/写速度快，且大多数与相同的程序存储器 EPROM 引脚基本兼容，利于印制板电路设计，使用方便，但是集成度低，成本高，功耗大。后者集成度高，成本低，功耗相对较低，但是由于分布电容上的电荷会随时间而泄漏减少，为保持其内容，需要对其周期性地刷新（即对电容充电），这就需要增加一个刷新电路，附加额外的成本。

一般 SRAM 用于仅需要小于 64 KB 数据存储器的小系统，如单片机系统，或作为大系统中的高速缓冲存储器，如 PC 的 CPU 中的 Cache；而 DRAM 常用于需要大于 64 KB 的大系统，这样刷新电路的附加成本会被大容量的 DRAM 的低功耗、低成本等利益所补偿，大容量数据存储器采用 DRAM 是最经济的方案。

选择 SRAM 的另一个依据是当需要用电池作为后备电源进行数据保护时，应该采用 CMOS SRAM。这是因为 1978 年后推出的 CMOS SRAM 芯片都有低功耗工作方式，一般只要用 2 V 电源电压且在功耗极低的情况下就可以保持芯片中的数据信息。虽然用电池作为后备电源也可以保护 DRAM 中的数据，但是由于 DRAM 需要连续地动态刷新保持数据不变，这就需要给整个存储器支持系统提供电功率，由此势必需要使用大容量的电池作为后备电源，因此在单片机系统中常采用 SRAM 作为数据存储器。

SRAM 的基本结构如图2.26 所示。RAM 的结构大体由三部分组成：用于选择存储单元的地址译码器、由存储单元所构成的存储单元矩阵、控制数据流向的输入/输出电路（包括读/写控制电路、片选信号及输出缓冲器）。存储器和外部设备的数据交换是通过数据线进行的，为了节约数据线，一般采用读/写共享数据线的方式，其上的数据流向由读/写控制电路决定。在存储器电路中，通常把数据线上一次能传送的数据称为一个字，如 8 位数据线所传送的字含 8 位二进制信息，称字长为 8。

每个存储元可存储 1 位二进制信息，存储元常排列成矩阵的形式，构成存储体。如一个 1024 字 × 1 位的存储芯片，常排列成 32 × 32 的矩阵形式，它表示有 1024 个可寻址的逻辑单元，可存储 1024 个字，由这样的 4 个存储芯片就可组成 1024 字 × 4 位的存储器。

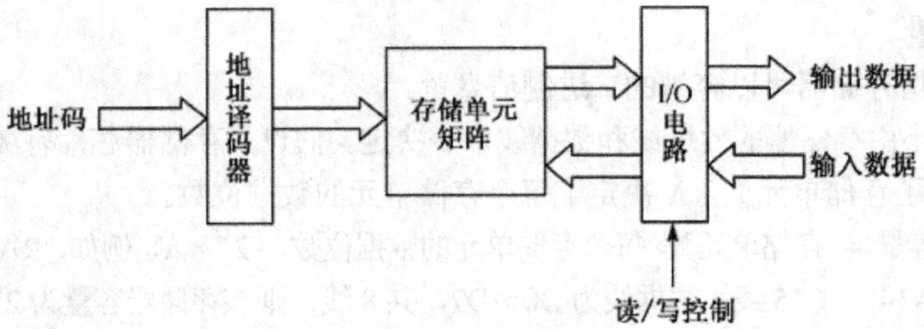

图 2.26 SRAM 的基本结构

为了能够对每个存储单元进行读/写操作，各单元必须有各自的单元地址。当输入一个地址码时，利用地址译码器就可以在存储矩阵中找到相应的存储单元。

读/写控制电路用于控制对存储单元的读或写操作。存储器所设置的片选信号，使得只有在该片选信号有效时，才可以进行读/写操作。输出缓冲器常采用漏极开路电路或三态输出电路，以便存储器的输出可以并联使用，从而扩充了存储单元。下面对各组成部分分别加以介绍。

1. 地址译码方式

地址译码有两种方式，一种是单译码方式，或称为字结构方式，适用于小容量存储器；另一种是双译码方式，或称为 X-Y 译码结构。译码结构中，把地址译码输出线称为字选线，简称字线。每个存储单元有两条传输数据的原码与反码的数据位线，简称位线。位线是存储体内的数据传输线，每一列中各存储单元的位线是连通的，被选中单元的位线通过输入/输出电路可以与存储器的数据总线相连。

（1）单译码结构

图 2.27 所示为一种单译码结构的 16 字 × 4 位的存储器，共有 64 个存储单元，排列成 16 行 × 4 列的矩阵，每个小方块表示一个存储单元。电路设有 4 根地址线，可寻址 $2^4 = 16$ 个地址逻辑单元，若把每个字的所有 4 位视为一个逻辑单元，使每个逻辑单元的 4 个存储单元具有相同的地址码，译码电路输出的这 16 根字线刚好可以选择 16 个逻辑单元，每选中一个地址，对应字线的 4 位存储单元同时被选中。选中的存储单元将与数据位线连通，即可按照要求实现读或写操作了。

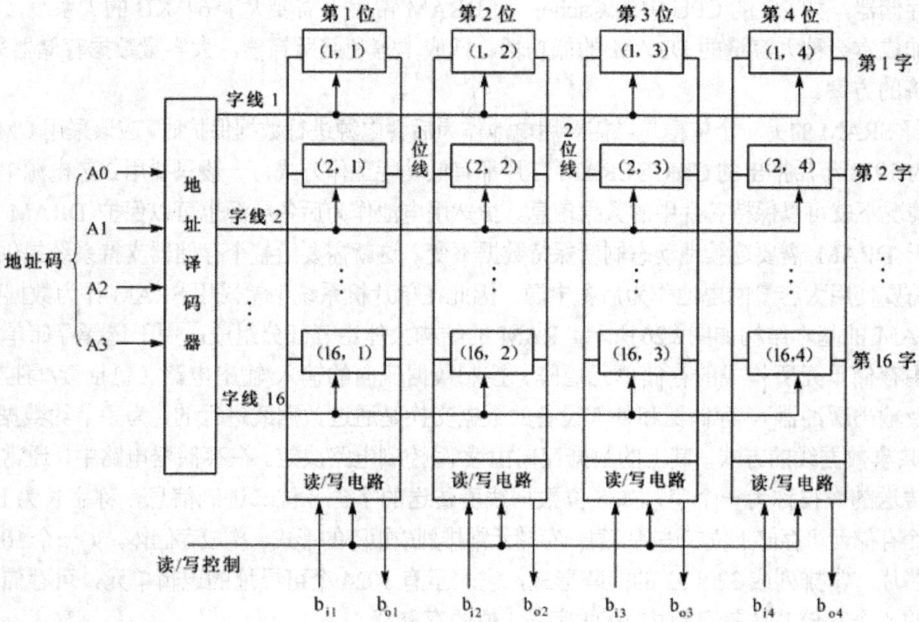

图 2.27 16 字×4 位单译码结构存储器

（2）双译码结构

图2.28所示为一个双译码结构的16字×1的地址译码存储器。视每个字的1位存储单元构成一个逻辑单元，图中每个小方块表示一个逻辑单元。16个可寻址逻辑单元排列成4×4的矩阵，为减少地址译码电路的输出数量，采用双重译码结构，每个地址译码的输出线数为$2^2=4$根（单译码方式需16根地址输出线）。图中，A0、A1是行地址码，A2、A3是列地址码。行、列地址经译码后分别输出4根字线X0～X3和Y0～Y3。X字线控制矩阵中的每一行是否与位线连通，一行中究竟哪个逻辑单元被选中则由Y字线控制。被选中的单元将与数据线连通，以交换信息。

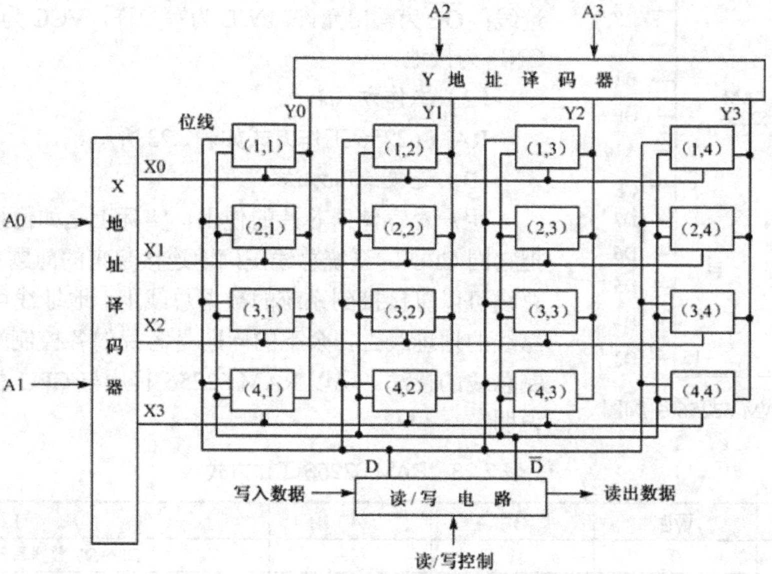

图 2.28　双译码结构地址译码存储器

2. 读/写控制电路

在RAM结构中，读出和写入的数据线是公用的，为了控制电路中数据的流向，设立了专门的读/写控制电路。

图2.29所示为1位数据的读/写控制电路。门G1、G2是控制信号为高电平有效的三态门，I/O线即为RAM的外接数据总线。在控制信号的作用下，它可以与存储单元的内部数据线D接通或断开。

当片选信号CS= 0有效时，读/写控制信号WE可以控制信号的流向。若WE=1时，外电路向存储器读取数据，门G4导通，输出高电平，门G3截止，对应输出给三态门G1的控制信号无效，G1输出高阻状态，G2开启，D上的数据通过G2送到总线I/O上，实现读操作。当WE=0时，情况刚好和前面相反，这时G1开启，G2输出高阻状态，数据只能由I/O送给D，实现写操作。

目前大多数存储器采用独立的两根信号线$\overline{OE}$、$\overline{WE}$完成读写控制。其内部电路与图2.29略有不同。

单片机系统常用的SRAM主要技术特性如表2.22所示。

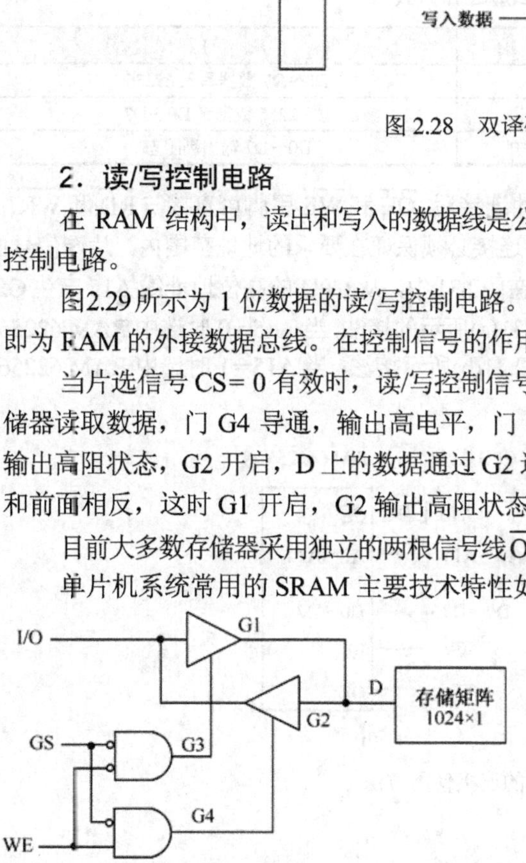

图 2.29　读/写控制电路

表 2.22　常用 SRAM 主要技术特性

参数＼型号	RAM 6116	RAM 6264	RAM 62256
容量（B）	2×1024	8×1024	32×1024
引脚数	24	28	28
维持电流（mA）	5	2	0.5
工作电流（mA）	35	40	8
存取时间（ns）	200	200	200（最大）
工作电压（V）	5	5	5

3. 静态 RAM 62256

（1）引脚图

RAM 62256 是一个 32 K×8 位的静态随机读/写存储器芯片，其引脚包含地址线 15 条，数据线 8 条，1 个片选端 $\overline{CE}$，一个写允许 $\overline{WE}$ 端和一个输出允许 $\overline{OE}$ 端。该芯片功耗极低，在未选中时仅 2.5 W，工作时也仅 40 mW，很适合于用电池供电的 RAM 电路。图2.30所示为 RAM 62256 引脚图。

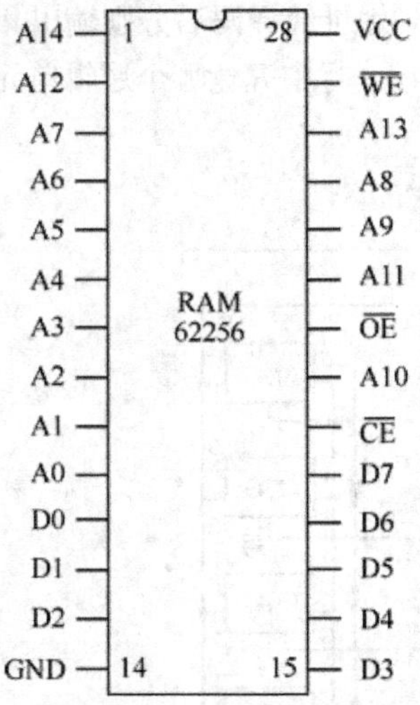

图 2.30　RAM 62256 引脚图

引脚说明：A0～A14 为地址线，D0～D7 为数据线，$\overline{CE}$ 为片选线；$\overline{OE}$ 为输出允许，$\overline{WE}$ 为写允许，VCC 为工作电源（5 V），GND 为接地。

（2）工作方式表

RAM 62256 工作方式如表2.23所示。

（3）连接使用方法

用户对存储器芯片的使用，实际上是如何按规定的地址范围把它同 CPU 的系统总线正确地连接起来的问题。正常芯片的数据总线可以直接接到系统的数据总线上，地址线可直接连接到系统总线的地址线上，余下的问题是芯片的各控制端如何处理，即控制总线的接法。现以 RAM 62256 芯片与 CPU 总线连接为例加以说明。

表 2.23　RAM 62256 工作方式

$\overline{CE}$	$\overline{WE}$	$\overline{OE}$	方　式	功　能
0	0	1	写入	D0～D7 数据写入 62256
0	1	0	读出	读 62256 数据到 D0～D7
1	x	x	未选中	D0～D7 输出高阻态

在 RAM 62256 的数据总线和地址总线按一般规律连接后，$\overline{OE}$ 和 $\overline{WE}$ 引脚可直接与 $\overline{RD}$ 和 $\overline{WR}$ 相接，用总线的读/写信号控制芯片的读/写操作。$\overline{CE}$ 的连接必须保证在要求的地址范围内，片选信号低有效，这就存在如何处理总线的高位地址线的问题。在图2.31中，从 CPU 的高位地址线 A15 产生 $\overline{CE}$ 信号，因为 RAM 62256 的 $\overline{CE}$ 为低有效，所以对于图2.31(a)所示的接法，当 A15=0 时选中 RAM 62256，RAM 62256 的地址确定为 0000H～7FFFH，而对于图2.31(b)所示接法，当 A15=1 时选中 RAM 62256，RAM 62256 的地址确定为 8000H～FFFFH。

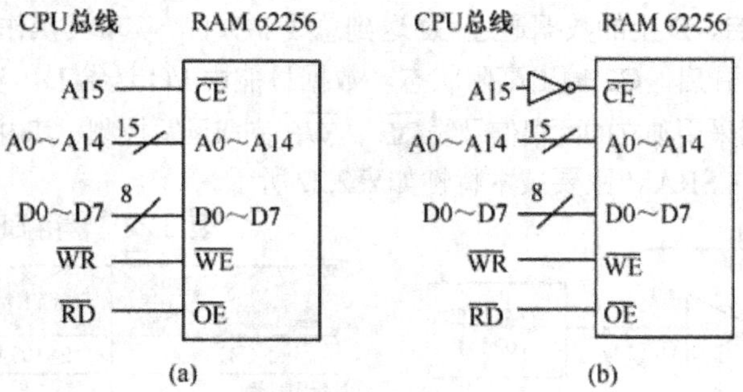

图 2.31　RAM 62256 的连接使用方法

RAM 62256 写入数据的过程如下：

① 在芯片的 A0～A14 上加入要写入的单元的地址；

② 在 D0～D7 上加上要写入的数据；

③ 在 $\overline{CE}$ 上加上有效的低电平；

④ 在 $\overline{WE}$ 上加上有效的低电平；

⑤ 在 $\overline{OE}$ 上加上高电平。

这样就将数据写到了地址所选中的单元中。

RAM 62256 读出数据的过程如下：

① 在芯片的 A0～A14 上加入要写入的单元的地址；

② 在 $\overline{CE}$ 上加上有效的低电平；

③ 在 $\overline{OE}$ 上加上低电平；

④ 使 $\overline{WE}$ 为高电平。

这样相应地址的数据便送到了 D0～D7 供读取。

2.3.4 ROM 存储器

前已述及，只读存储器（ROM）的特点是：其内容是预先写入的，而且一旦写入，使用时就只能读出不能改变，掉电时也不会丢失，ROM 器件还具有结构简单、信息度高、价格低、非易失性和可靠性高等特点。对 ROM 内容的设定（写入）称为编程。大多数单片机系统都需要某种形式的 ROM 存储器存储程序。ROM 的种类较多，按存储内容的写入（常称为编程）方式可分为固定 ROM、可编程的 PROM、可擦可编程的 EPROM 三类。可擦可编程的 EPROM 又分为 UV-EPROM（紫外线擦除可编程，人们常把 UV-EPROM 称为 EPROM）、E^2PROM（电擦除可编程）、Flash E^2PROM（闪速存储器）。

固定 ROM 又称 Mask ROM，需要存储的信息由 ROM 制造厂家写入，信息存储可靠性最高，当用量很大时，单片成本最低。

可编程 PROM 又称 OTP ROM，需要存储的信息由用户使用编程器写入，信息存储可靠性次之，单片成本较低，只能使用一次，目前已较少使用。

可擦可编程的 EPROM，存储的信息可由用户通过光或电的方法擦除，需要存储的信息由用户使用编程器写入，信息存储可靠性较低，单片成本较高。但由于其可反复使用，故得到大多数中小用户的青睐。

这一类存储器以闪速存储器 Flash E^2PROM 系列发展最快。闪速存储器是 Intel 公司 20 世纪 90 年代初发明的一种高密度、非易失性的读/写半导体存储器，它既有 E^2PROM 的特点，又有 RAM 的特点，因而是一种全新的存储结构。所谓的固态盘、U 盘、MP3、CF 卡等移动存储器都是以 Flash E^2PROM 作为存储介质的。

1．ROM 的结构与工作原理

ROM 的结构与 RAM 十分相似，如图2.32所示，它由存储矩阵、地址译码器、输出缓冲器电路组成。地址译码器可以是单译码，也可以是双译码。

2．ROM 的点阵结构表示法

如图2.33所示，将存储器字线和位线画成相互垂直的一个阵列，每一个交叉点对应一个存储元，交叉点上有黑点表示该存储元存 1，无黑点表示该存储元存 0，这就是存储器的点阵图表示方法。ROM 点阵结构表示法是一种新思路，它对后来其他可编程器件的发展起到了奠基作用。

在图2.33中，如果把 ROM 视为组合逻辑电路，则地址码 A1A0 是输入变量，数据码 D3～D0 是输出变量，由上图可得输出函数表达式：

$$D3 = \overline{A1}A0 + A1A0$$

$$D2 = \overline{A1}\,\overline{A0} + A1\overline{A0} + A1A0$$

$$D1=\overline{A1}A0+A1\overline{A0}+A1A0$$
$$D0=\overline{A1}A0+A1\overline{A0}$$

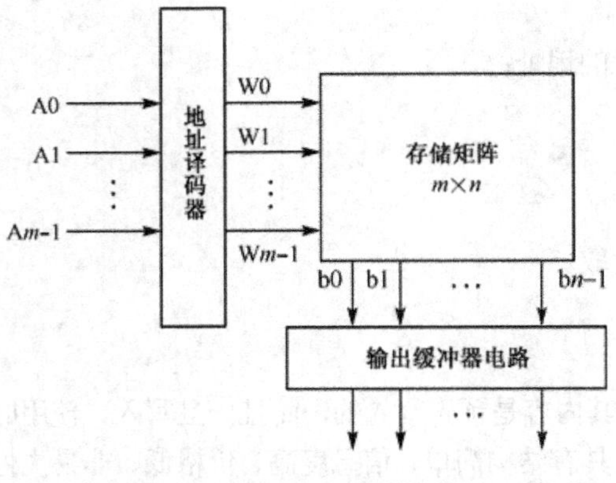

图 2.32 ROM 的结构框图

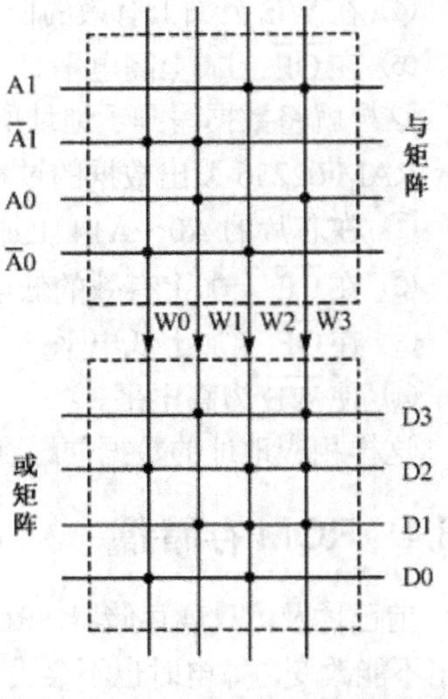

图 2.33 ROM 的点阵结构表示图

逻辑函数是与或表达式，每一条字线对应输入变量的一个最小项。由此可列出逻辑函数真值表，如表2.24所示。

表 2.24 图 2.33 中 ROM 存储器的内容

地址（输入端）		数据（输出端）			
A1	A0	D3	D2	D1	D0
0	0	0	1	0	1
0	1	1	0	1	0
1	0	0	1	1	1
1	1	1	1	1	0

3. 可用紫外线擦除可编程只读存储器 EPROM

EPROM 是 Erasable Programmable Read Only Memory 的缩写，因为其擦除方法是用紫外线照射，所以又称为可用紫外线擦除可多次编程的 ROM-UV-EPROM（Ultraviolet-Erasable Programmable Read Only Memory）。用户可多次改写内容，改写时需要宽度约为 50 ms 的高电压编程脉冲，EPROM 芯片外壳上方有窗口，当用紫外线通过这个窗口照射时，写入的信息被擦除。为避免 EPROM 的内容在外来光线照射下慢性自动擦除，通常用一种不透光的标签粘贴在窗口上。EPROM 存储芯片的基本用法与 RAM 大致相同。

（1）引脚与接线

图2.34所示为 64 KB 芯片 EPROM 27C512 外引脚及与 CPU 的接线方法。其中，A0～A15 为地址线，O0～O7 为数据线，$\overline{CE}$ 为片选线，$\overline{OE}$ 为输出允许，VCC 为工作电源（5 V），GND 为接地。

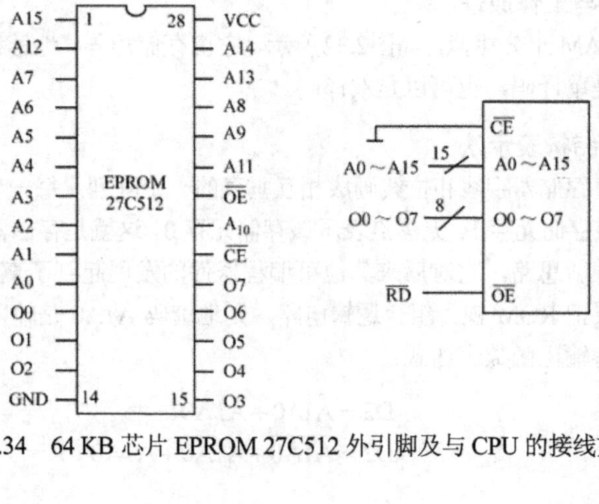

图 2.34 64 KB 芯片 EPROM 27C512 外引脚及与 CPU 的接线方法

27C512 是 64 KB 的 EPROM，28 脚双列直插式封装，地址线为 16 条，8 位数据线带三态输出缓冲，$\overline{CE}$ 为片选信号接地，表示在 0000H～FFFFH 范围内全部选中 27C512，$\overline{OE}$ 为允许输出引脚，读出时只需单一的+5 V 电源，O0～O7 为三态输出，与 TTL 电平兼容。读周期类似于 RAM，当地址引脚上出现读出单元地址，$\overline{CE}$ 和 $\overline{OE}$ 都为低电平时，从 O0～O7 端可读到数据。

部分 EPROM 主要技术特性如表2.25所示。新一代的单片机芯片内部都集成了 32～64 KB 大容量的程序存储器，所以单片机系统中已很少使用 EPROM 电路。

表 2.25　部分 EPROM 主要技术特性

型号 / 参数	EPROM 2764	EPROM 27128	EPROM 27256
容量（B）	8×1024	16×1024	32×1024
引脚数	28	28	28
最大维持电流（mA）	1	1	1
最大工作电流（mA）	30	30	30
存取时间（ns）	100	100	100
工作电压（V）	5	5	5

（2）编程操作

EPROM 在工厂提供的产品未被编程前，所有的位都是逻辑 1 状态，用户根据需要使用专用设备编程器把逻辑 0 状态写入所希望的位。如果要把已经写入的逻辑 0 改写成逻辑 1，不能用编程器实现，唯一的方法就是通过对 EPROM 芯片石英玻璃窗口照射一定剂量的紫外线，擦除芯片整片的信息后再重新编程。

4．电可擦除可编程只读存储器 E^2PROM（E^2PROM）

E^2PROM 是一种具有掉电记忆功能的存储器，其引脚与接线同 SRAM，内容也可以像普通 RAM 一样进行改写，而且改写时能够自动擦除并换成新内容。它不像 EPROM 那样需要紫外线擦除；而只需用电即可擦除并改写存储在其内部的内容。E^2PROM 通常在内部带有编程电源。由于它只需外接单一的+5 V 电源，因此使用起来十分方便。

E^2PROM 的主要缺点是成本高，擦除和改写的速度慢。

2.3.5　闪速存储器

闪速存储器（Flash Memory）可以用来存放程序，但由于其读写方便，也可以像 RAM 一样存放需要修改的数据，但由于擦写寿命限制，Flash Memory 并不适合于数据频繁改写的场合，现场使用多以读为主。与其他类型半导体存储器相比较，Flash Memory 具有大容量、读/写方便、非易失性和低成本 4 个显著优点，在单片机控制系统和移动信息设备中得到广泛的应用。随着市场对 Flash Memory 需求的不断扩大，各大半导体厂商正不断推出功能更强、容量更大的 Flash Memory 产品，技术也日趋成熟。新一代闪速存储器的特点及其功能描述如下。

（1）低电压在线编程，使用方便，可多次擦写

现代的 Flash Memory 都只使用 5 V 或 3 V 单电源供电，而编程时所需的高压及时序均由片内的编程电路自动产生，外围电路少，编程就像装载普通 RAM 一样简单，而高压编程电流也只有几毫安，因此非常适合于在应用系统中（尤其在低电压系统中）进行在线编程和修改，因而在智能化的工业控制和家电产品等方面都得到了很广泛的应用。其可重复擦写寿命也都在 10^5 次以上，能够满足许多场合的需要。

（2）按块/按扇区擦除，按字节编程

Flash Memory 产品，可以以小扇区为单位进行擦除（几十字节到几百字节为一个扇区），也可以全片快速擦除。而编程则是按字节进行的。

（3）完善的数据保护功能

Flash Memory 具有以下 5 种软硬件保护功能，保证片内数据不会意外丢失。

① 噪声滤波器：所有的控制线都有过滤电路，以消除任何小于 15 ns 的噪声脉冲。

② V_{CC}感应器：一般V_{CC}跌至3.8 V以下（对3 V器件为1.8 V以下）时，编程将被禁止。

③ 上电延迟：V_{CC}在上电后的5 ms内，编程被禁止。

④ 三线控制：OE、CE及WE三条控制线只要一条不处于正确电平，编程将被禁止。

⑤ 软件数据保护：所有对Flash Memory的数据的改写都需要通过编程算法完成。

在单片机系统中主要采用大容量的Flash Memory，如果单片机内存小于存储器存储容量，对Flash Memory的访问可通过分页面的方法来进行，详细的接线方法见7.3节。

2.4 电源电路

对于一个完整的嵌入式系统来讲，首要问题就是为整个系统提供电源供电模块，电源供电模块的稳定可靠是嵌入式系统平稳运行的前提和基础，但却往往被忽略。如果嵌入式系统的电源供电模块设计合理且稳定可靠，那么整个系统的故障往往就会减少一大半。

电源供电模块以电源稳压部分为主体，外围辅助部分可包含过压过流保护部分、电压监控部分以及其他部分等。本节介绍电源稳压部分，其他部分参考有关书籍。

1. 电源供电模块概述

电源供电模块包括前级和末级部分，如图2.35所示。

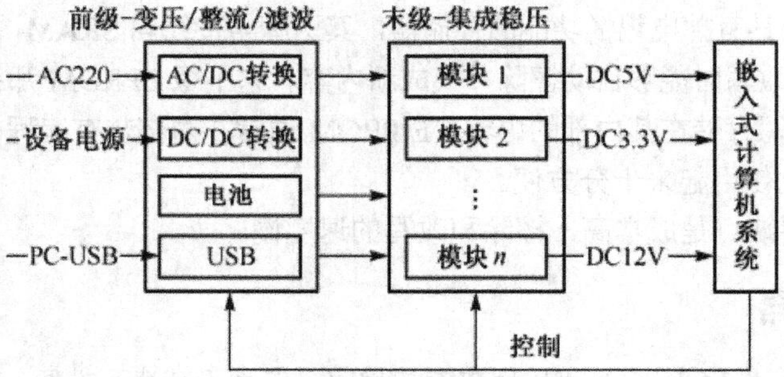

图2.35　电源供电模块示意图

前级接嵌入式系统的主供电电源，可以是交流AC220V、设备电源、电池或计算机的USB电源之一，设备电源是指嵌入性设备或嵌入性设备所处环境提供的电源，例如汽车中的嵌入式系统是靠引擎驱动的发电机/电压调节系统供电的。前级的功能是对主供电电源进行整流和滤波，并将主供电电源的电压变换成符合末级集成稳压模块所需的输入电压。

末级的输入接前级的输出，末级由集成稳压电路组成，末级集成稳压电路的作用就是在供电电源电压波动和负载变动时，其输出的直流电压不受影响。根据嵌入式计算机系统的电源需求，末级可能需要若干集成稳压模块。

某些整流滤波模块和集成稳压模块带有控制端，这些端子可连接到嵌入式计算机系统的I/O引脚，通过逻辑电平信号对电源模块进行管理。

2. 集成线性稳压电路

单片集成稳压电源具有体积小、可靠性高、使用灵活、价格低廉等优点。单片集成稳压电路分线性稳压电路和开关型稳压电路。线性稳压电路中三端固定式集成稳压器因线路简单，最为常用。三端固定式集成稳压器正电压输出的为78××系列，负电压输出的为79××系列。其中××表示固定电压输出的数值，如7805、7806、7809、7812、7815、7818、7824等，指输出电压是+5 V、+6 V、+9 V、+12 V、+15 V、+18 V、+24 V。79××系列也与之对应，只不过是负电压输出。这类稳压器的最大输出电流为1.5 A，塑料封装（TO-220）外形的最大功耗为 10 W（加散热器）；金属壳封装（TO-3）外形的最大功耗为 20 W（加散热器）。

其中 78 系列三端集成稳压器内部电路框图如图2.36所示。包括启动电路、基准电路、误差电路、过流过热保护电路和调整管等。

78/79 系列固定输出三端集成稳压器的典型应用电路如图2.37所示。

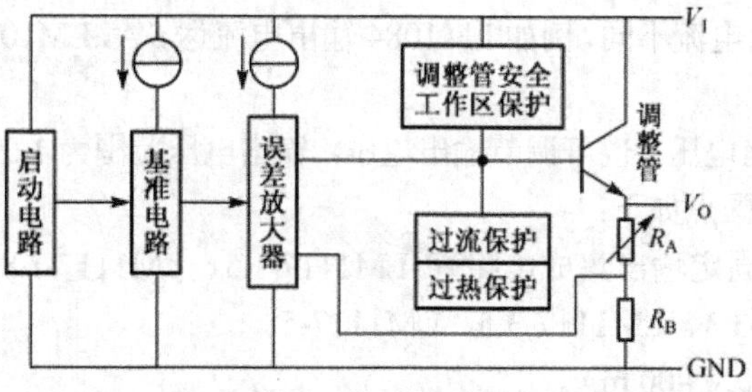

图 2.36　78 系列三端集成稳压器内部电路框图

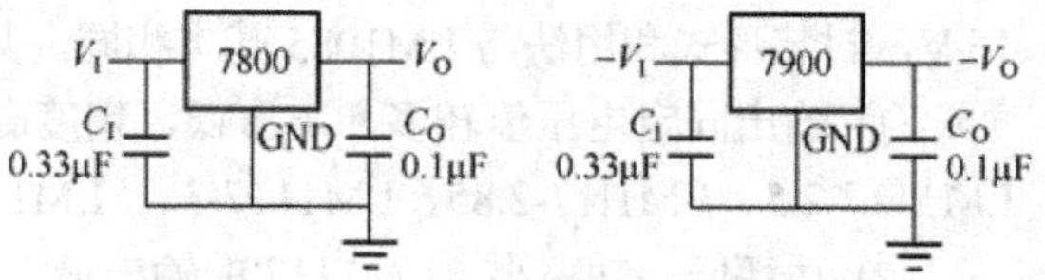

图 2.37　78/79 系列固定输出典型应用电路

在使用时必须注意 V_I 和 V_O 之间的关系。以 W7805 为例，该三端稳压器的固定输出电压是 5 V，而输入电压至少大于 7 V，这样输入/输出之间就有 2 V 的压差，使调整管保证工作在放大区。但压差取得大时，又会增加集成块的功耗，所以两者应兼顾，即既要保证在最大负载电流时调整管不进入饱和，又不致于功耗偏大。

3．低压差线性稳压电路

LDO（Low DropOut regulator，低压差线性稳压技术）：相对传统线性稳压技术，LDO 输入和输出之间的电压差更低。传统 78 系列的输入和输出电压差在 2～3 V 时才能正常工作，而低压差使输入输出电压差为 1.2～1.5 V 即可正常工作。例如，5 V 输入、3.3 V 输出，3.3 V 输入、1.8 V 输出。这使输入输出间的电压差值范围更小，集成电路功耗更低。典型应用为 LM1085 和 LM1117。

LM1085 是一款典型的低压差线性稳压集成电路，输入输出电压差低至 1.5 V，输出电流可达 3 A。LM1085 可以固定输出 3.3 V、5 V、12 V，也可通过引脚外围电阻设置调整输出，输出调整范围为 1.2～15 V。LM1085-3.3、LM1085-5、LM1085-12 为三款低压差（LDO）固定输出集成电路，固定输出分别是 3.3 V、5 V、12 V，固定输出方式硬件电路简单，用法也相对固定，同 78 系列基本相同。其引脚和典型应用电路如图2.38所示。

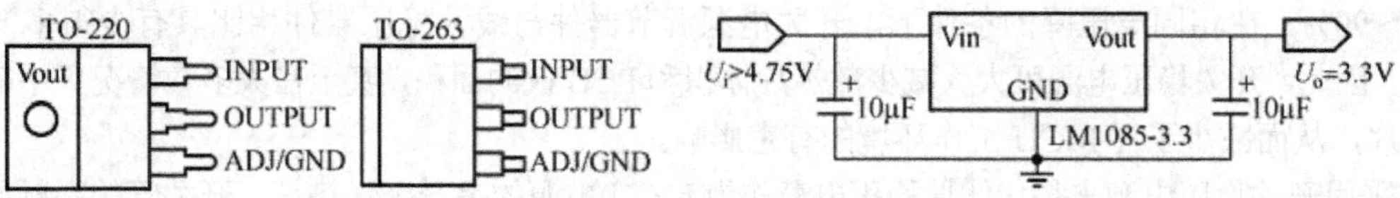

图 2.38　LM1085 系列引脚和典型应用电路

LM1085-ADJ 为输出电压可调节低压差集成电路，输出调整范围为 1.2～15 V，可以通过调节 R_1 和 R_2 阻值比值的大小来确定输出电压，如图2.39所示。

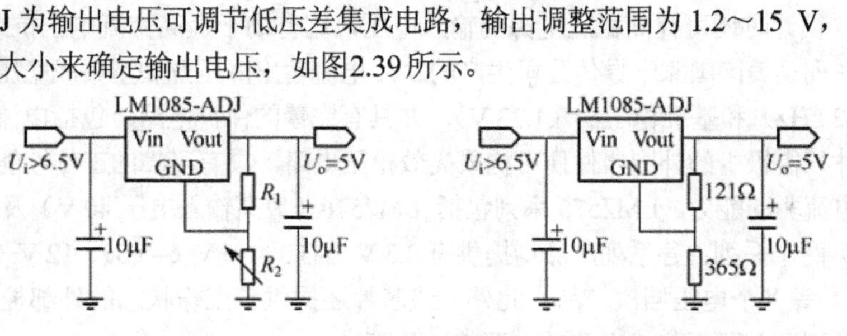

图 2.39　LM1085 系列引脚和典型应用电路

$$U_o = V_{REF}(1 + R_2/R_1) + I_{ADJ}R_2$$

其中，U_o为输出电压，单位为 V；V_{REF}为基准电压，V_{REF} = 1.25 V；I_{ADJ}为基准电流，I_{ADJ}最大值为 120 μA（通常在计算中忽略）。实际应用中为了确定 R_1 和 R_2 阻值比值的大小，通常将 R_1 固定，调节 R_2，达到调节输出电压的目的。因此在实际应用中上式可为

$$U_o = 1.25(1 + R_2/R_1)$$

LM108x 系列集成电路型号较多，不同型号输出电流不同，例如 LM1084 输出电流达 5 A，LM1086 输出电流为 1.5 A，其用法与 LM1085 相同。

LM1117 也是一款低压差集成电路，可固定输出电压，也可调节输出电压，输出电压范围为 1.5～15 V，封装形式和用法与 LM1085 基本相同，其不同点如下：

① 输出固定电压值较多，电压低，精度高。固定输出集成电路有 LM1117-1.5、LM1117-1.8、LM1117-2.5、LM1117-2.85、LM1117-3、LM1117-3.3、LM1117-3.5、LM1117-5。

② 功耗低，功率小。LM1117 的输出最大电流为 800 mA。

③ 可调输出基准电流 I_{ADJ}不同。

LM1117 输出可调原理与图2.39 所示的基本相同，只是 I_{ADJ} 基准电流不同。LM1117 基准电流为 60 μA，而 LM1085 基准电流为 120 μA，在 R_1 和 R_2 阻值比值计算过程中都可忽略，其他计算方法和硬件电路都相同。

根据 LM1117 的特点，输出电压低、功耗小，特别适合现代 CPU 供电、稳压。例如，FPGA 芯片内核和 I/O 供电不同，甚至 I/O 之间供电电压不同，Cyclone 芯片采用内核供电为 1.7 V，I/O 供电为 3.3 V，通过 LM1117-1.8 V 和 LM1117-3.3 两款芯片，不需要任何外围电路即可解决。

4．开关型稳压电路

采用线性稳压器件（如 78××系列三端稳压器件）作为电压调节和稳压器件，可将较高的直流电压转变 MCU 所需的工作电压。这种线性稳压电源的线性调整工作方式在工作中会有大的“热损失”[其值为 V（压降）× I（负荷）]，实际工作效率仅为 30%～50%。加之工作在高粉尘等恶劣环境下往往将嵌入式工业控制系统置于密闭容器内的聚集，也加剧了系统的恶劣工况，从而使嵌入式控制系统的稳定性能变得更差。

而开关电源调节器件则以完全导通或关断的方式工作。因此，工作时要么是大电流流过低导通电压的开关管、要么是完全截止而无电流流过。因此，开关稳压电源的功耗极低，其平均工作效率可达 70%～90%。在相同电压降的条件下，开关电源调节器件与线性稳压器件相比具有少得多的“热损失”。因此，开关稳压电源可大大减少散热片体积和 PCB 板的面积，甚至在大多数情况下不需要加装散热片，从而减少了对 MCU 工作环境的有害影响。

采用开关稳压电源来替代线性稳压电源作为 MCU 电源的另一个优势是，开关管的高频通断特性以及串联滤波电感的使用对来自于电源的高频干扰具有较强的抑制作用。此外，由于开关稳压电源“热损失”的减少，设计时还可提高稳压电源的输入电压，这有助于提高交流电压抗跌落干扰的能力。

LM2576 系列是美国国家半导体公司生产的 3 A 电流输出降压开关型集成稳压电路，它内含固定频率振荡器（52 kHz）和基准稳压器（1.23 V），并具有完善的保护电路，包括电流限制及热关断电路等，利用该器件只需极少的外围器件便可构成高效稳压电路，具有可靠的工作性能、较高的工作效率和较强的输出电流驱动能力。LM2576 系列包括 LM2576（最高输入电压 40 V）及 LM2576HV（最高输入电压 60 V）两个系列。各系列产品均提供有 3.3 V（–3.3）、5 V（–5.0）、12 V（–12）、15 V（–15）及可调（–ADJ）等多个电压档次产品。此外，该芯片还提供了工作状态的外部控制引脚。

LM2576 系列开关稳压集成电路的主要特性如下：

- 最大输出电流：3 A；
- 最高输入电压：LM2576 为 40 V，LM2576 HV 为 60 V；
- 输出电压：3.3 V、5 V、12 V、15 V 和 ADJ（可调）等可选；
- 振荡频率：52 kHz；
- 转换效率：75%～88%（不同电压输出时的效率不同）；
- 控制方式：PWM；
- 工作温度范围：–40℃～+125℃；
- 工作模式：低功耗/正常两种模式可外部控制；
- 工作模式控制：TTL 电平兼容；
- 所需外部元件：仅 4 个（不可调）或 6 个（可调）；
- 器件保护：热关断及电流限制；
- 封装形式：TO-220 或 TO-263。

由 LM2576 构成的基本稳压电路仅需 4 个外围器件，其电路如图2.40 所示。

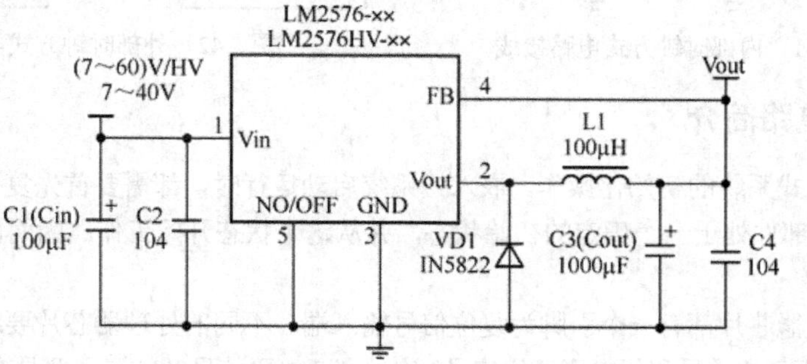

图 2.40　LM2576 构成的基本稳压电路

2.5　时钟与复位电路

2.5.1　时钟电路

嵌入式处理器的工作是在统一的时钟脉冲控制下一拍一拍地进行的，能产生时钟脉冲的电路称为**时钟电路**。对于同一系列、相同体系结构的嵌入式处理器而言，时钟脉冲的频率（相当于 PC 的主频）越高，CPU 的处理速度就越快。

时钟脉冲产生方法通常有以下两种。

1．内部时钟方式

嵌入式处理器芯片内部通常有一个高增益反相放大器，用于构成振荡器，但要形成时钟脉冲，外部还需附加电路，如图2.41 所示。

引脚 XTAL1 和 XTAL2 内部高增益反相放大器的输入端和输出端，在引脚 XTAL1 和 XTAL2 两端跨接无源晶振，就构成了稳定的自激振荡器，发出的脉冲直接送入内部时钟电路，外接晶振时，C_1 和 C_2 的值通常选择为 30 pF 左右。C_1、C_2 对频率有微调作用。为了减小寄生电容，更好地保证振荡器稳定、可靠地工作，晶振和电容应尽可能安装得与嵌入式处理器引脚 XTAL1 和 XTAL2 靠近。

该电路利用了嵌入式处理器内部的高增益的反相放大器，外部电路接线简单，只需要 1 个晶振和 2 个电容即可，嵌入式应用系统中大多采用此电路。该电路产生的时钟信号的振荡频率就是晶振的固有频率，用 f_{osc} 表示。

2. 外部时钟方式

外部时钟方式是利用外部振荡脉冲接入嵌入式处理器时钟脉冲输入引脚，如图2.42 所示。

外部时钟电路通常使用有源晶振，有源晶振无须微处理器的内部振荡器，信号质量好，比较稳定，而且连接方式相对简单，不需要复杂的配置电路。相对于无源晶振，有源晶振的缺陷是其信号电平是固定的，需要选择好合适的输出电平，灵活性较差，而且价格高。

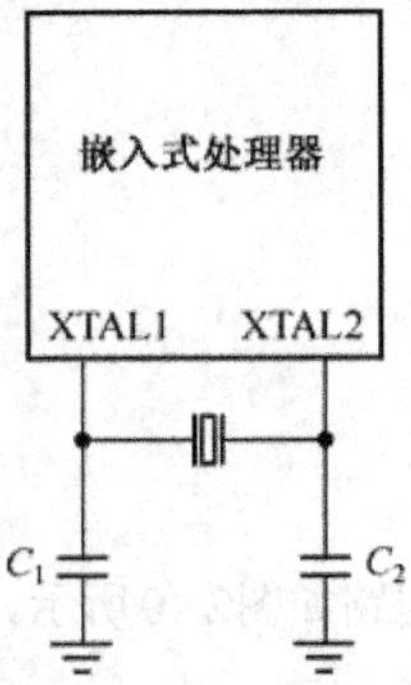

图 2.41　内部时钟方式电路接线

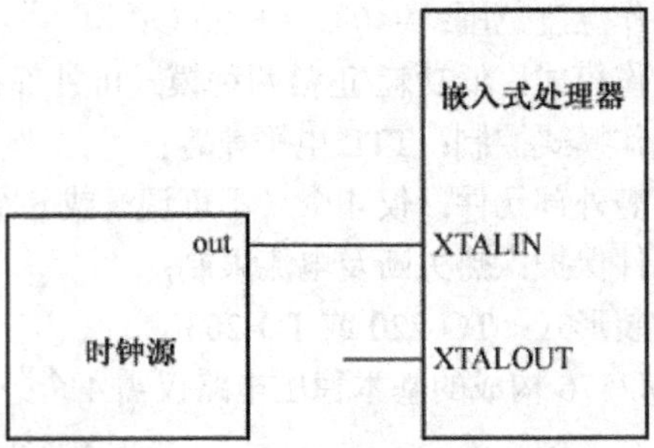

图 2.42　外部时钟方式电路接线

2.5.2　复位电路简介

复位是嵌入式系统的初始化操作。嵌入式系统启动运行时，都需要首先复位，其作用是使微处理器和系统中其他部件处于一个确定的初始状态，并从这个状态开始工作。因而，复位是一个很重要的操作方式。

嵌入式处理器芯片都有一个引脚为复位信号输入端。不同的处理器芯片要求的复位信号不一定相同，可分为高电平复位信号和低电平复位信号，这种高低电平信号往往还需要具有一定的负载驱动能力。

除了嵌入式处理器外，其他外围电路芯片也有可能需要复位信号。

能产生并提供嵌入式系统所需复位信号的电路称为复位电路。

满足要求的复位信号使嵌入式处理器及外围各部件处于确定的初始状态，并从初态开始工作。

嵌入式系统的复位电路有：电源上电复位、手动按钮复位、电源监控复位等。

在电源上电时，复位电路随即产生复位信号施加于复位引脚，当电源电压达到所要求的工作电压时，且时钟电路稳定工作一定时间，复位信号才被撤除，嵌入式系统开始正常运行，上电复位称冷复位。在嵌入式系统运行过程中，利用手动按钮或其他电路产生复位信号，使嵌入式系统重启，则称为热复位。

无论用户使用哪种类型的微处理器构成的嵌入式系统，总要涉及复位电路的设计。而复位电路设计的好坏，将直接影响到整个系统工作的可靠性。许多用户在设计完嵌入式硬件系统，并在实验室调试成功后，在现场却出现了“死机”、“程序走飞”等现象，有很大一部分原因是复位电路不可靠引起的。

2.5.3　简单复位电路

1. 上电+按键复位电路

上电+按键复位电路如图 2.43 所示。图 2.43(a)为高电平信号复位电路，图2.43(b)为低电平信号复位电路。

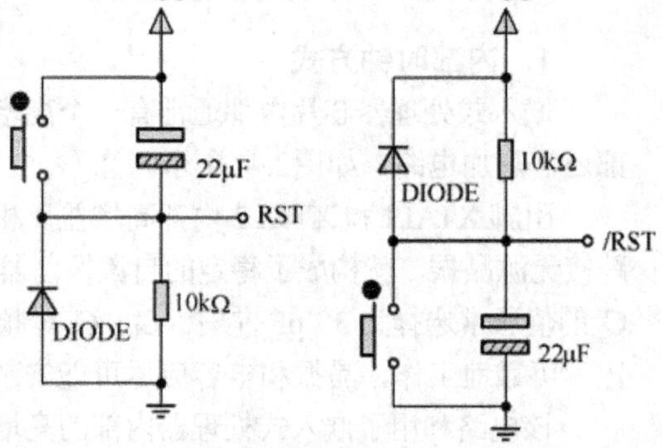

(a) 高电平信号复位电路　　(b) 低电平复位信号电路

图 2.43　上电+按键复位电路

图2.43 给出了典型的复位电路参数。在图2.43(a)中，上电瞬间，由于电容两端电压不能突变，RST 引

脚端为高电平，出现复位正脉冲，RST 引脚的高电平电位会随着电容的充电变低，其持续时间取决于 RC 电路的时间常数。RST 引脚要有足够长的时间才能保证单片机有效地复位。而在图 2.43(b)中，上电瞬间，由于电容两端电压不能突变，/RST 引脚端为低电平复位信号，/RST 引脚的低电平电位会随着电容的充电变高，其持续时间取决于 RC 电路的时间常数。/RST 引脚要有足够长的时间才能保证单片机有效地复位。

复位按键则用于嵌入式系统运行期间的复位，当复位按键按下后，电容器迅速放电，使复位引脚重新出现复位信号，使系统重启。

图2.43 电路中的二极管的作用是电源断开后，提供快速放电通道。

2．同步复位电路

在实际的应用系统中，有些外围芯片也需要复位，如果这些复位端的复位电平要求与微处理器的复位要求一致，则可以直接与之相连。

在有些应用系统中，为了保证复位电路可靠地工作，常将 RC 复位电路接施密特触发器整形后，再接入单片机微处理器的复位端和外围电路复位端。这特别适合于应用现场干扰大、电压波动大的工作环境，并且，当系统有多个复位端时，能保证可靠地同步复位，在此称其为同步复位电路。如图2.44 所示为同步复位电路实例，图中 74HCl4 为六重施密特反相器。

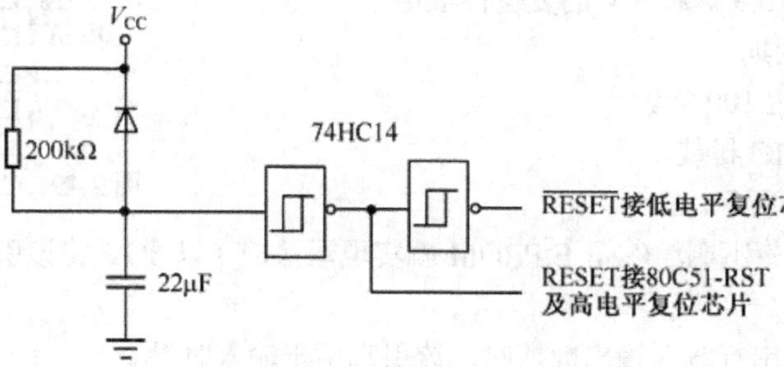

图 2.44　同步复位电路实例

3．带电源监控的多功能复位电路

RC 阻容复位电路，复位信号波形差，复位不可靠，特别是在快速开关机时容易出现复位不良的现象。为了保证嵌入式系统更可靠地工作，复位电路可采用带电源监控的微处理器复位监控电路，又称看门狗复位电路。这种集成电路除了提供可靠的、足够宽的高低电平的复位信号外，同时具备电源监控、看门狗定时器功能，有的芯片内部还集成了一定数量的串行 E^2PROM 或 RAM，功能强大，接线简单。这些监控电路的特点如下。

- 电源测控：供电电压出现异常时提供预警指示或中断请求信号，方便系统实现异常处理。
- 数据保护：当电源或系统工作异常时，对数据进行必要的保护，如写保护数据备份或切换后备电池。
- 看门狗定时器：当系统程序跑飞或死锁时复位系统。
- 一定数量的 E^2PROM 串行存储器。
- 日历时钟。
- 其他的功能，如温度测控、短路测试等。

看门狗复位电路的主要原理是，微处理器正常工作时，通过 I/O 口的输出信号不断地复位计数器，使得计数器的计数值不超过某一值；当微处理器不能正常工作时，由于计数器不能被复位，因此其计数值会超过某一值，从而产生硬件复位脉冲复位微处理器系统，使得微处理器恢复正常工作状态。下面以单片机系统中常用的 CAT24C××1 系列看门狗电路说明其应用特点。

CAT24C××1 是集 E^2PROM 存储器、精确复位控制器和看门狗定时器三种流行功能于一体的芯片。CAT24C161（16 K）、CAT24C081（8 K）、CAT24C041（4 K）和 CAT24C021（2 K）主要作为 I^2C 串行 CMOS E^2PROM 器件，采用先进的 CMOS 工艺大大降低了器件的功耗。CAT24C××1 的另一特点是 16 字节的页写缓冲区，提供 8 脚 DIP 和 SOIC 封装。CAT24C××1 的复位功能和看门狗定时器功能保证系统出现故障的时候能给 CPU 一个复位信号。CAT24C××1 的第 2 脚输出低电平复位信号，第 7 脚输出高电平复位信号。CAT24C××1 看狗溢出信号从 SDA 脚输出。其主要特点如下：

- 数据线上的看门狗定时器（仅对 CAT24C××1）。
- 可编程复位门槛电平（由代理商销售之前设定）。
- 和 400 kHz I^2C 总线兼容。
- 2.7～6 V 的工作电压。
- 低功耗 CMOS 工艺。
- 16 字节页写缓冲区。
- 片内防误擦除写保护。
- 高低电平复位信号输出。
  —精确的电源电压监视器。
  —可选择 5 V、3.3 V 和 3 V 的复位门槛电平。
- 100 万次擦写周期。
- 数据保存可长达 100 年。
- 8 脚 DIP 或 SOIC 封装。

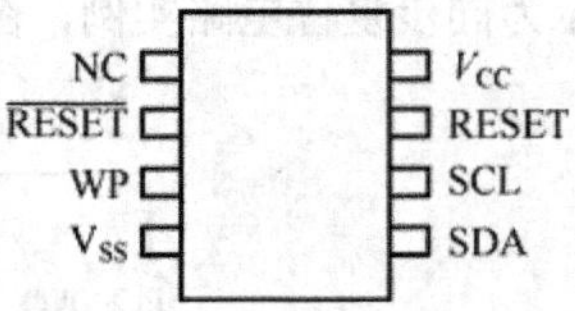

图 2.45 CAT24C××1 引脚配置图

引脚配置如图2.45 所示。

WP：写保护。将该引脚接 V_{CC}，E^2PROM 就实现写保护（只读）。将该引脚接地或悬空，可以对器件进行读写操作。

SCL：串行时钟。串行输入输出数据时，该引脚用于输入时钟。

RESET/$\overline{\text{RESET}}$：复位 I/O 口。该引脚为开漏输出脚，可用做复位触发输入。该引脚强制复位的条件下，芯片保持复位状态约 200 ms。RESET 引脚需接下拉电阻，$\overline{\text{RESET}}$ 引脚需接上拉电阻。

SDA：串行数据/地址。双向串行数据/地址引脚用于器件所有数据的发送或接收，SDA 是一个开漏输出引脚，可与其他开漏输出或集电极开路输出进行线或（wire-OR）。在 24C××1 系列中，SDA 还作为看门狗定时器监控器。

CAT24C021 的典型应用电路如图2.46 所示。

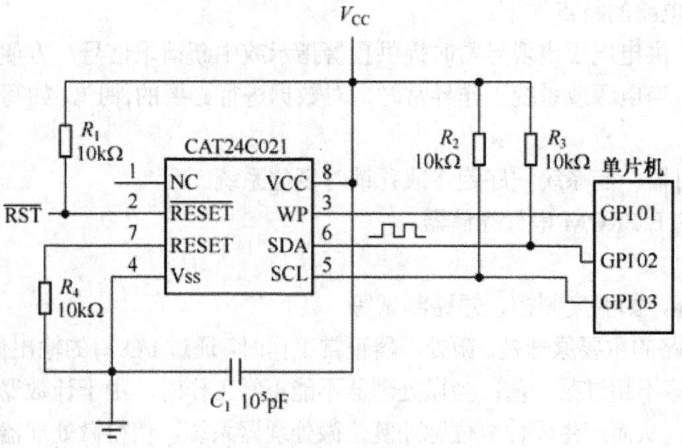

图 2.46 CAT24C××1 典型应用电路

CAT24C××1 的复位和看门狗能在上电和系统出故障时给 CPU 复位信号，其 2 脚输出低电平复位信号，7 脚输出高电平复位信号，同时提供高/低复位电平。看门狗清零信号从 SDA 脚输入（脉冲的上升或下降沿均可），看门狗定时时间为 1.6 秒，单片机软件保证连接 SDA 的 GPIO 引脚在必须在小于 1.6 秒时间内使 SDA 信号发生一次跳变，以清零看门狗定时器。否则，CAT24C××1 重新输出复位信号使系统重启。

CAT24C××1 具有硬件数据保护，WP 脚（PIN3）可以控制只读或读写，从而防止错误写操作及数据丢失。

CAT24C××1 中 E^2PROM 读/写方法同 I^2C 串行 E^2PROM，详见 7.9 节。

本 章 小 结

在计算机中常用的数制有十进制、二进制和十六进制。二进制数在计算机中最容易实现，数字计算机中数据的存储和计算都使用二进制数，二进制虽然简单，但书写和阅读非常不便，所以在计算机中常用十六进制书写，而十进制则是人们日常生活中最常使用的数制，人机之间的对话常采用十进制。

由于计算机的硬件只能存储二进制数 0 或 1，所以输入计算机的信息必须用二进制的代码表示，这就是编码。常用的数字编码为 BCD 码，BCD 码是用 4 位二进制数给 1 位十进制数编码。常用的字符编码是 ASCII 码，ASCII 码是用 8 位二进制数给 1 个字符编码。

单片机系统中常采用数字集成逻辑门电路作为隔离、驱动和扩展接口。

存储器电路是单片机系统中的重要组成部分，单片机常采用 ROM 存储器作为程序存储器，而采用 RAM 存储器作为数据存储器，闪速存储器 Flash E^2PROM 可以用来存放程序，但由于其读/写方便，也可以像 RAM 一样存放经常需要修改的数据。

电源供电模块的稳定可靠是嵌入式系统平稳运行的前提和基础。如果嵌入式系统的电源供电模块设计合理且稳定可靠，那么整个系统的故障往往就会减少一大半。

单片集成稳压电路分线性稳压电路和开关型稳压电路。线性稳压电路中三端固定式集成稳压器因线路简单，最为常用。线性稳压电源在工作中会有大的“热损失”。在相同电压降的条件下，开关电源调节器件与线性稳压器件相比具有少得多的“热损失”。开关稳压电源的功耗极低，其平均工作效率可达 70%～90%。

时钟脉冲产生方法分为内部时钟方式和外部时钟方式。

复位是嵌入式系统的初始化操作。嵌入式系统启动运行时，都需要首先复位，其作用是使微处理器和系统中其他部件处于一个确定的初始状态，并从这个状态开始工作。

看门狗复位电路除了提供可靠的、足够宽的高低电平的复位信号外，同时具备电源监控、看门狗定时器功能，有的芯片内部还集成了一定数量的串行 E^2PROM 或 RAM，功能强大，接线简单。

习　题　2

1. 将下列十进制数转化成等值的二进制数、八进制数和十六进制数。要求二进制数保留小数点后的 4 位有效数字。

（1）$(17)_{10}$；（2）$(127)_{10}$；（3）$(49)_{10}$；（4）$(53)_{10}$；（5）$(0.39)_{10}$；（6）$(25.7)_{10}$；（7）$(7.943)_{10}$；（8）$(79.43)_{10}$。

2. 将下列二进制数转化成等值的十六进制数和十进制数。

（1）$(10010111)_2$；（2）$(1101101)_2$；（3）$(101111)_2$；（4）$(111101)_2$；（5）$(0.10011)_2$；（6）$(0.01011111)_2$；（7）$(11.001)_2$；（8）$(1.1001)_2$。

3. 将下列十进制数转换成 8421BCD 码，误差小于 10^{-3}。

（1）$(2004)_{10}$；（2）$(5308)_{10}$；（3）$(203)_{10}$；（4）$(85)_{10}$；（5）$(65.312)_{10}$；（6）$(3.4146)_{10}$；（7）$(0.8475)_{10}$；（8）$(999.675)_{10}$。

4. 写出：（1）十进制数字$(4590.38)_{10}$的 BCD 码，（2）$(100101010110.0100)_{BCD}$对应的十进数。

5. 请将下列十六进制数转换为 ASCII 码。

（1）F；（2）A；（3）0；（4）7；（5）8；（6）C；（7）3；（8）4。

6. 写出下列字符串的 ASCII 码（用十六进制表示）。

（1）X=3+5；（2）China

7. 画出二输入与、或、非、与非和或非门的电路符号。

8. 写出三输入或门的真值表。

9. 六输入或门真值表中有多少种输入逻辑组合？

10. 表 2.26 所示是哪种逻辑门的真值表？写出它的表达式。

表 2.26　真值表

输入		输出
A	B	F
0	0	1
0	1	0
1	0	0
1	1	1

11. 为什么在使用 OC 门时输出端需外接一个上拉负载电阻到电源？不接上拉负载电阻到电源会出现什么现象？

12. OC 门在单片机系统中的主要作用是什么？

13. 请列出优先编码器与普通编码器之间的区别。

14. 图 2.47 所示是用两个 4-1 数据选择器组成的组合逻辑电路，试写出输出 Z 与输入 M、N、P、Q 之间的逻辑函数式。已知数据选择器的逻辑函数式为

$$Y=[D0\overline{A1}\ \overline{A0}+D1\overline{A1}A0+D2A1\overline{A0}+D3A1A0]\cdot S$$

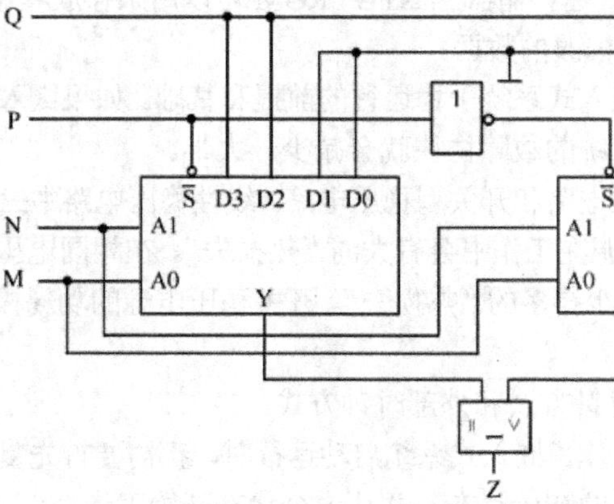

图 2.47　两个 4-1 数据选择器的组合逻辑电路

15. 什么是 RAM？什么是 ROM？试区分其性能和用途。

16. ROM 与 PROM 有何不同？

17. E^2PROM 与 EPROM 之间有什么区别？

18. 试简要叙述 Flash E^2PROM 的功能与特点。

19. 电源供电模块由哪些部分组成？

20. 试分析各种稳压电路的优缺点。

21. 时钟电路的作用是什么？时钟脉冲频率越高，CPU 的处理速度就越快吗？

22. 内部时钟方式和外部时钟方式有什么特点？

23. 同步复位电路中，为何要使用施密特反相器？

24. 看门狗复位电路有什么特点？运用目前你所掌握的数字电路知识，设计一个带高低复位电平的看门狗定时器电路。

第 3 章　单片机嵌入式系统的开发环境

单片机嵌入式系统是一种根据应用需求配置的专用计算机系统，人机接口简单，交互能力较弱，单片机嵌入式系统需借助于外部的软硬件环境进行产品的研制和开发。本章从实用的角度介绍单片机系统的研制步骤和软硬件开发环境，着重介绍 Keil C51 的集成开发环境μVision2 IDE 和支持微处理芯片仿真的 Proteus VSM 软件。μVision2 IDE 和 Proteus VSM 联合调试使得“零”成本的桌面单片机数字实验室的实现成为可能。

3.1　单片机嵌入式系统的研制步骤和方法

单片机嵌入式系统随其用途不同，硬件和软件均不相同。单片机最初的选型很重要，原则上是选择内部资源丰富、高性价比的单片机。硬件软件化是提供高系统性价比的有效方法，尽量减少硬件成本，多用软件实现相同的功能，这样也可以大大提高系统的可靠性。

虽然单片机的硬件选型不尽相同，软件编写也千差万别，但系统的研制步骤和方法是基本一致的，一般都分为总体设计、硬件电路的构思设计、软件的编制和仿真调试几个阶段。单片机嵌入式系统的研制流程如图3.1 所示。

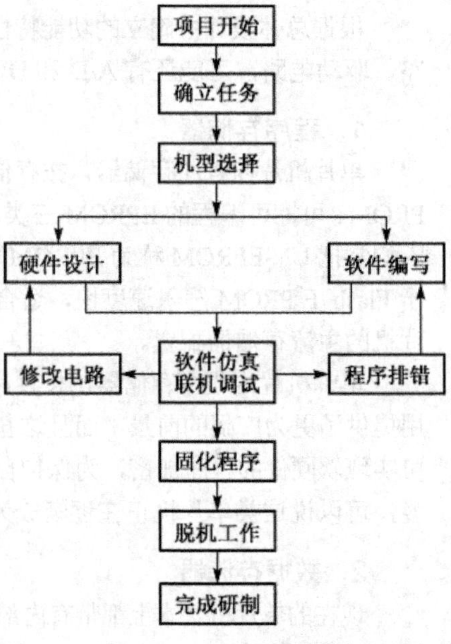

图 3.1　单片机嵌入式系统的研制流程

3.1.1　总体设计

1. 确立功能和性能指标

不管是工程控制系统还是智能仪器仪表，都必须首先分析和了解项目的总体要求、输入信号类型和数量、输出控制对象及数量、辅助外设种类及要求、使用环境及工作电源要求、产品成本、可靠性要求和可维护性、经济效益等因素，必要时可参考同类产品的技术资料，制定出可行的性能指标。

2. 单片机的选型

现在的单片机品种繁多，包括各种专用功能的单片机，给用户带来了许多好处，可以节约很多外接扩展器件。单片机的选型很重要，选择时需考虑其功能是否全部满足规定的要求。例如控制速度、精度、控制端口的数量、驱动外设的能力、存储器的大小、软件编写的难易程度、开发工具的支持程度等。再如要驱动 LED 显示器，可选用多端口的单片机直接驱动，还可以利用少端口的单片机加扩展电路构成，这就要具体分析选用何种器件有利于降低成本、电路易于制作、软件便于编写等因素。如果要求驱动显示器 LCD，可以选用具有直接驱动 LCD 的单片机，也可使用加外接驱动芯片的办法，这就要求在应用时具体问题具体分析。

此外，选择某种单片机还需要考虑货源是否充足，是否便于批量生产，在考虑性价比的同时，需研究易于实现产品技术指标的因素。

3．软件的编写和支持工具

单片机应用软件的设计与硬件的设计一样重要，没有控制软件的单片机是毫无用处的，它们紧密联系，相辅相成，并且硬件和软件具有一定的互换性，在应用系统中，有些功能既可以用硬件实现，也可以用软件完成。多利用硬件，可以提高研制速度、减少编写软件的工作量、争取时间、争取商机，但这样会增加产品的单位成本，对于以价格为竞争手段的产品不宜采用。相反，以软件代替硬件完成一些功能，最直观的优点是可以降低成本，提高可靠性，增加技术难度而给仿制者增加仿制难度；缺点是同时也增加了系统软件的复杂性，软件的编写工作量大，研制周期可能会加长，同时系统运行的速度可能也会降低等。因此在总体考虑时，必须综合分析以上因素，合理地制定某些功能硬件和软件的比例。

对于不同的单片机，甚至同一公司的单片机，它们的开发工具可能不同或不完全相同。这就要求在选择单片机时，需考虑开发工具的因素。原则上是以最少的开发投资满足某一项目的研制过程，最好使用现有的开发工具或增加少量的辅助器材就可达到目的。当然，开发工具是一次性投资，而形成产品却是长远的效益，这就需要平衡产品和开发工具的经济性和效益性。

3.1.2　硬件系统

根据总体设计中确立的功能特性要求，确定单片机的型号、所需外围扩展芯片、存储器、I/O 电路、驱动电路，可能还有 A/D 和 D/A 转换电路及其他模拟电路，设计出应用系统的电路原理图。

1．程序存储器

单片机片内程序存储器，按存储的内容的写入（常称为编程）方式可分为固定 ROM、可编程的 PROM、可擦可编程的 EPROM 三类。可擦可编程的 EPROM 又分为 UV-EPROM（紫外线擦除可编程，人们常把 UV-EPROM 称为 EPROM）、E^2PROM（电擦除可编程）、Flash E^2PROM（闪速存储器）。由于 Flash E^2PROM 写入速度快，适合于多次擦写的场合，最适于开发调试阶段，已经成为 8～32 位单片机的主流存储器配置。

单片机片内程序存储器，按存储容量也分为不同的等级，从几百 B 到几百 KB，这就为它们的应用提供了更为广阔的前景，而且这些单片机的价格也不高。同时，这些内置 ROM 的单片机基本上均可实现软硬件的程序加密，为保护自己的知识产权提供了强有力的措施，所以这些单片机深得用户喜爱，可以说这类单片机正在逐渐成为市场上的主流产品。

2．数据存储器

现在的单片机基本上都带有内部数据存储器（RAM），容量从几十 B 到几 KB。对于数据存储器容量的要求，各系统之间差别很大，要求也不尽相同，如 80C51/52 系列的单片机片内置有 128 B 和 256 B 的 RAM，这对于一般中小型应用系统（如实时控制系统和智能仪器仪表）已能满足要求。对于 RAM 的容量要求稍大一点，可采用如外扩芯片 8155 这样的芯片，8155 可同时扩充数量更多的 I/O 口线。如果是数据采集系统，对 RAM 容量要求较大的系统则需要采用更大容量的数据存储器，如果要求数据掉电保护，则需要采用 Flash E^2PROM 作为数据存储器。当然，外扩的 RAM 也以尽可能少的芯片为原则。

3．单片机的系统总线

80C51 总共有 4 个 8 位 I/O 口，如果使用内置程序存储器的芯片，可用做 I/O 口线的就较多，一般均可满足要求。但如需外接 ROM 和 RAM，P0 口为标准的双向数据/地址总线口，P2 为高 8 位地址总线口，即使高 8 位的地址总线口没有完全使用，余下的 I/O 口也不能另为他用，否则编程将相当麻烦。这样 80C51 能作为 I/O 的端口只有 16 个。此外，中断、串行口和定时器/计数器口又要占用 P3 口的 6 个 I/O 口，剩下的也只有 P1 口，这 8 个 I/O 口就显得相当宝贵。

P0 和 P2 口作为数据和地址总线，一般可以驱动数个外接芯片（视外接芯片要求的驱动电流而异），也即 P0 和 P2 口的驱动能力还是有限的，如果外接的芯片过多，负载过重，系统将可能不能正常工作。此时必须加接缓冲驱动器，通常使用 74HC573 作为地址总线驱动器，使用 74HC245 双向驱动器作为数据总线驱动器。

4. I/O 接口

现在的单片机系列中普遍都有多种 I/O 口的型号，对 I/O 口的使用应从其功能和驱动能力上加以考虑。对于仅需增加少量 I/O 口的情况，最好选用价格低廉的 TTL 或 CMOS 电路扩展，这样也可以提高单片机口线的利用率。对于需扩展更多的 I/O 口，则可以选用标准的 I/O 口扩展芯片 8155、8255 等。这些芯片的接口电路简单，编程方便，使用灵活，价格适中。

5. A/D 和 D/A 转换器

现在可使用的 A/D 转换器数量繁多、品种齐全，各种分辨率、精度及速度的芯片应有尽有，最著名的是美国的模拟数字器件公司（Analog）的一系列转换器，此外还有 Motorola 和 Maxim 等公司的产品，这就为使用提供了很多便利条件。还有一种趋势大家都已看到，即现在的各大单片机生产厂商都推出了内带 A/D 转换器的单片机，这样的芯片性价比一般都较高。由于 A/D 或 D/A 转换器与单片机没有外部连线，所以工作就更可靠，体积也更小了。对转换器的控制均可使用软件的方法实现，使用十分方便。如果能满足要求，建议首选这样的机型，而不要外挂转换器件。当然内置转换器的单片机，转换器一般都在 12 位以下，对那些有更高要求的应用系统，也只能外接转换器芯片。

3.1.3　软件系统

1. 系统资源

在单片机嵌入式系统的开发中，软件的设计是最为复杂和困难的，大部分情况下工作量都较大，特别是对那些控制系统比较复杂的情况。如果是机电一体化的设计人员，往往需要同时考虑单片机的软件和硬件资源分配。在考虑一个应用工程项目时就需要先分析该系统完成的任务，明确软件和硬件中的哪个承担哪些工作。实际上这种情况很多，比如一些任务可以用软件完成，也可以用硬件完成，此时还需考虑采用软件或硬件的优势，一般均以最优的方案为首选，定义各输入/输出（I/O）的功能、数据的传输交换形式、与外部设备接口及它们的地址分配、程序存储器和数据存储器的使用区域、主程序和子程序使用的空间、显示（如有的话）等数据暂存区的选择、堆栈区的开辟等因素。

2. 程序结构

一个优秀的单片机程序设计人员，设计的软件程序结构是合理、紧凑和高效的。同一任务，有时用主程序完成是合理的，但有时用子程序执行效率会更高，占用 CPU 资源最少。对一些要求不高的中断任务或在单片机的速度足够高的情况下，则可以使用程序扫描查询，也可以用中断申请执行，这也要具体问题具体分析。对于多中断系统，当它们存在矛盾时，需区分轻重缓急、主要和次要，区别对待，并适当地给予不同的中断优先级别。

在单片机的软件设计中，任务可能很多，程序量很大，是否就意味着程序也按部就班地编写下去呢？答案是否定的，在这种情况下一般都需要把程序分成若干个功能独立的模块，这也是软件设计中常用的方法，即俗称的化整为零的方法。理论和实践都证明，这种方法是行之有效的。这样可以分阶段地对单个模块进行设计和调试，一般情况下单个模块利用仿真工具即可调试好，最后再将它们有机地联系起来，构成一个完整的控制程序，并对它们进行联合调试即可。

对于复杂的多任务实时控制系统，要处理的数据非常庞大，同时又要求对多个控制对象进行实时控制，要求对各控制对象的实时数据进行快速的处理和响应，这对系统的实时性、并行性提出了更高的要求。这种情况下一般要求采用实时任务操作系统，并要求这个系统具备优良的实时控制能力。

3．数学模型

一个控制系统的研制，在明确了各部分需要完成的任务后，此时摆在设计人员面前的就是需要协调解决的问题了。这时设计人员必须进一步分析各输入、输出变量的数学关系，即建立数学模型。这个步骤对一般较复杂的控制系统是必不可少的，而且不同的控制系统，它们的数学模型也不尽相同。

在很多控制系统中，都需要对外部的数据进行采集取样、处理加工、补偿校正和控制输出。外部数据可能是数字量，也可能是模拟量。对于输入模拟量时，通过传感器件进行采样，由单片机进行分析处理后输出。输出的方式很多，可以显示、打印或终端控制。从模拟量的采样到输出的诸多环节中，信号都可能会失真，即产生非线性误差，这些都需要单片机进行补偿、校正和预加重，才能保证输出量达到所要求的误差范围。

现阶段 8 位单片机仍是主流。对于复杂参数的计算（例如非线性数据、对数、指数、三角函数、微积分运算）如果使用 PC（32 位）的软件编程相对简单，并且具有大量应用软件可以利用。但单片机要用汇编语言完成这样的运算，程序结构是很复杂的，程序编写也较困难，甚至难以建立数学模型，所以解决这个问题常用的方法多半采用查表法去实现。查表法即事先将测试和计算的数据按一定规律编制成表格，并存于存储器中，CPU 根据被测参数值和近似值查出最终所需的结果。查表法是一种行之有效的方法，它可以对输入参数进行补偿校正、计算和转换，程序编制简单，是将复杂的数值运算简化为简单的数据输出的好办法，常被设计人员采用。

值得一提的是，现行大多数的单片机都具有查表指令，这给软件设计提供了技术支持。

4．程序流程

较复杂的控制系统一般都需要绘制一份程序流程图，可以说它是程序编写的纲领性文件，可以有效地指导程序的编写。当然，程序设计开始的流程图不可能尽善尽美，在编制过程中仍需进行修改和完善。认真地绘制程序流程图，可以起到事半功倍的效果。

流程图就是根据系统功能的要求及操作过程，列出主要的各功能模块。复杂程序流向多变，需要在初始化时设置各种标识，根据这些标识控制程序的流向。当系统中各功能模块的状态改变时，只需修改相应的标识即可，无须具体地管理状态变化对其他模块的影响。这些需要在绘制流程图时，清晰地标识出程序流程中各标识的功能。

5．编写程序

上述的工作完成后，就可以开始编写程序了。程序编写时，首先需要对用到的参数进行定义，与标号的定义一样，使用的字符必须易于理解，可以使用英文单词和汉语拼音的缩写形式，这对今后自己的辨读和排错都是有好处的，然后初始化各个特殊功能寄存器的状态，定义中断口的地址区，安排数据存储区，根据系统的具体情况估算中断、子程序的使用情况，预留出堆栈区和需要的数据缓存区，接下来就可以编写程序了。

过去单片机应用软件以汇编语言为主，因为它简洁、直观、紧凑，使设计人员乐于接受。而现在高级语言在单片机应用软件设计中发挥了越来越重要的角色，性能也越来越好，C 语言已成为现代单片机嵌入式系统开发中较常用的高级语言。但不管使用何种语言，最终还是需要翻译成机器语言，调试正常后，通过烧录器固化到单片机或片外程序存储器中。至此，程序编写即告完成。

3.2 单片机嵌入式系统开发的软硬件环境

3.2.1 单片机嵌入式系统开发的软硬件环境构成

当用户目标系统设计完成后，还需要应用软件支持，用户目标系统才能成为一个满足用户要求的单片机嵌入式系统。但该用户目标系统不具备自开发能力，需要借助于单片机仿真器（也称单片机开发系统）完成该项工作。一个典型的单片机嵌入式系统开发环境组成如图3.2所示，单片机嵌入式系统开发环境硬件由PC、单片机仿真器、用户目标系统、编程器和数条连接电缆组成。软件由PC上的单片机集成开发环境软件和编程器软件构成，前者为单片机仿真器随机软件，后者为编程器随机软件。

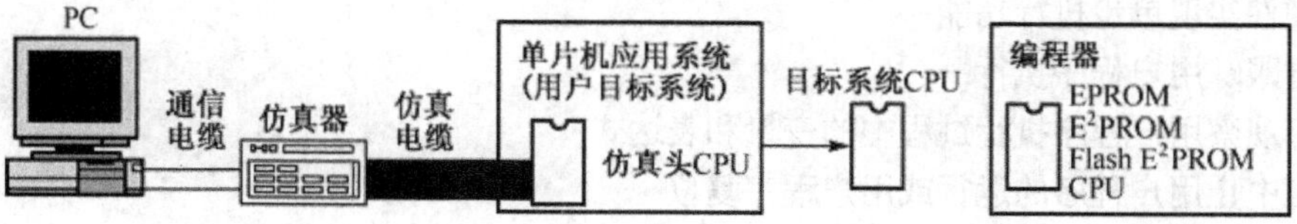

图 3.2　单片机系统开发环境组成

单片机仿真器也称单片机开发系统。单片机仿真器的工作步骤是：取下用户目标系统的单片机芯片（目标系统 CPU），把仿真器上的 CPU 仿真头插入用户目标系统 CPU 相应的位置，这样就将仿真器中的 CPU 和 ROM 出借给了目标系统；PC 通过仿真器和目标系统建立起一种透明的联系，程序员可以观察到程序的运行（实际上程序在仿真器中运行）和 CPU 内部的全部资源情况，也就是说，在开发环境中用户目标系统中的程序存储器是闲置的。我们调试的是仿真器中的程序，仿真器中的程序运行完全受仿真器的监控程序控制。仿真器的监控程序相当于 PC 的操作系统，该监控程序与 PC 上运行的集成开发环境相配合，使得我们可以修改和调试程序，并能观察程序的运行情况。

待程序调试完成后，将编程器通过通信电缆线连接到 PC，将调试好的程序通过编程器写入单片机芯片（即写入单片机内部的程序存储器）或目标系统上的程序存储器，从用户目标系统上拔掉仿真头 CPU，即完成了单片机的仿真调试，然后换上写入程序的单片机芯片（目标系统 CPU），得到单片机嵌入式系统的运行态如图3.3 所示，也称为脱机运行。由于仿真器的功能差别很大，脱机运行有时和仿真运行并不完全一致，还需要返回仿真过程调试。上述过程有时可能要重复多次。

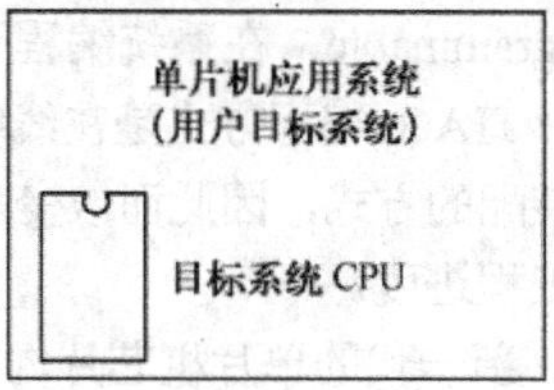

图 3.3　单片机嵌入式系统的运行态

开发环境要求的各种配置如下。

① PC，目前市售的计算机配置都满足要求。

② 操作系统应使用 Windows 95/98/ME/NT/2000/XP 或更高版本。

③ 单片机仿真器及相应的配件，包括通信电缆、仿真电缆、电源等。

④ 在 PC 上运行的单片机仿真器集成开发环境软件。

⑤ 汇编或编译软件，将汇编语言或高级语言源程序翻译为浮动的目标代码。

⑥ 连接定位器软件，把多个浮动的目标代码在单片机程序空间做定位控制。

⑦ 编程器，一种把单片机运行文件写入 EPROM/E²PROM/Flash E²PROM /CPU 的工具。

单片机仿真器在开发环境中出借 CPU 和程序存储器到用户目标系统，调试完成后通过编程器把程序固化到程序存储器，插入目标系统，同时插入目标系统 CPU，即可得到单片机嵌入式系统的运行态。

编程器的功能是把调试好的目标代码写入单片机的片内（外）程序存储器里面，把写好后的芯片插到用户目标板上进行脱机（脱离仿真器）运行，如未达到用户要求，则要重新返回仿真阶段查找软件或硬件的原因。这个过程可能要重复多遍。

3.2.2　单片机嵌入式系统开发工具选择原则

在单片机嵌入式系统研制中，仿真器是一个重要的辅助开发工具，因此，有必要选择一个好的仿真调试工具，满足做产品开发的用户对目标机仿真调试的要求，并且使用方便可靠。

选择仿真器要求如下：

- 全地址空间的仿真；
- 不占用任何用户目标系统的资源；
- 必须实现硬断点，并且具有灵活的断点管理功能；
- 硬件实现单步执行功能；
- 可跟踪用户程序执行；
- 可观察用户程序执行过程中的变量和表达式；
- 可中止用户程序的运行或用户程序复位；
- 系统硬件电路的诊断与检查；
- 支持汇编和高级语言源程序级调试。

3.2.3 使用 JTAG 界面单片机仿真开发环境

JTAG（Joint Test Action Group，联合测试行动小组）是一种国际标准测试协议（IEEE 1149.1 兼容），主要用于芯片内部测试。现在多数的高级器件都支持 JTAG 协议，如 DSP、FPGA 器件等。标准的 JTAG 接口有 4 线：TMS、TCK、TDI、TDO，分别为模式选择、时钟、数据输入和数据输出线。JTAG 最初是用来对芯片进行测试的，基本原理是在器件内部定义一个 TAP（Test Access Port，测试访问口），通过专用的 JTAG 测试工具对内部节点进行测试。JTAG 测试允许多个器件通过 JTAG 接口串联在一起，形成一个 JTAG 链，能实现对各个器件的分别测试。现在，JTAG 接口还常用于实现 ISP（In-System Programmable，在系统编程），对单片机内部的 Flash E^2PROM 等器件进行编程。

JTAG 编程方式是在线编程，这种方式不需要编程器。传统生产流程中的先对芯片进行预编程、现装配的方式，因此而改变。简化的流程为先固定器件到电路板上，再用 JTAG 编程，从而大大加快了工程进度。

新一代的单片机芯片内部不仅集成了大容量的Flash E^2PROM，芯片还具有 JTAG接口，可接JTAG ICE 仿真器，PC 提供高级语言开发环境（Windows），支持 C 语言及汇编语言，不仅可以下载程序，还可以在系统调试程序，具有调试目标系统的所有功能，开发不同的单片机系统只需更换目标板。JTAG 仿真开发环境如图3.4 所示。

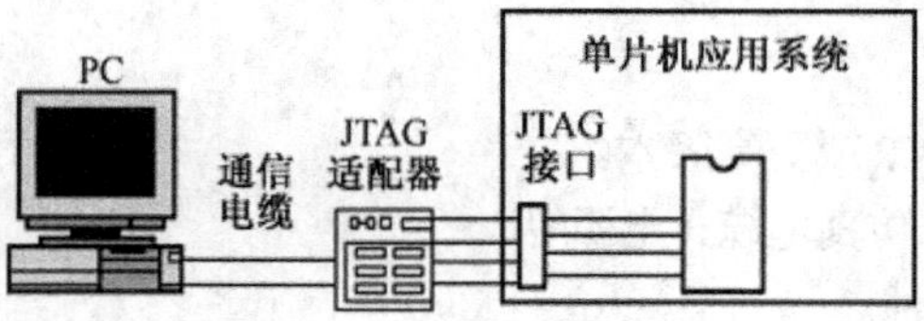

图 3.4 JTAG 单片机仿真开发环境

在 JTAG 单片机仿真开发环境中，JTAG 适配器提供了计算机通信口到单片机 JTAG 接口的透明转换，并且不出借 CPU 和程序存储器给应用系统，使得仿真更加贴近实际目标系统。单片机内部已集成了基于 JTAG 的协议调试和下载程序。

3.2.4 单片机的在线编程

通常进行单片机开发时，编程器是必不可少的。仿真、调试完的程序，需要借助编程器烧到单片机内部或外接的程序存储器中。普通的编程器价格从几百元到几千元不等，对于一般的单片机爱好者来说，这是一笔不小的开支。另外，在开发过程中，程序每改动一次就要拔下电路板上的芯片编程后再插上，也比较麻烦。

随着单片机技术的发展，出现了可以在线编程的单片机。这种在线编程目前有两种实现方法：在系统编程（ISP）和在应用编程（IAP）。ISP 一般通过单片机专用的串行编程接口对单片机内部的 Flash 存储器进行编程，而 IAP 技术是从结构上将 Flash 存储器映射为两个存储体，当运行一个存储体上的用户程序时，可对另一个存储体重新编程，之后将控制从一个存储体转向另一个。ISP 的实现一般需要很少的外部电路辅助，而 IAP 的实现更加灵活，通常可利用单片机的串行口接到计算机的 RS-232

口，通过专门设计的固件程序对内部存储器编程。例如，Atmel 公司的单片机 AT89S8252 提供了一个 SPI 串行接口，对内部程序存储器编程（ISP），而 SST 公司的单片机 SST89C54 内部包含了两块独立的存储区，通过预先编程在其中一块存储区中的程序就可以通过串行口与计算机相连，使用 PC 上专用的用户界面程序直接下载程序代码到单片机的另一块存储区中。

ISP 和 IAP 为单片机的实验和开发带来了很大的方便和灵活性，也为广大单片机爱好者带来了福音。利用 ISP 和 IAP，不需要编程器就可以进行单片机的实验和开发，单片机芯片可以直接焊接到电路板上，调试结束即为成品，甚至可以远程在线升级或改变单片机中的程序。

3.3 Keil C51 高级语言集成开发环境——μVision2 IDE

单片机系统的编程语言有汇编语言和高级语言两种。每一种类型的单片机都有与其指令系统对应的汇编语言，优点是可直接操作硬件，可执行文件比较小，而且执行速度很快，缺点是软件的维护性和可移植性差。

单片机的高级语言包括：BASIC 语言、PL/M 语言和 C 语言。BASIC 语言主要应用在 MCS-51 系列单片机上，使用效果不是很理想，现在已经不再使用。PL/M 语言对硬件的控制能力和代码效率都很好，但局限于 Intel 公司的微处理器系列，可移植性差。

Keil C51 软件是目前开发 80C51 系列单片机最流行的软件工具，这从近年来各单片机仿真机厂商纷纷宣布全面支持 Keil C51 即可看出。Keil C51 提供了包括 C 语言编译器、宏汇编、连接器、库管理和一个功能强大的仿真调试器等在内的完整开发方案，通过一个集成开发环境（μVision2 IDE）将这些部分组合在一起。掌握这一软件的使用对于使用 80C51 系列单片机的爱好者来说是十分必要的，即使不使用 C 语言而仅使用汇编语言编程，其方便易用的集成环境、强大的软件仿真调试工具也会让开发者事半功倍。

3.3.1 μVision2 IDE 主要特性

μVision2 IDE 基于 Windows 的开发平台，包含一个高效的编辑器、一个项目管理器和一个 MAKE 工具。μVision2 IDE 支持所有的 Keil C51 工具，包括 C 语言编译器、宏汇编器、连接/定位器、目标代码到 HEX 的转换器。

μVision2 IDE 内嵌有多种符合当前工业标准的开发工具，可以完成工程建立、管理、编译连接、目标代码的生成、软件仿真、硬件仿真等完整的开发流程。尤其 C 语言编译工具在产生代码的准确性和效率方面达到了较高的水平，而且可以附加灵活的控制选项，在开发大型项目时非常理想。它的主要特性如下。

（1）集成开发环境

μVision2 IDE 包括一个工程管理器、一个功能丰富并有交互式错误提示的编辑器、选项设置、生成工具及在线帮助。可以使用μVision2 IDE 创建源文件，并组成应用工程加以管理。μVision2 IDE 可以自动完成编译、汇编和链接程序的操作，使用户可以只专注开发工作的效果。

（2）C51 编译器和 A51 汇编器

由μVision2 IDE 创建的源文件，可以被 C51 编译器或 A51 汇编器处理，生成可重定位的 object 文件，Keil C51 编译器遵照 ANSI C 语言标准，支持 C 语言的所有标准特性。另外还增加了几个可以直接支持 80C51 结构的特性。Keil A51 宏汇编器支持 80C51 及其派生系列的所有指令集。

（3）LIB51 库管理器

LIB51 库管理器可以从由汇编器和编译器创建的目标文件建立目标库。这些库是按规定格式排列的目标模块，可在以后被链接器所使用。当链接器处理一个库时，仅仅使用了库中程序使用的目标模块而不是全部加以引用。

（4）BL51 链接器/定位器

BL51 链接器使用从库中提取出来的目标模块和由编译器、汇编器生成的目标模块，创建一个绝对地址目标模块。绝对地址目标文件或模块包括不可重定位的代码和数据。所有的代码和数据都被固定在具体的存储器单元中。绝对地址目标文件可以用于：

- 编程 EPROM 或其他存储器设备；
- 由μVision2 IDE 调试器对目标进行调试和模拟；
- 使用在线仿真器进行程序测试。

（5）μVision2 软件调试器

μVision2 IDE 软件调试器能十分理想地进行快速、可靠的程序调试。调试器包括一个高速模拟器，可以使用它模拟整个 80C51 系统，包括片上外围器件和外部硬件。当从器件数据库选择器件时，这个器件的属性会被自动配置。

（6）μVision2 IDE 硬件调试器

μVision2 IDE 调试器提供了几种在实际目标硬件上测试程序的方法。

安装 MON51 目标监控器到用户的目标系统，并通过 Monitor-51 接口下载程序。

使用高级 GDI 接口将μVision2 IDE 调试器同第三方仿真器系统相连接，通过μVision2 IDE 的人机交互环境完成仿真操作。

（7）RTX-51 实时操作系统

RTX-51 实时操作系统是针对 80C51 微控制器系列的一个多任务内核。RTX-51 实时内核简化了需要对实时事件进行反应的复杂应用的系统设计、编程和调试。这个内核完全集成在 C51 编译器中，使用非常简单。任务描述表和操作系统的一致性由 BL51 链接器/定位器自动进行控制。

3.3.2 μVision2 IDE 集成开发环境

安装完成后，用户可以双击桌面上的“μVision2”图标进入 IDE 环境，μVision2 IDE 软件有菜单栏、可以快速选择命令按钮的工具栏、一些源代码文件窗口、对话框、信息显示窗口。μVision2 IDE 界面如图3.5所示，μVision2 IDE 允许同时打开、浏览多个源文件。

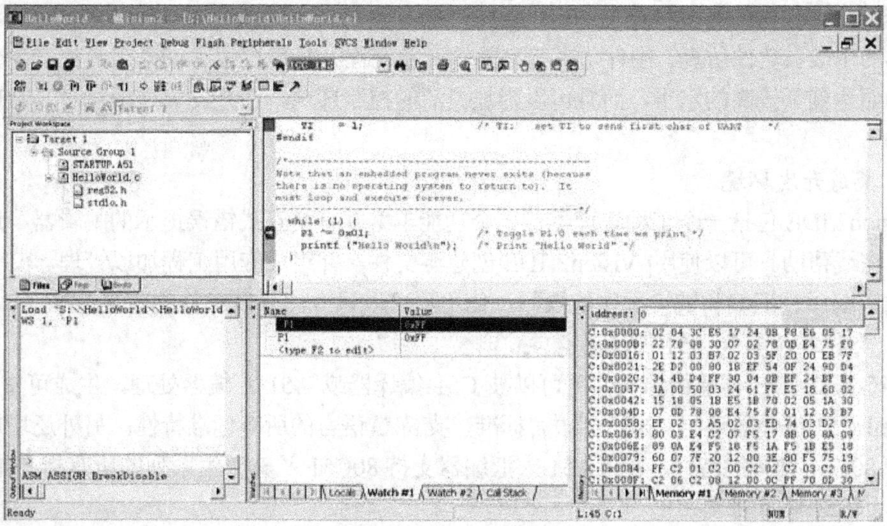

图 3.5 μVision2 IDE 界面图

μVision2 IDE 提供下拉菜单和工具条按钮两种操作方式。下拉菜单提供多种选项，根据不同需要选用，工具条按钮实际上是下拉菜单中一些重要选项功能的快捷方式。表3.1～表3.7 从μVision2 IDE 的下拉菜单着手介绍它的具体功能。

表 3.1　File（文件）菜单和命令

File 菜单	工 具 栏	快 捷 键	描　述
New		Ctrl+N	创建一个新的源文件或文本文件
Open		Ctrl+O	打开已有的文件
Close			关闭当前的文件
Save		Ctrl+S	保存当前的文件
			保存所有打开的源文件和文本文件
Save as…			保存并重新命名当前的文件
Device Database			维护μVision2 器件数据库
License Management			产品使用许可证管理
Print Setup…			设置打印机
Print		Ctrl+P	打印当前的文件
Print Preview			打印预览
1-x			打开最近使用的源文件或文本文件
Exit			退出μVision2 IDE 并提示保存文件

表 3.2　Edit（编辑）菜单和编辑器命令

Edit 菜单	工 具 栏	快 捷 键	描　述
		Home	将光标移到行的开始处
		End	将光标移到行的结尾处
		Crtl+Home	将光标移到文件的开始处
		Ctrl+End	将光标移到文件的结尾处
		Ctrl+A	选中当前文件中的所有文字
Undo		Ctrl+Z	撤销上一次操作
Redo		Ctrl+Y	重做上一次撤销的命令
Cut		Ctrl+X	将选中的文字剪切到剪贴板
Copy		Ctrl+C	将选中的文字复制到剪贴板
Paste		Ctrl+V	粘贴剪贴板的文字
Indent Selected Text			将选中的文字向右缩进一个制表符位
Unindent Selected Text			将选中的文字向左缩进一个制表符位
Toggle Bookmark		Ctrl+F2	在当前行放置/删除书签
Goto Next Bookmark		F2	将光标移到下一个书签
Goto Previous Bookmark		Shift+F2	将光标移到上一个书签
Clear All Bookmarks			清除当前文件中的所有书签
Find		Ctrl+F	在当前文件中查找文字
		F3	继续向前查找文字
		Shift+F3	继续向后查找文字
		Ctrl+F3	查找光标处选中的单词
Replace		Ctrl+H	替换特定的文字
Find in Files…			在几个文件中查找文字

表 3.3 View（视图）菜单

View 菜单	工 具 栏	快 捷 键	描 述
Status Bar			显示或隐藏状态栏
File Toolbar			显示或隐藏文件工具栏
Build Toolbar			显示或隐藏编译工具栏
Debug Toolbar			显示或隐藏调试工具栏
Project Window			显示或隐藏工程窗口
Output Window			显示或隐藏输出窗口
Source Browser			打开源文件浏览器窗口
Disassembly Window			显示或隐藏反汇编窗口
Watch & Call Stack Window			显示或隐藏观察和堆栈窗口
Memory Window			显示或隐藏存储器窗口
Code Coverage Window			显示或隐藏代码覆盖窗口
Performance Analyzer Window			显示或隐藏性能分析窗口
Logic Analyzer Window			显示或隐藏逻辑分析仪窗口
Symbol Window			显示或隐藏符号变量窗口
Serial Window #1			显示或隐藏串行窗口 1
Serial Window #2			显示或隐藏串行窗口 2
Serial Window #3			显示或隐藏串行窗口 3
Toolbox			显示或隐藏工具箱
Periodic Window Update			在运行程序时，周期刷新调试窗口

表 3.4 Project（项目）菜单和命令

Project 菜单	工 具 栏	快 捷 键	描 述
New Project…			创建一个新的工程
Import μVision1 Project…			输入一个μVision1 工程文件
Open Project…			打开一个已有的工程
Close Project…			关闭当前的工程
Components Environment Books			定义工具系列/包含文件/库文件的路径
Select Device for Target			从器件数据库选择一个目标 CPU
Remove…			从工程中删去一个组或文件
Options…		Alt+F7	设置对象 组或文件的工具选项
			设置当前目标的选项
Build Target		F7	转换修改过的文件并编译成应用
Rebuild Target			重新转换所有的源文件并编译成应用
Translate…		Ctrl+F7	转换当前的文件
Stop Build			停止当前的编译进程
1-9			打开最近使用的工程文件

表 3.5 Debug（调试）菜单和命令

Debug 菜单	工 具 栏	快 捷 键	描 述
Start/Stop Debug Session		Ctrl+F5	启动或停止μVision2 调试模式
Go		F5	运行/执行直到下一个有效的断点

续表

Debug 菜单	工具栏	快捷键	描　述
Step		F11	跟踪运行程序
Step Over		F10	单步运行程序
Step out of current function		Ctrl+F11	执行到当前函数的程序
Run to Cursor Line		Ctrl+F10	执行到当前光标所在行
Stop Running		ESC	停止程序运行
Breakpoints…			打开断点对话框
Insert/Remove Breakpoint			在当前行设置/清除断点
Enable/Disable Breakpoint			使能/禁能当前行的断点
Disable All Breakpoints			禁能程序中所有断点
Kill All Breakpoints			清除程序中所有断点
Show Next Statement			显示下一条执行的语句指令
Enable/Disable Trace Recording			使能跟踪记录 可以显示程序运行轨迹
View Trace Records			显示以前执行的指令
Logic Analyzer			逻辑分析仪
Memory Map			打开存储器空间配置对话框
Performance Analyzer…			打开性能分析器的设置对话框
Inline Assembly…			对某一行重新汇编 可以修改汇编代码
Function Editor			编辑调试函数和调试配置文件

表 3.6　Peripherals（外围器件）菜单*

Peripheral 菜单	工具栏	快捷键	描　述
Reset CPU			复位 CPU
Interrupt			中断系统
I/O-Ports			并行输入/输出
Serial			串行口
Timer			定时器/计数器

* 外围器件菜单显示内容引与选择的 MCU 型号有关。

表 3.7　Window（窗口）菜单

Window 菜单	工具栏	快捷键	描　述
Cascade			层叠所有窗口
Tile Horizontally			横向排列窗口，不层叠
Tile Vertically			纵向排列窗口，不层叠
Arrange Icons			在窗口的下方排列图标
Split			将激活的窗口拆分成几个窗格
Close All			关闭所有窗口
1-9			激活选中的窗口对象

3.3.3　μVision2 IDE 的使用

μVision2 IDE 安装后自带了一些帮助文档，位于安装目录的 Keil\C51\HLP 文件夹，包括 A51.pdf、C51.pdf、C51lib.chm、DBG51.CHM、errors.chm、GS51.pdf 等，可以通过μVision2 开发环境 Project Window

的 Books 标签页中的链接来打开这些文档。GS51.pdf 是一个入门教程“Getting Started with μVision2”。这些资料详细介绍了集成开发环境使用、侦错、汇编语言编程（A51）、C 语言编程（C51）等。在互联网上，有“μVision2 入门教程”、“μVision2 调试命令”、“Keil Software-Cx51 编译器用户手册中文完整版”和“Keil C51 使用详解”等中文资料。

μVision2 IDE 包括一个项目管理器，它可以使基于 8x51 的嵌入式系统的设计变得简单。要创建一个应用，需要按下列步骤进行操作：

① 启动μVision2 IDE，新建一个项目文件，并从器件库中选择一个 CPU 器件；

② 新建一个源文件并把它加入到项目中；

③ 增加并设置选择的器件的启动代码；

④ 针对目标硬件设置工具选项；

⑤ 编译项目并生成可以编程 ROM 的 HEX 文件。

下面通过一个创建项目实例介绍在μVision2 中的软件开发流程。

下面将逐步描述，指引读者创建一个简单的μVision2 项目。示例程序调用 C51 基本输入/输出库 stdio.h 中的 printf 函数从串口输出“Hello World!”，printf 函数支持带格式的输出，整个程序只包含一个源文件 HelloWorld.c，这个小型应用程序帮助读者确定 Keil μVision2 可以编译、链接和调试一个应用程序。

设项目名为 HelloWorld，采用标准 AT89C52 芯片，程序使用的硬件资源是 AT89C52 片内的并行 I/O 口 P2 和串行口，不需要一个实际的单片机系统，因为μVision2 IDE 可以模拟程序所需要的硬件并行 I/O 口和串行口。

（1）选择 Project→New Project 选项，如图3.6 所示。

（2）在弹出的 Create New Project 对话框中选择要保存项目文件的路径，比如保存到 HelloWorld 目录里，在“文件名”文本框中输入项目名为 HelloWorld，如图3.7 所示，然后单击“保存”按钮。

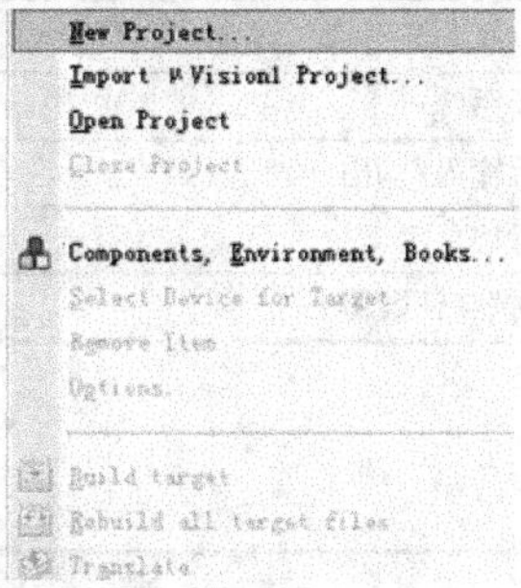

图 3.6　Project 菜单

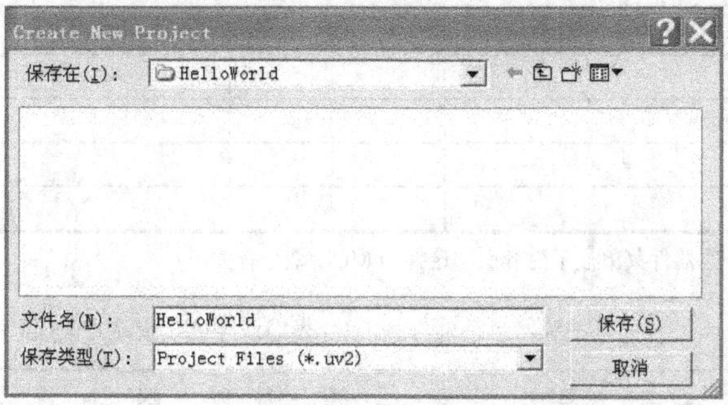

图 3.7　Create New Project 对话框

（3）这时会弹出一个对话框，要求选择单片机的型号。读者可以根据使用的单片机型号来选择，Keil C51 几乎支持所有的 80C51 内核的单片机，这里以常用的 AT89C52 为例来说明。先选择 ATMEL 公司，再选择 AT89C52，如图3.8 所示，右边 Description 栏中显示该单片机的基本说明，然后单击“确定”按钮，弹出将 8051 初始化代码复制到项目中的询问窗口，如图3.9 所示。单击“是”按钮，出现图3.10 所示的窗口。如果需要重命名 Target 1 和 Source Group 1，在左侧 Project Workspace 区用鼠标左键选中 Target 1，再用鼠标左键单击 Target 1，即可重新命名 Target 1。用同样的方法可以修改 Source Group 1，这里对此不做修改，使用默认名称。

（4）这时需要新建一个源程序文件。建立一个汇编语言或 C 语言文件，如果已经有源程序文件，可以忽略这一步。选择 File→New 选项，如图3.11 所示。

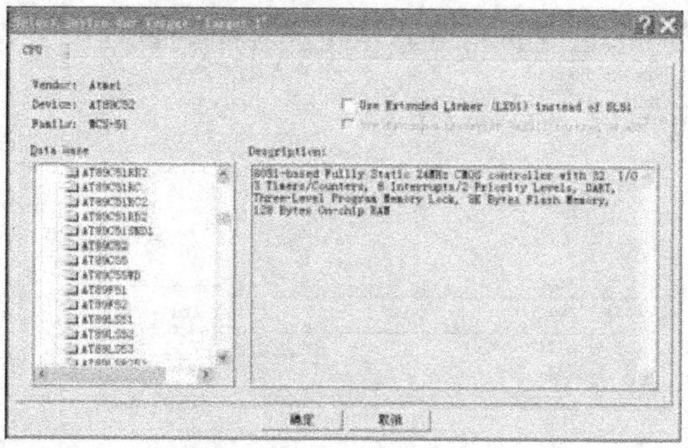

图 3.8　选择单片机型号对话框图

图 3.9　选择是否加入初始化代码询问信息

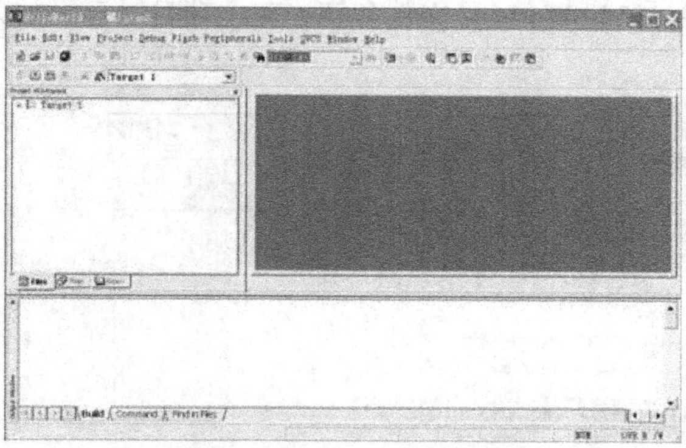

图 3.10　新建项目后µVision2 界面图

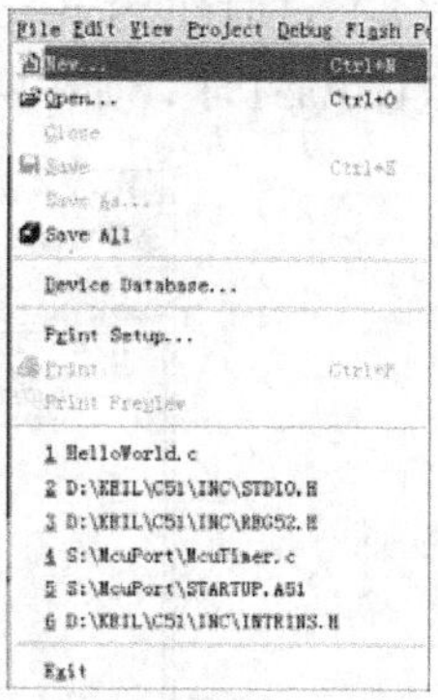

图 3.11　新建源程序文件对话框图

（5）在弹出的程序文本框中输入一个简单的程序，如图3.12所示，具体内容见本节后面的内容。

（6）选择 File→Save As 选项或者单击工具栏按钮，保存文件。

在弹出的如图3.13所示的对话框中，选择要保存的路径，在“文件名”文本框中输入文件名。注意，一定要输入扩展名，如果是 C 语言程序文件，扩展名为.c；如果是汇编文件，扩展名为.asm 或.a51；如果是 ini 文件，扩展名为.ini。这里需要存储 C 语言源程序文件，所以输入扩展名.c（也可以保存为其他名字，比如 new.c 等），单击“保存”按钮。此处保存文件名为 HelloWorld.c。

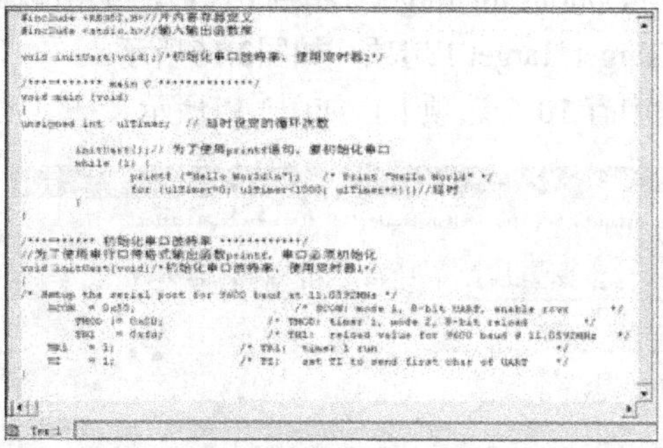

图 3.12　程序文本框

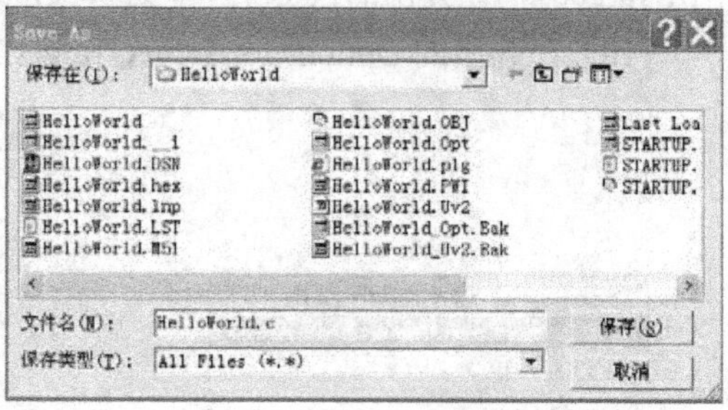

图 3.13　Save As 对话框

（7）将 HelloWorld.c 文件加入到项目中，鼠标右键单击左边项目窗口中的 Source Group 1，在弹出的菜单中选择 Add Files to Group 'Source Group 1'，选择刚才建立的文件 HelloWorld.c，如图3.14所示，文件类型选择 C Source file(*.c)。如果是汇编文件，则选择 Asm Source file；如果是目标文件，则选择 Object file；如果是库文件，则选择 Library file。最后单击 Add 按钮，如果要添加多个文件，可以不断添加或一并选中添加。添加完毕后单击 Close 按钮，关闭该窗口。

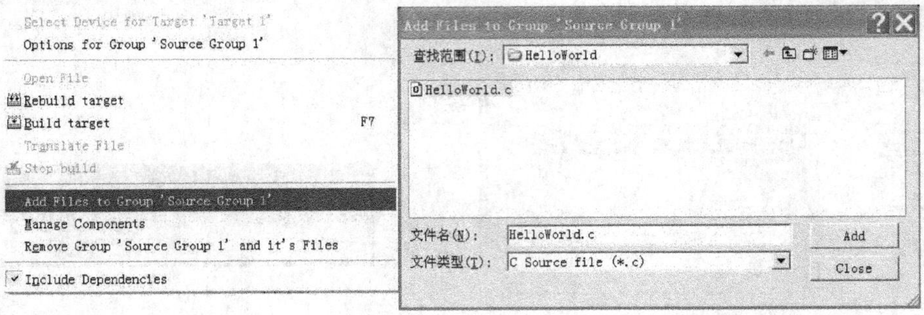

图 3.14　Add Files to Group 'Source Group 1'菜单

（8）这时在 Source Group 1 里就有 HelloWorld.c 文件和事先建立项目时已经加入的文件 STARTUP.a51 了，如图3.15所示。

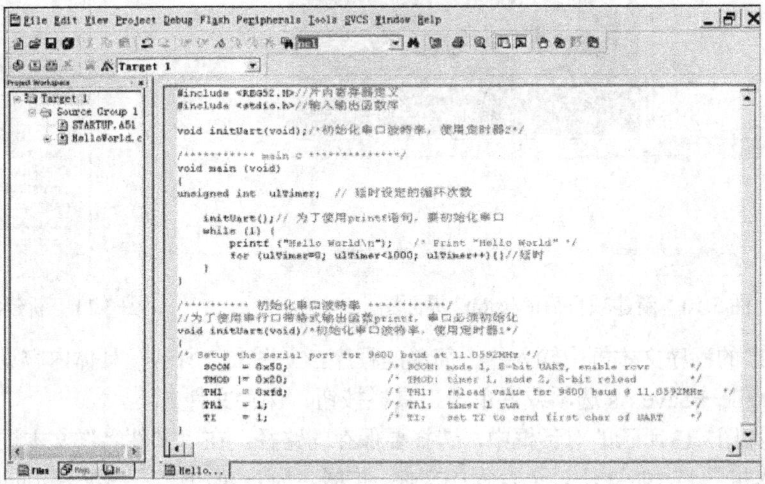

图 3.15　HelloWorld.c 文件

（9）接下来要对目标进行一些设置。选择 Project→Options for Target 'Target 1'选项，或用鼠标右键单击 Target 1，在弹出的快捷菜单中选择 Options for Target 'Target 1'选项，如图3.16所示。

（10）在弹出的 Options for Target 'Target 1'对话框中有 10 个选项卡，如图3.17所示。

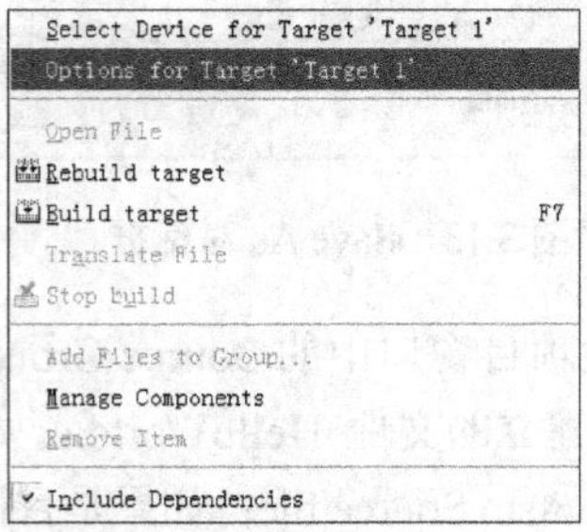

图 3.16　Options for Target 'Target 1' 选项

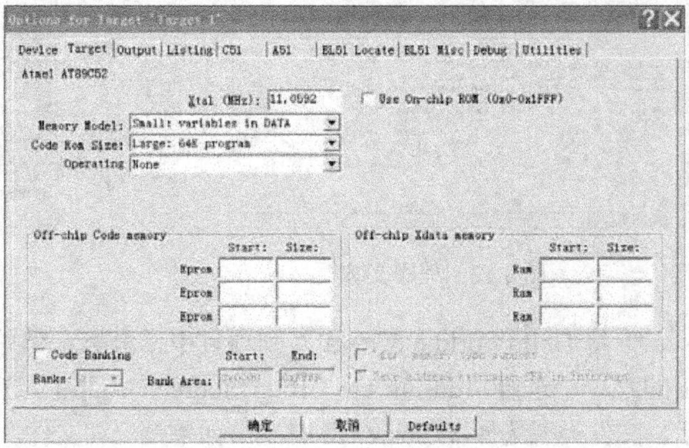

图 3.17　Target 选项卡

① Target 选项卡

Xtal(MHz)：设置单片机工作的频率，默认是 24.0 MHz，把此项改为 80C51 单片机经常使用的晶振频率 11.0592 MHz 和 22.1184 MHz 之一，即 11.0592 MHz。Target 选项卡中仅修改此项，其他默认即可。

Use On-chip ROM(0x0-0x1FFF)：表示使用片上的 Flash ROM。AT89C52 有 8 KB 的可重编程的 Flash ROM，该选项取决于单片机嵌入式系统，如果单片机的 EA 接高电平，则选中这个选项，表示使用内部 ROM，如果单片机的 EA 接低电平，表示使用外部 ROM，则不选中该选项。

Off-chip Code memory：表示片外 ROM 的开始地址和大小，如果没有外接程序存储器，那么不需要填任何数据。Start 表示一个 ROM 芯片的开始地址，Size 为片外 ROM 的大小，一般填十六进制的数，Size 为片外 ROM 的大小，最多可以外接 3 块 ROM。

Off-chip Xdata memory：可以填写外接 Xdata 外部数据存储器的起始地址和大小。

Code Banking：使用 Code Banking 技术。Keil 可以支持程序代码超过 64 KB 的情况，最大可以有 2 MB 的程序代码。如果代码超过 64 KB，那么就要使用 Code Banking 技术，以支持更多的程序空间。Code Banking 支持自动的 Bank 的切换，这在建立一个大型系统时是必需的。例如，要在单片机里实现汉字字库、实现汉字输入法，都要用到该技术。

Memory Model：单击 Memory Model 后面的下拉箭头，会有 3 个选项。

- Small：变量存储在内部 RAM 里。
- Compact：变量存储在外部 RAM 里，使用 8 位间接寻址。
- Large：变量存储在外部 RAM 里，使用 16 位间接寻址。

一般使用 Small 来存储变量，此时单片机优先将变量存储在内部 RAM 里，如果内部 RAM 空间不够，才会存到外部 RAM 中。Compact 的方式要通过程序来指定页的高位地址，编程比较复杂，如果外部 RAM 很少，只有 256 B，那么对该 256 B 的读取就比较快。

如果超过 256 B，而且需要不断地进行切换，就比较麻烦，Compact 模式适用于比较少的外部 RAM 的情况。Large 模式是指变量会优先分配到外部 RAM 里。

需要注意的是，3 种存储方式都支持内部 256 B 和外部 64 KB 的 RAM。因为变量存储在内部 RAM 里，运算速度比存储在外部 RAM 要快得多，大部分的应用都选择 Small 模式。

使用 Small 模式时，并不说明变量就不可以存储在外部，只是需要特别指定，比如：

- unsigned char xdata a：变量 a 存储在外部的 RAM。
- unsigned char a：变量存储在内部 RAM。

但是使用 Large 的模式时：

- unsigned char xdata a：变量 a 存储在外部的 RAM。
- unsigned char a：变量 a 同样存储在外部 RAM。

这就是它们之间的区别，可以看出这几个选项只影响没有特别指定变量的存储空间的情况，默认存储在所选模式的存储空间，比如上面的变量定义 unsigned char a。

Code Rom Size：单击 Code Rom Size 后面的下拉箭头，将有 3 个选项。

- Small: program 2 K or less：适用于 AT89C2051 这些芯片，2051 只有 2 KB 的代码空间，所以跳转地址只有 2 KB，编译的时候会使用 ACALL AJMP 这些短跳转指令，而不会使用 LCALL、LJMP 指令。如果代码地址跳转超过 2 KB，那么会出错。
- Compact: 2 K functiongs，64 K program：表示每个子函数的代码大小不超过 2 KB，整个项目可以有 64 KB 的代码。就是说在 main()里可以使用 LCALL、LJMP 指令，但在子程序里只会使用 ACALL、AJMP 指令，只有确定每个子程序不会超过 2 KB，才可以使用 Compact 方式。
- Large: 64 K program：表示程序或子函数代码都可以大到 64 KB，使用 Code Banking 还可以更

大，通常都选用该方式。选择 Large 方式速度不会比 Small 慢很多，所以一般没有必要选择 Compact 和 Small 方式。

这里选择 Large 方式。

Operating：单击 Operating 后面的下拉箭头，会有 3 个选项。

- None：表示不使用操作系统。
- RTX-51 Tiny Real-Time OS：表示使用 Tiny 操作系统。
- RTX-51 Full Real-Time OS：表示使用 Full 操作系统。

这里选择 None。

② Output 选项卡

Output 选项卡如图3.18所示。

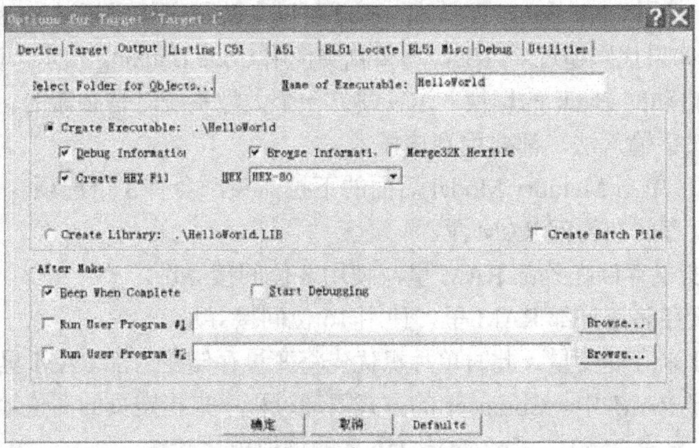

图 3.18 设置 Output 卡

Select Folder for Objects：单击该按钮可以选择编译后目标文件的存储目录，如果不设置，就存储在项目文件的目录里。

Name of Executable：设置生成的目标文件的名字，默认情况下和项目的名字一样。目标文件可以生成库或者 obj、HEX 的格式。

Create Executable：如果要生成OMF和HEX文件，一般选中Debug Information和Browse Information，选中这两项，才有调试所需的详细信息。比如，要调试 C 语言程序，如果不选中，调试时将无法看到高级语言写的程序。而 HEX 文件为最终目标文件，需要写入目标系统的程序存储器中。

Create HEX File：要生成 HEX 文件，一定要选中该选项，如果编译之后没有生成 HEX 文件，就是因为这个选项没有被选中。默认是不选中的。Proteus VSM 与μVision2 联调时需要 HEX 文件（见 3.4.3 节），一般选中它。

Create Library：选中该项时将生成 lib 库文件。根据需要决定是否要生成库文件，一般的应用是不生成库文件的。

After Make 栏中有以下几个设置。

- Beep When Complete：编译完成之后发出咚的提示声音。
- Start Debugging：马上启动调试（软件仿真或硬件仿真），根据需要来设置，一般不选。为了产生编译之后马上运行，也可选中它。
- Run User Program #1、Run User Program #2：这两个选项可以设置编译完之后所要运行的其他应用程序（比如有些用户自己编写了烧写芯片的程序，编译完便执行该程序，将 HEX 文件写入芯片），或者调用外部的仿真程序。根据自己的需要设置。

③ Listing 选项卡

Listing 选项卡如图3.19 所示。

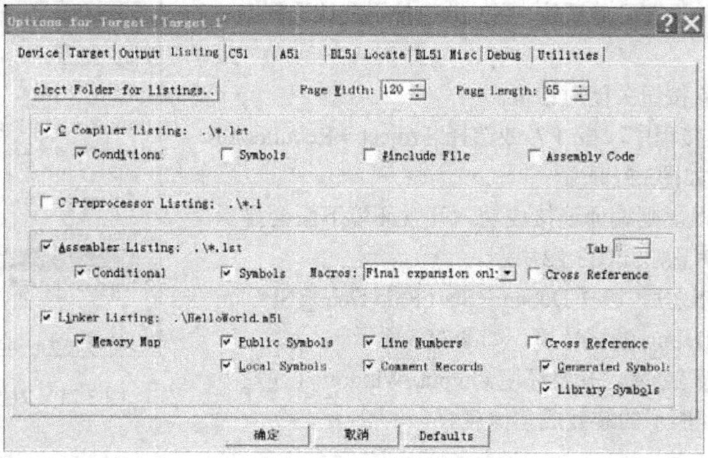

图 3.19　设置 Listing 选项卡

Keil C51 在编译之后除了生成目标文件之外，还生成*.lst、*.m51 的文件。这两个文件可以告诉程序员程序中所用的 idata、data、bit、xdata、code、RAM、ROM、stack 等的相关信息，以及程序所需的代码空间。

选中 Assembly Code 会生成汇编的代码。这是很有好处的，如果不知道如何用汇编来写一个 long 型数的乘法，那么可以先用 C 语言来写，写完之后编译，就可以得到用汇编实现的代码。对于一个高级的单片机程序员来说，往往既要熟悉汇编，同时也要熟悉 C 语言，才能更好的编写程序。某些地方用 C 语言无法实现，用汇编语言却容易实现；有些地方用汇编语言很烦琐，用 C 语言就很方便。

单击 Select Folder for Listings 按钮，在出现的对话框中可以选择生成的列表文件的存放目录。不做选择时，使用项目文件所在的目录。

④ Debug 选项卡

Debug 选项卡如图3.20 所示。

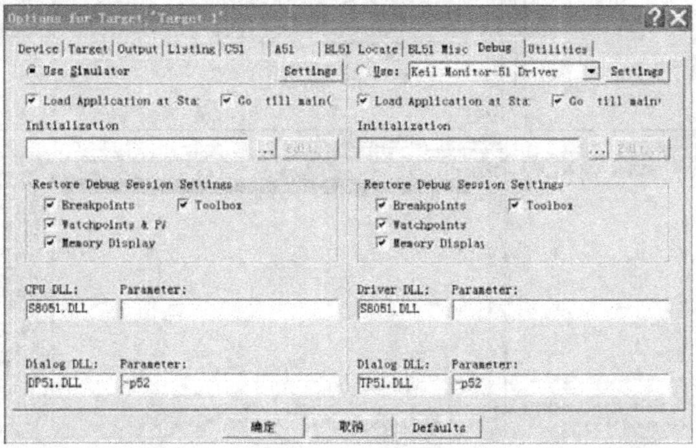

图 3.20　设置 Debug 选项卡

Load Application at Start：选择这项之后，Keil 才会自动装载程序代码。

Go till main：调试 C 语言程序时可以选择这一项，PC 会自动运行到 main 程序处。

这里有两类仿真形式可选：Use Simulator 和 Use: Keil Monitor-51 Driver，前一种是纯软件仿真，后一种是带有 Monitor-51 硬件目标仿真器的仿真。

因为我们目前没有硬件系统，图3.20 中使用默认选择 Use Simulator。

最后单击 OK 按钮关闭对话框。

（11）编译连接程序，按 F7 或选择 Project→Rebuild all target files 选项，如图3.21 所示。

图 3.21 Rebuild all target files

如果没有错误，则编译连接成功，开发环境下面会显示编译连接成功的信息，如图3.22 所示。

（12）编译完毕之后，选择 Debug→Start/Stop Debug Session 选项，即可进入 Debug 调试环境，如图3.23 所示。

（13）装载代码之后，开发环境 Output Window（在左下角）显示如图3.24 所示的装载成功信息。

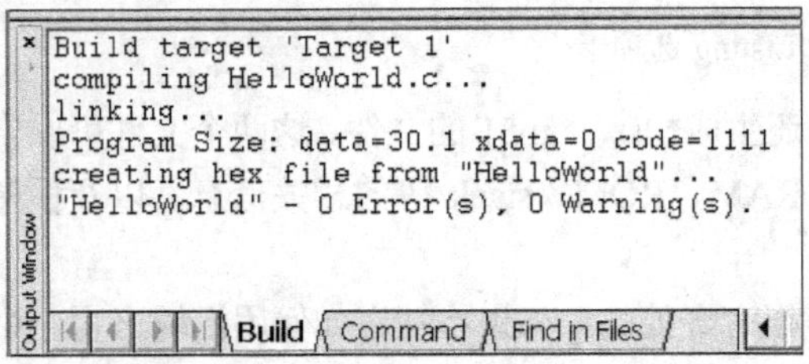

图 3.22 编译连接成功信息

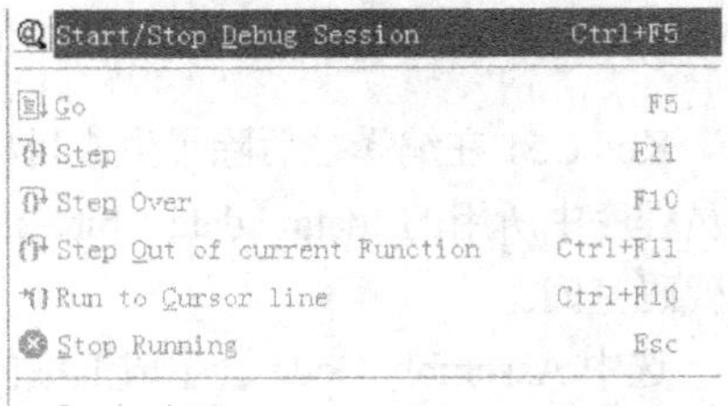

图 3.23 Debug 调试

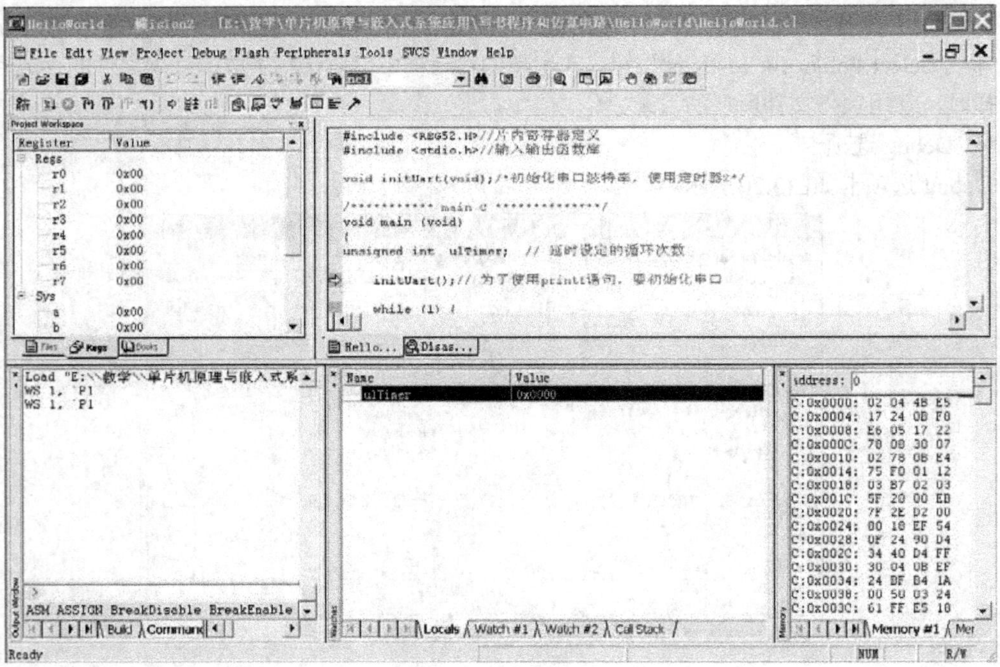

图 3.24 Debug 调试界面

（14）示例程序使用串口打印函数 printf 输出“Hello World!”，整个程序只包含一个源文件 HelloWorld.c。使用串口打印函数 printf 需要初始化单片机串口相关寄存器，故 HelloWorld.c 除 main 函数外，还有串口初始化函数 initUart。此处我们只关心μVision2 IDE 开发工具的使用，单片机串口的具体使用方法会在后续章节介绍。

HelloWorld.c 源程序如下：

```
#include <REG52.H>//片内寄存器定义
#include <stdio.h>//输入/输出函数库
void initUart(void);          /*初始化串口波特率，使用定时器 1*/
/*********** main C **************/
void main (void)
{
unsigned int  ulTimer;         // 延时设定的循环次数

    initUart();                // 为了使用 printf 语句，要初始化串口
    while (1) {
        printf ("Hello World!\n");   /* Print "Hello World" */
        for (ulTimer=0; ulTimer<1000; ulTimer++){}//延时
    }
}

/********** 初始化串口波特率 ************/
//为了使用串行口带格式输出函数 printf，串口必须初始化
void initUart(void)/*初始化串口波特率，使用定时器 1*/
{
/* Setup the serial port for 9600 baud at 11.0592 MHz */
    SCON  = 0x50;          /* SCON: mode 1, 8-bit UART, enable rcvr    */
     TMOD |= 0x20;         /* TMOD: timer 1, mode 2, 8-bit reload      */
     TH1   = 0xfd;         /* TH1:  reload value for 9600 baud @ 11.0592 MHz*/
    TR1   = 1;             /* TR1:  timer 1 run                        */
    TI    = 1;             /* TI:   set TI to send first char of UART  */
}
```

选择 View→Serial Window #1 选项，查看串口输出内容，如图3.25示。

选择 Peripherals 中选项，还可以查看单片机内嵌外设的变化，如选择 Peripherals→I/O-Ports→Port 2 选项，则可查看 P2 口信号变化，如图3.26示。

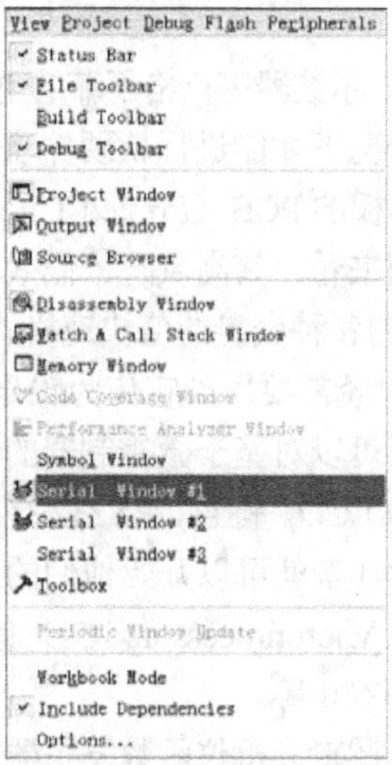

图 3.25　打开 Serial Window #1

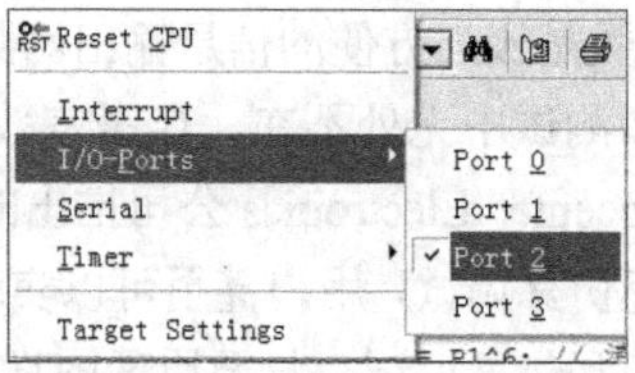

图 3.26　打开 Parallel Port2

按 F5 键启动程序，在串口窗口 Serial #1 可看到 printf 的输出信息和 P2 端口数据的变化情况，如图3.27所示。串口窗口默认字符显示模式为 Ascii Mode，在窗口中单击鼠标右键，在弹出的右键窗口中可修改显示模式为 Hex Mode。

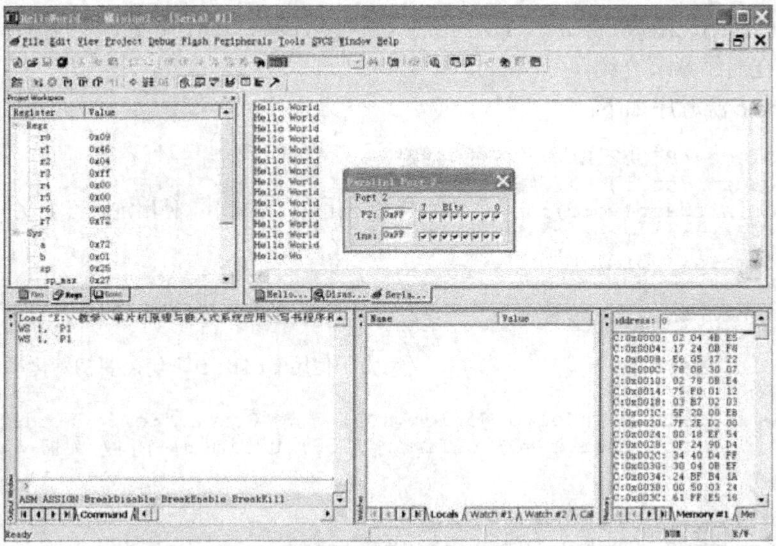

图 3.27　程序连续运行时的窗口显示

3.3.4　Keil C51 中 printf 库函数

printf 函数是极为方便的信息输出函数，能将程序中的各种变量的值快速格式化并输出到控制台，在程序调试和测试中无处不在，C 语言教材的例子程序中经常要用到它作为输出。

在前面介绍μVision2 IDE 的使用中我们也用到 printf 函数，Keil C51 的 printf 使用也极为方便，只要初始化串口后，关中断，TI = 1，就能使用 printf 直接将信号输出到串口，在μVision2 IDE 调试时，打开串口窗口，就能看到带格式的输出。串口的使用方法见第 6 章内容。

3.4　基于 Proteus 的单片机系统仿真

单片机系统的开发除了需要购置诸如仿真器、编程器、示波器等价格不菲的电子设备外，开发过程也较烦琐。如图 3.28 所示，用户程序需要在硬件完成的情况下才能进行软硬件联合调试，如果在调试过程中发现硬件错误需修改硬件，则要重新设计硬件目标板的 PCB（Printed Circuit Board，印制电路板）并焊接元器件。因此无论从硬件成本还是从开发周期来看，其高风险、低效率的特性显而易见。

printf 函数是极为方便的信息输出函数，能将程序中的各种变量的值快速格式化并输出到控制台，在程序调试和测试中无处不在，C 语言教材，例子程序中经常要用到它作为输出。

英国 Labcenter Electronics 公司推出的 Proteus 套件，可以对基于微控制器的设计连同所有的周围电子器件一起仿真调试，用户甚至可以实时采用诸如 LED/LCD、键盘、RS232 终端等动态外设模型来对设计进行交互仿真调试，只要原理图设计完成，软件设计者就可以开始他们的工作，不用等待一个实际的硬件物理原型的出现。Proteus 支持的微处理芯片（Microprocessors ICs）包括 8051 系列、AVR 系列、PIC 系列、HC11 系列、ARM7/LPC2000 系列以及 Z80 等。

Proteus VSM 包含了大量的虚拟仪器，包括示波器、逻辑分析仪函数发生器、数字信号图案发生器、时钟计数器、虚拟终端及简单的电压表和电流表，为仿真调试提供了强有力的支持。

图3.29 为基于 Proteus ISIS 仿真软件的单片机系统设计流程，它极大地简化了设计工作，并有效地降低了成本和风险，得到众多单片机工程师的青睐。

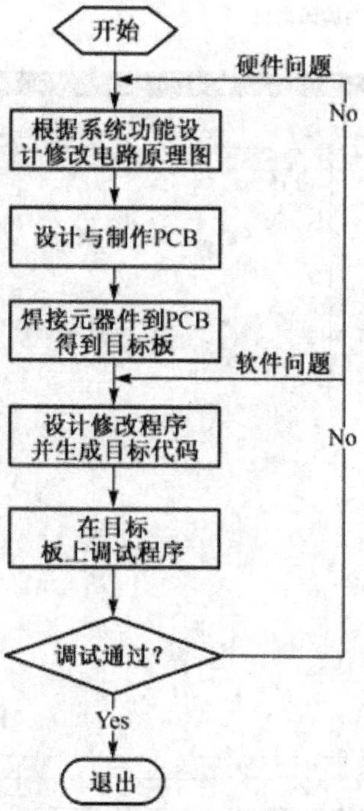

图 3.28　传统的单片机嵌入式系统开发设计流程

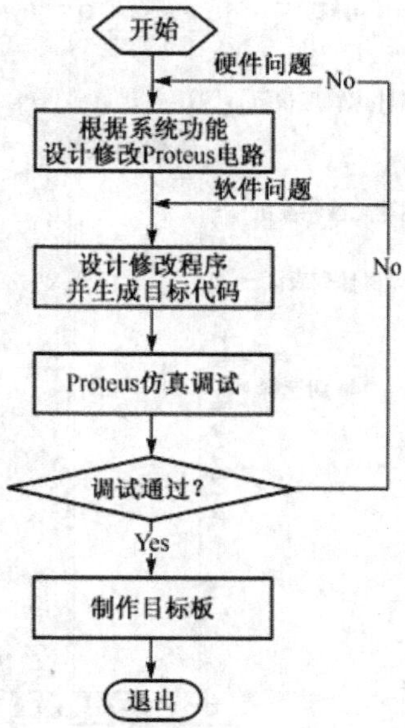

图 3.29　基于 Proteus ISIS 仿真软件的单片机系统设计流程

在 PC 上安装 Proteus 软件后，即可完成单片机系统原理图电路绘制、PCB 设计，更为显著的特点是可以与µVision2 IDE 工具软件结合进行编程仿真调试。本节以 Proteus 7 Professional 为例介绍 Proteus 在单片机系统设计中的应用。

Proteus 7.5 Professional 软件主要包括 ISIS 7 Professional 和 ARES 7 Professional，其中 ISIS 7 Professional 用于绘制原理图并可进行电路仿真（SPICE 仿真），ARES 7 Professional 用于 PCB 设计。本书只介绍前者。

3.4.1　Proteus 7 Professional 界面介绍

安装完 Proteus 后，运行 ISIS 7 Professional，会出现如图3.30所示的窗口界面。

窗口内各部分的功能用中文做了标注。ISIS 大部分操作与 Windows 的操作类似。下面简单介绍其各部分的功能。

1．原理图编辑窗口（The Editing Window）

顾名思义，它是用来绘制原理图的。蓝色方框内为可编辑区，元器件要放到里面。与其他 Windows 应用软件不同，这个窗口是没有滚动条的，可以用左上角的导航窗口来改变原理图的可视范围。

2．预览窗口（The Overview Window）

它可以显示两个内容：在元器件列表中选择一个元器件时，它会显示该元器件的预览图；当鼠标焦点落在原理图编辑窗口时（即放置元器件到原理图编辑窗口后或在原理图编辑窗口中单击鼠标后），就变成原理图的**导航窗口**，会显示整张原理图的缩略图，并会显示一个绿色的方框，绿色方框里面的内容就是当前原理图窗口中显示的内容，因此可以用鼠标在上面单击来改变绿色方框的位置，从而改变原理图的可视范围。

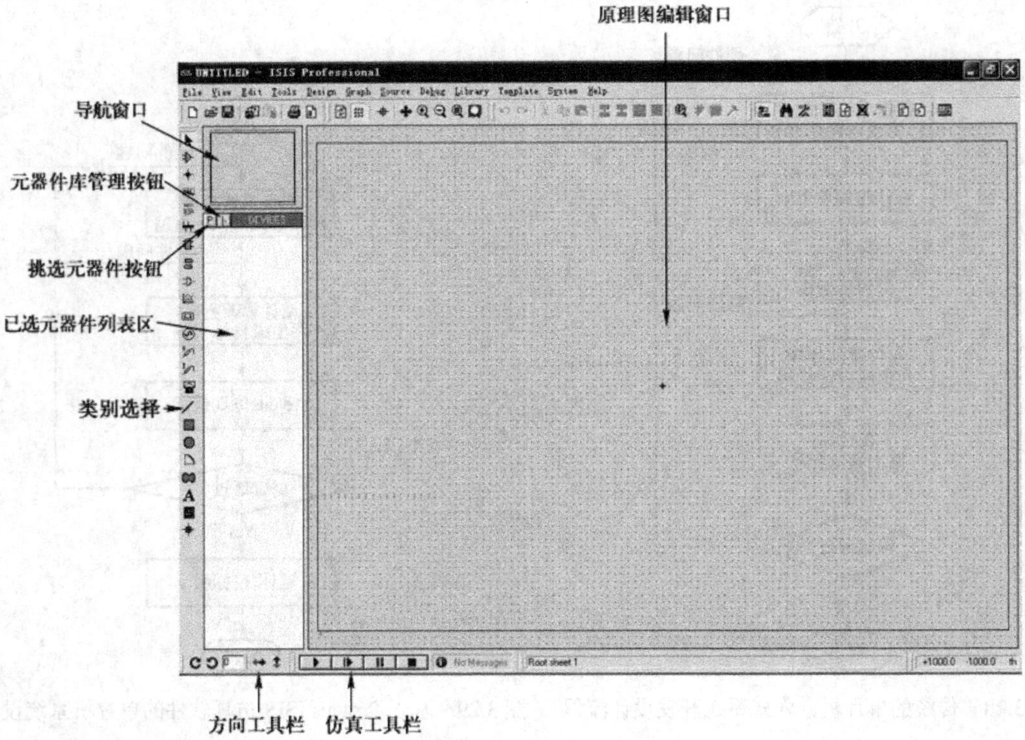

图 3.30　Proteus ISIS 7 的编辑环境

3．模型选择元器件栏（Mode Selector Toolbar）

主要模型（Main Modes）由上向下功能如下。

用于即时编辑元器件参数（先单击该图标再单击要修改的元件）。

选择元器件(Components)（默认选择）。

放置连接点。

放置标签（相当于网络标号）。

放置文本。

用于绘制总线。

用于放置子电路。

配件（Gadgets）由上向下功能如下。

终端接口（Terminala），有 VCC、地、输出、输入等接口。

器件引脚，用于绘制各种引脚。

仿真图表(Graph)，用于各种分析，如 Noise Analysis。

录音机。

信号发生器(Generators)。

电压探针：使用仿真图表时要用到。

电流探针：使用仿真图表时要用到。

虚拟仪表：示波器等。

2D 图形（2D Graphics）由上向下功能如下。

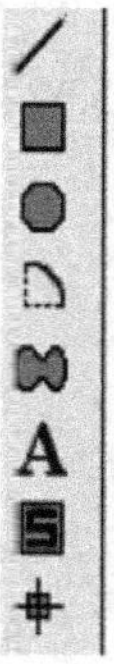

画各种直线。
画各种方框。
画各种圆。
画各种圆弧。
画各种多边形。
画各种文本。
画符号。
画原点等。

4．元器件列表区（The Object Selector）

用于挑选元器件(Components)、终端接口(Terminals)、信号发生器(Generators)、仿真图表(Graph)等。例如，当选择“元器件”(Components)，单击 P 按钮会打开挑选元器件对话框，选择了一个元器件后(单击了 OK 按钮后)，该元器件会在元器件列表中显示，以后要用到该元器件时，只需在元器件列表区中选择即可。

5．方向工具栏（Orientation Toolbar）

 旋转：旋转角度只能是 90 的整倍数。

 翻转：水平翻转和垂直翻转。

使用方法：先右键单击所选元件，再选择相应的旋转图标。

6．仿真工具栏

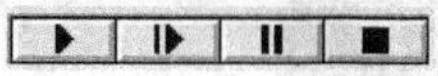 仿真控制按钮由左向右功能分别为：运行、单步运行、暂停、停止。

3.4.2　绘制电路原理图

下面通过一个简单的示例说明绘制原理图过程。

1．将所需元器件加入到对象选择器窗口

单击对象选择器按钮 P，在弹出的 Pick Devices 窗口中，使用搜索引擎，在 Keywords 栏中分别输入 AT89C52.BUS、BUTTON、SW-SPDT 和 7SEG-BCD，在搜索结果 Results 栏中找到该对象，并将其添加到对象选择器窗口，如图 3.31 所示。

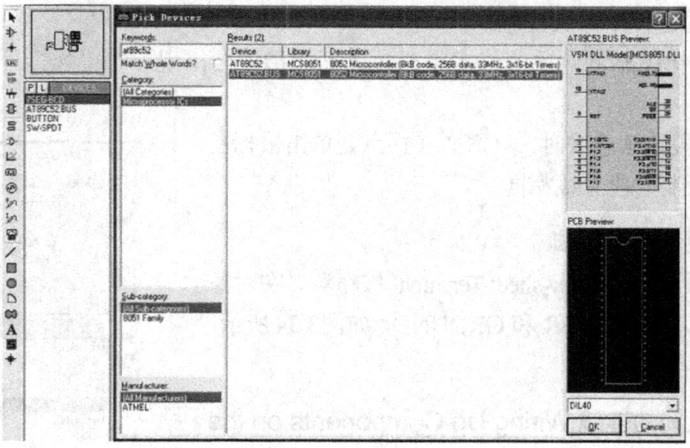

图 3.31　把元器件加入到对象选择器

2. 放置元器件至图形编辑窗口

将 AT89C52.BUS、BUTTON、SW-SPDT 和 7SEG-BCD 放置到图形编辑窗口，如图3.32 所示。

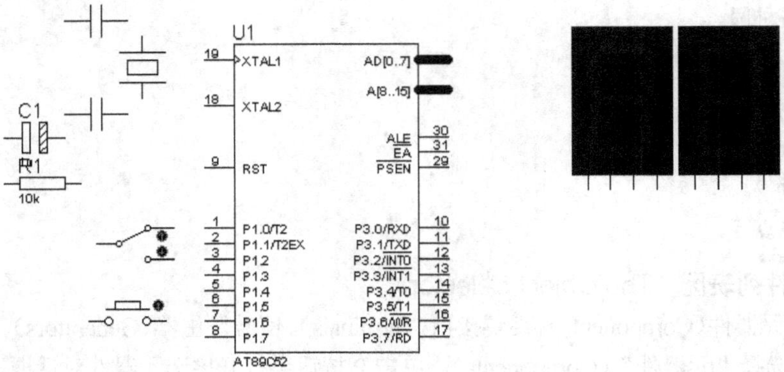

图 3.32　放置元器件至图形编辑窗口

3. 放置总线至图形编辑窗口

单击绘图工具栏中的总线按钮，使之处于选中状态。将鼠标置于图形编辑窗口，绘制出如图3.33 所示的总线。

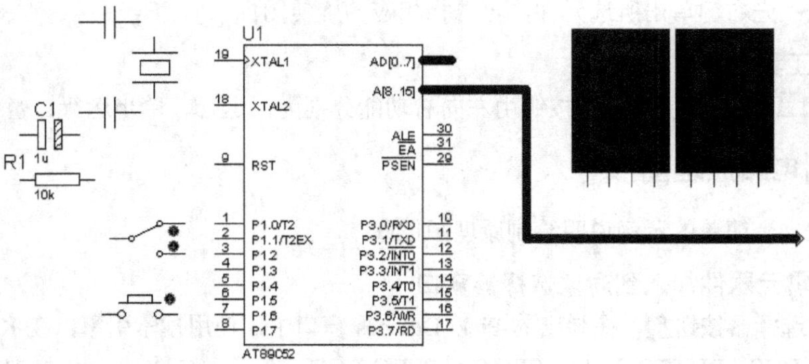

图 3.33　放置总线至图形编辑窗口

在绘制总线的过程中，应注意：

① 当鼠标的指针靠近对象的连接点时，鼠标的指针会出现一个“×”号，表明总线可以接至该点；

② 在绘制多段连续总线时，只需要在拐点处单击鼠标左键，其他步骤与绘制一段总线相同。

4. 添加电源和接地引脚

单击绘图工具栏中的 Inter-sheet Terminal 按钮，在对象选择器窗口，选中对象 POWER 和 GROUND，如图3.34 所示，将其放置到图形编辑窗口。

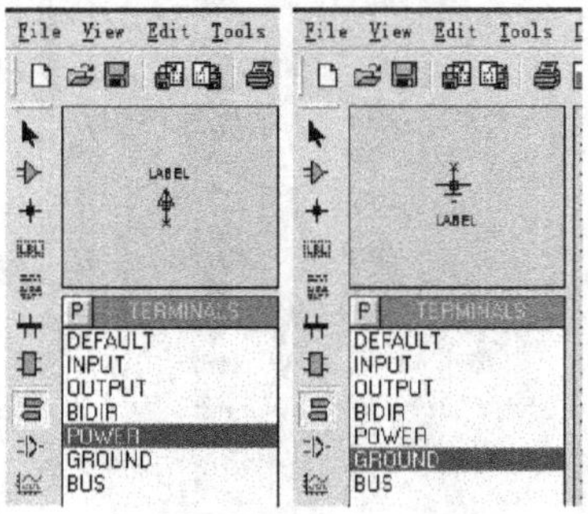

图 3.34　添加电源和接地引脚

5. 元器件之间的连线 Wiring Up Components on the Schematic

在图形编辑窗口，完成各对象间的连线，如图3.35 所示。

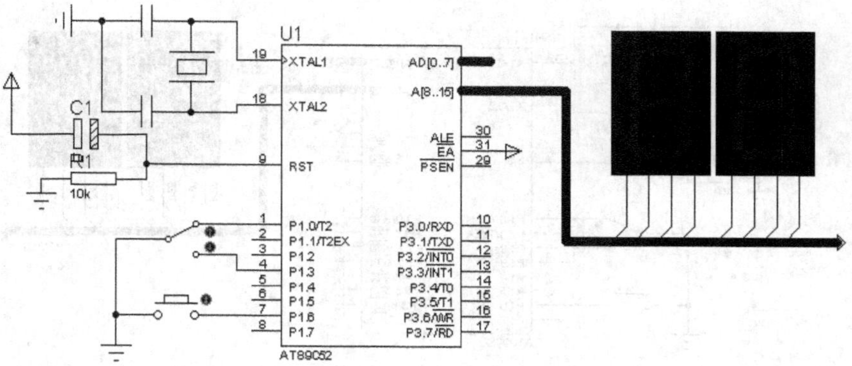

图 3.35　完成各对象的连线后的界面

在此过程中请注意：当线路出现交叉点时，若出现实心小黑圆点，表明导线接通，否则表明导线无接通关系。当然，也可以通过绘图工具栏中的连接点按钮✚，完成两交叉线的接通。

6．给导线或总线加标签

单击绘图工具栏中的导线标签按钮LBL，在图形编辑窗口，完成导线或总线的标注，如图3.36所示。

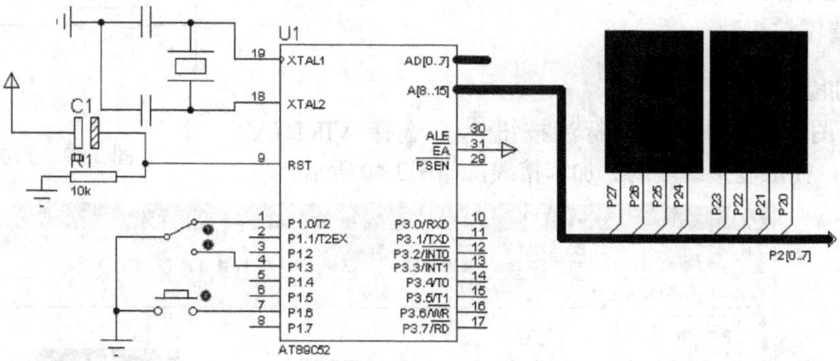

图 3.36　给导线或总线加标签

在此过程中请注意：

① 总线的命名可以与单片机的总线名相同，也可不同。但方括号内的数字却赋予了特定的含义。例如，总线命名为 P2[0..7]，意味着此总线可以分为 8 条彼此独立的命名为 P20、P21、P22、P23、P24、P25、P26、P27 的导线，若该总线一旦标注完成，则系统自动在导线标签编辑页面的 String 栏的下拉菜单中加入以上 8 组导线名，今后在标注与之相联的导线名时，如 P20，要直接从导线标签编辑页面的 String 栏的下拉菜单中选取，如图3.37所示。

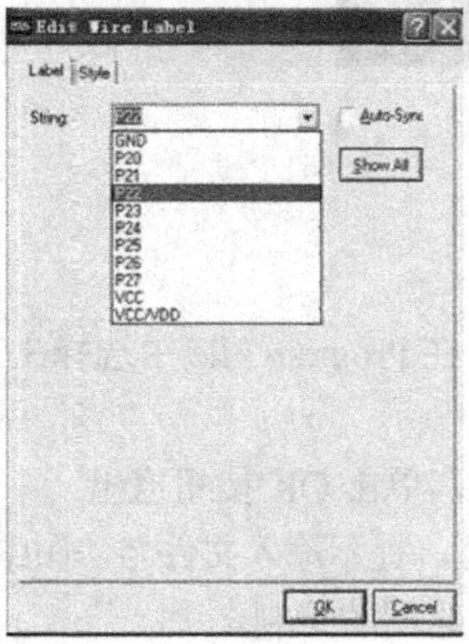

图 3.37　从下拉菜单中选取标签

② 若标注名为 $\overline{WR}$，直接在导线标签编辑页面的 String 栏中输入WR即可，也就是说可以用两个$符号来表示字母上面的横线。

7．添加电压探针

单击绘图工具栏中的电压探针按钮，在图形编辑窗口，完成电压探针的添加，如图3.38所示。

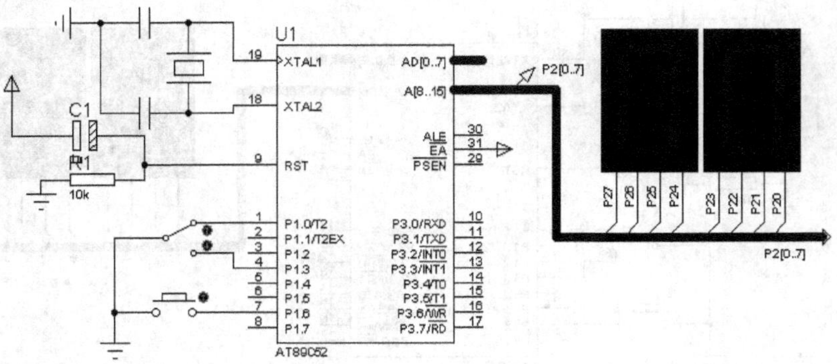

图 3.38　添加电压探针

在此过程中，电压探针名默认为“?”，当电压探针的连接点与导线或者总线连接后，电压探针名自动更改为已标注的导线名、总线名，或者与该导线连接的设备引脚名。

8．添加文字标注

单击绘图工具栏中的文字标注按钮 A ，在图形编辑窗口，完成文字标注的添加，如图3.39所示，此处添加“加 1 按钮”、“减 1 按钮”、“清零按钮”。

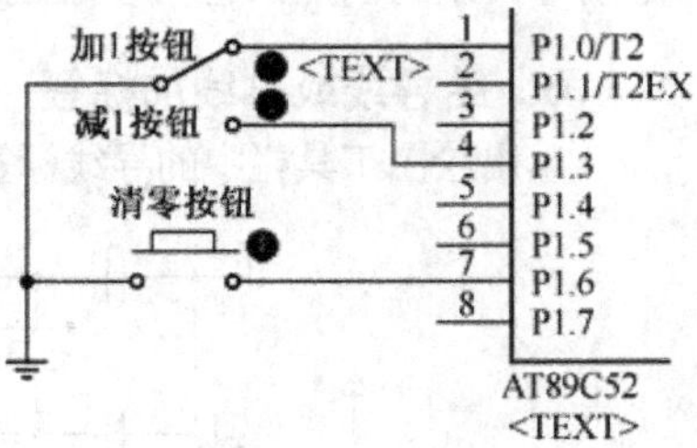

图 3.39　添加文字标注

9．添加虚拟仪器

单击绘图工具栏中的文字标注按钮，选择 VIRTUAL TERMINAL，完成虚拟终端的添加和接线，如图3.40所示。

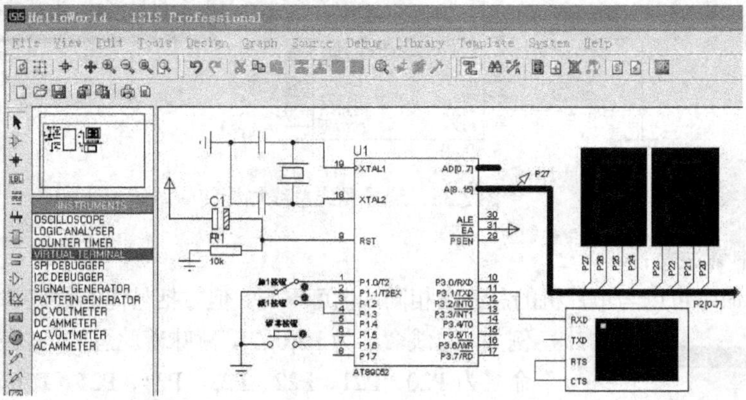

图 3.40　添加虚拟仪器

10．修改 AT89C52 属性并加载程序文件

双击 U1-AT89C52，打开 Edit Component 对话框，如图3.41所示。在 Program File 中选择 3.3.3 节示例项目 HelloWorld 生成的 hex 文件 HelloWorld.hex。

在 Clock Frequency 文本框中填入 11.0592 MHz，其他为选项默认，单击 OK 按钮退出。

从“文件”下拉菜单选择“保存”项，出现如图3.42所示的对话框，提示输入文件名，图中设文件名为 80C51VSM.DSN，单击“保存”按钮。至此，便完成了整个电路图的绘制。

11．调试运行

单击仿真运行开始按钮 ▶ ，能清楚地观察到：①引脚的电频变化，红色代表高电平，蓝色代表低电平，灰色代表未接入信号，或者为高阻态；②连到单根信号线上的电压探针的高低电平值在周期性的变化，连到总线上的电压探针的值显示的是总线数据。图3.43 所示的程序运行情况与图3.27 所示的"程序连续运行时的窗口显示"情况完全符合，但更直观。图3.44 所示的虚拟终端窗口显示了 printf 的打印信息。单击仿真运行结束按钮，仿真结束。

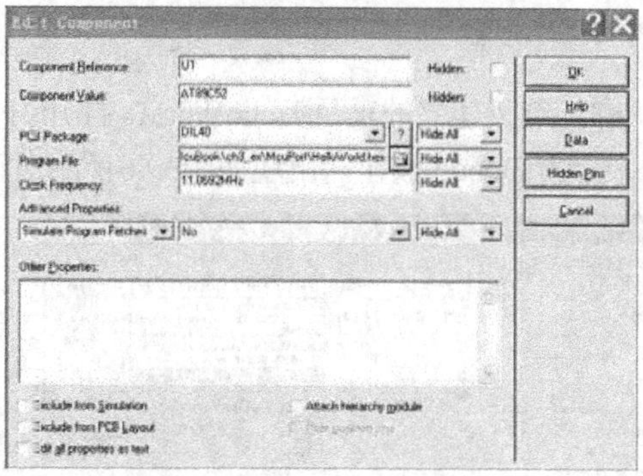

图 3.41　修改 AT89C52 属性并加载程序文件

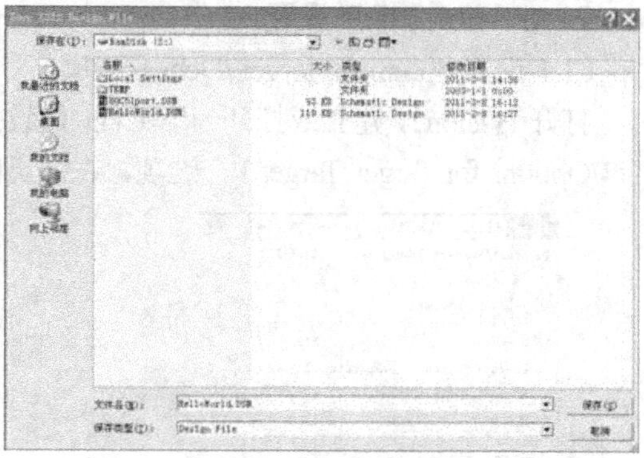

图 3.42　保存文件对话框

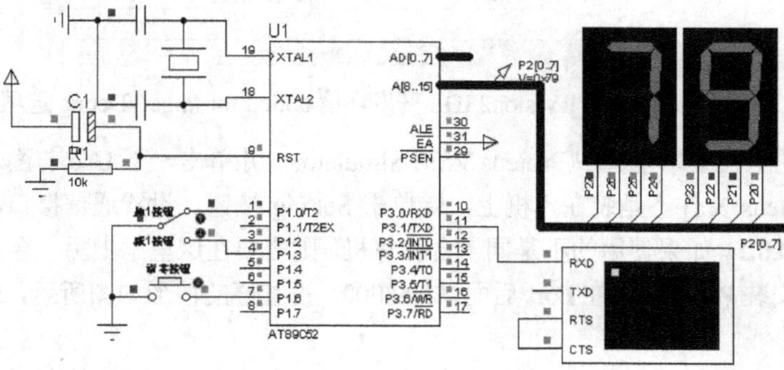

图 3.43　调试运行窗口

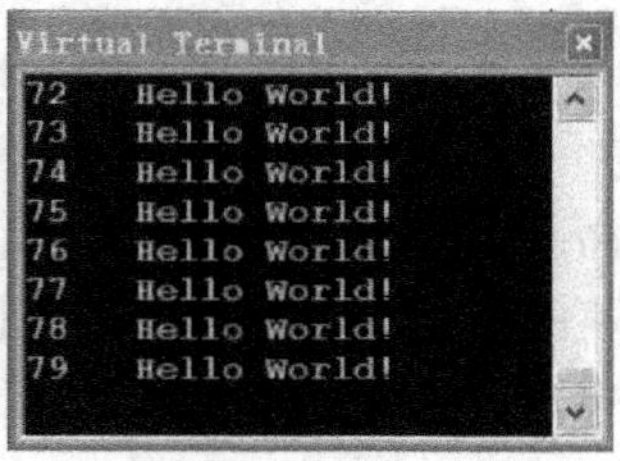

图 3.44　虚拟终端窗口

3.4.3　Proteus VSM 与μVision2 的联调

Proteus VSM 能够提供的 CPU 仿真模型有 ARM7、PIC、Atmel AVR、Motorola HCXX 及 8051/8052 系列。支持单片机系统的仿真是 PROTEUS VSM 的一大特色。Proteus VSM 将源代码的编辑和编译整合到同一设计环境中，这样使得用户可以在设计中直接编辑代码，并可容易地查看到用户对源程序修改后对仿真结果的影响。但对于 80C51/80C52 系列，目前 Proteus VSM 只嵌入了 8051 汇编器，尚不支持高级语言的调试。但 Proteus VSM 支持第三方集成开发环境 IDE，目前支持的第三方 80C51IDE 有 IAR Embedded Workbench、Keil μVision2 IDE。本文以 Keil μVision2 IDE 为例介绍 Proteus VSM 与 μVision2 IDE 的联调。

对于 proteus 6.9 或更高的版本，在安装盘里有 vdmagdi 插件，或者可以到 LABCENTER 公司下载该插件，安装该插件后即可实现与 Keil μVision2 IDE 的联调。

下面的叙述是假定已经分别安装了如下软件：

① Proteus 7 Professional

② Keil μVision2 IDE

③ vdmagdi.exe

1. Proteus VSM 的设置

进入 Proteus 的 ISIS，打开一个原理图文件(如在 3.4.2 节所绘制电路原理图文件 80C51VSM.DSN)，鼠标左键单击菜单 Debug，选中 use romote debuger monitor，如图3.45 所示，便可实现μVision2 IDE 与 Proteus 连接调试。

2. μVision2 IDE 设置

（1）设置 option for target /Debug 选项

打开μVision2，建立或打开一个工程，假设打开在 3.3.3 节所建立的项目 HelloWorld。打开“Project 菜单/Options for Target 'Target 1'” 选项，在弹出的窗口中单击 Debug 按钮，出现如图3.46 所示对话框。

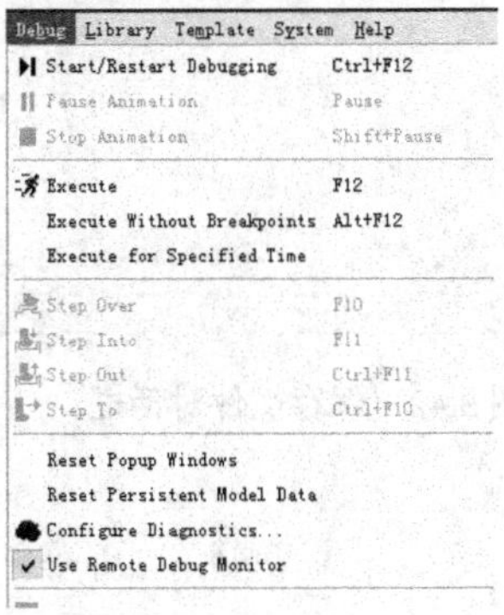

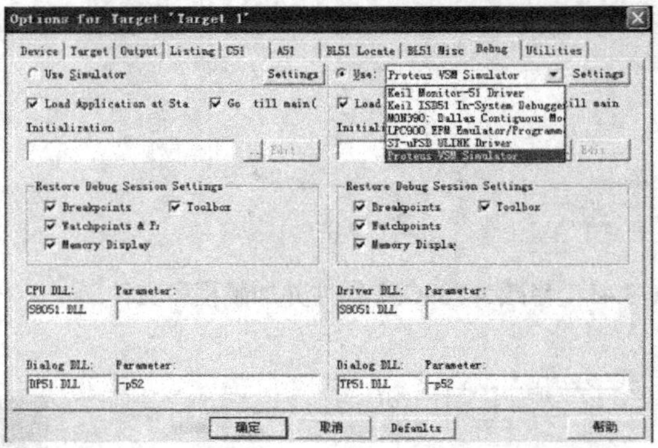

图 3.45　Proteus 的设置　　　　图 3.46　μVision2 IDE 开发环境 option for target /Debug 选项设置

在该对话框中，在右栏上部的下拉菜单里选中 Proteus VSM Simulator，并单击一下 Use 前面表明选中的小圆点。如果所调试的 Proteus 文件不是装在本机上，要单击 Setting 按钮，设置通信接口，在 Host 后面默认是本机 IP 地址 127.0.0.1。如果使用的不是同一台计算机，则需要在这里添上另一台计算机的 IP 地址（另一台计算机也应安装 Proteus）。在 Port 后面添加 8000。设置好的情形如图所示，最后单击 OK 按钮即可。

（2）设置 option for target/Output 选项

接着上述设置，打开 Output 标签页，将 Create HEX File 项打勾选中，如图3.47 所示。

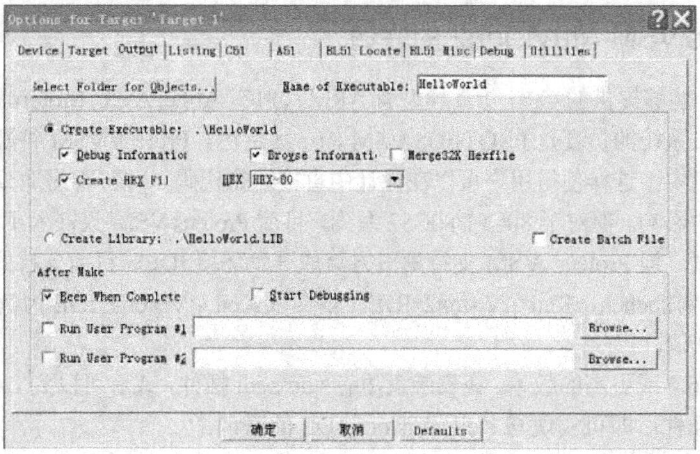

图 3.47　μVision2 IDE 开发环境 option for target /Output 选项设置

3. Proteus VSM 与μVision2 的联调

在μVision2 环境下，首先按 F7 键产生该项目的 HEX 文件，然后单击 进入μVision2 调试模式，为了在 Proteus VSM 环境下能观察到程序连续运行情况，单击取消目前项目中所有断点。单击或按 F5 键进入全速运行，然后切换到 Proteus VSM 环境，可以看到同图3.43 调试运行窗口完全一致的运行画面。此时 Proteus VSM 的运行完全依赖于外部调试器μVision2。

由 3.3.3 节中的项目 HelloWorld 的运行情况可知，μVision2 ID 只支持 AT89C52 片内的外围部件，如图3.27 所示，对 AT89C52 片外的外围部件的仿真无能为力。但现在配合 Proteus VSM 可仿真 AT89C52 片外的外围部件。利用图3.43 中接在 U1-AT89C52 单片机 P1.0 和 P1.3 的元器件单刀双掷开关 SW-SPDT 和 P1.6 的元器件按钮 BUTTON 可说明如何仿真 AT89C52 片外的外围部件。

要求在图3.43 中，当单刀双掷开关 SW-SPDT 接到 P1.0，单片机 P2 口输出进行加法计数，当单刀双掷开关 SW-SPDT 接到 P1.3，单片机 P2 口输出进行减法计数。当按钮 BUTTON 按下时超过 1 秒，单片机 P2 口的计数输出清零。

为此修改项目 HelloWorld 中的文件 HelloWorld.c，修改后的源程序如下：

```
#include <REG52.H>//片内寄存器定义
#include <stdio.h>//输入/输出函数库
sbit inc_BUTTON = P1^0; // 加 1 按钮
sbit dec_BUTTON = P1^3; // 减 1 按钮
sbit clr_BUTTON = P1^6; // 清 0 按钮
void initUart(void);/*初始化串口波特率，使用定时器 1*/
/*********** main C **************/
void main (void)
{
unsigned long  ulTimer;              // 延时设定的循环次数
unsigned char  ucCounter=0;          //打印输出计数

    initUart();                      // 为了使用 printf 语句，要初始化串口

    while (1) {
        P2=ucCounter;
        printf ("%bx   ",ucCounter);         /* Print ucCounter */
        printf ("Hello World!\n");           /* Print "Hello World" */

        if(inc_BUTTON==0) ucCounter++;   // 加 1
        if(dec_BUTTON==0) ucCounter--;   // 减 1
        if(clr_BUTTON==0) ucCounter=0;   // 清 0

        for (ulTimer=0; ulTimer<2000; ulTimer++){}//延时
    }
}
/********** 初始化串口波特率 ************/
//为了使用串行口带格式输出函数 printf，串口必须初始化
void initUart(void)/*初始化串口波特率，使用定时器 1*/
{
/*  Setup the serial port for 9600 baud at 11.0592 MHz */
    SCON  = 0x50;    /* SCON: mode 1, 8-bit UART, enable rcvr        */
    TMOD |= 0x20;    /* TMOD: timer 1, mode 2, 8-bit reload          */
    TH1   = 0xfd;    /* TH1:  reload value for 9600 baud @ 11.0592 MHz*/
    TR1   = 1;       /* TR1:  timer 1 run                            */
    TI    = 1;       /* TI:   set TI to send first char of UART      */
}
```

在μVision2 IDE 环境下重新编译该项目。单击进入μVision2 调试模式，单击或按 F5 键进入全速运行。然后切换到 Proteus VSM 环境。可以分别单击“加 1 按钮”、“减 1 按钮”和“清零按钮”观察程序单片机外围部件仿真运行情况。

单击，可以在程序中设置断点，可以观察到在μVision2 环境下，断点运行和单步运行时在 Proteus VSM 环境下原理图的变化情况，如图3.48 所示。

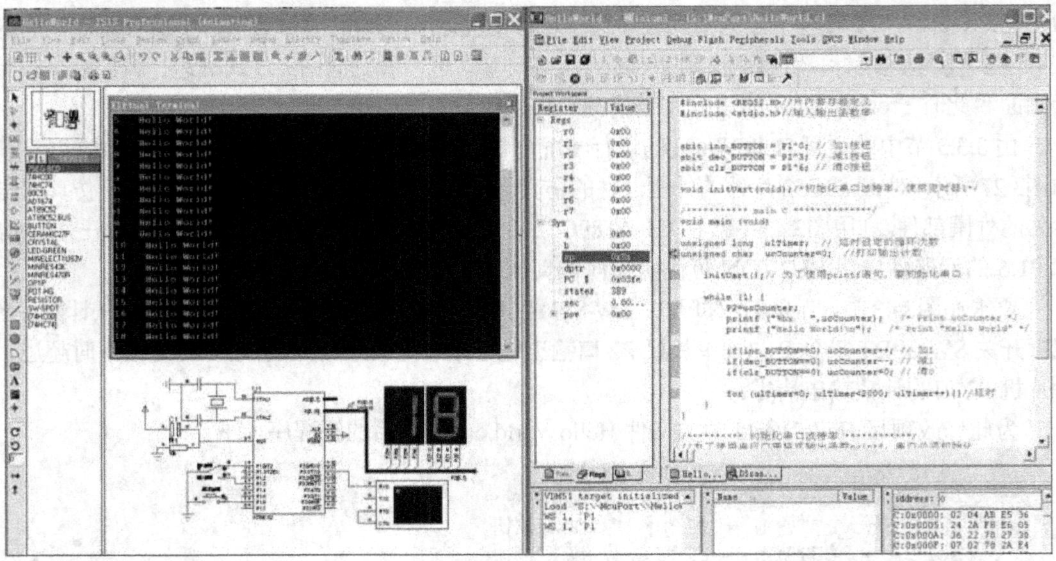

图3.48　Proteus VSM与μVision2 IDE实现联调

Proteus VSM与μVision2联调时，Proteus VSM的U1-AT89C52可以不加载任何程序文件。但笔者还是建议，要加载程序文件，且选择当前在μVision2环境下所调试程序生成的HEX文件。这样无论是否联调，Proteus VSM的运行情况总是一致的。

3.4.4　Proteus VSM中的电源、复位与时钟

Proteus VSM中绘制原理图时，总是默认微处理器电路已经配置了电源与复位电路。电源与复位总是有效，仿真电路可以省略电源与复位电路。

时钟电路同样可以省略，时钟固有频率以在微处理器的属性中所做设置为准。

为了节省版面，后面章节的电路中有时会省略电源、复位与时钟电路。但在实际的工程实践中，这些部分缺一不可！

本章小结

单片机嵌入式系统的研制步骤和方法不同于通用微机系统（如PC），大体可分为总体设计、硬件电路的构思设计、软件设计调试几个阶段。

总体设计包括确立应用系统的功能特性指标、单片机的选型（硬件平台）、软件的编写和支持工具（软件平台）。

Keil C51软件是目前最流行的开发80C51系列单片机的软件工具。Keil C51提供了包括C语言编译器、宏汇编、连接器、库管理和一个功能强大的仿真调试器等在内的完整开发方案，通过一个集成开发环境（μVision2 IDE）将这些部分组合在一起。掌握这一软件的使用对于使用80C51系列单片机的爱好者来说是十分必要的，即使不使用C语言而仅使用汇编语言编程，其方便易用的集成环境、强大的软件仿真调试工具也会令开发者事半功倍。

Labcenter Electronics公司推出的Proteus套件，可以对基于微控制器的设计连同所有的周围电子器件一起仿真。用户甚至可以实时采用诸如LED/LCD、键盘、RS232终端等动态外设模型来对设计进行交互仿真。Proteus套件目前在单片机的教学过程中，已越来越受到重视，并被提倡应用于单片机数

字实验室的构建之中。Proteus 支持的微处理芯片（Microprocessors ICs）包括 8051 系列、AVR 系列、PIC 系列、HC11 系列、ARM7/LPC2000 系列以及 Z80 等。

Proteus VSM 支持第三方集成开发环境 IDE，两者联调可以提高开发效率，降低开发成本。

习　题　3

1．请写出单片机嵌入式系统的一般研制步骤和方法。

2．总体设计要考虑哪些主要因素？

3．简述单片机选型的注意事项。

4．单片机嵌入式系统软硬件分工要考虑哪些因素？

5．单片机嵌入式系统软硬件开发工具有哪些？

6．单片机仿真器的作用是什么？选择一个好的仿真器有哪些要求。

7．什么是 JTAG？为什么使用 JTAG 接口开发单片机，仿真更加贴近实际目标系统？

8．请解释 ISP 和 IAP。具有 ISP 和 IAP 功能的单片机有什么好处？

9．单片机系统的编程语言有哪几种？单片机的 C 语言有哪些优越性？

10．简述 Keil µVision2 集成开发环境的特点。

11．简述 Keil µVision2 编译系统的存储模式。

12．Proteus VSM 都提供了哪些信号源和测试仪器？

13．Proteus VSM 中的示波器可以同时测量几路信号？测量单片机引脚输出的周期 1 kHz 的方波信号，示波器应如何设置？

14．在 Proteus ISIS 环境中使用 AT89C52 设计一个“走马灯”电路，并编写 C51 程序，然后在µVision2 环境下编译调试。要求实现 Proteus VSM 与µVision2 的联调。

第 4 章　80C51 单片机硬件基础知识

本章将以 80C51 系列单片机为背景，介绍单片机的组成、存储器结构、并行 I/O 端口、时钟电路、复位电路、80C51 单片机最小系统构成方法等。通过对本章的学习，应掌握 80C51 系列单片机的组成和功能，理解单片机最小系统的组成，重点掌握 80C51 单片机中的 CPU 结构、存储器结构及 I/O 端口的功能。

单片机嵌入式系统是以单片机为核心构成的微型计算机系统，以单片机构成的嵌入式计算机系统保证了产品的智能化处理与智能化控制能力。要设计一个单片机嵌入式系统，首先要掌握单片机的内部硬件构成，了解其性能和使用特点。

8 位单片机从 20 世纪 70 年代初期诞生至今，虽历经从单片微型计算机（SCM）到微控制器（MCU）和片上系统（SoC）的变迁，8 位机始终是嵌入式低端应用的主要机型，而且在未来相当长的时间里，仍会保持这个势头。这是因为嵌入式系统和通用计算机系统有完全不同的应用特性，从而走向完全不同的技术发展道路。

在 8 位单片机中，80C51 系列形成了一道独特的风景线，历史最长，长盛不衰，众星捧月，不断更新，形成了既具有经典性，又不乏生命力的一个单片机系列。当前，Cygnal 公司推出的 C8051F 又将 8051 兼容单片机推上了 SoC 的先进行列，STC 公司推出的 STC10/11 系列又将 8051 兼容单片机推上了高速单片机系列。

目前国内 80C51 系列单片机最为普遍，它在一块超大规模集成电路芯片上同时集成了 CPU、ROM、RAM 及 TIMER/COUNTER 等部件，具有 64 KB 的寻址能力，使用者只需外接少量的接口电路就可组成自己的单片机嵌入式系统。新一代的 80C51 单片机集成度更高，在片内集成了更多的功能部件，如 A/D、PWM、PCA、WDT 及高速 I/O 接口等，在工业测量控制领域内获得了极为广泛的应用，为此有人指出 80C51 单片机已成为事实上的工业标准。目前已有多个厂家生产不同型号的 80C51 单片机，它们各有特点，但其基本内核相同，指令系统也完全兼容。

4.1　MCS-51 系列及 80C51 系列单片机简介

4.1.1　MCS-51 系列和 80C51 系列单片机

MCS 是 Intel 公司单片机系列的符号。Intel 公司推出了 MCS-48、MCS-51、MCS-96 系列单片机，其中 MCS-51 系列单片机典型机型包括 51 和 52 两个子系列，其内部组成如图4.1 所示。

在 51 子系列中，主要有 8031、8051、8751 三种机型，基于 HMOS 工艺，它们的指令系统与芯片引脚完全兼容，只是片内程序存储器（Read Only Memory，ROM）有所不同。8031 片内不含程序存储器（ROMLess），8051 片内有 4 KB 的掩模 ROM（Mask ROM，见 4.1.2 节），8751 片内有 4 KB 的紫外线可擦除 ROM（EPROM，见 4.1.2 节）。三种机型对应的低功耗 CHMOS 产品分别为 80C31、80C51 和 87C51。

51 子系列的主要功能为：

- 8 位 CPU；
- 片内带振荡器及时钟电路；
- 128 B 片内数据存储器；

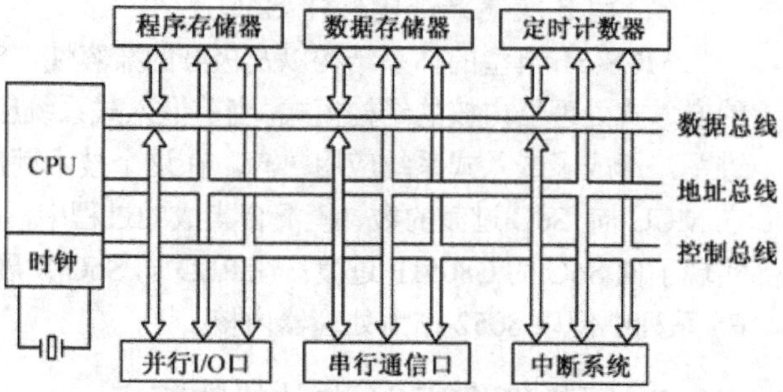

图 4.1　MCS-51 系列单片机内部组成

- 4 KB 片内程序存储器(8031/80C31 无)；
- 程序存储器的寻址范围为 64 KB；
- 片外数据存储器的寻址范围为 64 KB；
- 21 B 特殊功能寄存器；
- 4×8 根 I/O 线；
- 一个全双工串行 I/O 接口，可多机通信；
- 两个 16 位定时器/计数器；
- 中断系统有 5 个中断源，可编程为两个优先级；
- 111 条指令，含乘法指令和除法指令；
- 布尔处理器；
- 使用单+5 V 电源。

52 子系列的产品主要有 8032、8052、8752 三种机型。与 51 子系列的不同之处在于：片内数据存储器增至 256 B，片内程序存储器增至 8 KB（8032/80C32 无），有 26 B 的特殊功能寄存器，有 3 个 16 位定时器/计数器、6 个中断源。其他性能均与 51 子系列相同。其对应的低功耗 CHMOS 工艺器件分别为 80C32、80C52 和 87C52。

在 Intel 公司推出了 MCS-51 不久便实施了最彻底的技术开放政策，以专利转让或互换的形式逐步把 8051/80C51/8052/80C52 内核转让给许多半导体厂家，如 Atmel、Philips、Winbond、Siemens、Dalls、Temic、AMD、LG、Analog Devices 等。这些厂家生产的芯片是 MCS-51 系列的兼容产品，准确地说是与 MCS-51 指令系统兼容的单片机，常用 80C51 系列来命名所有具有 MCS-51 指令系统的单片机。这些单片机与 MCS-51 单片机的指令系统相同，都采用 CHMOS 工艺，它们对 8051 一般都做了一些扩充，更有特点、功能更强、市场竞争力更强。

本书所述的 80C51 系列单片机包括 Intel 公司和其他公司的 51 和 52 子系列。

80C51 系列单片机有 3 种应用方式：

（1）单片应用电路；

（2）作为嵌入式微处理器系统中的一个部件；

（3）集成到片上系统 SoC。

4.1.2　80C51 系列单片机的三次技术飞跃

1. 第 1 次飞跃：MCS 到 MCU

Intel 公司于 1980 年推出的 MCS-51 奠定了嵌入式应用的单片微型计算机的经典体系结构，但不久就放弃了进一步发展计划，并实施了 8051 的技术开放政策。无论是从主观因素还是从客观因素，都是明智之举。因为在创建一个完善的嵌入式计算机体系结构后，面临的是不断满足嵌入式对象要求的各种控制功能。在 8051 实现开放后，PHILIPS 公司作为全球著名的电器商以其在电子应用系统的优势，着力发展 80C51 的控制功能及外围单元。将 MCS-51 的单片微型计算机迅速地推进到 80C51 的 MCU 时代，形成了可满足大量嵌入式应用的单片机系列产品。

2. 第 2 次飞跃：引领 Flash Memory 潮流

当前，嵌入式系统普遍采用 Flash Memory 技术。Flash Memory 的使用加速了单片机技术的发展。基于 Flash Memory 的 ISP/IAP 技术，极大地改变了单片机应用系统的结构模式以及开发和运行条件；而在单片机中最早实现 Flash Memory 技术的是 ATMEL 公司的 AT89C××系列。

3. 第 3 次飞跃：内核化 SoC

MCS-51 典型的体系结构以及极好的兼容性，对于 MCU 不断扩展的外围来说，形成了一个良好的嵌入式处理器内核的结构模式。当前嵌入式系统应用进入 SoC 模式，从各个角度，以不同方式向 SoC 进军，形成了嵌入式系统应用热潮。在这个技术潮流中，8051 又扮演了嵌入式系统内核的重要角色。在 MCU 向 SoC 过渡的数、模混合集成的过程中，ADI 公司推出了 ADμC8××系列，而 Cygnal 公司则实现了向 SoC 的 C8051F 过渡；在 PLD 向 SoC 发展过程中，Triscend 公司在可配置系统芯片 CSoC 的 E5 系列中便以 8052 作为处理器内核。

4.1.3 高性能 80C51 单片机的特点

内核使用增强型 80C51 CPU，1 时钟周期/机器周期；而标准型 80C51 CPU 则每个机器周期需要 12 时钟周期，换句话讲，在同样的主频条件下，增强型 80C51 CPU 比标准型 80C51 CPU 执行一条指令要快约 12 倍。

增加了更多的通用 I/O 口，复位后的模式为：准双向口/弱上拉（标准型 8051 传统 I/O 口），可编程设置成四种模式：准双向口/弱上拉，强推挽/强上拉，仅为输入/高阻，开漏每个 I/O 口驱动能力均可达到 20mA。

ISP（在系统可编程）/I AP（在应用可编程），无须专用编程器，无须专用仿真器，可通过串口（P3.0/P3.1）直接下载用户程序。

内部集成专用复位电路和看门狗定时器。

内部集成多路 8/10/12 位精度 A/D 转换器和脉宽调制输出（PWM）。

内部集成扩展 RAM 和 E^2PROM。

以上所述，高性能 51 不仅使得 80C 行指令速度大幅提升，还在片内增加了更多的功能部件，使用户在进行单片机嵌入式系统设计时有更大范围的选择。而通过对该功能单元相应的特殊功能寄存器的操作，即可实现对新一代高性能 80C51 单片机内部相应资源的操作。这一点同典型的 51 子系列和 52 子系列是一致的。本书仍然以标准型 80C51 CPU 为背景展开讨论。

下面将分别讨论 80C51 单片机组织、端口结构及操作、存储器组织、复位电路、时钟电路等内容。

4.2 80C51 系列单片机外引脚功能

在 80C51 系列单片机 51 子系列和 52 子系列中，各类单片机是相互兼容的，只是引脚功能略有差异。在器件引脚的封装上，标准的 80C51 系列单片机常用的三种封装为 PQFP-44、DIP-40 和 PLCC-44，图4.2 示出了 80C51 系统单片机的 3 种封装。

图4.2 中 DIP-40 引脚 1 和引脚 2 的第二功能（PLCC-44 为引脚 2 和引脚 3，PQFP-44 为引脚 40 和引脚 41）仅用于 52 子系列，NC 为空引脚，44 脚方形封装 PQFP-44 和 PLCC-44 有 4 个空引脚，有效引脚个数为 40。但有的公司生产的 44 脚方形封装的单片机把 4 个空引脚用做 P4 口(P4.0～P4.3)。DIP-40 封装的 40 个引脚，可分为端口线、电源线和控制线三类。在绘制电路原理图时，经常采用元器件的逻辑符号，80C51 逻辑符号如图 4.3 所示。

1. 端口线（4×8=32 条）

8051 有 4 个并行 I/O 端口，每个端口都有 8 条端口线，用于传送数据或地址。由于每个端口的结构各不相同，因此它们在功能和用途上的差别也较大，现综述如下。

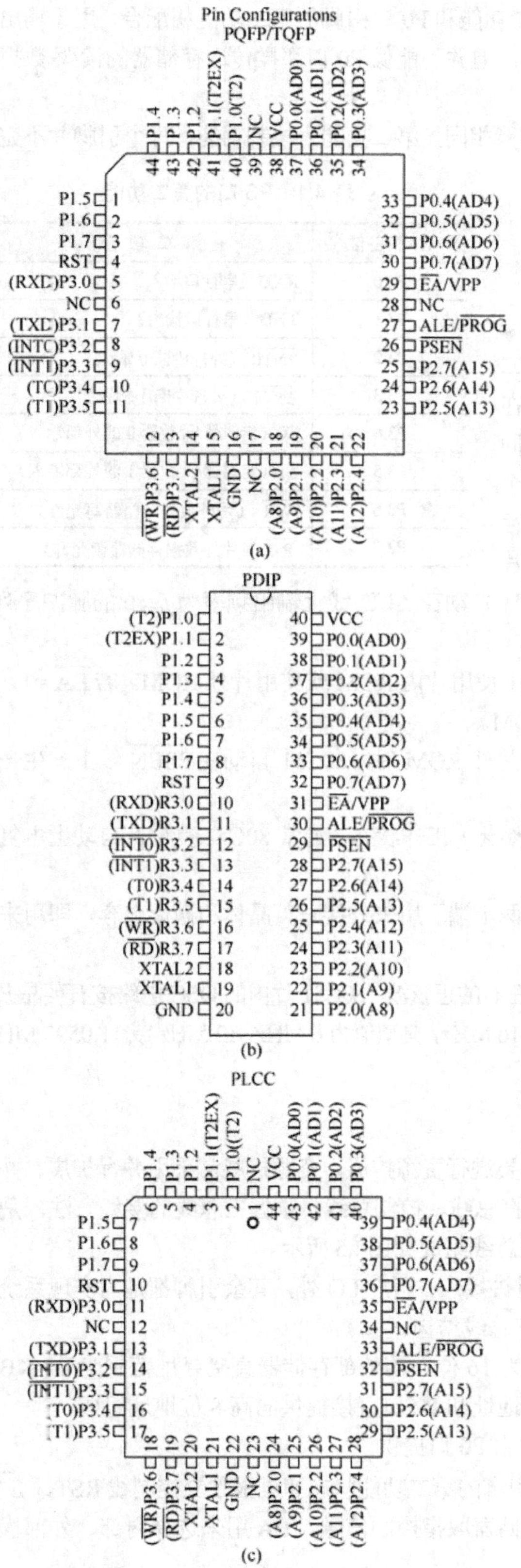

图 4.2　80C51 系列单片机外部引脚

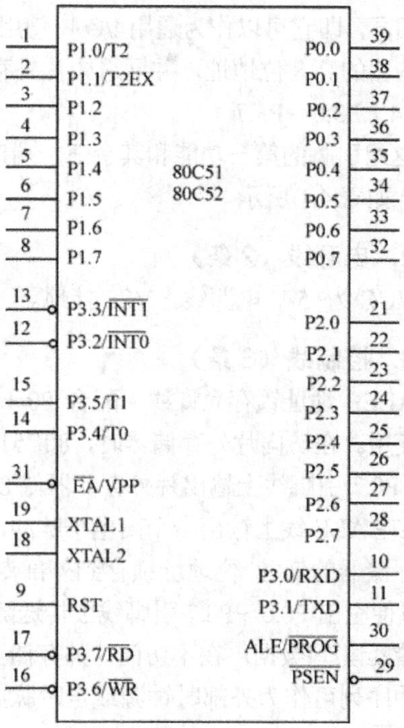

图 4.3　80C51 逻辑符号

（1）P0.0～P0.7

这组引脚共有 8 条，为 P0 口所专用，其中 P0.7 为最高位，P0.0 为最低位。这 8 个引脚有两种不同的功能，分别适用于两种不同情况。第一种情况是 80C51 不带片外存储器，P0 口可以作为通用 I/O 口使用，P0.0～P0.7 用于传送 CPU 的输入/输出数据，这时输出数据可以得到锁存，不需要外接专用锁存器，输入数据可以得到缓冲，增加了数据输入的可靠性；第二种情况是 80C51 带片外存储器，P0.0～P0.7 在 CPU 访问片外存储器时先传送片外存储器的低 8 位地址，然后传送 CPU 对片外存储器的读/写数据。

P0 口为开漏输出，在作为通用 I/O 使用时，需在外部用电阻上拉至电源。

（2）P1.0～P1.7

这 8 个引脚和 P0 口的 8 个引脚类似，P1.7 为最高位，P1.0 为最低位。当 P1 口作为通用 I/O 口使用时，P1.0～P1.7 的功能和 P0 口的第一功能相同，也用于传送用户的输入和输出数据。对 52 子系列而言，P1.0 和 P1.1 的第二功能为定时器 2 输入。

（3）P2.0～P2.7

这组引脚的第一功能与上述两组引脚的第一

功能相同，即它可以作为通用 I/O 口使用。它的第二功能和 P0 口引脚的第二功能相配合，用于输出片外存储器的高 8 位地址，共同选中片外存储器单元，但并不能像 P0 口那样传送存储器的读/写数据。

（4）P3.0～P3.7

这组引脚的第一功能和其余三个端口的第一功能相同，第二功能为控制功能，每个引脚并不完全相同，如表 4.1 所示。

表 4.1 P3 口的第二功能

P3 口各位	第 二 功 能
P3.0	RXD（串行口输入）
P3.1	TXD（串行口输出）
P3.2	$\overline{\text{INT0}}$（外部中断 0 输入）
P3.3	$\overline{\text{INT1}}$（外部中断 1 输入）
P3.4	T0（定时器/计数器 0 的外部输入）
P3.5	T1（定时器/计数器 1 的外部输入）
P3.6	$\overline{\text{WR}}$（片外数据存储器写允许）
P3.7	$\overline{\text{RD}}$（片外数据存储器读允许）

2. 电源线（2 条）

VCC 为+5 V 电源线，VSS 接地。

3. 控制线（6 条）

ALE：地址锁存允许线，配合 P0 口引脚的第二功能使用。在访问片外存储器时，80C51 的 CPU 在 P0.0～P0.7 引脚线上输出片外存储器低 8 位地址的同时，还在 ALE 线上输出一个高电平脉冲，用于把这个片外存储器的低 8 位地址锁存到外部专用地址锁存器，以便空出 P0.0～P0.7 引脚线去传送随后而来的片外存储器读/写数据。在不访问片外存储器时，80C51 自动在 ALE 线上输出频率为 $f_{osc}/6$ 的脉冲序列。该脉冲序列可作为外部时钟源或定时脉冲源使用。

$\overline{\text{EA}}$：片外存储器访问选择线，可以控制 80C51 使用片内 ROM 或使用片外 ROM。若 $\overline{\text{EA}}=1$，则允许使用片内 ROM；若 $\overline{\text{EA}}=0$，则只使用片外 ROM。

$\overline{\text{PSEN}}$：片外 ROM 选择（选通）线，在访问片外 ROM 时，80C51 自动在 $\overline{\text{PSEN}}$ 线上产生一个负脉冲，作为片外 ROM 芯片的读选通信号。

RST：复位线，可以使 80C51 处于复位（即初始化）工作状态。通常 80C51 复位有自动上电复位和人工按键复位两种。

XTAL1 和 XTAL2：片内振荡电路输入线，这两个端子用来外接石英晶体和微调电容，即用来连接 8051 片内 OSC 的定时反馈回路。

石英晶体起振后，在 XTAL2 线上输出一个 3 V 左右的正弦波，80C51 片内的 OSC 电路按石英晶振相同的频率自激振荡。通常，f_{osc} 的输出时钟频率为 0.5～16 MHz，典型值为 6 MHz、12 MHz 或 11.0592 MHz。

80C51 的引脚功能如图4.4 所示。

4. 地址、数据和控制：三总线结构

单片机内部资源无法满足应用系统要求时，需要进行资源扩展，资源扩展常采用并行扩展，并行扩展通常要用到单片机的三总线，即地址总线、数据总线、控制总线。掌握三总线的接线方法，是设计单片机嵌入式硬件系统的基础。80C51 单片机三总线组成如图4.5 所示。

从图4.5 中可以看到单片机除了电源、复位、时钟接入、用户 I/O 外，其余引脚都是为实现系统扩展而设置的。这些引脚构成了 80C51 单片机片外三总线结构。

地址总线 AB（Address Bus）：地址总线宽度为 16 位，其外部存储器直接寻址范围为 64 KB，16 位地址总线由 P0 口经地址锁存器提供的低 8 位地址和 P2 口直接提供的高 8 位地址组成。

数据总线 DB（Data Bus）：数据总线为 8 位，由 P0 口提供。

控制总线 CB（Controller Bus）：由 P3 口部分引脚的第二功能状态和 4 根独立控制线 RST、$\overline{\text{EA}}$、ALE、$\overline{\text{PSEN}}$ 组成。其中，$\overline{\text{PSEN}}$ 用于片外程序存储器取指控制信号，$\overline{\text{EA}}$ 用来选择内部、外部程序存储器。

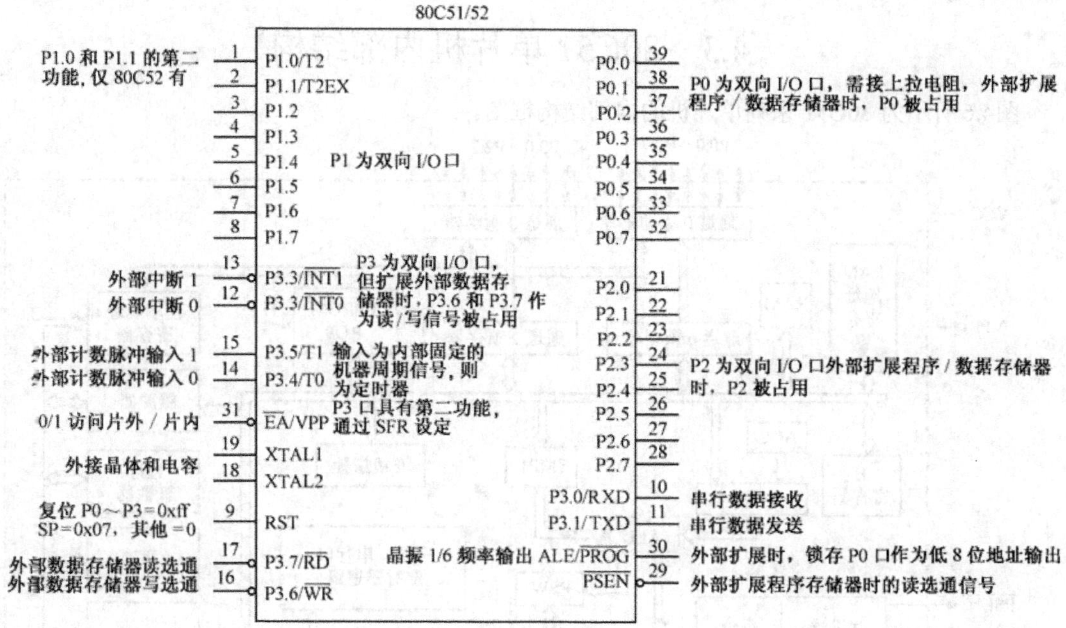

图 4.4　80C51 引脚功能

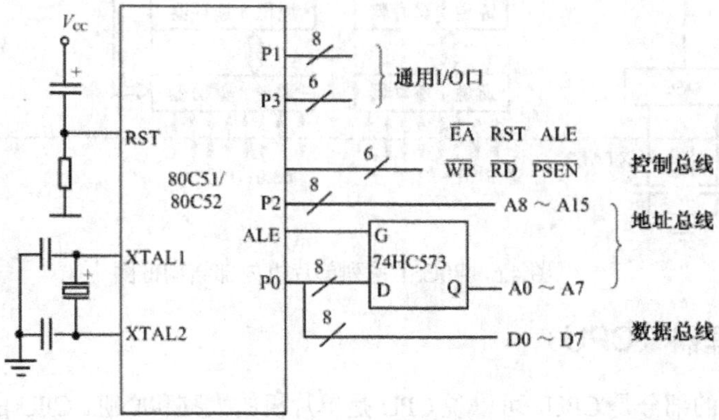

图 4.5　80C51 单片机三总线构成

80C51 三总线具有以下特点。

① P0 口的地址/数据复用。

80C51 中，P0 口除了作为数据总线 D0～D7 外，还要兼做低 8 位地址总线 A0～A7。由于 P0 口数据、地址线的复用，作为低 8 位地址线时要有锁存器将地址锁存。ALE 提供了地址锁存信号。地址锁存器通常使用 74HC373 或 74HC573，两者仅引脚排列不同，74HC573 的输入/输出引脚排列规范，在设计电路时，推荐选择 74HC573。

② 两个独立的并行扩展空间。

由于采用哈佛结构，单片机中程序存储器和数据存储器是两个独立的空间，这两个空间都使用相同的 16 位地址线和 8 位数据线，分别为两个 64 KB 的寻址空间，只是它们的选通控制信号不同。程序存储器使用 $\overline{PSEN}$ 作为取指控制信号，数据存储器使用 $\overline{WR}$ 、$\overline{RD}$ 作为存取数据控制信号。

③ 外围扩展的统一编址。

在 64 KB 数据存储器的寻址空间上，可扩展片外数据存储器，也可扩展其他单片机外围器件，所有扩展的器件都在 64 KB 空间里统一编址，寻址方式相同。

4.3 80C51 单片机内部结构

图4.6 所示为 80C51 系列单片机的内部结构框图。

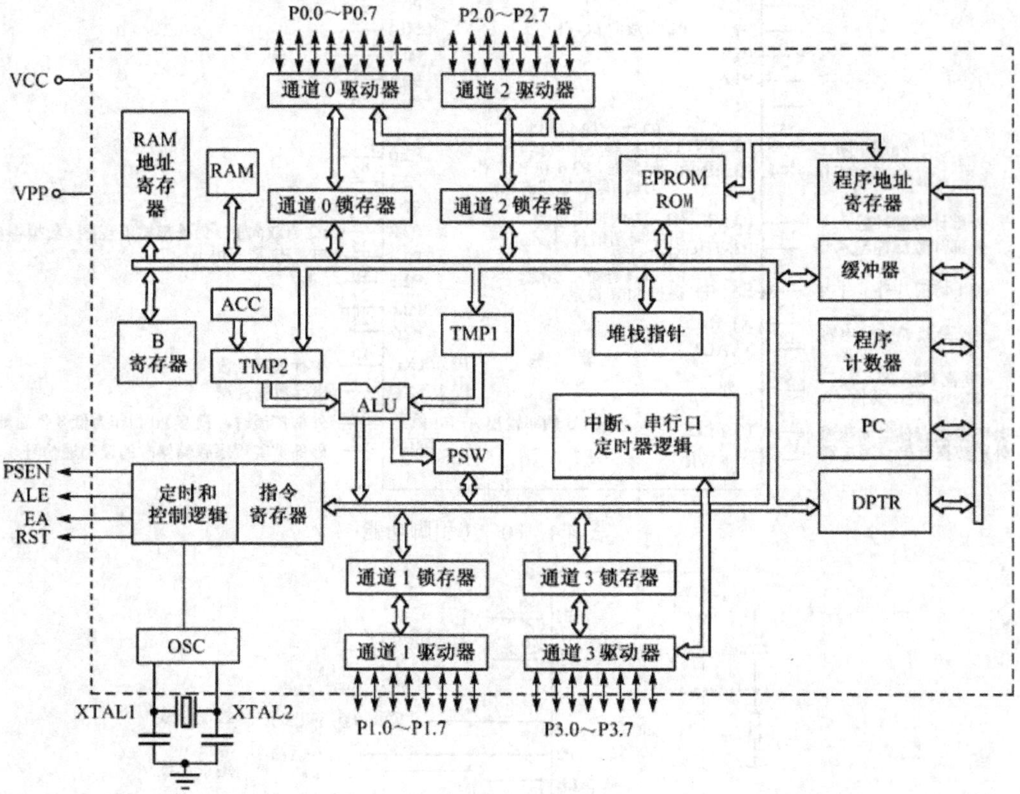

图 4.6 80C51 系列单片机内部结构框图

4.3.1 中央处理器（CPU）

单片机最核心的部分是 CPU，可以说 CPU 是单片机的大脑和心脏。CPU 的功能是产生控制信号，把数据从存储器或输入口传送到 CPU 或反向传送，还可以对输入数据进行算术逻辑运算及位操作处理。CPU 由运算器、控制器和布尔（位）处理器组成。

1. 运算器

运算器是用于对数据进行算术运算和逻辑操作的执行部件，以算术逻辑单元（Arithmetic Logic Unit，ALU）为核心，包括累加器（ACC）、程序状态字（PSW）、暂存器、B 寄存器等部件。为了提高数据处理和位操作功能，片内增加了一个通用寄存器口和一些专用寄存器，而且还增加了位处理逻辑电路的功能。在进行位操作时，进位 CY 作为位操作累加器，整个位操作系统构成一台布尔处理器。

（1）累加器（ACC）

ACC（Accumulator）是 8 位寄存器，它是 CPU 中工作最繁忙的寄存器，因为在进行算术、逻辑运算时，运算器的一个输入多为 ACC，而运算结果大多数也要送到 ACC 中。在指令系统中，累加器 ACC 在直接寻址时的助记符为 ACC。除此之外全部用助记符 A 表示。例如：

```
PUSH ACC        ;ACC 进栈,只能用直接地址,助记符为 ACC
ADD A,32H       ;加法指令,目的操作数必须使用助记符 A,A = A+(32H)
ADD ACC,32H     ;错误语句,因 ACC 相当于(0E0H),两个直接寻址操作数不能实现加法运算
```

又如下面两条指令实现的功能一样，但对应的机器码不同：

```
E532     MOV A,32H        ;将(32H)送到累加器 ACC,2B 指令
8532E0   MOV ACC,32H      ;将(32H)送到累加器 ACC,3B 指令
                          ;E0 为累加器 ACC 的地址
```

E532 和 8532E0 分别是该条指令对应的机器代码。

（2）算术/逻辑部件（ALU）

ALU 是用于对数据进行算术运算和逻辑操作的执行部件，由加法器和其他逻辑电路（移位电路和判断电路等）组成。在控制信号的作用下，它能完成算术加、减、乘、除和逻辑与、或、异或等运算以及循环移位操作、位操作等功能。

（3）程序状态字寄存器（PSW）

PSW（Program Status Word）也是 8 位寄存器，用来存放运算结果的一些特征，在 4.4 节的特殊功能寄存器中介绍。

（4）B 寄存器

B 寄存器在进行乘法、除法运算时作为 ALU 的输入之一，与 ACC 配合完成运算，并存放运算结果。在无乘除运算时，可作为内部 RAM 的一个单元。

（5）暂存器

暂存器用以暂存进入运算器之前的数据。

2. 控制器

控制器是 CPU 的大脑中枢，它包括定时控制逻辑、指令寄存器 IR、数据指针 DPTR 及程序计数器 PC、堆栈指针 SP、地址寄存器、地址缓冲器等。它的功能是对逐条指令进行译码，并通过定时和控制电路在规定的时刻发出各种操作所需的内部和外部控制信号，协调各部分的工作，完成指令规定的操作。下面介绍控制器中主要部件的功能。

（1）程序计数器（PC）

程序计数器（Program Counter，PC）的功能与一般微型计算机相同，用来存放下一条要执行的指令的地址。当一条指令按照 PC 所指的地址从存储器中取出后，PC 会自动加 1，即指向下一条指令。

（2）堆栈指针（SP）

堆栈指针（Stack Pointer，SP）在片内 RAM 的 128 B（对 52 子系列为 256 B）中开辟栈区，并随时跟踪栈顶地址。它是按先进后出的原则存取数据的，开机复位后，单片机栈底地址为 07H。

（3）指令寄存器（IR）

当指令送入指令寄存器（Instruction Register，IR）后，该寄存器对该指令进行译码，即把指令转变成所需的电平信号，CPU 根据译码输出的电平信号，使定时控制电路定时地产生执行该指令所需的各种控制信号，以便计算机能正确执行程序所要求的各种操作。

（4）数据指针（DPTR）

由于 80C51 系列单片机可以外接 64 KB 的数据存储器和 I/O 接口电路，故单片机内设置了 16 位的数据指针（Data Pointer，DPTR）。它可以对 64 KB 的外部数据存储器和 I/O 进行寻址，它的高 8 位为 DPH，地址为 83H，低 8 位为 DPL，地址为 82H。

3. 布尔（位）处理器

在 80C51 单片机系统中，与字节处理器相对应，还特别设置了一个结构完整、功能极强的布尔（位）处理器。这是 80C51 系列单片机的突出优点之一，给面向控制的实际应用带来了极大的方便。

在位处理器系统中，除了程序存储器和 ALU 与字节处理器合用之外，还有如下设置。

① 累加器 CY：借用进位标识位。在布尔运算中，CY 是数据源之一，又是运算结果的存放处，是位数据传送的中心。根据 CY 的状态，程序转移指令有 JC rel、JNC rel、JBC rel。

② 位寻址的 RAM：RAM 区 20H～2FH 范围中的 0～128 位。

③ 位寻址的寄存器：特殊功能寄存器（SFR）中的可以位寻址的位。

④ 位寻址的并行 I/O 口：并行 I/O 口中的可以位寻址的位。

⑤ 位操作指令系统：位操作指令可实现对位的置位、清零、取反、位状态判跳、传送、位逻辑运算、位输入/输出等操作。

利用位逻辑操作功能进行随机逻辑设计，可以把逻辑表达式直接变换成软件执行，免去了过多的数据往返传送、字节屏蔽和测试分支，大大简化了编程，节省了存储器空间，加快了处理速度，增强了实时性能，还可实现复杂的组合逻辑处理功能。所有这些，特别适用于某些数据采集、实时测控等应用系统，是其他微机机种所无可比拟的。

4.3.2　存储器组织

80C51 单片机与一般微机的存储器配置方式不同。一般微机通常只有一个逻辑空间，可以随意安排 ROM 或 RAM。访问存储器时，同一地址对应唯一的存储空间，可以是 ROM，也可以是 RAM，并用同类访问指令。而 80C51 在物理结构上有 4 个存储空间：片内程序存储器、片外程序存储器、片内数据存储器和片外数据存储器。但在逻辑上，即从用户使用的角度上，80C51 有 3 个存储空间：片内外统一编址的 64 KB 程序存储器地址空间（用 16 位地址）、256 B 片内数据存储器的地址空间（用 8 位地址）及 64 KB 片外数据存储器地址空间（用 16 位地址）。在访问 3 个不同的逻辑空间时，应采用不同形式的指令（见指令系统），以产生不同的存储空间的选通信号。

需要注意的是，除 256 B 片内数据存储器外，许多单片机芯片制造商在芯片内部集成了一定数量（1～4 KB）的片外数据存储器。这些存储器虽然从物理结构看在片内，但在逻辑结构上仍然在片外。

下面分别叙述程序存储器和数据存储器的配置特点。

1．程序存储器

程序存储器用于存放程序代码或表格常数。51 子系列片内有 4 KB ROM，52 子系列片内有 8 KB ROM，片外 16 位地址线最多可扩展 64 KB ROM，两者是统一编址的。如果 $\overline{EA}$ 端保持低电平，80C51 的所有取指令操作均在片外程序存储器中进行，80C51 单片机 0000H 地址在片外。如果 EA 端保持高电平，80C51 单片机 0000H 地址在片内。51 子系列程序存储器组织如图4.7所示，52 子系列程序存储器组织如图4.8所示。

在程序存储器中，以下地址单元具有特殊功能。

- 0000H：80C51 复位后，PC=0000H，即程序从 0000H 开始执行指令。
- 0003H：外部中断 0 入口。
- 000BH：定时器 0 溢出中断入口。
- 0013H：外部中断 1 入口。
- 001BH：定时器 1 溢出中断入口。
- 0023H：串行口中断入口。
- 002BH：定时器 2 入口（仅 52 子系列有）。

在 0000H 起始地址处通常存放一跳转指令，复位后从该地址跳转到用户设计的主程序入口地址。在 0003H, 000BH, …, 002BH 地址单元处也存放跳转指令，发生中断时，程序跳转到中断服务程序起始地址。其他程序要避开上述中断入口地址。

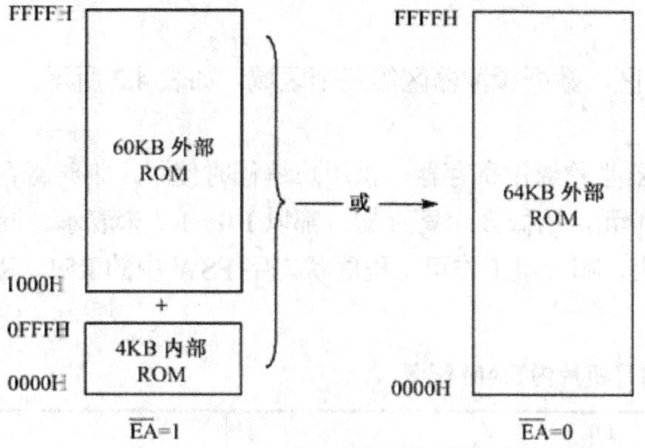

图 4.7　51 子系列程序存储器组织

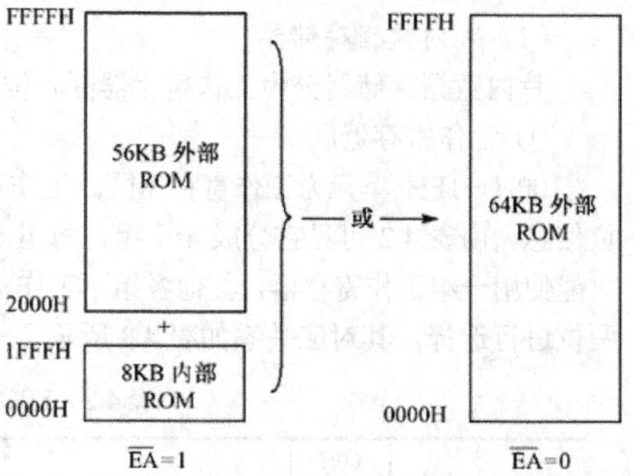

图 4.8　52 子系列程序存储器组织

2. 数据存储器

数据存储器用于存放中间运算结果、数据暂存和缓冲、标识位等。

80C51 系列单片机的片内数据存储器除 RAM 块外，还有特殊功能寄存器（SFR）块。对于 51 子系列，前者占 128 B，其编址为 00H～7FH，后者也占 128 B，其编址为 80H～FFH，二者连续而不重叠。对于 52 子系列，前者有 256 B，其编址为 00H～FFH，后者占 128 B，其编址为 80H～FFH。后者与前者高 128 B 的编址是重叠的，由于访问所用的指令不同，所以不会引起混乱。单片机 C51 高级语言中用 data 类型和 idata 类型定义。

片内数据存储器的容量很小，常需扩展片外数据存储器。80C51 系列单片机有一个数据指针寄存器，可用于寻址程序存储器或数据存储器单元，它有 16 位，寻址范围可达 64 KB。故片外数据存储器的容量可大到与程序存储器一样，其编址自 0000H 开始，最大可至 FFFFH。在单片机 C51 高级语言中用 xdata 类型定义。

51 子系列数据存储器配置如图4.9 所示，52 子系列数据存储器配置如图4.10 所示。

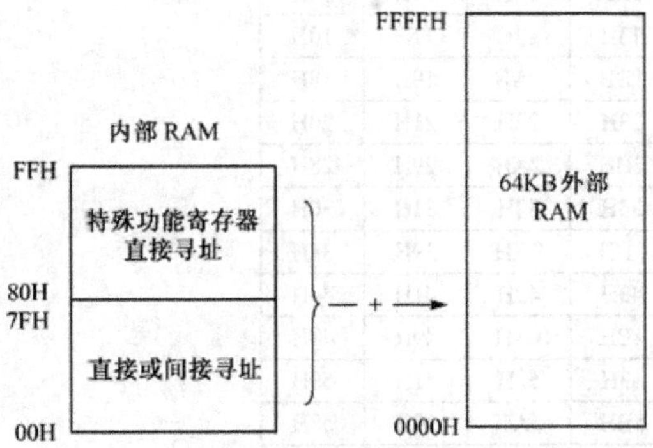

图 4.9　51 子系列数据存储器配置

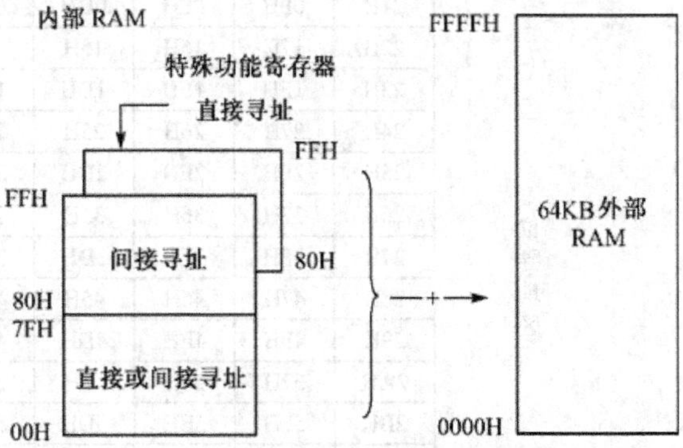

图 4.10　52 子系列数据存储器配置

51 子系列片内低 128 B（00H～7FH）的地址区域为片内 RAM，对其访问可采用直接寻址和间接寻址的方式（详见 5.2 节）。在高 128 B 地址区域（即 80H～FFH）分布着 21 个特殊功能寄存器，只能采用直接寻址方式访问。

52 子系列片内低 128 B 与 51 子系列相同，高 128 B 地址区域分为两个：一个为特殊功能寄存器区，有 26 个特殊功能寄存器，只能采用直接寻址方式访问；另外一个 128 B 的 RAM，只能采用间接寻址方式访问。

这样，就可把数据存储器分为片外数据存储器、片内数据存储器、特殊功能存储器。片外数据存储器主要作为数据缓存，容易理解，以下对片内数据存储器和特殊功能存储器加以介绍。

（1）片内数据存储器

片内数据存储器分为工作寄存器区、位寻址区、数据缓冲器区等三个区域，如表 4.2 所示。

① 工作寄存器区

00H～1FH 单元为工作寄存器区。工作寄存器也称通用寄存器，供用户编程时使用，临时寄存 8 位信息。由表 4.2 可见它分成 4 个组，每组 8 个单元，用做 8 个寄存器，都以 R0～R7 来表示。同时只能使用一组工作寄存器，其他各组不工作，待用。哪一组工作可由程序状态字 PSW 中的 RS1、RS0 两位进行选择，其对应关系如表 4.3 所示。

表 4.2　80C51 单片机片内 RAM 配置

工作寄存器区	00H	R0								工作寄存器 0 组
	01H	R1								
	…	…								
	07H	R7								
	08H	R0								工作寄存器 1 组
	09H	R1								
	…	…								
	1FH	R7								
	10H	R0								工作寄存器 2 组
	11H	R1								
	…	…								
	17H	R7								
	18H	R0								工作寄存器 3 组
	19H	R1								
	…	…								
	1FH	R7								
位寻址区	20H	07H	06H	05H	04H	03H	02H	01H	00H	
	21H	0FH	0EH	0DH	0CH	0BH	0AH	09H	08H	
	22H	17H	16H	15H	14H	13H	12H	11H	10H	
	23H	1FH	1EH	1DH	1CH	1BH	1AH	19H	18H	
	24H	27H	26H	25H	24H	23H	22H	21H	20H	
	25H	2FH	2EH	2DH	2CH	2BH	2AH	29H	28H	
	26H	37H	36H	35H	34H	33H	32H	31H	30H	
	27H	3FH	3EH	3DH	3CH	3BH	3AH	39H	38H	
	28H	47H	46H	45H	44H	43H	42H	41H	40H	
	29H	4FH	4EH	4DH	4CH	4BH	4AH	49H	48H	
	2AH	57H	56H	55H	54H	53H	52H	51H	50H	
	2BH	5FH	5EH	5DH	5CH	5BH	5AH	59H	58H	
	2CH	67H	66H	65H	64H	63H	62H	61H	60H	
	2DH	6FH	6EH	6DH	6CH	6BH	6AH	69H	68H	
	2EH	77H	76H	75H	74H	73H	72H	71H	70H	
	2FH	7FH	7EH	7DH	7CH	7BH	7AH	79H	78H	
数据缓冲区	30H									
	…	…								
	7FH									
	80H									仅 52 子系列有
	…	…								
	FFH									

RS1、RS0 的值用指令可方便地实现置位或清零。例如，执行下列程序段：

```
SETB PSW,4          ;置位 RS1
CLR PSW,3           ;清 RS0
MOV R1,#53H         ;将立即数 53H 送 R1
```

表 4.3　工作寄存器选择

RS1	RS0	寄存器组	片内 RAM 地址
0	0	第 0 组	00H～07H
0	1	第 1 组	08H～0FH
1	0	第 2 组	10H～17H
1	1	第 3 组	18H～1FH

由于第一、二条指令使 RS1（PSW 的第 4 位）=1、RS0（PSW 的第 3 位）=0，即选择了工作寄存器 2 组，故第 3 条指令将立即数 53H 送去工作寄存器 2 组的 R1，即送入片内 RAM 的 11H 单元。

② 位寻址区

20H～2FH 单元是位寻址区，该区的每一位都赋予了一个位地址，如表 4.2 所示。有了位地址就可以进行位寻址，对特定位进行处理、内容传送或位条件转移，给编程带来很大方便。例如，执行指令 SETB 07H 后，片内 RAM20H 单元的 D7 位将置 1，而该单元其他各位则保持不变。通常可以把程序中用到的状态标识、位控制变量等放在位寻址区。

③ 数据缓冲区

30H～7FH 是数据缓冲区，即用户 RAM 区，共 80 个单元。

由于工作寄存器区、位寻址区、数据缓冲区统一编址，使用同样的指令访问，这三个区的单元既有自己独特的功能，又可统一调度使用，因此，前两区未用的单元也可移用为一般的用户 RAM 单元，使容量较小的片内 RAM 得以充分利用。

52 子系列片内 RAM 有 256 个单元，前两个区的单元数与地址都和 51 子系列的一致，数据缓冲区为 30H～FFH，有 208 个单元。

④ 堆栈与堆栈指针

片内 RAM 的部分单元还可以用做堆栈。有一个 8 位的堆栈指针寄存器 SP，专用于指出当前堆栈顶部是片内 RAM 的哪一个单元。80C51 单片机系统复位后 SP 的初值为 07H，也就是将从 08H 单元开始堆放信息。但是，80C51 系列的栈区不是固定的，只要通过软件改变 SP 寄存器的值便可更动栈区。为了避开工作寄存器区和位寻址区，SP 的初值可置为 2FH 或更大的地址值。

（2）特殊功能寄存器

特殊功能寄存器（Special Function Register，SFR）也称专用寄存器，专用于控制、管理单片机内部算术逻辑部件、并行 I/O 口、串行 I/O 口、定时器/计数器、中断系统等功能模块的工作，用户在编程时可以置数设定，不能移为他用。在 80C51 系列单片机中，特殊功能寄存器（PC 例外）与片内 RAM 统一编址，访问这些专用寄存器仅允许使用直接寻址方式。除 PC 外，51 子系列有 18 个专用寄存器，其中 3 个为双字节寄存器，共占用 21B；52 子系列有 21 个专用寄存器，其中 5 个为双字节寄存器，共占用 26 B。特殊功能寄存器并未占满 80H～FFH 整个地址空间，对空闲地址的写操作是无意义的。从这些地址读出的则是随机数。表 4.4 按地址顺序给出了各个特殊功能寄存器的名称、符号、地址、位地址与位名称。特殊功能寄存器中有部分特殊功能寄存器具有位寻址能力，它们的字节地址正好能被 8 整除。

表 4.4　特殊功能寄存器一览表

特殊功能寄存器名称		符号	地址	位地址和位名称							
				D7	D6	D5	D4	D3	D2	D1	D0
P0 口		P0	80H	87H	86H	85H	84H	83H	82H	81H	80H
堆栈指针		SP	81H								
数据针 DPTR	数据指针低字节	DPL	82H								
	数据指针高字节	DPH	83H								

续表

特殊功能寄存器名称	符　号	地址	位地址和位名称							
			D7	D6	D5	D4	D3	D2	D1	D0
电源控制	PCON	87H	SMOD	—	—	—	GF1	GF0	PD	IDL
定时器/计数器控制	TCON	88H	8FH TF1	8EH TR1	8DH TF0	8CH TR0	8BH IE1	8AH IT1	89H IE0	88H IT0
定时器/计数器方式控制	TMOD	89H	GATE	C/$\overline{T}$	M1	M0	GATE	C/$\overline{T}$	M1	M0
定时器/计数器 0 低字节	TL0	8AH								
定时器/计数器 1 低字节	TL1	8BH								
定时器/计数器 0 高字节	TH0	8CH								
定时器/计数器 1 高字节	TH1	8DH								
P1 口	P1	90H	97H	96H	95H	94H	93H	92H	91H	90H
串行控制	SCON	98H	9FH SM0	9EH SM1	9DH SM2	9CH REN	9BH TB8	9AH RB8	99H TI	98H RI
串行数据缓冲器	SBUF	99H								
P2 口	P2	A0H	A7H	A6H	A5H	A4H	A3H	A2H	A1H	A0H
中断允许控制	IE	A8H	AFH EA	— —	ADH ET2	ACH ES	ABH ET1	AAH EX1	A9H ET0	A8H EX0
P3 口	P3	B0H	B7H	B6H	B5H	B4H	B3H	B2H	B1H	B0H
中断优先级控制	IP	B8H	— —	— —	BDH PT2	BCH PS	BBH PT1	BAH PX1	B9H PT0	B8H PX0
+定时器/计数器 2 控制	T2CON	C8H	CFH TF2	CEH EXF2	CDH RCLK	CCH TCLK	CBH EXEN2	CAH TR2	C9H C/$\overline{T2}$	C8H CP/$\overline{RL2}$
+定时器/计数器 2 方式控制	T2MOD	C9H								
+定时器/计数器 2 自动重装载低字节	RCAP2L	CAH								
+定时器/计数器 2 自动重装载高字节	RCAP2H	CBH								
+定时器/计数器 2 低字节	TL2	CCH								
+定时器/计数器 2 高字节	TH2	CDH								
程序状态字	PSW	D0H	D7H C	D6H AC	D5H F0	D4H RS1	D3H RS0	D2H OV	D1H F1	D0H P
累加器	ACC	E0H	E7H	E6H	E5H	E4H	E3H	E2H	E1H	E0H
B 寄存器	B	F0H	F7H	F6H	F5H	F4H	F3H	F2H	F1H	F0H

注：表中带“+”的特殊功能寄存器都与定时器/计数器 2 有关，只在 52 子系列中存在。

通过特殊功能寄存器可实现对单片机内部资源的操作和管理，下面介绍常用特殊功能寄存器，其余将在后面的相关章节中介绍。

① 程序状态字寄存器 PSW

PSW 是 8 位寄存器，用做程序运行状态的标识，字节地址 D0H，位地址格式如表 4.5 所示。

表 4.5　PSW 寄存器各位名称及地址

地址	D7H	D6H	D5H	D4H	D3H	D2H	D1H	D0H
名称	C	AC	F0	RS1	RS0	OV	F1	P

当 CPU 进行各种逻辑操作或算术运算时，为反映操作或运算结果的状态，把相应的标识位置位或清零。这些标识的状态，可由专门的指令来测试，也可通过指令读出。它为计算机确定程序的下一步运行方向提供依据。PSW 寄存器中各位的名称及地址如表 4.5 所示，下面说明各标识位的作用。

- P：奇偶标识。该位始终跟踪累加器 A 的内容的奇偶性。如果有奇数个 1，则置 P 为 1，否则清 0。在 80C51 的指令系统中，凡是改变累加器 A 中内容的指令均影响奇偶标识位 P。

- F1：用户标识。由用户置位或复位。
- OV：溢出标识。有符号数运算时，如果发生溢出，OV 置 1，否则清 0。对于 1 B 的有符号数，如果用最高位表示正、负号，则只有 7 位有效位，能表示–128～+127 之间的数。如果运算结果超出了这个数值范围，就会发生溢出，此时，OV=1，否则 OV=0。在乘法运算中，OV=1 表示乘积超过 255；在除法运算中，OV=1 表示除数为 0。
- RS0、RS1：工作寄存器组选择位。用于选择指令当前工作的寄存器组。由用户用软件改变 RS0 和 RS1 的组合，以切换当前选用的工作寄存器组，单片机在复位后，RS0 = RSl = 0，CPU 自然选中第 0 组为当前工作寄存器组。根据需要，用户可利用传送指令或位操作指令来改变其状态，这样的设置为程序中快速保护现场提供了方便。
- F0：用户标识位，同 F1。
- AC：半进位标识。当进行加法（或减法）运算时，如果低半字节（位 3）向高半字节（位 4）有进位（或借位），AC 置 1，否则清 0。AC 也可用于 BCD 码调整时的判别位。
- CY：进位标识。在进行加法（或减法）运算时，如果操作结果最高位（位 7）有进位，CY 置 1，否则清 0。在进行位操作时，CY 又作为位操作累加器 C。

② 累加器 ACC

ACC 是 8 位寄存器，通过暂存器与 ALU 相连。它是 CPU 中工作最繁忙的寄存器，因为在进行算术、逻辑类操作时，运算器的一个输入多为 ACC，而运算器的输出即运算结果也大多要送到 ACC 中。在指令系统中累加器的助记符为 A，作为直接地址时助记符为 ACC。

③ 数据指针寄存器 DPTR

由于 80C51 可以外接 64 KB 的数据存储器和 I/O 接口电路，因此在控制器中设置了一个 16 位的专用地址指针，主要用于存放 16 位地址，作为间址寄存器使用。它可对外部存储器和 I/O 口进行寻址，也可拆成高字节 DPH 和低字节 DPL 两个独立的 8 位寄存器，在 CPU 内分别占据 83H 和 82H 两个地址。

④ B 寄存器

在乘、除法运算中用 B 寄存器暂存数据。乘法指令的两个操作数分别取自 A 和 B，结果再存于 B 和 A 中，即 A 存低字节，B 存高字节。除法指令中被除数取自 A，除数取自 B，结果商存于 A 中，余数存于 B 中。

在其他指令中，B 寄存器可作为 RAM 中的一个单元使用。B 寄存器的地址为 B0H。

⑤ 堆栈指针 SP

堆栈是个特殊的存储区，主要功能是暂时存放数据和地址，通常用来保护断点和现场。它的特点是按照先进后出的原则存取数据，这里的进与出是指进栈与出栈操作。在 80C51 单片机中通常是指定内部数据存储器 08H～7FH（52 子系列为 08H～FFH）中的一部分作为堆栈。如图4.11 所示，第一个进栈的数据所在的存储单元称为栈底，然后逐次进栈，最后进栈的数据所在的存储单元称为栈顶。随着存放数据的增减，栈顶是变化的。从栈中取数，总是先取栈顶的数据，即最后进栈的数据先取出，如图中最先取出 58H 单元的 6AH，而最先进栈的数据最后取出，如图中 50H 中的 B3H 最后取出。

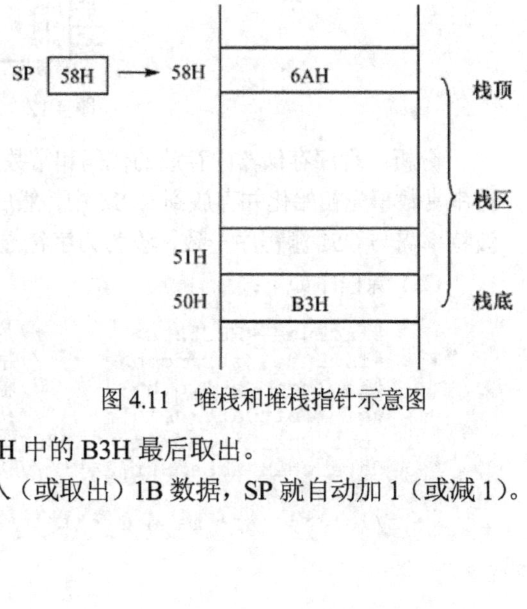

图 4.11　堆栈和堆栈指针示意图

SP 是一个 8 位寄存器，用于存放栈顶地址。每存入（或取出）1B 数据，SP 就自动加 1（或减 1）。SP 始终指向新的栈顶。

堆栈的操作有两种方式。一种是指令方式，即使用堆栈操作指令进行进/出栈操作。用户可以根据需要使用堆栈操作指令，对现场进行保护和恢复。另一种是自动方式，即在调用子程序或产生中断时，返回地址（断点）自动进栈。程序返回时，断点地址再自动弹回PC。这种堆栈操作不需用户干预，是通过硬件自动实现的。

系统复位后，SP初始化为07H，使得堆栈事实上由08H开始。因为08H～1FH单元为工作寄存器区1～3，20H～2FH为位寻址区，在程序设计中很可能要用到这些区，所以用户在编程时最好把SP初值设为2FH或更大值，当然同时还要顾及其允许的深度。在使用堆栈时要注意，由于堆栈的占用，会减少内部RAM的可利用单元，如设置不当，可能引起内部RAM单元冲突。

注意：堆栈栈顶超出内部RAM单元时，会引起程序运行出错。对51子系列不要超出7FH，对52子系列不要超出FFH。这常常是单片机初学者和使用高级语言编程者易犯的错误之一。

⑥ 端口P0～P3

特殊功能寄存器P0～P3分别是I/O端口P0～P3的锁存器。80C51单片机是把I/O当做一般的特殊功能寄存器使用，不专设端口操作指令，使用方便。当I/O端口某一位用于输入信号（读端口）时，对应的锁存器必须先置1，原因详见4.3.3节。

3. 存储器编程举例

【例4.1】 如图4.12所示AT89C52单片应用电路，将存放在AT89C52单片机程序存储器中的字符串“AT89C52 microcontroller!”，复制到内部数据存储器中，并使用printf函数，从串口输出该字符串到Porteus的串口虚拟终端显示。

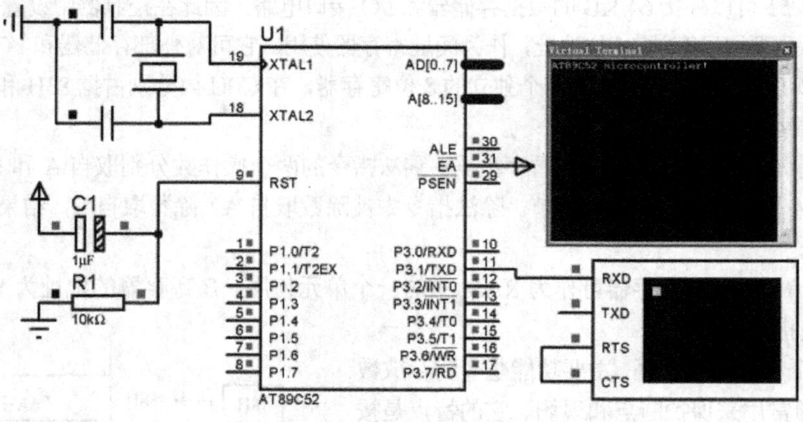

图4.12 AT89C52单片应用电路

分析：程序存储器中存放的代码和常数是不能改变的，要把“AT89C52 microcontroller!”作为字符串常数事先初始化并存放到ROM中，然后复制到RAM并使用printf从串口输出。电路中虚拟终端波特率需与C51源程序一致，设为为字符显示模式。

C51源程序如下：

```
#include <REG52.H>        //片内寄存器定义
#include <string.h>       //字符串操作库函数
#include <stdio.h>        //输入输出函数库
void initUart(void);      /*初始化串口波特率，使用定时器1*/
code char *ucRomStr="AT89C52 microcontroller!"; //存放在ROM的字符串中
data char ucRamStr[24]; //接收字符串放在RAM中

/*********** main C **************/
```

```
main()
{
    initUart();                  // 为了使用 printf 语句，要初始化串口
    memcpy(ucRamStr,ucRomStr,strlen(ucRomStr));
                                 //string.h 库中 memcpy 完成字符串复制
    printf("%s",ucRamStr);       //从串口输出 Ram 中的字符串
    while(1);                    //死循环，等待
}
/********** 初始化串口波特率 ************/
//为了使用串行口带格式输出函数 printf，串口必须初始化
void initUart(void)  /*初始化串口波特率，使用定时器 1*/
{
/*  Setup the serial port for 9600 baud at 11.0592 MHz                */
    SCON  = 0x50;       /* SCON: mode 1, 8-bit UART, enable rcvr      */
    TMOD |= 0x20;       /* TMOD: timer 1, mode 2, 8-bit reload        */
    TH1 = 0xfd;         /* TH1:  reload value for 9600 baud @ 11.0592 MHz*/
    TR1 = 1;            /* TR1:  timer 1 run                          */
    TI  = 1;            /* TI:   set TI to send first char of UART    */
}
```

建立工程，加入文件，做必要的设置（见第 3 章），编译连接，并启动程序。如图4.13 所示，在 main 函数中的 initUart();处添加断点，按 F5 全速运行至断点处，选择 View→Serial Window #1 选项，打开串口输出窗口。

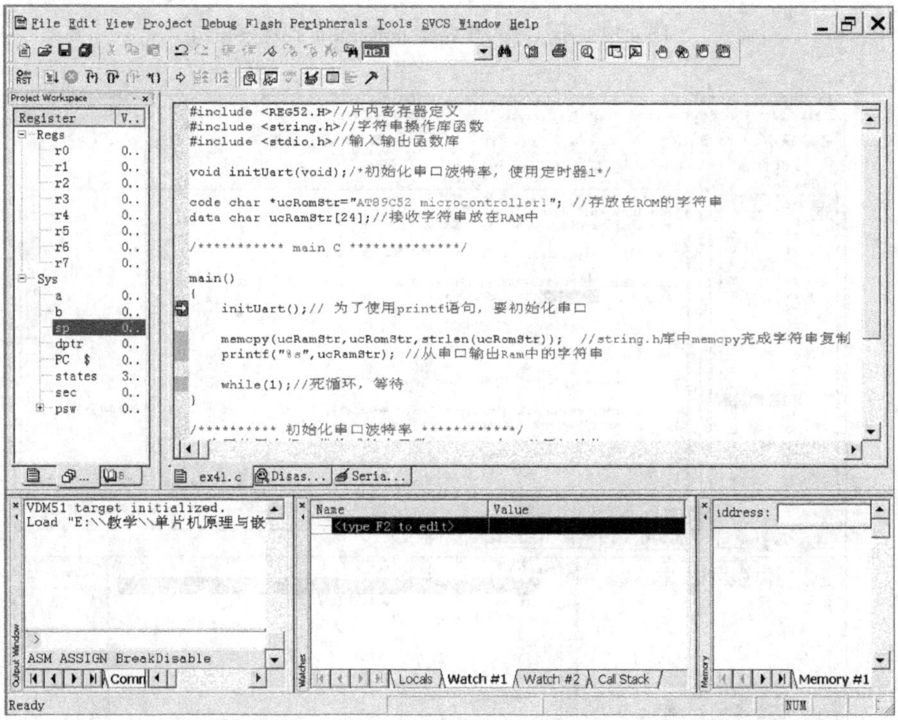

图 4.13　添加断点并打开串口输出窗口

选中 ucRomStr，右键将 ucRomStr 添加至 Watch Window #1，如图4.14 所示。

用同样的方法将 ucRamStr 添加至 Watch Window #1，如图4.15 所示，可以看到 ucRomStr 字符串为“AT89C52 microcontroller!”，它位于程序区的 0x0549 处，而 ucRamStr 字符数组为空，数组首地址在内部 RAM 区的 0x08 处。

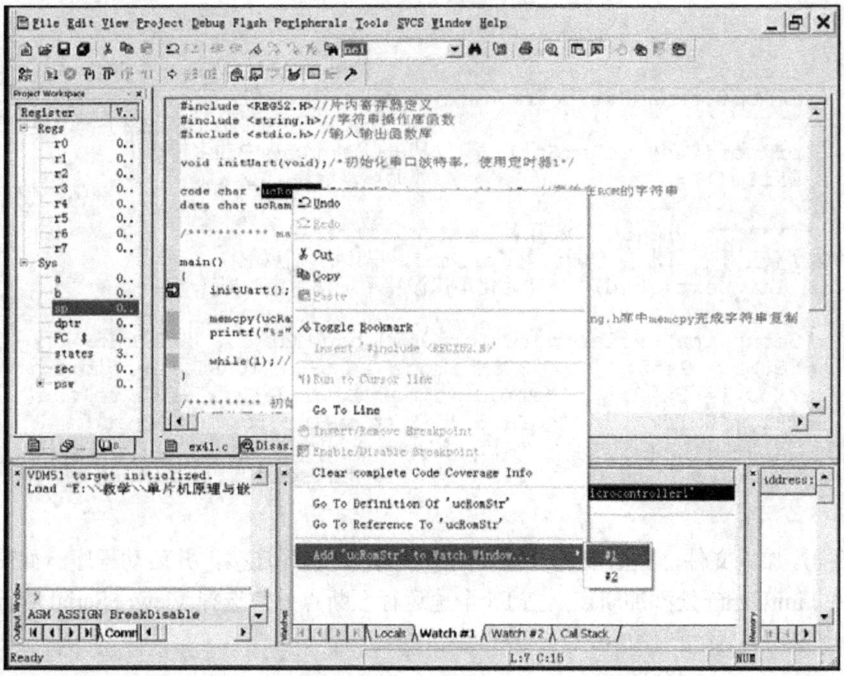

图 4.14　添加字符串常量 ucRomStr 到观察窗口

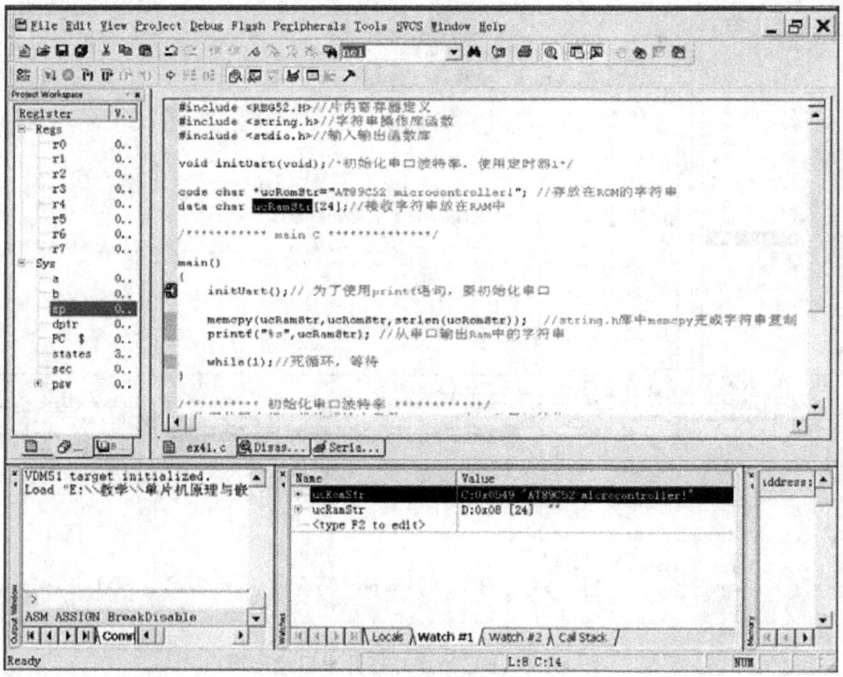

图 4.15　添加字符串变量 ucRamStr 到观察窗口

连续按 2 次 F10，执行 2 条语句到 printf("%s",ucRamStr);处，如图 4.16 所示，可以看到字符串“AT89C52 microcontroller!”已经复制到 RAM 区。读者自行按 1 次 F10，则可以从串口观察窗口和仿真电路的虚拟终端看到输出的字符串“AT89C52 microcontroller!”。

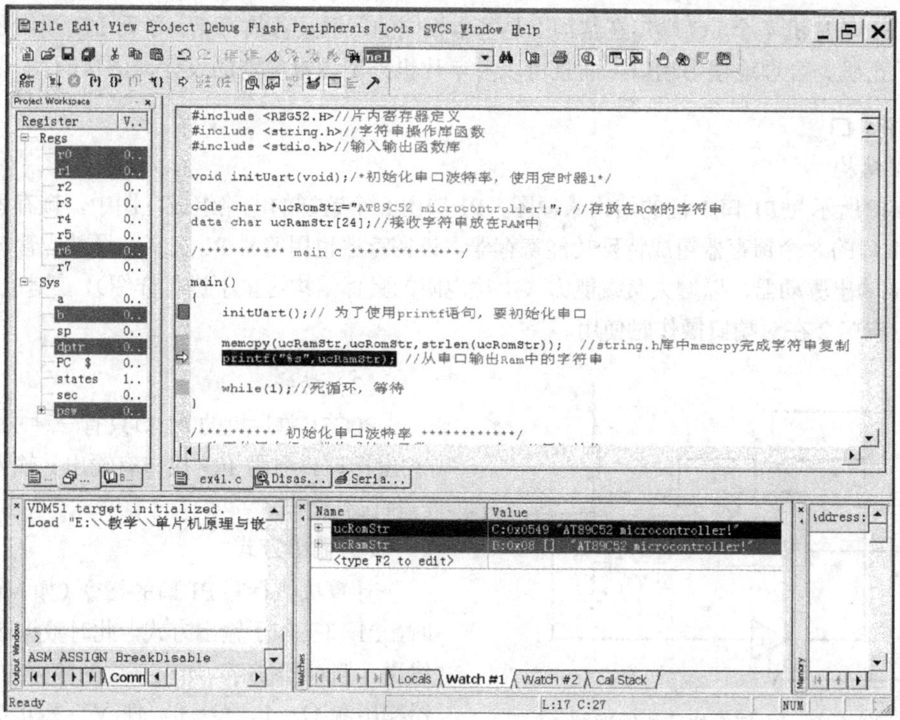

图 4.16　完成字符串复制

然后切换到仿真电路，右键点击 AT89C52，打开 8051 CPU Internal (IDATA) Memory-U1，如图4.17 所示，可以看到 0x08 地址处存放的字符串为“AT89C52 microcontroller!”。

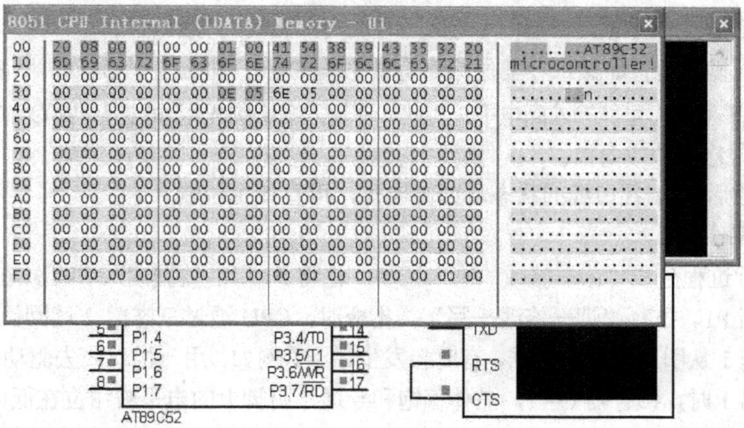

图 4.17　在仿真电路中观察程序执行情况

4.3.3　并行输入/输出端口结构

80C51 单片机有 4 个 I/O 端口，每个端口都是 8 位双向口，共占 32 根引脚。每个端口都包括一个锁存器（即专用寄存器 P0～P3）和一个输出驱动器和输入缓冲器。通常把 4 个端口称为 P0～P3。在无片外扩展存储器的系统中，这 4 个端口的每一位都可以作为双向通用 I/O 端口使用。在具有片外扩展存储器的系统中，P2 口作为高 8 位地址线，P0 口分时作为低 8 位地址线和双向数据总线。

80C51 单片机 4 个 I/O 端口在结构上是基本相同的，但又各具特点。学习 I/O 端口逻辑电路，不但有利于正确、合理地使用端口，而且可以对单片机外围逻辑电路的设计提供帮助。

1. P1 口

（1）结构

图4.18 所示为 P1 口 1 位的结构原理图，P1 口由 8 个这样的电路组成。图中，锁存器起输出锁存作用。P1 口的 8 个锁存器组成特殊功能寄存器，该寄存器也用符号 P1 表示。场效应管 VT_1 与上拉电阻 R 组成输出驱动器，以增大负载能力（上拉电阻的具体结构这里不进行介绍），三态门 1 是输入缓冲器，三态门 2 在对端口操作时使用。

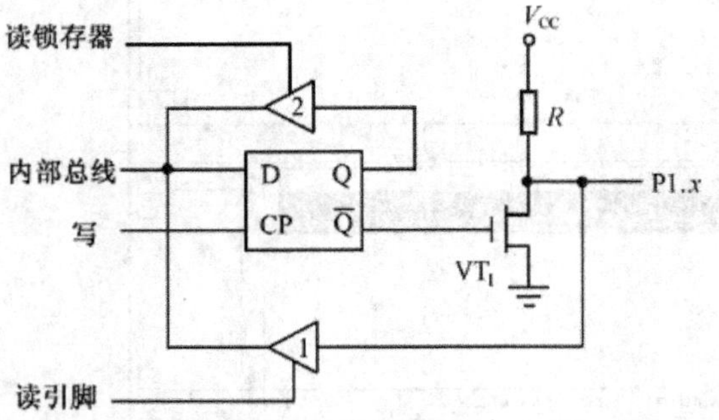

图 4.18　P1 口 1 位结构原理图

（2）功能

80C51 单片机的 P1 口只有一种功能：通用输入/输出接口。通用 I/O 接口有输出、输入和端口操作三种工作方式。

① 输出方式

计算机执行写 P1 口的指令（如 MOV Pl, #data）时，P1 口工作于输出方式，此时数据 data 经内部总线送入锁存器锁存。如果某位的数据为 1，该位锁存器输出端 Q＝1、$\overline{Q}$＝0，使 VT_1 截止，从而在引脚 P1.x 上出现高电平。反之，如果数据为 0，则 Q=0、$\overline{Q}$＝1，使 VT_1 导通，P1.x 上出现低电平。

② 输入方式

计算机执行读 P1 口的指令（如 MOV A, P1）时，P1 口工作于输入方式。控制器发出的读信号打开三态门 1，引脚 P1.x 上的数据经三态门 1 进入芯片的内部总线，并送到累加器 ACC，输入时无锁存功能。

在执行输入操作时，如果锁存器原来寄存的数据 Q=0，那么由于 $\overline{Q}$＝1，将使 VT_1 导通，引脚始终被钳位在低电平上，不可能输入高电平。为此，在输入前必须先用输出指令置 Q＝1，使 VT_1 截止。正因为如此，P1 口称为准双向口。

单片机复位后，P1 各口线的状态均为高电平，可直接用做输入。

（3）端口操作

指令的执行过程分成“读—修改—写”三步。先将 P1 口的数据读入 CPU，在 ALU 中进行运算，运算结果再送回 P1。执行“读—修改—写”类指令时，CPU 通过三态门 2 读回锁存器 Q 端的数据。假如通过三态门 1 从引脚上读回数据，有时会发生错误。例如，用一根口线去驱动一个晶体管的基极，在向此口线输出 1 时，锁存器 Q=1，晶体管饱和导通，引脚上的电平被钳位在低电平（0.7 V），从引脚读回数据会错读为 0，如图4.19 所示。解决方法是在 P1.x 和晶体管的基极之间增加一个阻值约 3 kΩ 的电阻。

52 子系列单片机 P1 口中的 P1.0 与 P1.1 具有第二功能，除了作为通用 I/O 接口外，P1.0（T2）还作为定时器/计数器 2 的外部计数脉冲输入端，P1.1 还作为定时器/计数器 2 的外部控制输入端（T2EX）。

（4）负载能力

P1 口输出时能驱动 4 个 LSTTL 负载。通常把 100μA 的输入电流定义为一个 TTL 负载的输入电流，所以 P1 口输出电流应不小于 400μA。

P1 口内部有上拉电阻，因此在输入时，即使由集电极开路电路或漏极开路电路驱动，也无须外接上拉电阻。

2. P2 口

P2 口有两种用途：通用 I/O 接口或高 8 位地址总线。图4.20 所示为 P2 口 1 位的结构原理图，图中的模拟开关受内部控制信号控制，用于选择 P2 口的工作状态。

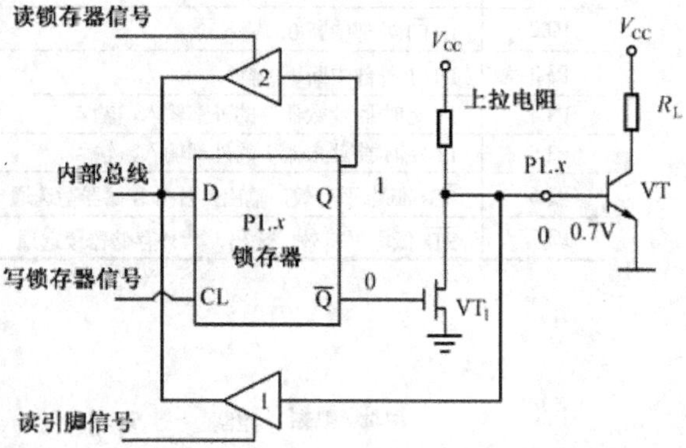

图 4.19　P1 口引脚数据不等于锁存器数据原理

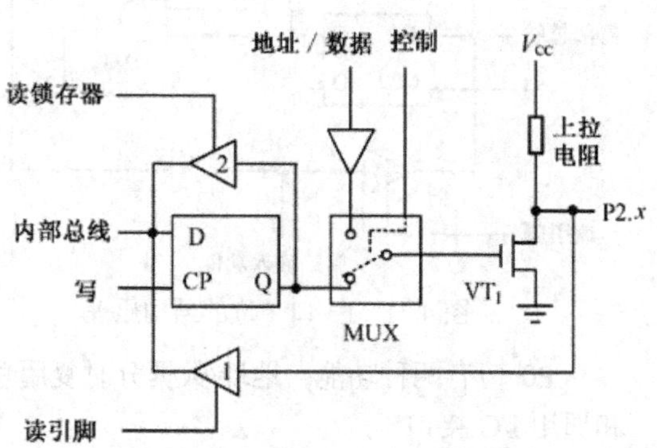

图 4.20　P2 口 1 位的结构原理

（1）地址总线状态

计算机从片外 ROM 中取指令，或者执行访问片外 RAM、片外 ROM 的指令时，模拟开关打向上边，P2 口上出现程序计数器 PC 的高 8 位地址或数据指针 DPTR 的高 8 位地址（A8～A15），上述情况下，锁存器内容不受影响。当取指或访问外部存储器结束后，模拟开关打向下边，使输出驱动器与锁存器 Q 端相连，引脚上将恢复原来的数据。

一般地说，如果系统扩展了外部 ROM，取指的操作将连续不断，P2 口不断送出高 8 位地址，这时 P2 口就不应再作为通用 I/O 口使用。如果系统仅仅扩展外部 RAM，情况应具体分析，当片外 RAM 容量不超过 256 B 时，可以使用寄存器间接寻址方式的指令：

```
MOVX A,@Ri
MOVX @Ri,A
```

由 P0 口送出 8 位地址寻址，P2 口引脚原有的数据在访问片外 RAM 期间不受影响，故 P2 口仍可用做通用 I/O 接口；当片外 RAM 容量较大需要由 P2 口、P0 口送出 16 位地址时，P2 口不再用做通用 I/O 接口；当片外 RAM 的地址大于 8 位而小于 16 位时，可以通过软件从 P1、P2、P3 口中的某几根口线送出高位地址，从而可以保留 P2 的全部或部分口线作为通用 I/O 接口使用。

（2）通用 I/O 接口状态

P2 口作为准双向通用 I/O 接口使用时，其功能与 P1 口相同，工作方式、负载能力也相同。

3. P3 口

P3 口 1 位的结构原理如图4.21 所示，P3 口除了作为准双向通用 I/O 接口使用外，每一根线还具有第二种功能，详见表 4.6。

P3 口用做 I/O 接口时，其功能与 P1 口相同。

P3 口作为第二功能输入操作时，其锁存器 Q 端必须为高电平，否则 VT_1 管导通，引脚被钳位在低电平，无法输入或输出第二功能信号。单片机复位时，锁存器输出端为高电平。P3 口第二功能中的输入信号 RXD、$\overline{INT0}$、$\overline{INT1}$、T0、T1 经缓冲器 1 输入，可直接进入芯片内部。

4. P0 口

图4.22 所示为 P0 口 1 位的结构原理图。VT_1、VT_2 构成输出驱动器，与门 3、反相器 4 及模拟开关构成输出控制电路。三态门 1、2 是输入缓冲器。

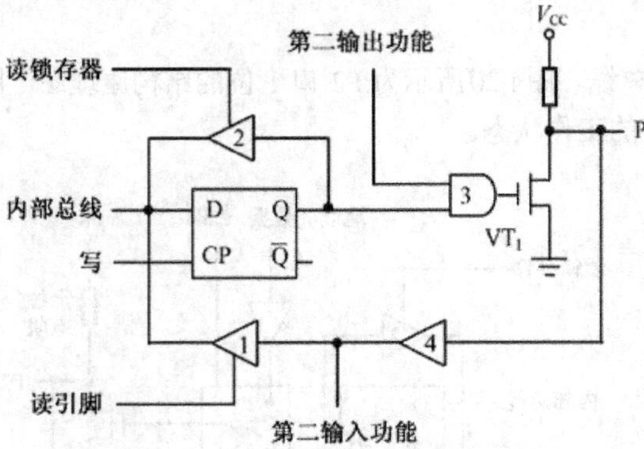

图 4.21 P3 口 1 位的结构原理

表 4.6 P3 口的第二功能

P3.0	RXD（串行输入口），输入
P3.1	TXD（串行输出口），输出
P3.2	$\overline{INT0}$ 外部中断 0，输入
P3.3	$\overline{INT1}$ 外部中断 1，输入
P3.4	T0 定时器/计数器 0 的外部输入，输入
P3.5	T1 定时器/计数器 1 的外部输入，输入
P3.6	$\overline{WR}$ 低电平有效，输出，片外存储器写选通
P3.7	$\overline{RD}$ 低电平有效，输出，片外存储器读选通

P0 口有两种功能：地址/数据分时复用总线和通用 I/O 接口。

（1）地址/数据分时复用总线

单片机系统扩展片外存储器时，P0 口作为地址/数据分时复用总线使用。在访问片外存储器时，CPU 送来的控制信号为高电平，模拟开关打在上方。如果执行输出数据的指令，分时输出的地址/数据经反相器 4、驱动器 VT_1、VT_2 送到引脚上。当地址或数据信息为 1 时，VT_1 截止而 VT_2 导通，引脚上出现高电平；当地址或数据信息为 0 时，VT_1 导通而 VT_2 截止，引脚上出现低电平。如果执行取指操作或输入数据的指令，地址仍经 VT_1、VT_2 输出，而输入的数据经输入缓冲器 1 进入内部总线。

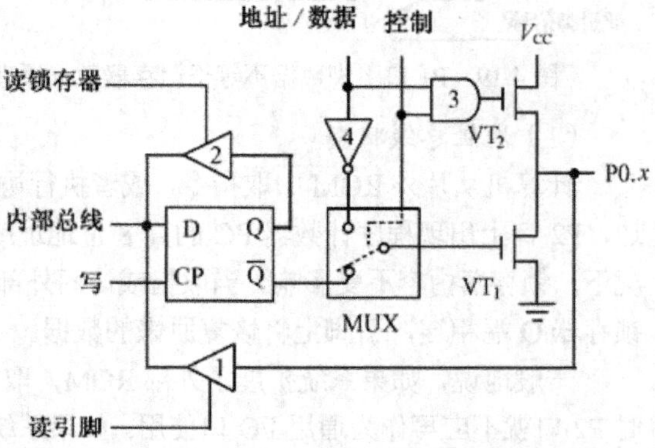

图 4.22 P0 口 1 位的结构原理图

（2）通用 I/O 接口

假如系统未扩展片外存储器，P0 口作为准双向通用 I/O 接口使用，此时控制信号为 0，模拟开关打在下面。由于控制信号为 0，使 VT_2 截止，因此输入时 VT_1、VT_2 皆截止，VT_1 的漏极（即 P0.x 引脚）处在开路状态，如果输入是由集电极开路或漏极开路电路驱动，应外加上拉电阻。输出时由于 VT_2 截止，如果负载是 MOS 电路，也应当外加上拉电阻。

P0 口输出时能驱动 8 个 LSTTL 负载，即输出电流不小于 800μA。

综上所述，可以得出如下结论：

① 80C51 的 32 条 I/O 线隶属于 4 个 8 位双向端口，每个端口均由锁存器（即特殊功能寄存器 P0～P3）、输出驱动器和输入缓冲器组成；

② P1、P2 和 P3 口均有内部上拉电阻，当它们用做通用 I/O 时，在读引脚状态时，各口对应的锁存器必须置 1，所以为准双向口；

③ P0 口内部无上拉电阻，作为 I/O 口时，必须接上拉电阻。在读引脚状态时，各口对应的锁存器必须置 1，所以为准双向口；

④ P0 和 P2 口既可作为通用 I/O 口，又可作为地址数据总线，内部有模拟开关用于切换。

5. 并行输入/输出口编程举例

【例 4.2】 使用单片机的并行输入/输出口实现流水灯电路。

若干灯泡有规律依次点亮或依次熄灭就叫流水灯，它用在夜间建筑物装饰方面。例如在建筑物的棱角上装上流水灯，可起到变换闪烁美不胜收的效果。流水灯看起来更像“马儿一样跑动”的小灯，故也称为“跑马灯”。一般情况下，单片机的流水灯由若干 LED 发光二极管组成。

在单片机系统运行时，可以在不同状态下让流水灯显示不同的组合，作为单片机系统运行正常的指示。当单片机系统出现故障时，可以利用流水灯显示当前的故障码，对故障做出诊断。此外，流水灯在单片机的调试过程中也非常有用，可以在不同时候将需要的寄存器或关键变量的值显示在流水灯上，提供需要的调试信息。

单片机系统中的流水灯就像 C 语言的“Hello World!”程序一样，虽然简单，却是一个非常经典的例子。对初学者来说，通过流水灯系统设计的学习与编程，可能很快熟悉单片机的操作方式，了解单片机系统的开发流程，增强自己学习单片机系统设计的信心。

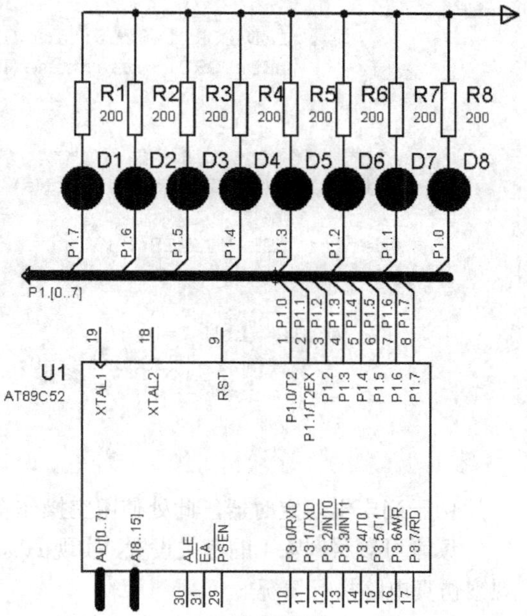

图 4.23　单片机流水灯电路

题目要求：如图4.23 所示，AT89C52P1 口接 8 个 LED 发光二极管，要求编写程序实现：

（1）从左往右每次点亮一个 LED，当点亮所有 LED 时，全灭。再从右往左每次点亮一个 LED，当点亮所有 LED 时，全灭；

（2）全灭、全亮 2 次；

（3）隔一交替灭、亮 2 次；

（4）重复。

C51 源程序

```
#include <reg52.h>                    /*包括 P1 口在内的 89C52 特殊功能寄存器定义*/
#define LED_PORT1 P1                  //用 P1 口驱动灯，低亮，高灭
void time(unsigned int ucMs);         /* 延时单位：毫秒 */
void main(void)
{
unsigned char   ucTimes;
#define DELAY_TIME 400                //延时
    while(1)
    {
        LED_PORT1=0xff;               //灭 P1 口灯
        time(200);
        //从左往右依次点亮 LED
        for(ucTimes=0;ucTimes<8;ucTimes++){                  //循环点亮 P1 口灯
              LED_PORT1 = LED_PORT1 - (0x80>>ucTimes);     //亮灯需低电平驱动
              time(DELAY_TIME);
        }
        LED_PORT1=0xff;//灭 P1 口灯
        time(200);
        //然后从右往左依次点亮 LED
        for(ucTimes=0;ucTimes<8;ucTimes++){              //循环点亮 P1 口灯
            LED_PORT1 = LED_PORT1 - (0x01<<ucTimes); //亮灯需低电平驱动
            time(DELAY_TIME);
        }
        LED_PORT1=0xff;time(DELAY_TIME);                 //全灭
```

```
        LED_PORT1=0;time(DELAY_TIME);          //全亮
        LED_PORT1=0xff;time(DELAY_TIME);       //全灭
        LED_PORT1=0;time(DELAY_TIME);          //全亮

        LED_PORT1=0x55;time(DELAY_TIME);       //隔一个点亮
        LED_PORT1=0xaa;time(DELAY_TIME);       //交换

        LED_PORT1=0x55;time(DELAY_TIME);       //隔一个点亮
        LED_PORT1=0xaa;time(DELAY_TIME);       //交换
    }
}
/********** time C *************/
void time(unsigned int ucMs)                   //延时单位：ms
{
#define DELAYTIMES 239
unsigned char  ucCounter;                      //延时设定的循环次数

    while (ucMs!=0) {
        for (ucCounter=0; ucCounter<DELAYTIMES; ucCounter++){}//延时
        ucMs--;
    }
}
```

由于尚未学习定时器，此处使用空操作实现延时。

读者可参照例 4. 1 的有关设置，实现μVision2 IDE 和 Proteus VSM 的联调，并在程序中加入断点，观察仿真电路执行情况。

从上面的程序可以看出，C51 语法同 ANSI C 基本一致，只是要定义变量在 80C51 单片机存储器中的位置。后面章节中的例子以 C 语言为主要编程语言。

4.3.4 时钟电路

单片机工作是在统一的时钟脉冲控制下一拍一拍地进行的，这个脉冲是单片机控制器中的时序电路发出的。单片机的时序就是 CPU 在执行指令时所需控制信号的时间顺序。为了保证各部件间的同步工作，单片机内部电路应在唯一的时钟信号下严格地按时序进行工作。下面介绍 80C51 时钟电路及 CPU 时序的概念。

1. 振荡器和时钟电路

80C51 内部有一个高增益反相放大器，用于构成振荡器，但要形成时钟脉冲，外部还需附加电路。80C51 的时钟产生方法有以下两种。

（1）内部时钟方式

利用芯片内部的振荡器，然后在引脚 XTAL1 和 XTAL2 两端跨接晶体振荡器（简称晶振），就构成了稳定的自激振荡器，发出的脉冲直接送入内部时钟电路，如图4.24(a)所示。外接晶振时，C_1和 C_2的值通常选择为 30 pF 左右。C_1、C_2对频率有微调作用，晶振或陶瓷谐振器的频率范围可在 1.2～12 MHz 之间选择。为了减小寄生电容，更好地保证振荡器稳定、可靠地工作，振荡器和电容应尽可能安装得与单片机引脚 XTAL1 和 XTAL2 靠近。

该电路利用了内部的高增益的反相放大器，外部电路接线简单，只需要 1 个晶振和 2 个电容即可，单片机应用系统中大多采用此电路。该电路产生的时钟信号的振荡频率就是晶振的固有频率，用 f_{osc} 表示。例如，选择 12 MHz 晶振，则$f_{osc}=12\times10^6$ Hz。

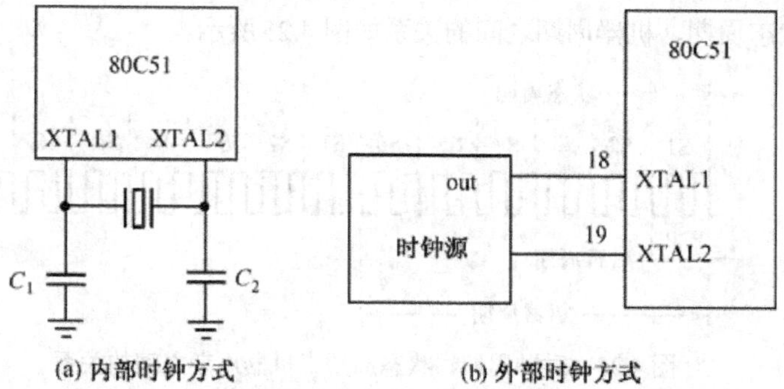

图 4.24　80C51 时钟电路接线方法

（2）外部时钟方式

外部时钟方式是利用外部振荡脉冲接入 XTAL1 或 XTAL2。HMOS 和 CHMOS 单片机外时钟信号接入方式不同，如表 4.7 所示。如图4.24(b)所示为 CHMOS 单片机外部时钟方式。

表 4.7　80C51 单片机外部时钟接入方法

芯片类型	接线方法	
	XTAL1	XTAL2
HMOS	接地	接片外时钟脉冲输入端（引脚需接上拉电阻）
CHMOS	接片外时钟脉冲输入端	悬空

2．CPU 时序

CPU 执行指令的一系列动作都是在时序电路控制下一拍一拍进行的，指令的字节数不同，取这些指令所需要的时间就不同，即使是字节数相同的指令，由于执行操作有较大差别，则不同的指令执行时间也不一定相同，即所需要的节拍数不同。为了便于对 CPU 时序进行分析，人们按指令的执行过程规定了几种周期，即时钟周期、状态周期、机器周期和指令周期，也称为时序定时单位，下面分别予以说明。

（1）时钟周期

时钟周期也称为振荡周期，定义为时钟脉冲频率（f_{osc}）的倒数，是计算机中最基本、最小的时间单位。在一个时钟周期内，中央处理器 CPU 仅完成一个最基本的动作。对于某种单片机，若采用 1 MHz 的时钟频率，则时钟周期为 1 μs；若采用 4 MHz 的时钟频率，则时钟周期为 250 ns。由于时钟脉冲是计算机的基本工作脉冲，它控制着计算机的工作节奏（使计算机的每一步都统一到它的步调上来）。显然，对同一种机型的计算机，时钟频率越高，计算机的工作速度就越快，但是，由于不同的计算机硬件电路和器件不完全相同，所以其所要求的时钟频率范围也不一定相同。80C51 单片机的时钟频率范围是 1.2～40 MHz。为方便描述振荡周期用 P 表示。

（2）状态周期

时钟周期经 2 分频后成为内部的时钟信号，用做单片机内部各功能部件按序协调工作的控制信号，称为状态周期，用 S 表示。这样一个状态周期就有两个时钟周期，前半状态周期相应的时钟周期定义为 P1，后半周期对应的节拍定义为 P2。

（3）机器周期

完成一个基本操作所需要的时间称为机器周期。80C51 有固定的机器周期，规定一个机器周期有 6 个状态，分别表示为 S1～S6，而一个状态包含两个时钟周期，那么一个机器周期就有 12 个时钟周期，可以表示为 S1P1, S1P2, …, S6P1, S6P2。一个机器周期共包含 12 个振荡脉冲，即机器周期就是振荡脉冲的 12 分频。显然，如果使用 6 MHz 的时钟频率，一个机器周期就是 2 μs，而如果使用 12 MHz 的时钟频率，一个机器周期就是 1 μs。

时钟周期、状态周期、机器周期之间的关系如图 4.25 所示。

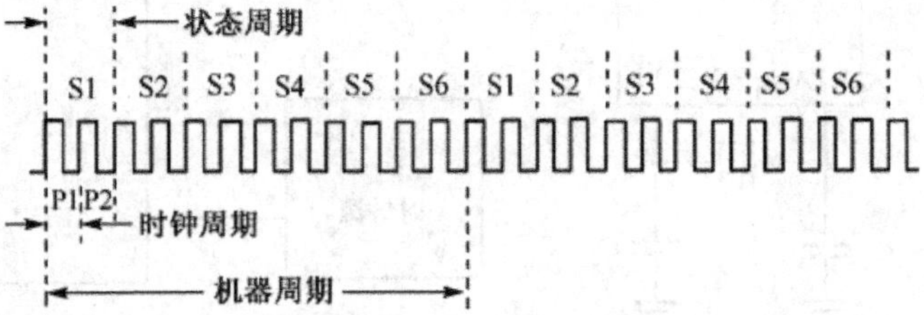

图 4.25　时钟周期、状态周期、机器周期之间的关系

可以看到，80C51 系列单片机的一个机器周期由 6 个 S 周期组成，也就是由 12 个时钟周期组成。80C51 的机器周期为时钟频率的 12 分频。

标准型 80C51 CPU 的每个机器周期需要 12 时钟周期，目前有些厂家对 80C51 的 CPU 总线结构进行了改进，内核使用了增强型 80C51 CPU，1 时钟周期/机器周期；换句话讲，在同样主频条件下，增强型 80C51 CPU 比标准型 80C51 CPU 执行一条指令要快约 12 倍。如 Cygnal 公司的 C8051F 系列，Syncmos 公司的 1T 52 Base 系列，STC 公司的 STC10、STC11 和 STC12 系列。使用这些单片机时，我们可以采用较低频率的晶体振荡器，从而显著降低电磁辐射。

（4）指令周期

指令周期是执行一条指令所需要的时间，一般由若干机器周期组成。指令不同，所需要的机器周期数也不同。对于一些简单的单字节指令，在取指令周期中，指令取出到指令寄存器后，立即译码执行，不再需要其他的机器周期。对于一些比较复杂的指令，如转移指令、乘除运算，则需要两个或两个以上的机器周期。

通常，包含一个机器周期的指令称为单周期指令，包含两个机器周期的指令称为双周期指令，只有乘除、运算为四周期指令。80C51 单片机大部分指令为单周期指令。

80C51 的指令按它们的长度可分为单字节指令、双字节指令和三字节指令。执行这些指令需要的时间是不同的，有以下几种形式：单字节指令单机器周期、单字节指令双机器周期、双字节指令单机器周期、双字节指令双机器周期、三字节指令双机器周期、单字节指令四机器周期（如单字节的乘除法指令）。

80C51 时钟电路通常采用如图4.24(a)所示的内部时钟方式。本书后续章节的某些图中不再画出时钟电路。

4.3.5　复位电路

复位是单片机的初始化操作。单片机系统在上电启动运行时，都需要先复位，其作用是使 CPU 和系统中其他部件都处于一个确定的初始状态，并从这个状态开始工作。因而，复位是一个很重要的操作方式。但单片机本身是不能自动进行复位的，必须配合相应的外部复位电路才能实现。

1. 复位电路设计

当 80C51 通电，时钟电路开始工作，在 80C51 单片机的 RST（DIP40 封装第 9 脚）引脚加上大于 24 个时钟周期以上的正脉冲，80C51 单片机系统即初始复位。初始化后，程序计数器 PC 指向 0000H，P0～P3 输出口全部为高电平，堆栈指针写入 07H，其他专用寄存器被清零。RST 由高电平下降为低电平后，系统从 0000H 地址开始执行程序。

单片机的外部复位电路有上电自动复位和按键手动复位两种。

（1）上电复位

上电复位利用电容器的充电实现。图4.26 所示是 80C51 单片机的上电复位电路，图中给出了复位电路参数。上电瞬间，由于电容两端电压不能突变，RST 引脚端为高电平，出现正脉冲，其持续时间取决二 RC 电路的时间常数。RST 引脚要有足够长的时间才能保证单片机有效的复位。

（2）上电+按键复位

图4.27 所示为 80C51 单片机的上电+按键复位电路，复位按键按下后，复位端通过 51Ω的小电阻与 V_{CC} 电源接通，迅速放电，使 RST 引脚为高电平，复位按键弹起后，电源 V_{CC} 通过 8.2 kΩ的电阻对 10 μF 电容重新充电，RST 引脚端出现复位正脉冲，其持续时间取决于 RC 电路的时间常数。

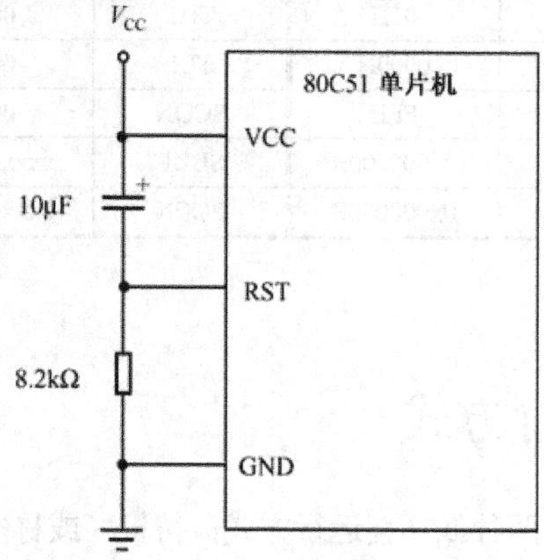

图 4.26　80C51 单片机的上电复位电路

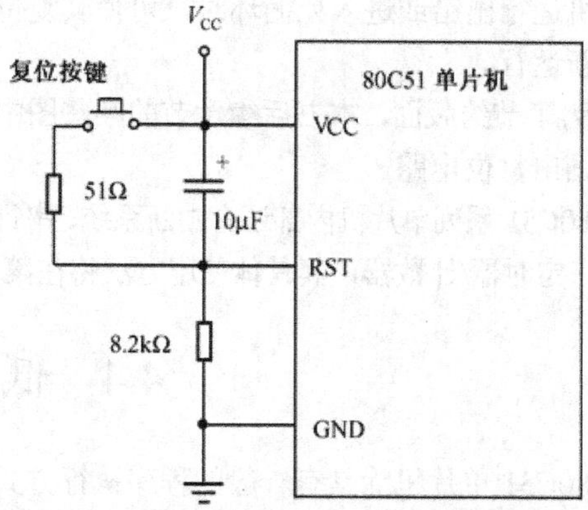

图 4.27　80C51 单片机的上电+按键复位电路

（3）同步复位电路

在实际的应用系统中，有些外围芯片也需要复位，如果这些复位端的复位电平要求与单片机的复位要求一致，则可以直接与之相连。

在有些应用系统中，为了保证复位电路可靠地工作，常将 RC 复位电路接施密特触发器整形后，再接入单片机复位端和外围电路复位端。这特别适合于应用现场干扰大、电压波动大的工作环境，并且，当系统有多个复位端时，能保证可靠地同步复位，在此称其为同步复位电路。如图4.28 所示为同步复位电路实例，图中 74HC14 为六重施密特反相器。

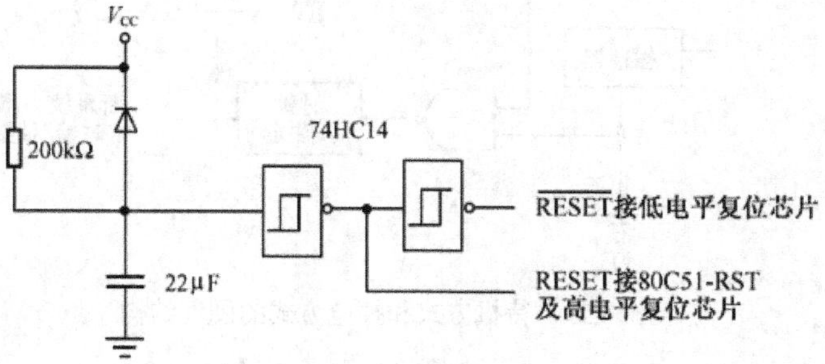

图 4.28　同步复位电路实例

（4）微处理器复位监控电路

为了保证单片机应用系统更可靠地工作，复位电路可采用微处理器复位监控电路。这种集成电路除了提供可靠的、足够宽的高低电平的复位信号外，同时具备电源监控、看门狗定时器功能，有的芯片内部还集成了一定数量的串行 E^2PROM 或 RAM，功能强大，接线简单，单片机嵌入式系统中经常使用此电路。

2．复位状态

初始复位不改变 RAM（包括工作寄存器 R0～R7）的状态，复位后 80C51 片内各特殊功能寄存器的状态如表 4.8 所示，表中“x”为不定数。

复位时，ALE 和 $\overline{PSEN}$ 成输入状态，即 ALE= $\overline{PSEN}$ =1，片内 RAM 不受复位影响。复位后，P0～P3 口输出高电平且使这些双向口皆处于输入状态，并将 07H 写入堆栈指针 SP，同时将 PC 和其余专用寄存器清 0。此时，单片机从起始地址 0000H 开始重新执行程序。所以，单片机运行出错或进入死循环时，可使其复位后重新运行。

为了节约版面，本书后续章节的某些图中没有画出复位电路。

80C51 系列单片机内部还有中断系统、串行接口、定时器/计数器，其具体使用方法将在第 6 章介绍。

表 4.8　复位后的内部特殊功能寄存器状态

寄　存　器	复 位 状 态	寄　存　器	复 位 状 态
PC	0000H	TMOD	00H
ACC	00H	TCON	00H
B	00H	TH0	00H
PSW	00H	TL0	00H
SP	07H	TH1	00H
DPTR	0000H	TL1	00H
P0～P3	FFH	SCON	00H
IP	xx000000B	SBUF	xxxxxxxxB
IE	0x000000B	PCON	0xxx0000B

4.4　低功耗运行方式

80C51 单片机除具有一般的程序执行方式外，还具有两种低功耗运行方式：待机（或称空闲）方式和掉电（或称停机）方式，备用电源直接由 VCC 端输入。第一种方式可使功耗减小，电流一般为 1.7～5 mA；第二种方式可使功耗减到最小，电流一般为 5～50 μA。可见，CHMOS 型单片机特别适合于低功耗应用场合。

待机方式和掉电方式的硬件结构电路如图 4.29 所示。待机方式和掉电方式通过电源控制寄存器 PCON 操作。

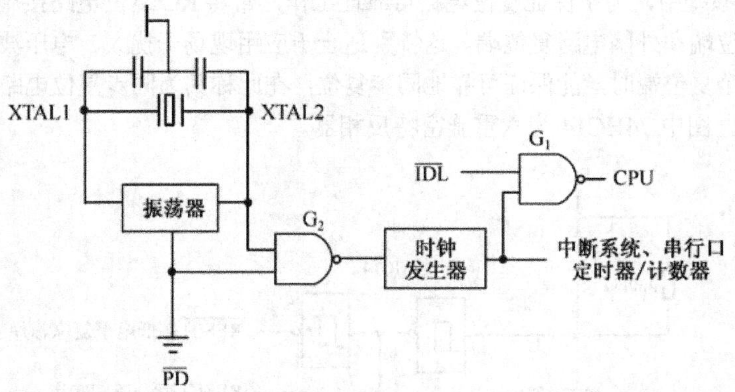

图 4.29　待机方式和掉电方式的硬件结构

4.4.1　电源控制寄存器 PCON

待机（或称空闲）方式和掉电（或称停机）方式都是由专用寄存器 PCON（电源控制寄存器）中的有关位控制的，下面介绍各位的作用。

PCON 字节地址 87H，由于不能按位地址格式访问，对应各位称为位序，如表 4.9 所示。

表 4.9　PCON 各位名称及位序

位　序	D7H	D6H	D5H	D4H	D3H	D2H	D1H	D0H
位 名 称	SMOD	—	—	—	GF1	GF0	PD	IDL

① SMOD：波特率倍增位。在串行口工作方式 1、2 或 3 下，SMOD=1 使波特率加倍（详见 6.3.2 节）。

② GF1 和 GF0：通用标识位。由软件置、复位。

③ PD：掉电方式位。若 PD=1，进入掉电工作方式。

④ IDL：待机方式位。若 IDL=1，进入待机工作方式。

如果 PD 和 IDL 同时为 1，则进入掉电工作方式。复位时，PCON 中所有定义位均为 0。下面介绍两种低功耗方式操作过程。

4.4.2 待机方式

若写一个字节到 PCON，使 IDL=1，$\overline{IDL}$=0，单片机即进入待机方式。例如，执行如下指令后：

```
ORL PCON,#01H
```

图4.29 中 G_1 的输出恒为高电平，CPU 的时钟被冻结，单片机即进入待机方式，此指令即为待机方式的启动指令。在待机方式下，振荡器继续运行，时钟信号继续提供给中断逻辑、串行口和定时器，但提供给 CPU 的内部时钟信号被切断，CPU 停止工作。这时，堆栈指针（SP）、程序计数器（PC）、程序状态字（PSW）、累加器（ACC）及所有的工作寄存器内容都被保留。

由于通常 CPU 耗电量占芯片耗电量的 80%～90%，所以 CPU 停止工作就会大大降低功耗。在待机方式下，80C51 消耗的电流可由正常的 24 mA 降为 3 mA，甚至更低。

终止待机方式的方法有以下两种。

（1）通过硬件复位

由于在待机方式下时钟振荡器一直在运行，RST 引脚上的有效信号只需保持两个时钟周期就能使 IDL 置 0，单片机即退出待机状态，从它停止运行的地方恢复程序的执行，即从空闲方式的启动指令之后继续执行。注意，为了防止对端口的操作出现错误，置空闲方式指令的下一条指令不应该为写端口或写外部 RAM 的指令。

（2）通过中断方法

若在待机期间，任何一个允许的中断被触发，IDL 都会被硬件置 0，从而结束待机方式，单片机进入中断服务程序。这时，通用标识 GF0 或 GF1 可用来指示中断是在正常操作期间还是在待机期间发生的。例如，使单片机进入待机方式的那条指令也可同时将通用标识置位，中断服务程序可以先检查此标识位，以确定服务的性质。中断结束后，程序将从空闲方式的启动指令之后继续执行。

4.4.3 掉电方式

PCON 寄存器的 PD 位控制单片机进入掉电方式。当 CPU 执行一条置 PCON.1 位（PD）为 1 的指令后：

```
ORL PCON,#02H
```

PD = 1，即 $\overline{PD}$ = 0。图4.29 中，G_2 的输出恒为高电平，单片机就进入掉电方式。在这种方式下，片内振荡器被封锁，一切功能都停止，只有片内 RAM 的 00H～7FH 单元的内容被保留，端口的输出状态值都保存在对应的 SFR 中，ALE 和 $\overline{PSEN}$ 都为低电平。

在掉电方式下，V_{CC} 可降至 2 V，使片内 RAM 处于 50μA 左右的电流供电状态，以最小的耗电保存信息；在进入掉电方式前，V_{CC} 不能降低；而在退出掉电方式前，V_{CC} 必须恢复正常的电压值；V_{CC} 恢复正常前，不可进行复位。退出掉电方式的唯一方法是硬件复位，硬件复位 10 ms 即能使单片机退出掉电方式。复位后将所有的特殊功能寄存器的内容重新初始化，但内部 RAM 区的数据不变。

当单片机进入掉电方式时，必须使外围器件、设备处于禁止状态。为此，在请求进入掉电方式之前，应将一些必要的数据写入I/O口的锁存器，以禁止外围器件或设备产生误动作。例如，当系统扩展有外部数据存储器时，在进入掉电方式前，应当在P2口置入适当数据，使之不产生任何外部存储器的片选信号。

4.5 80C51单片机最小系统

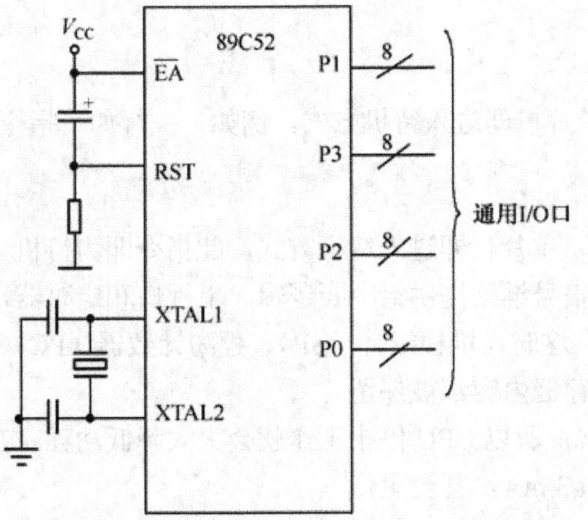

图4.30 内部已包含ROM的单片机最小系统

单片机最小系统就是能使单片机工作的最少的器件构成的系统，是大多数控制系统必不可少的关键部分。80C51（52）系列单片机有80C51（52）、87C51、80C31（52）三种型号，对于80C51（52）和87C51及其兼容的89C51/52、78E51/52/58等型号的单片机，由于其内部已经包含了一定数量的程序存储器，在外部只要增加时钟电路和复位电路即可构成单片机最小系统。图4.30所示为由89C52构成的单片机最小系统。89C52单片机只需外接时钟电路和复位电路即可，P0～P3口为32个通用I/O口。使用P0口需要通过10～20 kΩ电阻上拉到V_{CC}，图中未画出。

而对于80C31/32型号的单片机，由于其内部没有程序存储器（ROMLess），构成单片机最小系统时，除了在外部增加时钟电路和复位电路外，还必须扩展程序存储器。这时P0、P2口用做外部扩展总线，无法再作为通用I/O口。80C32（80C31）单片机的外部扩展总线如图4.31所示。P0口经锁存器74HC573在ALE下降沿输出有效的低8位地址信号与P2口组成16位地址总线。片外有效的ROM和RAM寻址空间（包括片外I/O）为0x0000～0xFFFF共64KB。P0口在地址ALE下降沿之后作为8位数据总线。P3口的读/写控制信号$\overline{RD}$、$\overline{WR}$和程序选通信号$\overline{PSEN}$等作为控制总线。

单片机通过三总线扩展外部接口电路。图4.31所示为80C32单片机的外部扩展总线。

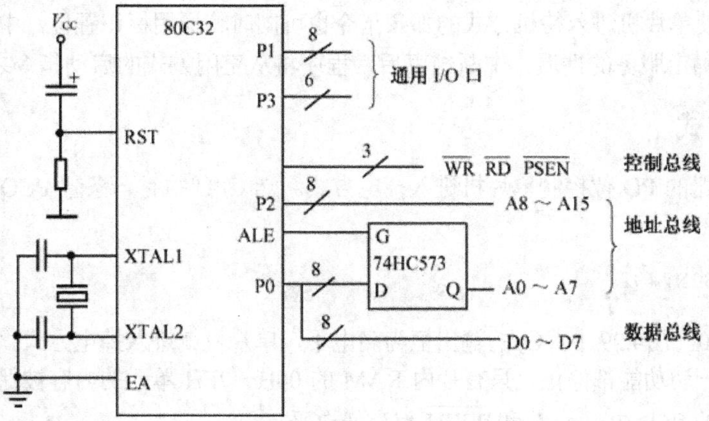

图4.31 80C32（80C31）单片机的外部扩展总线

将80C32单片机的外部扩展总线接到外部程序存储器的地址总线、数据总线和控制总线，即构成80C32单片机最小系统。图4.31所示为80C32扩展了32 KB程序存储器27C256的单片机最小系统。

在图4.32中，27C256用做外部程序存储器，为80C32单片机提供了32 KB程序存储器。74HC573是一种8D透明锁存器，用来锁存单片机P0端口输出的从27C256取指令时的低8位地址。

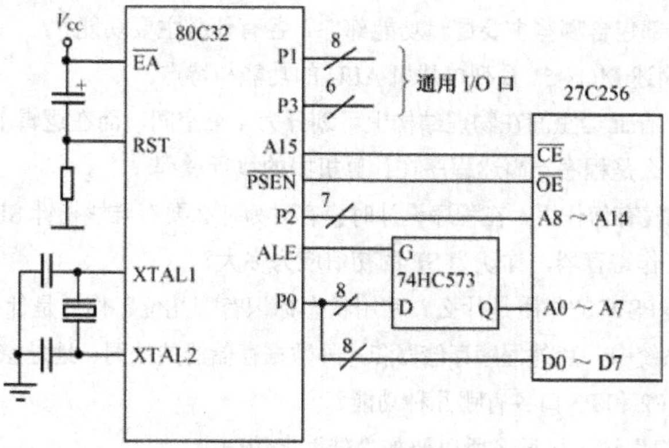

图 4.32　具有 32 KB 程序存储器 27C256 的单片机最小系统

通过单片机的三总线扩展外部存储器及其他单元后，P0、P2 口用做数据总线和地址总线，P3 口部分口线作为控制总线，使得单片机本身提供的 I/O 口大为减少。当需要更多的 I/O 口时，可以通过 74 系列的集成电路或可编程的 I/O 芯片进行扩展，详见第 7 章。

本 章 小 结

本章介绍了 80C51 单片机的基本组成，包括 CPU 的基本结构、存储器配置、输入/输出口、引脚说明及单片机最小系统的组成。

80C51 单片机的 CPU 分为运算器和控制器。运算器包括算术运算部件（ALU）、累加器 A、寄存器 B 和暂存器、程序状态字寄存器（PSW）。控制器主要用来控制整个单片机各部分协调工作，包括程序计数器（PC）、数据指针（DPTR）、指令寄存器、指令译码器和定时控制逻辑电路等。

80C51 单片机存储器系统与通用微型计算机的存储器系统的最大差别是区分程序存储器和数据存储器。片内数据存储器配置较为复杂，可分为通用寄存器区、位寻址区、通用数据区和特殊功能寄存器区。

80C51 单片机有 4 个 8 位并行输入/输出端口，它们具有不同的功能，使用时要加以区分。一般来说，P0 口作为数据/地址复用的端口，可以输入/输出数据，或者通过外加的锁存器来输出地址。P2 口可以作为 16 位地址中的高 8 位地址输出。P3 口是一个双功能口，若不使用第二功能，可以作为一般的 I/O 口，其第二功能作为读/写控制、中断信号及串行口等。P1 口是通用的输入/输出口，由用户编程使用。关于 80C51 单片机最小系统，这里仅建立一个概念，说明其基本构成，关于单片机系统的构成方法及原理将在以后的章节中详细介绍。

复位是单片机的初始化操作。但许多单片机本身是不能自动进行复位的，必须配合相应的外部复位电路才能实现。

80C51 单片机有两种低功耗运行方式：待机方式和掉电方式，可以通过电源控制寄存器 PCON 设置来选择实现。

单片机最小系统就是能使单片机工作的最少的器件构成的系统，是大多数控制系统必不可少的关键部分。

习　题　4

1. 结合 MCS-51 系列单片机功能框图阐明其大致组成。
2. 综述 80C51 系列单片机各引脚的作用。

3. 80C51 单片机内部包含哪些主要逻辑功能部件？各有什么主要功能？
4. 什么是 ALU？简述 MCS-51 系列单片机 ALU 的功能与特点。
5. 如何认识 80C51 存储器空间在物理结构上可划分为 4 个空间，而在逻辑上又可划分为 3 个空间？
6. 什么是指令？什么是程序？简述程序在计算机中的执行过程。
7. 什么是堆栈？堆栈有何作用？在程序设计时，有时为什么要对堆栈指针 SP 重新赋值？如果 CPU 在操作中要使用两组工作寄存器，你认为 SP 的初值应为多大？
8. 程序状态寄存器 PSW 的作用是什么？常用状态标识有哪几位？作用是什么？
9. 在 80C51 扩展系统中，片外程序存储器和片外数据存储器共处同一地址空间为什么不会发生总线冲突？
10. 综述 P0、P1、P2 和 P3 口各有哪几种功能？
11. 阐明“准双向口”这一名词之所以要加“准”字的理由。
12. 何谓时钟周期、机器周期、指令周期？80C51 的时钟周期、机器周期、指令周期是如何分配的？当振荡频率为 8 MHz 时，一个单片机的机器周期为多少微秒？
13. 复位的作用是什么？有几种复位方法？复位后单片机的状态如何？
14. 简述单片机的掉电保护和低功耗模式的区别。
15. 何谓单片机最小系统？请分别画出由 80C32 单片机和 89C52 单片机组成的最小系统。
16. 运用前面已掌握的指示，实现一个单片机硬件加法器：在 Proteus 中设计仿真电路，从 AT89C52 的 P1 口和 P2 口输入两个数相加，然后在 P3 口显示计算结果。设计电路并编写程序实现。

第 5 章　80C51 单片机软件基础知识

单片机软件，是指使用和管理单片机硬件系统所设计的各种程序文件及维护和管理这些程序的其他全部相关文件。本章以 80C51 单片机为背景，介绍单片机指令系统和程序设计语言。通过学习本章，应了解 80C51 指令系统，了解 C51 与 ANSI C 的异同点，熟悉变量和常量在 80C51 不同类型的存储器中 C51 的定义方法，掌握 Keil C51 的编程方法，同时能够读懂和编写简单的汇编语言程序。

同典型的微型计算机系统一样，单片机嵌入式系统也是由硬件和软件组成的。单片机嵌入式软件的设计与硬件的设计一样重要，没有控制软件的单片机是毫无用处的，这也是与一般的数字逻辑电路系统的不同之处。

机器语言是计算机唯一能识别的语言，用汇编语言和高级语言编写的程序（称为源程序）最终都必须翻译成机器语言的程序（称为目标程序），计算机才能识别。汇编语言是能够利用单片机所有特性直接控制硬件的唯一语言，它直接使用 CPU 的指令系统和寻址方式，从而得到占用空间小、执行速度快的高质量程序。对于一些需要直接控制硬件的场合，汇编语言是必不可少的。

但汇编语言不是一种结构化的程序设计语言，对于较复杂的单片机嵌入式系统，它的编写效率很低。为了提高软件的开发效率，许多软件公司致力于单片机高级语言 C 编译器的开发研究，现在许多 C 编译器的效率已接近汇编语言的水平，对于较复杂的应用程序，C 语言产生的代码效率甚至超出了汇编语言。加之目前单片机片内程序存储器的发展十分迅速，许多型号的单片机内部 ROM 已经达到 64 KB 甚至更大，且具备在系统编程（In System Programmable，ISP）功能，进一步推动了 C 语言在单片机嵌入式系统开发中的应用。

尽管 C 语言是一种强大而方便的开发工具，但开发人员要达到用 C 语言快速编出高效且易于维护的单片机系统应用程序的程度，首先必须对 C 语言有较透彻的掌握，其次还应该对实际单片机硬件系统有深入的理解。

当然，在学习 C 语言之前，了解汇编语言，能读懂程序，并且会编中、小规模（产生的代码小于 4 KB）的程序是十分必要的。本章以 80C51 单片机为背景，首先介绍指令系统和汇编语言，然后介绍目前流行的单片机高级语言 C51 的编程方法。这些都是进行 80C51 单片机嵌入式软件的设计基础。

5.1　80C51 单片机指令系统概述

通过第 4 章的学习，我们已经了解了 80C51 单片机的内部结构，并且也已经知道，要控制单片机，让它完成特定的任务，必须使用指令。下面将系统地学习 80C51 的指令部分。

实际上，汇编语言源程序是由一条条指令（Instruction）组成的，所以首先介绍指令和指令系统。

5.1.1　指令的概念

指令是指挥计算机执行某种操作的命令。一条指令可用两种语言形式表示，即机器语言指令和汇编语言指令。机器语言指令用二进制代码表示，称为指令码，又称为机器码，计算机能直接识别并加以分析和执行。汇编语言指令用助记符表示，便于程序员编写和阅读程序，但不能为计算机识别和执行，必须翻译成机器语言指令。把用汇编语言编写的源程序翻译成机器语言指令的过程称为汇编。这种翻译工具称为汇编程序或汇编器，80C51 单片机常用的汇编器有 ASM51.EXE、A8051.EXE、MCS51.EXE 和 A51.EXE 等。这些软件工具由不同的公司开发，从多种渠道都可以免费得到这些软件工具，比如可以从购买单片机开发系统时所带的随机软件中得到，也可以从 Internet 上许多单片机专业网站下载得到。

5.1.2 指令系统说明

一台计算机所有指令的集合，称为该计算机的指令系统，它是表征计算机性能的重要标识。每台计算机都有它自己特有的指令系统。

要让计算机做事，就得向计算机发出指令。但计算机只懂得数字，例如对 80C51，要将数据 5 B 送到 P1 口，必须在 ROM 中的某一位置（如 1000H）写上这样的机器码：

```
1000H 75905B
```

该指令中 75H 表示操作码，90H 和 5BH 表示操作数，该机器码的意思是将立即数 5BH 送到 P1 口，P1 口锁存器的内部 RAM 中特殊功能寄存器地址为 90H（见 4.3.2 节）。指令的第一种格式就是机器码指令格式，也就是说是数字的形式。但这种形式非常难记，于是有另一种格式，助记符格式如下：

```
MOV P1, #5BH
```

用助记符表示指令的格式称为汇编指令格式。80C51 汇编语言典型的指令格式为：

```
操作码 [操作数]；[注释]
```

带方括号的项是可选项，根据操作码的情况可有可无。操作码是用助记符表示的字符串，它的作用是命令 CPU 做某种操作。操作数是参与指令操作的数据或数据的地址。操作数可以有 1 个、2 个或 3 个，也可以没有。第 1 个操作数与操作码之间用若干空格分隔，有 2 个以上操作数时，操作数之间用逗号分隔。不同功能的指令，操作数作用不同。注释用于增加源程序的可读性和维护性，一般说明指令或程序的功能。注释不参加汇编，不影响汇编结果，但应该养成编写程序时加上注释的良好习惯。

例如，一条传送指令的书写格式为：

```
MOV A, 38H; (38H)→A
```

表示将 38H 存储单元的内容送到累加器 A 中。(38H)→A 是注释内容。由指令格式可知，操作码是指令的核心部分，不可缺少。用助记符表示指令的格式称为汇编指令格式。下面以汇编指令格式介绍 80C51 指令系统。

80C51 汇编语言需用 40 多种助记符表征 30 多种指令功能。由于功能助记符需要定义诸如内部数据存储器、程序存储器、外部数据存储器等，同一种功能需用几个助记符表示（如数据传送指令 MOV、MOVX、MOVC 等）。通过这些助记符，与指令中的源地址、目的地址组合成 80C51 的 111 条指令。

80C51 指令系统是 Intel MCS-48 单片机指令系统的扩充。扩充后的指令系统可扩展片内 CPU 的外围接口功能，并优化字节效率和执行速度。80C51 指令系统由 49 条单字节指令、45 条双字节指令和 17 条三字节指令组成，这样可以提高程序存储器的使用效率。对于大多数算术、逻辑运算和转移操作，可选用短地址或长地址指令实现，以提高运算速度、编程效率和节省存储器单元。在 111 条指令中，有 64 条指令的执行时间为 12 个振荡器周期（1 个机器周期），45 条为 24 个振荡器周期（2 个机器周期），只有乘、除法指令需 48 个振荡周期（4 个机器周期）。当主频为 12 MHz 时，典型指令的执行时间为 1μs，运算速度是比较快的。

许多公司推出的增强型 80C51 单片机，其指令系统与标准 80C51 完全兼容，但 1 个机器周期只需 1 个振荡器周期，平均指令速度比标准 80C51 单片机要快 12 倍。

5.1.3 80C51 指令系统助记符

80C51 单片机指令系统操作码助记符按功能可分为五大类，下面分别加以介绍。为了便于理解和加强记忆，对每个助记符给出英语原文和汉语含义。

（1）数据传送类指令（7 种助记符）

- MOV：Move，对内部数据寄存器 RAM 和特殊功能寄存器 SFR 的数据进行传送。
- MOVC：Move Code，读取程序存储器数据表格的数据传送。
- MOVX：Move External RAM，对外部 RAM 的数据传送。
- XCH：Exchange，字节交换。
- XCHD：Exchange low-order Digit，低半字节交换。
- PUSH：Push into Stack，入栈。
- POP：Pop from Stack，出栈。

（2）算术运算类指令（8 种助记符）

- ADD：Addition，加法。
- ADDC：Add with Carry，带进位加法。
- SUBB：Subtract with Borrow，带借位减法。
- DA：Decimal Adjust，十进制调整。
- INC：Increment，加 1。
- DEC：Decrement，减 1。
- MUL：Multiplication、Multiply，乘法。
- DIV：Division、Divide，除法。

（3）逻辑运算类指令（10 种助记符）

- ANL：AND Logic，逻辑与。
- ORL：OR Logic，逻辑或。
- XRL：Exclusive-OR Logic，逻辑异或。
- CLR：Clear，清 0。
- CPL：Complement，取反。
- RL：Rotate left，循环左移。
- RLC：Rotate Left through the Carry flag，带进位循环左移。
- RR：Rotate Right，循环右移。
- RRC：Rotate Right through the Carry flag，带进位循环右移。
- SWAP：Swap，低 4 位与高 4 位交换。

（4）控制转移类指令（18 种助记符）

- ACALL：Absolute subroutine Call，子程序绝对调用。
- LCALL：Long subroutine Call，子程序长调用。
- RET：Return from subroutine，子程序返回。
- RETI：Return from Interruption，中断返回。
- AJMP：Absolute Jump，绝对转移。
- LJMP：Long Jump，长转移。

- SJMP：Short Jump，短转移。
- JMP：Jump，转移。
- CJNE：Compare Jump if Not Equal，比较不相等则转移。
- DJNZ：Decrement Jump if Not Zero，减 1 后不为 0 则转移。
- JZ：Jump if Zero，结果为 0 则转移。
- JNZ：Jump if Not Zero，结果不为 0 则转移。
- JC：Jump if the Carry flag is set，有进位则转移。
- JNC：Jump if Not Carry，无进位则转移。
- JB：Jump if the Bit is set，位为 1 则转移。
- JNB：Jump if the Bit is Not set，位为 0 则转移。
- JBC：Jump if the Bit is set and Clear the bit，位为 1 则转移，并清除该位。
- NOP：No Operation，空操作。

（5）位操作指令（1 种助记符）

- SETB：Set Bit，位置 1。

5.1.4　指令系统中的特殊符号

在介绍指令系统前，先了解一些特殊符号的意义，对程序的理解和编写非常有用。

- R*n*：当前选中的寄存器区的 8 个工作寄存器 R0～R7（$n=0$～7）。
- R*i*：当前选中的寄存器区中可作为地址寄存器的两个寄存器 R0 和 R1（i=0, 1）。
- Direct：内部数据存储单元的 8 位地址。包含 0～127 内部存储单元地址和 128～255 部分存储单元特殊功能寄存器地址。
- #data：指令中的 8 位常数。
- #data16：指令中的 16 位常数。
- addr16：用于 LCALL 和 LJMP 指令中的 16 位目的地址，目的地址可指向 64 KB 程序存储器空间。
- addr11：用于 ACALL 和 AJMP 指令中的 11 位目的地址，目的地址必须放在与下条指令第 1 个字节的同一个 2 KB 程序存储器的空间之中。
- rel：8 位带符号的偏移字节，用于所有的条件转移和 SJMP 等指令中，偏移字节位于下条指令的第 1 个字节开始的−128～+127 范围内。
- @：间接寄存器寻址或基址寄存器的前缀。
- /：为操作的前缀，声明对该位取反。
- DPTR：数据指针。
- Bit：内部 RAM 和特殊功能寄存器的直接寻址位。
- A：累加器 ACC。
- B：特殊功能寄存器 B，用于乘法和除法指令中。
- C：进位标识位。
- (x)：某地址单元中的内容。
- ((x))：由(x)寻址的单元中的内容。
- →：表示数据的传送方向。
- ↔：表示数据交换。

5.2　80C51 单片机寻址方式

操作数是指令的重要组成部分，它可以表示数据的地址。CPU 在规定的寻址空间能迅速获得操作数的有效地址的方法称为寻址方式。寻址方式与计算机存储器空间结构密切联系。寻址方式的丰富程度，不仅为编程提供方便，而且将直接影响指令的长度和执行的速度。为了更好地学习和掌握指令系统，首先要了解寻址方式。80C51 单片机共有 7 种寻址方式：

- 寄存器寻址；
- 寄存器间接寻址；
- 直接寻址；
- 立即寻址；
- 基址寄存器+变址寄存器的间接寻址；
- 相对寻址；
- 位寻址。

5.2.1　寄存器寻址方式

寄存器寻址是对由指令选定的工作寄存器（R0～R7）进行读/写，由指令操作码字节的最低 3 位指明所寻址的工作寄存器。对累加器 A、寄存器 B、数据指针 DPTR、位处理累加器 CY 等，也可当做寄存器来寻址。

例如，设累加器 A 内容为 10H，R2 的内容为 39，则执行指令：

```
MOV A, R2
```

其机器码的二进制数为 EA（11101010），其最低 3 位（010）即为工作寄存器 R2 的地址。该指令执行的过程如图5.1 所示，执行结果为：累加器 A 内容变为 39，R2 内容不变。

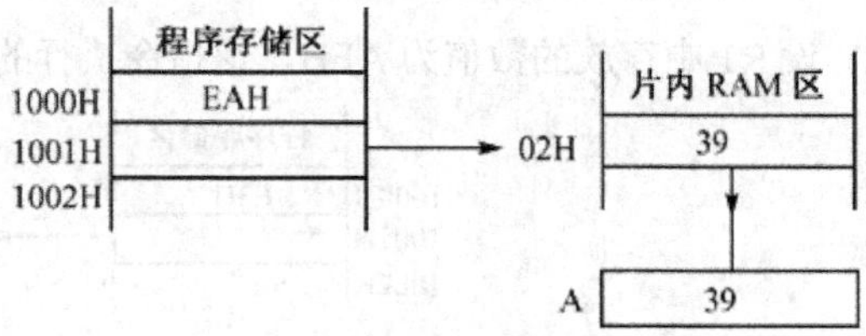

图 5.1　指令执行过程

5.2.2　直接寻址方式

直接寻址方式是由指令直接给出操作数地址。直接寻址方式可访问三种地址空间：

- 特殊功能寄存器地址空间，这是唯一能寻址特殊功能寄存器的寻址方式；
- 内部数据存储器 RAM 的 00～7F 地址空间；
- 特定的位地址空间。

例如以下指令：

```
机器码          汇编语言指令格式
E562            MOV A, 62H
```

指令代码：第 1 个字节（E5H）为操作码，第 2 个字节（62H）为指令中给出的直接地址（Direct）。执行结果把内部 RAM 的 62H 单元的内容送入 A 中。该指令执行的过程如图 5.2 所示，位地址空间访问见 5.2.7 节的位寻址方式。

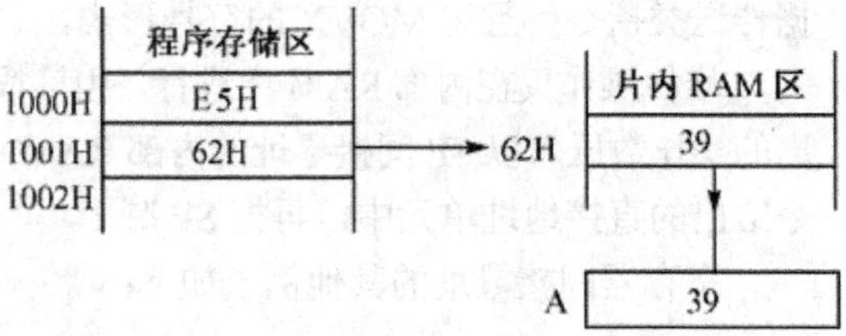

图 5.2　指令执行过程

5.2.3　寄存器间接寻址方式

寄存器间接寻址方式是以寄存器中的内容为地址，以该地址中的内容为操作数的寻址方式。能够用于寄存器间接寻址的寄存器有 R0、R1、DPTR 和 SP。其中，R0 和 R1 必须是工作寄存器组中的寄存器，SP 仅用于堆栈操作。

寄存器间接寻址的存储器空间包括内部数据 RAM 和外部数据 RAM。由于内部数据 RAM 共有 128 B（52 子系列有 256 B），因此用 1 字节的 R0 或 R1 可寻址整个空间。

例如，指令格式为：

```
MOV A, @R0
```

该指令执行的过程如图5.3 所示。

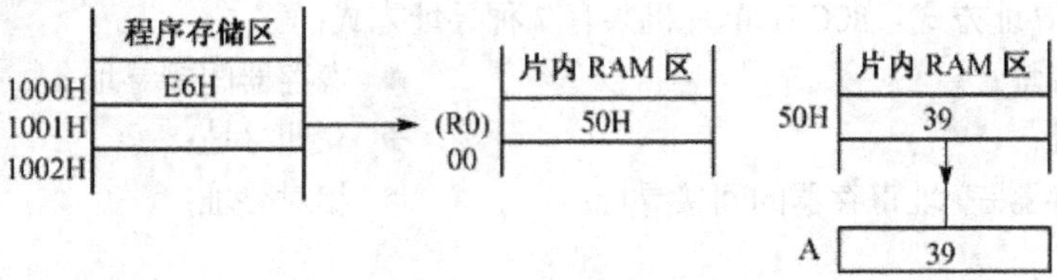

图 5.3　指令执行过程

外部数据 RAM 最大可达 64 KB，仅用 R0 或 R1 无法寻址整个空间。为此，在 80C51 单片机指令中，当用 R0 或 R1 对外部数据 RAM 间接寻址时，由 P2 端口提供高 8 位外部 RAM 地址，由 R0 或 R1 提供低 8 位地址，由此来寻址 64 KB 的范围。

例如，指令格式为：

```
MOVX A, @R1
```

设 R1 中存放的数值为 AFH，该指令执行的过程如图5.4 所示。

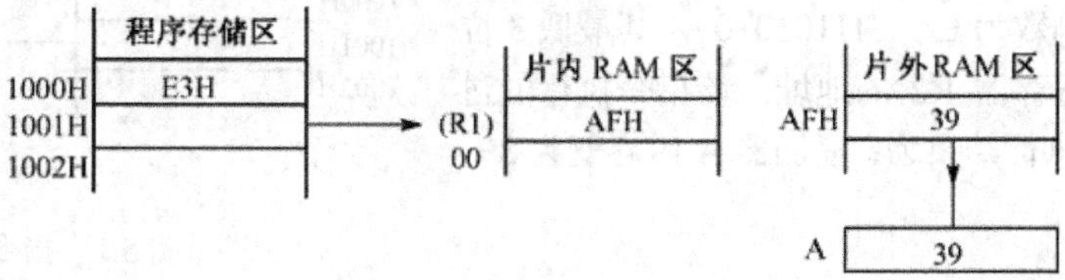

图 5.4　指令执行过程

对外部数据 RAM 的第二种寻址方式是用 16 位的 DPTR 作为寄存器间接寻址。例如：

```
MOVX A, @DPTR
```

是把 DPTR 所指向的片外 RAM 单元中的内容送到 A 中。

在指令形式中，对内部 RAM 还是对外部 RAM 寻址，区别在于对外部数据 RAM 的操作仅有数据传送类指令，且用 MOVX 的符号形式。

堆栈操作仅在内部 RAM 中进行，由堆栈指针给出栈址。压入操作时，先把 SP 加 1，再把指令给出的操作数压入以 SP 间接寻址的内部 RAM 中；弹出操作时，先把以 SP 间接寻址的操作数弹出到指令给出的直接地址单元中，再把 SP 减 1。

寄存器间接寻址的其他例子如下：

```
MOV @R0, A              ;A→内部 RAM 中以 R0 为地址的单元
MOVX A, @R1             ;外部 RAM 中地址为 P2 R1 的单元内容→A
MOVX @DPTR, A           ;A→外部 RAM 中以 DPTR 为地址的单元
PUSH ACC                ;SP+1→SP，ACC→以 SP 为地址的内部 RAM 单元
POP 20H                 ;以 SP 为地址的内部 RAM 中的内容→20H 内部 RAM 单元
                        ;SP-1→SP
```

高级语言编译器对堆栈进行自动管理。

5.2.4　立即寻址方式

立即寻址方式由指令直接给出操作数寻址。通常紧跟指令操作码之后的一个或两个字节数，就是寻址所需的操作数。这类指令大都是 2 B 指令。例如：

```
7462 MOV A, #62H      ;62H→A, "#"为立即数指示符号
```

其指令码为 74H、62H，把立即数 62H 送入累加器 A。设把该指令存放在程序存储区 1000H、1001H 两个单元（存放指令的起始地址是任意假设的），该指令执行的过程如图5.5所示。

从图5.5可以看出，62H 是存在程序存储区的。

仅有一条是 3 B 指令，它提供 2 B 的立即数。例如：

```
902CA5 MOV DPTR, #2CA5H    ;2CA5H→DPTR
```

其指令码为 90H、2CH、A5H，是把立即数 2CA5H 送到数据指针 DPTR。设把该指令存放在程序存储区 1000H、1001H、1002H 三个单元（存放指令的起始地址是任意假设的），该指令执行的过程如图 5.6 所示。

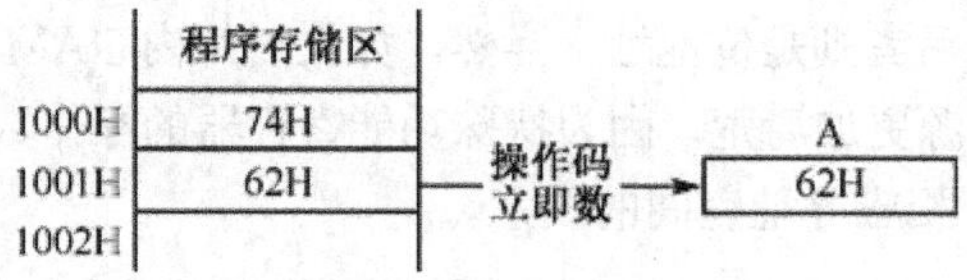

图 5.5　指令执行过程

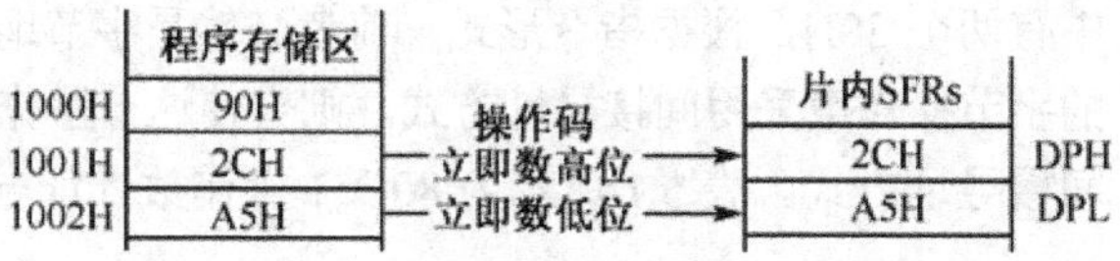

图 5.6　指令执行过程

5.2.5　变址间接寻址方式

基址寄存器加变址寄存器间接寻址方式，是 80C51 指令集所独有的，它以程序计数器 PC 或数据指针 DPTR 作为基址寄存器，以累加器 A 作为变址寄存器，这二者内容之和为有效地址。例如：

```
JMP @A+DPTR
MOVC A, @A+PC
MOVC A, @A+DPTR
```

这种寻址方式特别适用于查表。DPTR 为 16 位字宽，可指向 64 KB 的任何单元。@A+PC 可指向以 PC 当前值为起始地址的 256 B 单元。

5.2.6　相对寻址方式

相对寻址方式以 PC 的当前值为基准，加上指令中给出的相对偏移量（rel）形成有效转移地址。相对偏移量是一个带符号的 8 位二进制数，常以补码的形式出现。因此，程序的转移范围为：以 PC 的当前值为起始地址，相对偏移在−128～+127 个字节单元之间。例如，执行指令：

```
JC rel   ;设 rel=75H, CY=1
```

这是一条以 CY 为条件的转移指令。因为 JC rel 指令是 2 B 指令，当程序取出指令的第 2 个字节时，PC 的当前值已是原 PC + 2，由于 CY = 1，所以程序转向 PC + 75H 单元去执行。

5.2.7　位寻址方式

位寻址方式是对位地址中的内容做位操作的寻址。由于单片机中只有内部 RAM 和特殊功能寄存器的部分单元有位地址（两者统一编址，地址空间为 00H～FFH），因此位寻址只能对有位地址的这两个空间做寻址操作。

位寻址是一种直接寻址方式，由指令给出直接位地址。但与直接寻址不同之处在于，位寻址只给出位地址，而不是字节地址。

例如：

```
SETB 20H          ;1→20H位
MOV 32H, C        ;进位位C→32H位
ORL C, 5AH        ;C|5AH位→C
```

其中，C为进位位地址，而其他是直接位地址。

从前面的内容可知，80C51系列单片机的寻址方式形式简单、类型少、容易掌握。但由于存储器既有统一编址的存储空间，又有分开编址的存储空间，因此，应弄清楚指令中不同寻址方式的操作数来源，特别是要分清统一编址的内部数据RAM和特殊功能寄存器中的操作数。为此，特殊功能寄存器中的操作数常用符号字节地址或符号位地址的形式（例如，PSW、TMOD、P0、IE等符号字节地址，以及C、RS0、EA、P1.1等符号位地址），而不用直接字节地址或直接位地址形式。

对内部数据RAM则可用直接字节地址或直接位地址方式，如30H、50H或17H、38H等，至于它们是字节地址还是位地址，则要视指令的符号形式才能确定。例如，MOV 30H, #55和MOV 30H, C中有两个30H，根据指令形式，前者必然是字节地址，后者则是位地址。当然，如果对片内RAM中的字节操作数采用间接寻址方式，则会使这一操作数来源更加清楚，因为特殊功能寄存器的操作数无间接寻址方式。表5.1所示为80C51操作数寻址方式和相应寻址空间的关系。

表5.1 80C51操作数寻址方式和相应寻址空间的关系

寻址方式	寻址范围
寄存器寻址	R0～R7
	A、B、CY（位）、DPTR（双字节）、AB（双字节）
直接寻址	内部RAM的低128 B
	特殊功能寄存器
寄存器间接寻址	内部数据存储器RAM（@R0、@R1、SP）
	外部数据存储器（@R0、@R1、@DPTR）
立即寻址	程序存储器（操作码常数）
相对寻址	程序存储器256字节范围（PC+偏移量）
变址寻址	程序存储器（@DPTR＋A、@PC＋A）
位寻址	内部RAM中20H～2FH的128位
	特殊功能寄存器中的128个可寻址位

【例5.1】 说明下列指令中源操作数采用的寻址方式。

```
MOV R5, R7        ;答案：寄存器寻址方式
MOV A, 55H        ;答案：直接寻址方式
MOV A, #55H       ;答案：立即寻址方式
JMP @A+DPTR       ;答案：变址寻址方式
MOV 30H, C        ;答案：位寻址方式
MOV A, @R0        ;答案：间接寻址方式，访问片内数据存储器
MOVX  A, @R0      ;答案：间接寻址方式，访问片外数据存储器
```

【例5.2】 请判断下列80C51单片机指令的书写格式是否有误，若有，请说明错误原因。

```
MOV R0, @R3       ;错：间址寄存器不能使用R2～R7
MOVC A, @R0+DPTR  ;错：变址寻址方式中的间址寄存器不可使用R0，只可使用A
ADD R0, R1        ;错：运算指令中目的操作数必须为累加器A，不可为R0
MUL A  R0         ;错：乘法指令中的乘数应在B寄存器中，即乘法指令只可使用AB寄
                  ;存器组合
```

5.3　80C51 单片机指令系统

80C51 单片机的指令系统按其功能可归纳为五大类，即数据传送类指令（29 条）、算术运算类指令（24 条）、逻辑运算类指令（24 条）、控制转移类指令（17 条）、布尔（位）处理类指令。下面分别进行系统的论述。

5.3.1　数据传送类指令

传送指令是指令系统中最基本、使用最多的一类指令，主要用于数据的传送、保存及交换等场合。数据传送是否灵活、快速，对程序的编写和执行速度将产生很大的影响。80C51 的数据传送操作可在累加器 A、工作寄存器 R0～R7、内部数据存储器、外部数据存储器和程序存储器之间进行，其中对 A 和 R0～R7 的操作最多。

80C51 数据传送类指令有 29 条，按传送区不同分为：内部数据传送指令、外部数据传送指令、程序存储器数据传送指令、交换指令等，下面分别进行论述。

1. 内部数据传送指令

内部数据传送是指在工作寄存器 R0～R7、内部数据存储器 RAM、累加器 A、16 位数据指针 DPTR、内部特殊功能寄存器 SFR 之间的数据传送。共有 18 条指令。

（1）以累加器 A 为目的操作数的指令（4 条）

这组指令的功能是把源操作数指定的内容送入累加器 A 中。源操作数有寄存器寻址、寄存器直接寻址、寄存器间接寻址和立即寻址 4 种寻址方式。

```
MOV A, Rn          ;n=0～7，寄存器寻址
MOV A, direct      ;寄存器直接寻址
MOV A, @Ri         ;i=0～1，寄存器间接寻址
MOV A, #data       ;立即寻址
```

例如，

```
MOV A, R6      ;(R6)→A，寄存器寻址，将寄存器 R6 中的内容送到累加器 A
MOV A, 53H     ;(53H)→A，直接寻址，将内部 RAM53H 单元的内容送到累加器 A
MOV A, @R0     ;(R0)→A，寄存器间接寻址，内部 RAM 中 R0 为地址的单元的内容送到累加器 A
MOV A, #38H    ;立即寻址，38H→A
```

（2）以寄存器 R*n* 为目的的操作数的指令（3 条）

这组指令的功能是把源操作数的内容送入当前工作寄存器区的 R0～R7 中的某一寄存器。源操作数有寄存器寻址、直接寻址和立即寻址 3 种寻址方式。

```
MOV Rn, A          ;n=0～7，寄存器寻址
MOV Rn, direct     ;直接寻址
MOV Rn, #data      ;立即寻址
```

例如，

```
MOV R1, A          ;(A)→R1，寄存器寻址
MOV R4, 56H        ;(56H)→R4，直接寻址
MOV R6, #78H       ;78H→R6，立即寻址
```

（3）以直接地址为目的操作数的指令（5 条）

这组指令的功能是把源操作数指定的内容送到由直接地址 data 所指定的片内 RAM 中。源操作数有寄存器寻址、直接寻址、寄存器间接寻址和立即寻址 4 种寻址方式。

```
MOV direct, A           ;寄存器寻址
MOV direct, Rn          ;寄存器寻址
MOV direct, @Ri         ;i=0～1, 寄存器间接寻址
MOV direct, #data       ;立即寻址
MOV direct, direct      ;直接寻址
```

例如，

```
MOV 38H, A          ;寄存器寻址, (A)→(38H)
MOV 38H, R4         ;寄存器寻址, (R4)→(38H)
MOV 38H, @R1        ;i=0～1, 寄存器间接寻址, ((R1))→(38H)
MOV 53H, #23H       ;立即寻址, 23H→(53H)
MOV 53H, 31H        ;直接寻址, (31H)→(53H)
```

(4) 以间接地址为目的操作数的指令（3 条）

这组指令的功能是把源操作数指定的内容送到以 R*i*（*i*＝0～1）中的内容为地址的片内 RAM 中。源操作数有寄存器寻址、直接寻址和立即寻址 3 种寻址方式。

```
MOV @Ri, A          ;寄存器寻址, 但不包括 Rn
MOV @Ri, direct     ;直接寻址
MOV @Ri, #data      ;立即寻址
```

例如，

```
MOV @R0, A          ;寄存器寻址, (A)→((R0))
MOV @R1, 50         ;直接寻址, (50)→((R1))
MOV @R0, #68        ;立即寻址, 68→((R0))
```

(5) 堆栈操作指令（2 条）

如前所述，在 80C51 内部 RAM 中设有一个先进后出的堆栈，在特殊功能寄存器中有一个堆栈指针 SP，它指出栈顶位置，在指令系统中有两条用于数据传送的栈操作指令。

```
PUSH direct         ;将直接地址中的数压入栈顶
PO direct           ;将栈顶中的数弹出到直接地址
```

进栈指令的功能是先将堆栈指针 SP 的指针加 1，然后把直接地址指出的内容传送到堆栈指针 SP 寻址的内部 RAM 单元中。出栈指令的功能是将堆栈指针 SP 寻址的内部 RAM 单元的内容送入直接地址所指的字节单元中去，同时堆栈指针减 1。

(6) 16 位数据传送指令（1 条）

```
MOV DPTR, #data16   ;将一个 16 位数送入 DPTR 中
```

这条指令的功能是把 16 位常数送入 DPTR 中。16 位的数据指针 DPTR 由 DPH 和 DPL 组成，这条指令的执行结果是把高位立即数送入 DPH 中，把低位立即数送入 DPL 中。

2. 外部数据传送指令

外部数据传送是指片外数据 RAM 和累加器 A 之间的相互数据传送。累加器 A 与片外数据存储器之间的数据传送是通过 P0 口和 P2 口进行的。片外数据存储器的地址总线的低 8 位和高 8 位分别由 P0 口和 P2 口决定，数据总线也是通过 P0 口与低 8 位地址总线分时传送的。片外数据存储器只能使用寄存器间接寻址方式，有 4 条指令：

```
MOVX @DPTR, A     ;将累加器 A 中的数写到 DPTR 指示的片外 RAM 单元
MOVX A, @DPTR     ;将由 DPTR 指示的片外 RAM 单元中的数写到累加器 A
MOVX @Ri, A       ;将累加器 A 中的数写到 Ri 指示的片外 RAM 单元
MOVX A, @Ri       ;将由 Ri 指示的片外 RAM 单元中的数写到累加器 A
```

前两条指令以 DPTR 为片外数据存储器 16 位地址指针，寻址范围达 64 KB。其功能是在 DPTR 所指定的片外数据存储器与累加器 A 之间传送数据。

后两条指令用 R0 或 R1 作为低 8 位地址指针，由 P0 口送出，寻址范围是 256 B。此时，P2 口仍可用做通用 I/O 口。这两条指令完成以 R0 或 R1 为地址指针的片外数据存储器与累加器 A 之间的数据传送。

按照 80C51 的体系系统，I/O 与片外 RAM 是统一编址的。因此，没有专门对外设的 I/O 指令，如果在数据存储器的地址空间上设置 I/O 接口，则上面的 4 条指令就可以作为输入/输出指令。80C51 单片机只能用这种指令方式与外部设备联系。

【例 5.3】 现有一输入设备口地址为 E000H，在这个输入设备口中已有数字量 89H，要将此值读入 ACC，可编写如下指令：

```
MOV DPTR, #0E000H    ;E000H→DPTR
MOVX A, @DPTR        ;(E000H)→A
```

【例 5.4】 把外部数据存储器 2040H 单元中的数取出，传送到 2230H 单元中。

根据题意可编程序如下：

```
MOV DPTR, #2040H     ; 2040H→DPTR
MOV A, @DPTR         ; (2040H)→A
MOV DPTR, #2230H     ; 2230H→DPTR
MOVX @DPTR, A        ; A→(2230H)
```

3．程序存储器数据传送指令（查表指令）

由于对程序存储器只能读而不能写，因此其数据传送是单向的，即从程序存储器读取数据，且只能向累加器 A 传送。这类指令共有两条，其功能是对存放于程序存储器中的数据表格进行查找传送，所以又称查表指令。

```
MOVC A, @A+DPTR
MOVC A, @A+PC
```

这两条指令都为变址寻址方式 op。前一条指令以 DPTR 作为基址寄存器进行查表，使用前可先给 DPTR 赋予任何地址，因此查表范围可达整个程序存储器的 64 KB 空间。后一条指令以 PC 作为基址寄存器，虽然也提供 16 位基址，但其值是固定的。由于 A 的内容为 8 位无符号数，所以这种查表指令只能查找所在地址以后 256 B 范围内的常数或代码。

【例 5.5】 设累加器 A 中为 1 位十六进制数，用查表法获得相应的 ASCII 码。

程序如下：

```
FINDASCII:ANL   A, #0FH              ;屏蔽高 4 位
          MOV DPTR, #TAB             ;表首地址送 DPTR
          MOVC A, @A+DPTR            ;查表结果送累加器 A
;十六进制 ASCII 码表
TAB: DB 30H                          ; "0"
     DB 31H                          ; "1"
     DB 32H                          ; "2"
     DB 33H                          ; "3"
     DB 34H                          ; "4"
     DB 35H                          ; "5"
     DB 36H                          ; "6"
     DB 37H                          ; "7"
     DB 38H                          ; "8"
     DB 39H                          ; "9"
     DB 41H                          ; "A"
     DB 42H                          ; "B"
     DB 43H                          ; "C"
     DB 44H                          ; "D"
     DB 45H                          ; "E"
     DB 46H                          ; "F"
```

4. 交换指令

数据交换的传送操作是指两个数据空间的数据交换操作。有全交换 XCH、半交换 XCHD 和自交换 SWAP，共 5 条指令。

```
XCH A, Rn            ;A↔Rn
XCH A, direct        ;A↔(direct)
XCH A, @Ri           ;A↔(Ri)
```

这组指令的功能是将累加器 A 的内容和源操作数的内容互相交换。源操作数有寄存器寻址、直接寻址和寄存器间接寻址方式。

```
XCHD A, @Ri      ;A.3～A.0↔(Ri.3～Ri.0)
```

这条指令的功能是将累加器 A 的低 4 位和(R0)或(R1)的低 4 位进行交换，各自的高 4 位保持不变。

```
SWAP A           ; A.7～A.4↔A.3～A.0
```

这条指令的功能是将累加器 A 的低 4 位和高 4 位进行交换。

5. 数据传送类指令一览表

数据传送类指令一览表，如表 5.2 所示。

表 5.2　数据传送类指令一览表

指令助记符	功 能 简 述	字 节 数	振荡器周期数
MOV A, Rn	寄存器送累加器	1	12
MOV Rn, A	累加器送寄存器	1	12
MOV A, @Ri	内部 RAM 送累加器	1	12
MOV @Ri, A	累加器送内部 RAM	1	12
MOV A, #data	立即数送累加器	2	12
MOV A, direct	直接寻址字节送累加器	2	12
MOV direct, A	累加器送直接寻址字节	2	12
MOV Rn, #data	立即数送寄存器	2	12
MOV direct, #data	立即数送直接寻址字节	3	24
MOV @Ri, #data	立即数送内部 RAM	2	12
MOV direct, Rn	寄存器送直接寻址字节	2	24
MOV Rn, direct	直接寻址字节送寄存器	2	24
MOV direct, @Ri	内部 RAM 送直接寻址字节	2	24
MOV @Ri, direct	直接寻址字节送内部 RAM	2	24
MOV direct, direct	直接寻址字节送直接寻址字节	3	24
MOV DPTR, #data16	16 位立即数送数据指针	3	24
MOVX A, @Ri	外部 RAM 送累加器(8 位地址)	2	24
MOVX @Ri, A	累加器送外部 RAM（8 位地址）	1	24
MOVX A, @DPTR	外部 RAM 送累加器(16 位地址)	1	24
MOVX @DPTR, A	累加器送外部 RAM（16 位地址）	1	24
MOVC A, @A+DPTR	程序代码送累加器（相对数据指针）	1	24
MOVC A, @A+PC	程序代码送累加器（相对程序计数器）	2	24
XCH A, Rn	累加器与寄存器交换	1	24
XCH A, @Ri	累加器与内部 RAM 交换	1	12
XCH A, direct	累加器与直接寻址字节交换	2	12
XCHD A, @Ri	累加器与内部 RAM 低 4 位交换	1	12
SWAP A	累加器高 4 位与低 4 位交换	1	12
POP direct	栈顶弹至直接寻址字节	2	24
PUSH direct	直接寻址字节压入栈顶	2	24

5.3.2　算术运算类指令

算术运算类指令的主要功能是实现算术加、减、乘、除等运算。

1. ADD 类指令

ADD 类指令是不带进位的加法运算指令，共有 4 条：

```
ADD A, Rn         ; A+Rn→A, Rn 寄存器内容加到 A 中
ADD A, direct     ; A+(direct)→A, 直接地址内容加到 A 中
ADD A, @Ri        ; A+(Ri)→A, 间址内容加到 A 中
ADD A, #data      ; A+data→A, 立即数加到 A 中
```

注意：ADD 类指令相加结果均在 A 中，相加后源操作数不变。若 A 中最高位有进位，CY 置 1，若半加位有进位，AC 置 1。A 的结果影响奇偶标识位 P。

例如，A = 30H，R0 = 10H，执行：

```
ADD A, R0         ;结果:A=40H, R0=10H 没变。标识位 P=1, CY=0, OV=0, AC=0
```

2. ADDC 类指令

ADDC 类指令是带进位的加法运算指令，共有 4 条：

```
ADDC A, Rn        ; A+Rn+CY→A, Rn 寄存器内容和进位位状态一并加到 A 中
ADDC A, direct    ; A+(direct)+CY→A, 直接地址内容和进位位状态一并加到 A 中
ADDC A, @Ri       ; A+(Ri)+CY→A, 间址内容和进位位状态一并加到 A 中
ADDC A, #data     ; A+data+CY→A, 立即数和进位位状态一并加到 A 中
```

ADDC 类与 ADD 类指令的区别是，相加时 ADDC 指令考虑低位进位，即连同进位标识 CY 内容一起加，主要用于多字节相加，而 ADD 用于两字节相加。进位位 CY 加到字节的最低有效位。

【例 5.6】 编写计算 1234H+0FE7H 的程序，将结果存入内部 RAM 41H 和 40H 单元，40H 存低 8 位，41H 中存高 8 位。

程序如下：

```
MOV A, #34H             ;被加数低 8 位数 34H 送 A
ADD A, #0E7H            ;加数低 8 位数 E7H 与之相加,A=1BH,CY=1
MOV 40H, A              ;A→40H, 即 34H+E7H 结果存入 40H 中,(40H)=1BH
MOVA, #12H              ;被加数高 8 位数 12H 送 A
ADDC A, #0FH            ;加数高 8 位 0FH 和 CY 与 A 相加,A=22H
MOV 41H, A              ;高 8 位与进位位之和存入 41H 中,(41H)=22H
                        ;总和为 221BH, 总结果在 41H,40H 单元中
```

3. SUBB 类指令

SUBB 类指令是带借位减法指令，其功能是将 A 中的被减数减去源操作数指出的内容，再减去借位标识 CY（原进位标识）状态，差值在 A 中。共有 4 条：

```
SUBB A, Rn              ; A-Rn-CY→A, A 减寄存器 Rn 内容及进位标识存到 A 中
SUBB A, direct          ; A-(direct)-CY→A, A 减寄存器直接地址内容及进位标
                        ; 识存到 A 中
SUBB A, @Ri             ; A-(Ri)-CY→A, A 减间址内容及进位位状态一并存到 A 中
SUBB A, #data           ; A-data-CY→A, A 减立即数及进位位状态一并加到 A 中
```

注意：多字节减法时，低位相减有借位则把 CY 置 1，否则 CY 为 0。80C51 系列指令中无不带借

位的减法指令，为此在单字节或低位字节减法及运用其他类指令前要先将 CY 清 0。减法运算在计算机中实际是补码相加方式。

4. 乘（MUL）和除（DIV）指令

乘法指令仅 1 条，如下：

```
MUL AB   ; A×B→A 和 B，结果是 16 位，高 8 位存入 B 中，低 8 位在 A 中
```

注意：若乘积大于 FFH，则将溢出标识 OV 置 1。

除法指令也只有 1 条，如下：

```
DIV AB  ; A/B→A 和 B，商存入 A，余数存入 B
```

注意：当除数为 0 时，结果不确定，则溢出将 OV 置 1。

5. INC（加 1）和 DEC（减 1）类指令

加 1 类指令共 5 条，其功能是将操作数内容加 1：

```
INC A         ; A+1→A，A 加 1
INC Rn        ; Rn+1→Rn，Rn 中内容加 1
INC direct    ; (direct)+1→(direct)，直接地址中内容加 1
INC @Ri       ; (Ri)+1→(Ri)，Ri 间址中的内容加 1
INC DPTR      ; DPTR+1→DPTR，数据指针加 1
```

【例 5.7】 判断 INC R0 和 INC @R0 两条指令的结果，比较两者的区别。设 R0 = 30H，(30H) = 00H。执行：

```
INC R0        ; R0+1=30H+1→R0，结果 R0=31H
INC @R0       ; (R0)+1=(30H)+1→(R0)，结果(30H)=01H，R0 中内容不变仍为 30H
```

减 1 类指令共 4 条，其功能是将操作数指定单元内容减 1：

```
DEC A         ; A-1→A，A 减 1
DEC Rn        ; Rn-1→Rn，Rn 中内容减 1
DEC direct    ; (direct)-1→(direct)，直接地址中的内容减 1
DEC @Ri       ; (Ri)-1→(Ri)，Ri 间址中的内容减 1
```

操作过程与加 1 指令类似，这里不再举例。

6. 十进制调整指令

十进制调整指令如下：

```
DA A
```

功能是把 A 中二进制码自动调整成二-十进制码（BCD 码）。用于对 BCD 码的加法结果进行调整，例如，

```
MOV A, #05H      ; 05H→A
ADD A, #08H      ; A+08H→A
DA A             ; 调整
```

结果为 A = 13（BCD 码）。若加法后无 DA A 指令，结果为 A = 0DH（十六进制码）。

注意：DA A 指令只能跟在 ADD 或 ADDC 加法指令后，不适用于减法。

7. 算术操作类指令一览表

算术操作类指令一览表如表 5.3 所示。

表 5.3　算术操作类指令一览表

指令助记符	功能简述	字节数	振荡器周期数
ADD A, Rn	累加器加寄存器	1	12
ADD A, @Ri	累加器加内部 RAM	1	12
ADD A, direct	累加器加直接寻址字节	2	12
ADD A, #data	累加器加立即数	2	12
ADDC A, Rn	累加器加寄存器和进位位	1	12
ADDC A, @Ri	累加器加内部 RAM 和进位位	1	12
ADDC A, #data	累加器加立即数和进位位	2	12
ADDC A, direct	累加器加直接寻址字节和进位位	2	12
INC A	累加器加 1	1	12
INC Rn	寄存器加 1	1	12
INC direct	直接寻址字节加 1	2	12
INC @Ri	内部 RAM 加 1	1	12
INC DPTR	数据指针加 1	1	24
DA A	十进制调整	1	12
SUBB A, Rn	累加器减寄存器和借位	1	12
SUBB A, @Ri	累加器减内部 RAM 和借位	1	12
SUBB A, #data	累加器减立即数和借位	2	12
SUBB A, direct	累加器减直接寻址字节和借位	2	12
DEC A	累加器减 1	1	12
DEC Rn	寄存器减 1	1	12
DEC @Ri	间接 RAM 减 1	1	12
DEC direct	直接寻址字节减 1	2	12
MUL AB	累加器 A 乘寄存器 B	1	48
DIV AB	累加器 A 除以寄存器 B	1	48

5.3.3　逻辑运算类指令

逻辑运算类指令主要用于对两个操作数按位进行逻辑操作，结果送到累加器 A 或直接寻址单元。这类指令所能执行的操作主要有：与、或、异或，以及移位、取反、清除等。执行这些指令时一般不影响程序状态字寄存器 PSW，仅当目的操作数为 ACC 时对奇偶标识位有影响。逻辑运算类指令共有 24 条，下面分别加以介绍。

1. 逻辑与（ANL）指令

逻辑与指令的功能是将源操作数内容和目的操作数内容按位相与，结果存入目的操作数指定单元，源操作数不变，执行后影响奇偶标识位 P。

```
ANL A, Rn            ; A & Rn→A
ANL A, direct        ; A & (direct)→A
ANL A, @Ri           ; A & (Ri)→A
ANL A, #data         ; A & data→A
ANL direct, A        ; (direct) & A→(direct)
ANL direct, #data    ; (direct) & data→(direct)
```

后两条指令是将直接地址单元中的内容和操作数所指出的内容按位逻辑与，结果存入直接地址单元中，若直接地址为 I/O 端口，则为“读－改－写”操作。

【例 5.8】 设 A＝F6H，(30H)＝0FH。

执行：

```
ANL A, 30H        ; A & (30H)→A
```

操作如下：

```
  11110110   (F6)
& 00001111   (0F)
-----------------
  00000110   (06)
```

结果为：A = 06H，30H 地址内容不变，即(30H) = 0FH。这里采用了 C 语言的位操作运算符“&”表示与逻辑运算，用“|”表示或逻辑运算，用“^”表示异或逻辑运算。

若执行：

```
ANL 30H, A        ; A & (30H)→(30H)
```

操作同上，结果放在 30H 地址中，A 中内容不变，即 (30H) = 06H, A = F6H。

2．逻辑或（ORL）指令

逻辑或指令的功能是将源操作数内容与目的操作数内容按位逻辑或，结果存入目的操作数指定单元中，源操作数不变，执行后影响奇偶标识位 P。

```
ORL A, Rn             ; A|Rn→A
ORL A, direct         ; A|(direct)→A
ORL A, @Ri            ; A|(Ri)→A
ORL A, #data          ; A|data→A
ORL direct, A         ; (direct)|A→(direct)
ORL direct, #data     ; (direct)|data→(direct)
```

或运算和与运算过程类似，这里不再举例。

后两条指令的操作结果存放在直接地址单元中（若地址为 I/O 端口，也为“读—改—写”操作）。

3．逻辑异或（XRL）指令

异或指令的功能是将两个操作数的指定内容按位异或，结果存于目的操作数指定单元中。异或原则是相同为 0，相异为 1，执行后影响奇偶标识位 P。

```
XRL A, Rn             ; A^Rn→A
XRL A, direct         ; A^(direct)→A
XRL A, @Ri            ; A^(Ri)→A
XRL A, #data          ; A^data→A
XRL direct, A         ; (direct)^A→(direct)
XRL direct, #data     ; (direct)^data→(direct)
```

后两条指令的操作结果存放在直接地址单元中（若地址为 I/O 端口，也为“读—改—写”操作）。

【例 5.9】 (50H) = 05H。

执行：

```
XRL 50H, #06H   ; (50H)^06H→(50H)
```

操作如下：

```
  00000101   (05H)
^ 00000110   (06H)
-----------------
  00000011   (03H)
```

结果：(50H) = 03H。

4．循环移位指令

循环移位指令的功能是将累加器 A 中内容循环移位，或者与进位位一起移位，指令共 4 条。

```
RL A      ; A 中内容循环左移，执行本指令一次左移一位
```

操作如下：

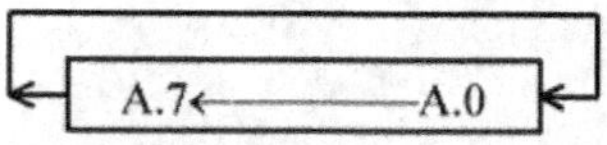


```
RR A        ; A 中内容循环右移，执行本指令一次右移一位
```

操作如下：

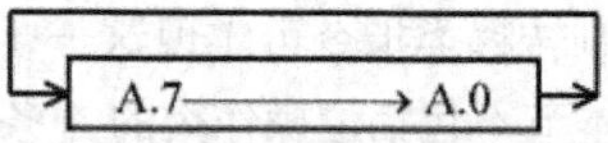


```
RLC A           ; A 与 CY 内容一起循环左移一位，执行本指令一次左移一位
```

操作如下：

```
RRC A           ; A 与 CY 内容一起循环右移一位，执行本指令一次右移一位
```

操作如下：

例如，A＝01H，CY=1。执行一次 RRC A 后，结果为：A=10000000B，CY=1；执行一次 RLC A 后，结果为 A=00000011B，CY=0。

5．取反、清 0 指令

```
CPL A           ;Ā →A，累加器 A 内容按位取反
CLR A           ;0→A，累加器 A 清 0
```

6．逻辑运算类指令一览表

逻辑运算类指令一览表，如表 5.4 所示。

表 5.4　逻辑运算类指令一览表

指令助记符	功 能 简 述	字 节 数	振荡器周期数
ANL A, Rn	累加器与寄存器	1	12
ANL A, @Ri	累加器与内部 RAM	1	12
ANL A, #data	累加器与立即数	2	12
ANL A, direct	累加器与直接寻址字节	2	12
ANL direct, A	直接寻址字节与累加器	2	12
ANL direct, #data	直接寻址字节与立即数	3	24
ORL A, Rn	累加器或寄存器	1	12
ORL A, @Ri	累加器或内部 RAM	1	12
ORL A, #data	累加器或立即数	2	12
ORL A, direct	累加器或直接寻址字节	2	12
ORL direct, A	直接寻址字节或累加器	2	12
ORL direct, #data	直接寻址字节或立即数	3	24
XRL A, Rn	累加器异或寄存器	1	12
XRL A, @Ri	累加器异或内部 RAM	1	12
XRL A, #data	累加器异或立即数	2	12
XRL A, direct	累加器异或直接寻址字节	2	12
XRL direct, A	直接寻址字节异或累加器	2	12
XRL direct, #data	直接寻址字节异或立即数	3	24
RL A	累加器左环移位	1	12
RLC A	累加器带进位标识左环移位	1	12
RR A	累加器右环移位	1	12
RRC A	累加器带进位标识右环移位	1	12
CPL A	累加器取反	1	12
CLR A	累加器清 0	1	12

5.3.4 控制转移类指令

控制转移类指令的功能是根据要求修改程序计数器 PC 的内容，以改变程序的运行流程，实现转移。

计算机在运行过程中，需要改变程序运行流程，或者调用子程序，或者从子程序中返回，都需要改变程序计数器 PC 中的内容。控制转移类指令可实现这一要求。

80C51 指令系统中有 17 条（本节不包括位操作类的 4 条转移指令）控制程序转移类指令，包括无条件转移和条件转移、绝对转移和相对转移、长转移和短转移、调用和返回指令等。这类指令多数不影响程序状态标识寄存器，下面分类进行介绍。

1. 无条件转移类指令

```
LJMP add16   ; add16→PC 无条件跳转到 add16 地址可在 64 KB 范围内转移，称为长转移指令
AJMP add11   ; add11→PC 无条件转向到 add11 地址可在 2 KB 范围内转移，称为绝对转移指令
SJMP rel     ; PC+2+rel→PC 相对转移， rel 是偏移量，它是 8 位有符号数，范围为
             ; -128～+127 即向后跳转 128 B，向前可跳转 127 B
JMP @A+DPTR  ; A+DPTR→PC，属散转指令，无条件转向 A 与 DPTR 内容相加后形成的新地址
```

第一条指令 LJMP 称长转移指令。因为指令中包含 16 位地址，所以转移的目标地址范围是程序存储器的 0000H～FFFFH。指令执行结果是将 16 位地址 addr16 送至程序计数器 PC。

第二条指令 AJMP 称绝对（也称短）转移指令，指令中包含 11 位地址，转移的目标地址是在下一条指令地址开始的 2 KB 范围内。它把 PC 的高 5 位与操作码的第 7～5 位及操作数的 8 位并在一起，构成 16 位的转移地址。因为地址高 5 位保持不变，仅低 11 位发生变化，因此寻址范围必须在该指令地址+2 后的 2 KB 区域内。

第三条指令 SJMP 是无条件相对转移指令，该指令为双字节，指令的操作数是相对地址。rel 是一个带符号的偏移字节数（2 的补码），其范围为–128～+127。负数表示向后转移，正数表示向前转移。该指令执行后的目的地址值按下式计算：

$$目的地址值 = 本指令地址值 + 2 + rel$$

第四条指令 JMP 也属于无条件转移指令，其转移地址由数据指针 DPTR 的 16 位数和累加器 A 的 8 位无符号数相加形成，并直接送入 PC。指令执行过程对 DPTR、A 和标识位均无影响。这条指令可代替众多的判别跳转指令，具有散转功能（又称为散转指令）。

例如，执行如下指令：

```
2000H LJMP 3000H
```

执行后 PC 值由 2003H 变为 3000H。

执行如下指令：

```
2000H AJMP 600H
```

执行后 PC 值由 2002H 变为 2600H。

执行如下指令：

```
2000H SJMP 7
```

执行后 PC 值由 2002H 变为 2009H。

说明：实际编写程序时最好把偏移量和转移地址都用符号表示，机器汇编时自动计算出偏移字节数，不容易出错，同时也便于修改程序。

2. 条件转移类指令

条件转移类指令功能是根据条件判断是否转移，条件满足则转移，条件不满足则顺序执行。

```
JZ rel                    ; A=0, PC+2+rel→PC, A≠0 顺序执行
JNZ rel                   ; A≠0, PC+2+rel→PC, A=0 顺序执行
CJNE A, direct, rel       ; A=(direct), 顺序执行
                          ; A>(direct), PC+3+rel→PC, 0→CY
                          ; A<(direct), PC+3+rel→PC, 1→CY
CJNE A, #data, rel        ; A=data, 顺序执行
                          ; A>data, PC+3+rel→PC, 0→CY
                          ; A<data, PC+3+rel→PC, 1→CY
CJNE Rn, #data, rel       ; Rn=data, 顺序执行
                          ; Rn>data, PC+3+rel→PC, 0→CY
                          ; Rn<data, PC+3+rel→PC, 1→CY
CJNE @Ri, #data, rel      ; (Ri)=data, 顺序执行
                          ; (Ri)>data, PC+3+rel→PC, 0→CY
                          ; (Ri)<data, PC+3+rel→PC, 1→CY
DJNZ Rn, rel              ; Rn-1→Rn
                          ; Rn≠0, PC+2+rel→PC
                          ; Rn=0 顺序执行
DJNZ direct, rel          ; (direct)-1→(direct)
                          ; (direct)≠0, PC+3+rel→PC
                          ; (direct)=0, 顺序执行
```

这类指令先测试某一条件是否满足，满足规定的条件时，程序转移到指定地址，否则将继续执行下一条指令。条件是由条件转移指令本身提供（或规定）的。

这组指令中前 2 条是累加器判别转移指令，通过判别累加器 A 中是否为 0，决定转移还是顺序执行。

第 3 条到第 6 条为比较转移指令，是本指令系统中仅有的具有 3 个操作数（1 个隐含在操作码中）的指令组。这些指令的功能是比较前 2 个无符号操作数的大小，若不相等，则转移，否则顺序执行。这 4 条指令影响 CY 位，执行结果不影响任何操作数。

最后 2 条指令是减 1 非零转移指令。在实际问题中，经常需要多次重复执行某段程序。这时，在程序设计时，可以设置一个计数值，每执行一次某段程序，计数值减 1，计数值非零则继续执行，直至计数值减至 0 为止。使用此指令前要将计数值预置在工作寄存器或片内 RAM 直接地址中，然后再执行某段程序和减 1 判 0 指令。

3. 调用、返回、空操作指令

调用指令用于调用子程序。

```
LCALL addr16         ; PC+3→PC, SP+1→SP
                     ; PC.7～PC.0→(SP), SP+1→SP
                     ; PC.15～PC.8→(SP), addr16→PC
ACALL addr11         ; PC+2→PC, SP+1→SP
                     ; PC.7～PC.0→(SP), SP+1→SP
                     ; PC.15～PC.8→(SP), addr11→ PC.10～PC.0
RET                  ; (SP)→PC.15～PC.8, SP-1→SP
                     ; (SP)→PC.7～PC.0, SP-1→SP
RETI                 ; (SP)→PC.15～PC.8, SP-1→SP
                     ; (SP)→PC.7～PC.0, SP-1→SP
                     ; 用于中断程序返回，执行该指令同时清除优先级状态触发器
NOP                  ; 只进行取指令和译码，不进行任何操作，故为空操作，常用于产生
                     ; 一个机器周期延时
```

第 1 条是长调用指令（Long Call），含 3 个字节，其后 2 个字节为所调用子程序的入口地址。此指令在执行过程中使 PC 值加 3，以指向下一条指令。随后此 PC 值被压入堆栈（低字节先入栈），SP 值增 2。最后 PC 值的高、低字节分别被 LCALL 指令码中的第 2 个和第 3 个字节所取代，于是控制就转到了子程序。此指令不影响任何标识。

第 2 条是绝对调用指令（Absolute Call），其操作数部分的 addrll 表示，被调用于程序首地址的低

11 位由程序给出。该指令在执行过程中，将 PC 值两次增 1，使其指向其后一条指令的地址，然后把此 PC 值压入堆栈（先压入低字节）、入栈过程中，SP 值递增两次。目的地址的高 5 位取自 PC，低 11 位为操作码中的高 3 位与指令第 2 字节的有序组合，显然被调用于程序的首地址与 ACALL 的后一指令必须位于同一 2 KB 的页面范围内。此指令不影响任何标识。

第 3 条是子程序返回指令（Return from Subroutine）。RET 指令把 ACALL 或 LCALL 保存入堆栈的 PC 值弹入 PC，SP 值减 2，于是 CPU 接下来执行的将是 ACALL 或 LCALL 紧后面的一条指令。RET 指令也不影响标识。

第 4 条指令为中断返回 RETI（Return from Interrupt）指令，有两方面的功能：第一，恢复中断时保存入栈的程序指针 PC 值，使被打断的程序得以从断点处恢复执行，此操作同 RET；第二，恢复中断逻辑，使 CPU 能够接受与刚处理过的中断同级别的中断请求。但要注意，PSW 不能自动恢复成中断前的状态。当 RETI 指令执行时，若有低级或同级中断挂起的话，RETI 指令执行完后，必须再执行一条指令，方能处理此前挂起的中断请求。

第 5 条指令为空操作指令（No Operation），除 PC 值增 1 之外，其他寄存器和标识不受影响。NOP 指令常用以得到一个机器周期的延时。

4. 控制程序转移类指令一览表

控制程序转移类指令一览表，如表 5.5 所示。

表 5.5 控制程序转移类指令一览表

指令助记符	功 能 简 述	字 节 数	振荡器周期数
ACALL addr11	2 KB 内绝对调用	2	24
AJMP addr11	2 KB 内绝对转移	2	24
LCALL addr16	64 KB 内长调用	3	24
LJMP addr16	64 KB 内长转移	3	24
SJMP rel	相对短转移	2	24
JMP @A+DPTR	相对长转移	1	24
RET	子程序返回	1	24
RETI	中断返回	2	24
JZ rel	累加器为 0 转移	2	24
JNZ rel	累加器为非 0 转移	3	24
CJNE A, #data, rel	累加器与立即数不等转移	3	24
CJNE A, direct, rel	累加器与直接寻址字节不等转移	3	24
CJNE Rn, #data, rel	寄存器与立即数不等转移	3	24
CJNE @Ri, #data, rel	内部 RAM 与立即数不等转移	3	24
DJNZ Rn, rel	寄存器减 1 不为 0 转移	2	24
DJNZ direct, rel	直接寻址字节减 1 不为 0 转移	3	24
NOP	空操作	1	12

5.3.5 位操作指令

前面介绍的指令操作数全都是字节，包括字节的移动、加法、减法、逻辑运算、移位等。实际应用中，用字节处理一些数学问题很直观，如控制冰箱的温度、电视机的音量等。可是如果用它控制一些开关量，如开关的打开和合上、灯的亮和灭、继电器吸合和断开等，就显得不方便了。单片机系统中有很多场合需要处理这类开关量的输入和输出，例如，以单片机为核心组成的可编程控制器的中间继电器和输出继电器，用字节处理就显得有些麻烦，并且浪费了存储器资源。对此单片机都具有较强的位处理功能，可以对片内位地址区及某些特殊功能寄存器的位进行位操作。在 80C51 的硬件结构中，有个位处理器（布尔处理器），它具有一套处理位变量的指令集，包括位变量传送、逻辑运算、控制程序转移等指令。

在 80C51 单片机的内部数据存储器中，20H～2FH 为位操作区域，其中每位都有自己的位地址（参见第 4 章），可以对每一位进行操作。位地址空间为 00H～7FH，共 16×8 =128 位，如表 5.6 所示。对于字节地址能被 8 整除的特殊功能寄存器的每一位，也具有可寻址的位地址，如表 5.7 所示。

表 5.6　80C51 单片机的位寻址空间

字 节 地 址	位 地 址							
2FH	7FH	7EH	7DH	7CH	7BH	7AH	79H	78H
2EH	77H	76H	75H	74H	73H	72H	71H	70H
2DH	6FH	6EH	6DH	6CH	6BH	6AH	69H	68H
2CH	67H	66H	65H	64H	63H	62H	61H	60H
2BH	5FH	5EH	5DH	5CH	5BH	5AH	59H	58H
2AH	57H	56H	55H	54H	53H	52H	51H	50H
29H	4FH	4EH	4DH	4CH	4BH	4AH	49H	48H
28H	47H	46H	45H	44H	43H	42H	41H	40H
27H	3FH	3EH	3DH	3CH	3BH	3AH	39H	38H
26H	37H	36H	35H	34H	33H	32H	31H	30H
25H	2FH	2EH	2DH	2CH	2BH	2AH	29H	28H
24H	27H	26H	25H	24H	23H	22H	21H	20H
23H	1FH	1EH	1DH	1CH	1BH	1AH	19H	18H
22H	17H	16H	15H	14H	13H	12H	11H	10H
21H	0FH	0EH	0DH	0CH	0BH	0AH	09H	08H
20H	07H	06H	05H	04H	03H	02H	01H	00H

表 5.7　80C51 单片机的特殊功能寄存器位寻址空间

特殊功能寄存器名称	符号	地址	位地址和位名称							
			D7	D6	D5	D4	D3	D2	D1	D0
P0 口	P0	80H	87H	86H	85H	84H	83H	82H	81H	80H
定时器/计数器控制	TCON	88H	8FH TF1	8EH TR1	8DH TF0	8CH TR0	8BH IE1	8AH IT1	89H IE0	88H IT0
P1 口	P1	90H	97H	96H	95H	94H	93H	92H	91H	90H
串行控制	SCON	98H	9FH SM0	9EH SM1	9DH SM2	9CH REN	9BH TB8	9AH RB8	99H TI	98H RI
P2 口	P2	A0H	A7H	A6H	A5H	A4H	A3H	A2H	A1H	A0H
中断允许控制	IE	A8H	AFH EA	— —	ADH ET2	ACH ES	ABH ET1	AAH EX1	A9H ET0	A8H EX0
P3 口	P3	B0H	B7H	B6H	B5H	B4H	B3H	B2H	B1H	B0H
中断优先级控制	IP	B8H	— —	— —	BDH PT2	BCH PS	BBH PT1	BAH PX1	B9H PT0	B8H PX0
+定时器/计数器 2 控制	T2CON	C8H	CFH TF2	CEH EXF2	CDH RCLK	CCH TCLK	CBH EXEN2	CAH TR2	C9H C/$\overline{T2}$	C8H CP/$\overline{RT2}$
程序状态字	PSW	D0H	D7H C	D6H AC	D5H F0	D4H RS1	D3H RS0	D2H OV	D1H F1	D0H P
累加器	ACC	E0H	E7H	E6H	E5H	E4H	E3H	E2H	E1H	E0H
B 寄存器	B	F0H	F7H	F6H	F5H	F4H	F3H	F2H	F1H	F0H

在进行位操作时，位累加器 C 即为进位标识 CY。

在汇编语言中位地址的表达方式有如下几种。

- 直接（位）地址方式：如 D4H。
- 点操作符号方式：如 PSW.4，(D0H).4。

● 位名称方式：如 RS1。

● 用户定义名方式：如用伪指令 bit 定义 SUB.REG　BIT　RS1。

经定义后，允许指令中用 SUB.REG 代替 RS1。

上面四种方式都可以表达 PSW(D0H)中的位 4，它的位地址是 D4，名称为 RS1，用户定义为 SUB.REG。

位操作类指令共 17 条，下面分类进行介绍。

1. 位数据传送指令

```
MOV C, bit    ; bit→C
MOV bit, C    ; C→bit
```

这两条指令主要用于对位操作累加器 C 进行数据传送，均为双字节指令。

前一条指令的功能是将某指定位的内容送入位累加器 C 中，不影响其他标识。后一条指令的功能是将 C 的内容传送到指定位，在对端口操作时，先读入端口 8 位的全部内容，然后把 C 的内容传送到指定位，再把 8 位内容传送到端口的锁存器，所以也是“读一改一写”指令。

【例 5.10】 已知片内 RAM(21H)=8FH=10001111B，把 21H 的最低位传入 C 中。

按题意编写指令如下：

```
MOV C, 08H
```

结果：C=1。

【例 5.11】 将 P1.3 状态传送到 P1.7。

按题意编写指令如下：

```
MOV C, P1.3
MOV P1.7, C
```

2. 位修改指令

（1）位清 0 指令

```
CLR C         ; (CY)←0, 机器码: 1100 0011
CLR bit       ; (bit)←0, 机器码: 1100 0010 bit
```

位清 0 指令将 CY 或以 bit 为地址的位单元清 0。

（2）位置 1 指令

```
SETB C        ; (CY)←1, 机器码:1101 0011
SETB bit      ; (bit)←1, 机器码:1101 0010 bit
```

位置 1 指令将 CY 或以 bit 为地址的位单元置 1。

（3）位取反指令

```
CPL C         ; (CY)←(/CY), 机器码:1011 0011
CPL bit       ; (bit)←(/bit), 机器码:1011 0010 bit
```

位取反指令将 CY 或以 bit 为地址的位单元内容取反。

【例 5.12】 设(20H) = 7EH = 01111110，(2FH) = 0F0H = 11110000，执行下列指令后，20H、2FH 单元的内容是多少？

```
CLR 04H           ; (04H)=(20H.4)←0
SETB PSW.4        ; (RS1)=(PSW.4)←1
SETB PSW.3        ; (RS0)=(PSW.3)←1, 选择工作寄存器的 3 区
CPL 7FH           ; (7FH)=(2FH.7)←0
```

执行上述指令后(20H) = 01101110，(2FH) = 01110000。

3. 位逻辑指令

80C51 单片机的位处理器只有与、或两类逻辑指令，目的操作数为 CY，源操作数为位地址单元。

（1）与指令

```
ANL C, bit  ; (C)←(C)&(bit), 机器码: 1000 0010 bit, &表示与操作
ANL C, /bit ; (C)←(C)&(/bit), 机器码: 1011 0000 bit
```

第 1 条位与指令是将以 bit 为地址的位单元与 CY 进行与操作，结果存放在 CY 中。第 2 条位与指令是将以 bit 为地址的位单元取反后与 CY 进行与操作，结果存放在 CY 中。

（2）或指令

```
ORL C, bit        ; (C)←(C)|(bit), 机器码: 0111 0010 bit, |表示或操作
ORL C, /bit       ; (C)←(C)|(bit), 机器码: 1010 0000 bit
```

第 1 条位或指令是将以 bit 为地址的位单元与 CY 进行或操作，结果存放在 CY 中。第 2 条位或指令是将以 bit 为地址的位单元取反后与 CY 进行或操作，结果存放在 CY 中。位操作指令只会改变 CY 的值，而不会影响 PSW 中其他标识位。

【例 5.13】 设(P1.0) = 1，(ACC.7) = 1，(OV) = 0，执行下列指令后(CY)是多少？

```
(1) MOV C, P1.0              ; (C)←(P1.0)=1
    ANL C, ACC.7             ; (C)←(C)&(ACC.7)=1
    ANL C, /OV               ; (C)←(C)&(OV)=1
```

执行上述指令后(CY) = 1。

```
(2) MOV C, P1.0              ;(C)←(P1.0)=1
    ORL C, ACC.7             ;(C)←(C)|(ACC.7)=1
    ORL C, /PSW.2            ; (C)←(C)|(OV)=1, 程序状态字第 2 位 PSW.2=OV
```

执行上述指令后(CY) = 1。

4. 布尔变量操作类一览表

布尔变量操作类一览表，如表 5.8 所示。

表 5.8　布尔变量操作类一览表

指令助记符	功 能 简 述	字 节 数	振荡器周期数
MOV C, bit	直接寻址位送 CY	2	12
MOV bit, C	CY 送直接寻址位	2	12
CLR C	CY 清 0	1	12
CLR bit	直接寻址位清 0	2	12
CPL C	CY 取反	1	12
CPL bit	直接寻址位取反	2	12
SETB C	CY 置位	1	12
SETB bit	直接寻址位置位	2	12
ANL C, bit	CY 逻辑与直接寻址位	2	24
ANL C, /bit	CY 逻辑与直接寻址位的反	2	24
ORL C, bit	CY 逻辑或直接寻址位	2	24
ORL C, /bit	CY 逻辑或直接寻址位的反	2	24
JC rel	CY 置位转移	2	24
JNC rel	CY 清 0 转移	2	24
JB bit, rel	直接寻址位为 1 转移	2	24
JNB bit, rel	直接寻址位为 0 转移	3	24
JBC bit, rel	直接寻址位为 1 转移并清该位	3	24

5.4 80C51 汇编语言程序设计

前面几节中介绍了 80C51 单片机的指令系统，所有汇编指令均能翻译成机器码，即有一条汇编指令，就有一条机器指令码与之对应。如何使用单片机的汇编指令编写程序，是本节所要介绍的内容。下面先了解一下汇编语言的特点和语句格式。

1. 汇编语言的特点

因为使用助记符的汇编指令和机器指令一一对应，所以用汇编语言编写的程序占用存储空间小，运行速度快，能编写出最优化的程序。使用汇编语言编程比使用高级语言困难。因为汇编语言是面向计算机的，程序设计人员必须对计算机硬件有相当深入的了解。汇编语言能直接访问存储器及接口电路，也能处理中断，因此汇编语言程序能直接管理和控制硬件设备。汇编语言缺乏通用性，程序不易移植，各种计算机都有自己的汇编语言，不同计算机的汇编语言之间不能通用。

2. 汇编语言的语句格式

80C51 汇编语言的语句格式表示如下：

[<标号>] <操作码> [<操作数>]；[<注释>]

汇编语言语句由标号、操作码、操作数和注释四部分组成，其中方括号中是可选择部分，视需要而定。

编写汇编语言程序时，还会用到另一类指令，这类指令仅供汇编程序将源程序翻译成目标程序时使用，本身并不形成机器码，这类指令称为伪指令。由此可知，汇编语言指令有以下两类：

- 汇编指令，编译后产生机器码的指令；
- 伪指令，仅供汇编程序使用，编译后不产生机器码的指令。

3. 汇编语言源程序的汇编方式

用汇编语言编写的源程序，必须变换成机器语言程序才能被单片机执行。上面已提到的把用汇编语言书写的源程序翻译成机器语言目标程序的过程称为汇编。汇编通常划分为三种方式：手工汇编、自汇编及交叉汇编。

手工汇编的汇编过程由人工完成，即需先从指令表（见附录 A）中查出每条指令对应的机器代码，列出一张与源程序对应的机器语言程序清单，然后在监控程序管理下，从键盘直接把机器代码送入计算机内存执行。显然这种汇编过程很麻烦，效率低，出错率高。

自汇编是在同一个计算机中，既汇编源程序，又执行汇编后的目标程序。这种汇编的方法要求承担该任务的计算机应具有一定的存储容量和外围设备。

交叉汇编是利用功能较全的通用计算机对源程序进行汇编，再把目标程序输入或通过介质转储到小型或专用微型机中去执行。在一般简易型开发装置中，常常采用交叉汇编的方法。

5.4.1 伪指令

1. 设置起始地址 ORG（Origin）

指令格式：ORG *nn*

作用：将 ORG *nn* 后的程序机器码或数据存放在以 *nn* 为首地址的存储单元中。如伪指令 ORG 1000H，是将目标程序从地址 1000H 处开始存放的。

2. 定义字节 DB 或 DEFB（Define Byte）

指令格式：[LABEL] DB N1, N2, …, N*m*

作用：将 DB 后的 8 位字节数据 N1，N2，…，N*m* 依次存入以标号 LABEL 为首地址的存储单元中。若无标号，则 N1，N2，…，N*m* 依次存放在 DB 上一条指令之后的存储单元中。

3．定义字 DW 或 DEFW（Define Word）

指令格式：[LABEL] DW NN1, NN2, …, NN*m*

作用：将 DW 后的 16 位字数据 NN1, NN2, …, NN*m* 依次存放到以标号 LABEL 为首地址的存储单元中，若无标号，则 NN1, NN2, …, NN*m* 依次存放在 DW 上一条指令之后的存储单元中。

4．为标号赋值 EQU（Equate）

指令格式：LABEL EQU *nn*（或 *n*）

作用：将 16 位地址 *nn*（或 8 位地址 *n*）赋给标号 LABEL。

5．结束汇编 END

指令格式：END

作用：汇编程序编译源程序时，遇到伪指令 END，不管其后是否还有其他指令，都将停止编译。

5.4.2　汇编语言程序设计举例

汇编语言程序设计的一般步骤为，先由实际问题建立数学模型，然后给出数学模型的解题算法，并由此算法画出流程图，再由流程图用汇编语言写出源程序，将源程序编译成目标程序，上机运行调试目标程序，最后得到运算结果。若运行过程中有语法错误，则应检查源程序中的语法错误，修改后重新运行目标程序，直到消除所有语法错误为止。若运行结果与实际情况不符，则要考虑修改数学模型、流程图、源程序、目标程序，重新上机运行调试，直到运行结果与实际相符为止。

【例 5.14】　循环程序设计：将地址从 50H 开始的 16 个单元设置为 0AAH，如图5.7所示。

解：地址从 50H～5FH 的 16 个单元设置为 0AAH 可以使用 16 条赋值指令完成。但当单元数量较多时，使用此法显然是不合适的，应使用循环程序完成。首先将数据块首地址 50H 赋给地址指针寄存器 R0，然后将循环次数 16（=10H）赋给计数器 R2，这两个操作称为循环初始化，如图5.7所示。此后程序进入循环体，通过@R0 间接寻址指令，将 R0 所指单元设置为 0AAH。为了完成下一个单元的设置为 0AAH 工作，必须将地址指针 R0 加 1，使 R0 由 50H 变为 51H，同时应将循环计数器 R2 减 1，这两步操作称为循环修改。最后通过比较指令判断 R2 是否为 0，若为 0 则表示循环已进行 16 次，循环应结束，否则转到标号 LOOP 处继续执行循环体，将下一个单元设置为 0AAH 直到计数器 R2 为 0。

（1）流程图如图5.8所示。

	地址	内容
	5FH	0AA
	…	…
	54H	0AA
	53H	0AA
	52H	0AA
	51H	0AA
R0 →	50H	0AA

图 5.7　存储单元设置为 0AAH

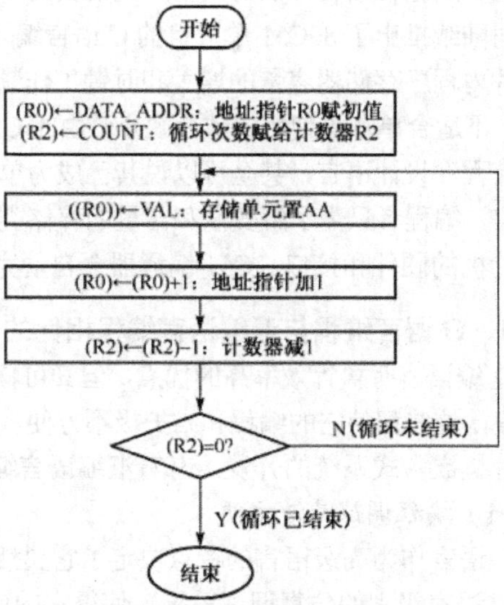

图 5.8　存储单元清 0 流程图

（2）源程序如下：

```
DATA_ADDR    EQU 50H       ;数据块首地址
COUNT        EQU 10H       ;循环次数
VAL          EQU 0AAH      ;赋值 AAH

ORG     0000H
LJMP    START
;*************************************
;*                                  *
;*       主 程 序                 *   *
;*                                  *
;*************************************
    ORG     100H
START:
    MOV SP, #4FH
    MOV R0, #DATA_ADDR          ;数据块首地址 DATA_ADDR 赋给地址指针 R0
    MOV R2, #COUNT              ;循环次数 0AH 赋给计数器 R2
LOOP:
    MOV @R0, #VAL               ;给((R0))单元赋值 VAL
    INC R0                      ;地址指针 R0 加 1
    DEC R2                      ;计数器 R2 减 1
    CJNE R2, #00H, LOOP         ;判 R2 是否为 0, 非 0 转 LOOP 继续清 0
    SJMP $                      ;R2 为 0, 循环结束
END
```

该程序将 MOV @R0, #VAL 操作重复进行了 16 次，故为典型的循环程序。

读者可自行设计仿真电路，在指令“CJNE R2, #00H, LOOP”设置断点，查看程序执行时仿真电路中 CPU 内部数据存储器地址 50H～5FH 单元数据变化情况。

5.5　80C51 单片机 C51 程序设计语言

由于单片机嵌入式系统的日趋复杂，要求所写的代码规范化、模块化，并便于多人以软件工程的形式进行协同开发，汇编语言作为传统的单片机嵌入式系统的编程语言，已经不能满足这样的实际需要了。而 C 语言以其结构化和能产生高效代码满足了这样的需求，成为电子工程师进行单片机系统编程时的首选编程语言，而得到了广泛的支持。基于 80C51 系列单片机的广泛应用，从 1985 年开始许多公司陆续推出了 80C51 单片机的 C 语言编译器，简称 C51。随着 80C51 单片机硬件性能的提升，尤其是片内程序存储器容量的增大和时钟工作频率的提高，已基本克服了高级语言产生代码长、运行速度慢、不适合单片机使用的致命缺点。由此 C51 已经得到广泛的推广和应用，成为 80C51 系列单片机的主流程序设计语言，甚至可以说其已成为单片机开发人员必须要掌握的一门语言。采用 C51 程序设计语言，编程者只需了解变量和常量的存储类型与 80C51 单片机存储空间的对应关系，而不必深入了解单片机的硬件和接口。C51 编译器会自动完成变量的存储单元的分配。

1. C 语言编程与汇编语言编程相比的优势

汇编语言有执行效率高的优点，但其可移植性和可读性差，并且它本身就是一种编程效率低的低级语言，这些都使它的编程和维护极不方便，从而导致了整个系统的可靠性也较差。而使用 C 语言进行单片机嵌入式系统的开发，有着汇编语言编程不可比拟的优势。

（1）编程调试灵活方便

C 语言作为高级语言的特点决定了它灵活的编程方式，同时，当前几乎所有系列的单片机都有相应的 C 语言级别的仿真调试系统，使得它的调试环境十分方便。

（2）生成的代码编译效率高

当前较好的 C 语言编译系统的编译效率已基本达到中高级程序开发人员的水平，尤其是用于开发较为复杂的单片机嵌入式系统时更具优势。

（3）完全模块化

一种功能由一个函数模块完成，数据交换可方便地约定实现，十分有利于多人协同进行大系统项目的合作开发。同时，由于 C 语言的模块化开发方式，使得用它开发的程序模块可以不经修改地被其他项目所用，可以很好地利用现成的大量 C 语言程序资源与丰富的库函数，从而最大程度地实现资源共享。

（4）可移植性好

由于不同系列的单片机 C 语言的编译工具都是以 1983 年的 ANSI C 作为基础进行开发的，因此，一种 C 语言环境下所编写的 C 语言程序，只需将部分与硬件相关的地方进行适度修改，就可以方便地移植到另外一种系列单片机上。例如，C51 下编写的程序通过改写头文件，同时做少量的程序修改，即可方便地移植到 AVR 或 MSP 系列上。也就是说，基于 C 语言环境下的单片机软件能基本达到平台的无关性。

（5）便于项目维护管理

用 C 语言开发的代码便于开发小组计划项目、灵活管理、分工合作及后期维护，基本上可以杜绝因开发人员变化而给项目进度或后期维护或升级所带来的影响，从而保证了整个系统的高品质、高可靠性及可升级性。

2. 单片机 C 语言编译器与 PC 上的标准 ANSI C 编译器的主要区别

不同系列的单片机 C 语言编译器之所以与 ANSI C 有所不同，主要是由于它们所针对的硬件系统有其各自不同的特点。弄清楚它们之间的区别，可便于针对不同单片机结构进行程序设计。在这里，以 Keil 公司的 Keil C51（以下简称 C51）编译器为例，简要说明它与 ANSI C 的主要区别。其他的编译系统与 ANSI C 的差别，可具体参照指定编译系统手册。

C51 的特点和功能主要是由 80C51 单片机自身的特点所决定的。从头文件来说，80C51 系列有不同的厂家，不同的系列产品，如仅 Atmel 公司就有大家熟悉的 AT89C2051、AT89C51、AT89C52、AT89S8252 等系列产品。它们都是基于 80C51 系列的芯片，唯一的不同之处在于内部资源，如定时器、中断、I/O 等数量和功能的不同，为了实现这些功能，只需将相应的功能寄存器的头文件加载在程序中，就可以实现指定的功能。因此，C51 系列头文件集中体现了各系列芯片的不同功能。

从数据类型来说，由于 80C51 系列器件包含了位操作空间和丰富的位操作指令，因此 C51 比 ANSI C 多一种位类型，使得其可以同汇编一样，灵活地进行位指令操作。

从数据存储类型来说，80C51 系列单片机有程序存储器和数据存储器。数据存储器又分片内和片外数据存储器。片内数据存储器还分为直接寻址区和间接寻址区，分别对应 code、data、idata、xdata，以及根据 80C51 系列特点而设定的 pdata 类型。使用不同的存储器，将使程序有不同的执行效率。在编写 C51 程序时，推荐指定变量的存储类型，将有利于提高程序执行效率（此问题将在后面专门讲述）。与 ANSI C 稍有不同，它分为 SAMLL、COMPACT、LARGE 模式，各种不同的模式对应不同的实际硬件系统，也将有不同的编译结果。

从数据运算操作和程序控制语句及函数的使用上来讲，它们几乎没有什么明显的区别，只是在函数的使用上，由于单片机系统的资源有限，它的编译系统不允许太多的程序嵌套。C51 语言丰富的库函数对程序开发提供了很大的帮助，但它与 ANSI C 也有一些不同之处。从编译相关来说，由于 80C51 系列是 8 位机，扩展 16 位字符 Unicode 不被 C51 支持，并且，ANSI C 所具备的递归特性不被 C51 所支持，所以，在 C51 中要使用递归特性，必须用 REENTRANT 进行声明。

对于 C51 与标准 ANSI C 库函数，由于部分库函数不适合单片机处理系统，因此被排除在外，如字符屏幕和图形函数。也有一些库函数继续使用，但这些库函数是厂家针对硬件特点相应开发的，它们与 ANSI C 的构成及用法都有很大的区别，如 printf 和 scanf。在 ANSI C 中这两个函数通常用于屏幕打印和接收字符，而在 C51 中，它们则主要用于串行通信口数据的发送和接收。

由于 C51 程序设计语言与 ANSI C 语言没有大的差别，所以本书并不介绍如何使用 C 语言。关于 ANSI C 语言，大家可以参考有关书籍。

5.5.1　C51 的标识符和关键字

标识符用来标识源程序中某个对象的名字，这些对象可以是语句、数据类型、函数、变量、数组等。C 语言是区分大小写的一种高级语言，如果要定义一个变量 1，可以写做“var1”，如果程序中有“VAR1”，那么这两个是完全不同定义的标识符。标识符由字符串、数字和下画线等组成。应该注意的是，第一个字符必须是字母或下画线，如“1var”是错误的，编译时会有错误提示。C51 中有些库函数的标识符是以下画线开头的，所以一般不要以下画线开头命名标识符。标识符在命名时应当简单，含义清晰，这样有助于阅读理解程序。在 C51 编译器中，只支持标识符的前 32 位为有效标识。

关键字则是编程语言保留的特殊标识符，它们具有固定名称和含义，在程序编写中不允许将关键字另做他用。在 C51 中的关键字除了有 ANSI C 标准的 32 个关键字外还根据 C51 单片机的特点扩展了相关的关键字。其实在 C51 的文本编辑器中编写 C 语言程序，系统可以把保留字以不同的颜色显示。

表 5.9 按用途列出了 ANSI C 标准关键字。

表 5.9　ANSI C 标准关键字

关 键 字	用 途	说 明
auto	存储种类说明	用于声明局部变量，为默认值
break	程序语句	退出最内层循环体
case	程序语句	switch 语句中的选择项
char	数据类型声明	单字节整型数或字符型数据
const	存储类型声明	在程序执行过程中不可修改的值
continue	程序语句	转向下一次循环
default	程序语句	switch 语句中的失败选择项
do	程序语句	构成 do…while 循环结构
double	数据类型声明	双精度浮点数
else	程序语句	构成 if…else 选择结构
enum	数据类型声明	枚举
extern	存储种类说明	在其他程序模块中声明了的全局变量
float	数据类型声明	单精度浮点数
for	程序语句	构成 for 循环结构
goto	程序语句	构成 goto 转移结构
if	程序语句	构成 if…else 选择结构
int	数据类型声明	基本整型数
long	数据类型声明	长整型数
register	存储种类说明	使用 CPU 内部寄存器变量
return	程序语句	函数返回
short	数据类型声明	短整型数
signed	数据类型声明	有符号数，二进制数据的最高位为符号位
sizeof	运算符	计算表达式或数据类型的字节数
static	存储种类说明	静态变量
struct	数据类型声明	结构类型数据
switch	程序语句	构成 switch 选择结构
typedef	数据类型声明	重新进行数据类型定义

续表

关 键 字	用 途	说 明
union	数据类型声明	联合类型数据定义
unsigned	数据类型声明	无符号数据
void	数据类型声明	无类型数据
volatile	数据类型声明	声明该变量在程序执行中可被隐含地改变
while	程序语句	构成 while 和 do…while 循环

C51 编译器除了支持 ANSI C 标准规定的关键字以外，还根据 80C51 单片机的特点扩展了如表 5.10 所示的关键字。

表 5.10 C51 编译器的扩展关键字

关 键 字	用 途	说 明
_at_	地址定位	为变量进行存储器绝对空间地址定位
alien	函数特性说明	用于声明与 PL/M51 兼容的函数
bdata	存储器类型声明	可位寻址的 80C51 内部数据存储器
bit	位变量声明	声明一个位变量或位类型函数
code	存储器类型声明	80C51 程序存储器空间
compact	存储器模式	指定使用 80C51 外部分页寻址数据存储器空间
data	存储器类型声明	直接寻址的 80C51 内部数据存储器
idata	存储器类型声明	间接寻址的 80C51 内部数据存储器
interrupt	中断函数声明	定义一个中断服务函数
large	存储器模式	指定使用 80C51 外部数据存储器空间
pdata	存储器类型声明	分页寻址的 80C51 外部数据存储器空间
priority	多任务优先声明	规定 RTX51 或 RTX51 Tiny 的任务优先级
reentrant	再入函数声明	定义一个再入函数
sbit	位变量声明	定义一个可位寻址变量
sfr	特殊功能寄存器声明	声明一个 8 位特殊功能寄存器
sfr16	特殊功能寄存器声明	声明一个 16 位特殊功能寄存器
small	存储器模式	指定使用 80C51 内部数据存储器空间
task	任务声明	定义实时多任务函数
using	寄存器组定义	定义 80C51 的工作寄存器组
xdata	存储器类型声明	80C51 外部数据存储器

5.5.2 C51 编译器能识别的数据类型

C51 具有 ANSI C 的所有标准数据类型，其基本数据类型包括：char、int、short、long、float 和 double。对 C51 编译器来说，short 类型和 int 类型相同，double 类型和 float 类型相同。整型和长整型的符号位字节在最低的地址中，低地址存高字节。

除此之外，为了更加有利地利用 80C51 的结构，C51 还增加了一些特殊的数据类型，包括 bit、sfr、sfr16、sbit。表 5.11 所示为 C51 编译器所支持的数据类型。

1. char 字符类型

char 类型的长度是 1 B，通常用于定义处理字符数据的变量或常量，分为无符号字符类型 unsigned char 和有符号字符类型 signed char，默认值为 signed char 类型。unsigned char 类型用字节中所有的位表示数值，可以表达的数值范围是 0～255。signed char 类型用字节中最高位表示数据的符号，0 表示正数，1 表示负数，负数用补码表示，能表示的数值范围是−128～+127。unsigned char 常用于处理 ASCII 字符或用于处理小于或等于 255 的整型数。

正二进制数的补码与原码相同，负二进制数的补码等于它的绝对值按位取反后加 1。

表 5.11　C51 编译器能够识别的数据类型

数据类型	长　度	大　小
unsigned char	1 B	0～255
char	1 B	–128～+127
unsigned int	2 B	0～65535
int	2 B	–32768～+32767
unsigned long	4 B	0～4294967295
long	4 B	–2147483648～+2147483647
float	4 B	±1.175494E–38～±3.402823E+38
*	1～3 B	对象的地址
bit	位	0 或 1
sfr	1 B	0～255
sfr16	2 B	0～65535
sbit	位	0 或 1

2. int 整型

int 整型长度为 2 B，用于存放一个双字节数据，分有符号 int 整型数 signed int 和无符号 int 整型数 unsigned int，默认值为 signed int 类型。signed int 表示的数值范围是–32768～+32767，字节中最高位表示数据的符号，0 表示正数，1 表示负数。unsigned int 表示的数值范围是 0～65535。

3. long 长整型

long 长整型长度为 4 B，用于存放一个 4 B 数据，分有符号 long 长整型 signed long 和无符号 long 长整型 unsigned long，默认值为 signed long 类型。signed long 表示的数值范围是–2147483648～+2147483647，字节中最高位表示数据的符号，0 表示正数，1 表示负数。unsigned long 表示的数值范围是 0～4294967295。

4. float 浮点型

float 浮点型在十进制中具有 7 位有效数字，是符合 IEEE-754 标准（32 位字长）的单精度浮点型数据，占用 4 B，具有 24 位精度。

5. *指针型

指针型本身就是一个变量，在这个变量中存放的指向另一个数据的地址。这个指针变量要占据一定的内存单元，对不同的处理器长度也不尽相同，在 C51 中它的长度一般为 1～3 个字节。

6. bit 位标量

bit 位标量是 C51 编译器的一种扩充数据类型，利用它可以定义一个位标量，但不能定义位指针，也不能定义位数组。它的值是一个二进制位，不是 0，就是 1，类似于一些高级语言中的 Boolean 类型中的 True 和 False。

7. sfr 特殊功能寄存器

sfr 也是一种扩充数据类型，占用一个内存单元，值域为 0～255。利用它可以访问 51 单片机内部的所有特殊功能寄存器。例如，用 sfr P1 = 0x90 这一句定义 P1 为 P1 端口在片内的寄存器，在后面的语句中可以用 P1=255（对 P1 端口的所有引脚置高电平）之类的语句操作特殊功能寄存器。表 5.12 所示为 80C52 特殊功能寄存器列表。

表 5.12 80C52 特殊功能寄存器

符号	地址	注释
*ACC	E0H	累加器
*B	F0H	乘法寄存器
*PSW	D0H	程序状态字
SP	81H	堆栈指针
DPL	82H	数据存储器指针低 8 位
DPH	83H	数据存储器指针高 8 位
*IE	A8H	中断允许控制器
*IP	D8H	中断优先控制器
*P0	80H	端口 0
*P1	90H	端口 1
*P2	A0H	端口 2
*P3	B0H	端口 3
PCON	87H	电源控制及波特率选择
*SCON	98H	串行口控制器
SBUF	99H	串行数据缓冲器
*TCON	88H	定时器控制
TMOD	89H	定时器方式选择
TL0	8AH	定时器/计数器 0 低 8 位
TL1	8BH	定时器/计数器 1 低 8 位
TH0	8CH	定时器/计数器 0 高 8 位
TH1	8DH	定时器/计数器 1 高 8 位
*T2CON	C8H	定时器/计数器 2 控制
RLDL	CAH	定时器/计数器 2 自动重装低 8 位
RLDH	CBH	定时器/计数器 2 自动重装高 8 位
TL2	CCH	定时器/计数器 2 低 8 位
TH2	CDH	定时器/计数器 2 高 8 位

注：带*号的特殊功能寄存器都是可位寻址的寄存器。

8. sfr16 16 位特殊功能寄存器

sfr16 用于定义存在于 80C51 单片机内部 RAM 的 16 位特殊功能寄存器。sfr16 型数据占用 2 个内存单元，取值范围为 0～65535，如定时器 T0 和 T1。通过名字或地址引用的 sfr16 地址必须大于 80H。

9. sbit 可寻址位

sbit 是 C51 中的一种扩充数据类型，利用它可以访问芯片内部的 RAM 中的可寻址位或特殊功能寄存器中的可寻址位。如定义：

```
sfr P1 = 0x90;            /*因 P1 端口的寄存器是可位寻址的，所以可以定义*/
sbit P1_1 = P1^1;         /*P1_1 为 P1 中的 P1.1 引脚*/
```

同样可以用 P1.1 的地址去写，如：

```
sbit P1_1 = 0x91;
```

这样在以后的程序语句中就可以用 P1_1 对 P1.1 引脚进行读/写操作。通常这些可以直接使用系统提供的预处理文件，里面已定义好各个特殊功能寄存器的简单名字，直接引用可以省去一些时间。

在 80C51 单片机系统中，经常要访问特殊功能寄存器中的某些位，用关键字 sbit 定义可位寻址的特殊功能寄存器的位寻址对象。定义方法有如下三种：

（1）sbit 位变量名＝位地址

将位的绝对地址赋给位变量，位地址必须位于 0x80H～0xFF 之间。例如，

```
sbit OV=0xD2;
sbit CY=0xD7;
```

（2）sbit 位变量名＝特殊功能寄存器名^位位置

当可寻址位位于特殊功能寄存器中时，可采用这种方法。位位置是一个 0～7 范围内的常数。例如，

```
sfr SCON=0x98;   /*定义 SCON*/
sbit RI=SCON^0;  /*定义 SCON 的各位*/
sbit TI=SCON^1;
sbit RB8=SCON^2;
sbit TB8=SCON^3;
sbit REN=SCON^4;
sbit SM2=SCON^5;
sbit SM1=SCON^6;
sbit SM0=SCON^7;
```

（3）sbit 位变量名＝字节地址^位位置

这种方法是以一个常数（字节地址）作为基地址，该常数必须在 0x80H～0xFF 范围内。位位置是一个 0～7 范围内的常数。例如，

```
sbit OV=0xD0^2;
sbit CY=0xD0^7;
```

80C51 单片机中的特殊功能寄存器和特殊功能寄存器可寻址位，已被预先定义放在文件 reg51.h 或 reg52.h 中，在程序的开头只需加上#include<reg51.h>或#include<reg52.h>即可。

另外，sbit 还可以访问 80C51 单片机片内 20H～2FH 范围内的位对象。C51 编译器提供了一个 bdata 存储器类型，允许将具有 bdata 类型的对象放入 80C51 单片机片内可位寻址区。例如，

```
int bdata bi_var1;                   /*在位寻址区定义一个整型变量 bi_var1*/
char bdata bc_array[3];              /*在位寻址区定义一个字符型数组整型变量 bc_array*/
sbit bi_var1_bit0=bi_var1^0;         /*使用位变量 bi_var1_bit0 访问 bi_var1 第 0 位*/
sbit bi_var1_bit15=bi_var1^15;       /*使用位变量 bi_var1_bit15 访问 bi_var1 第 15 位*/
sbit bc_array05=bc_array[0]^5;       /*使用位变量 bc_array05 访问 bc_array[0]第 5 位*/
```

需要注意 sbit 和 bit 的区别：sbit 定义特殊功能寄存器中的可寻址位，而 bit 则定义了一个普通的位变量，一个函数中可以包含 bit 类型的参数，函数返回值也可以为 bit 类型。例如，

```
bit b_direction_bit;                 /*定义了一个位变量 b_direction_bit*/
extern bit b_lock_prt_port;          /*定义了一个外部位变量 b_lock_prt_port*/
bit bf_func(bit b0, bit b1)          /*定义了一个返回位型的函数 bf_func，函数中包
                                       括 2 个位型参数 b0, b1*/
    {
       bit b2;
       b2=b0 & b1;
       return(b2);                   /*返回一个位型值 b2*/
    }
```

C51 编译器除了支持上述这些基本数据类型之外，还支持复杂的构造数据类型，如结构类型和联合类型。关于构造数据类型可参考 ANSI C。

5.5.3　变量的存储种类和存储器类型

变量是一种在程序执行过程中，其数值不断变化的量。同 ANSI C 一样，C51 规定变量必须先定义后使用。C51 对变量的进行定义的格式如图5.9所示。

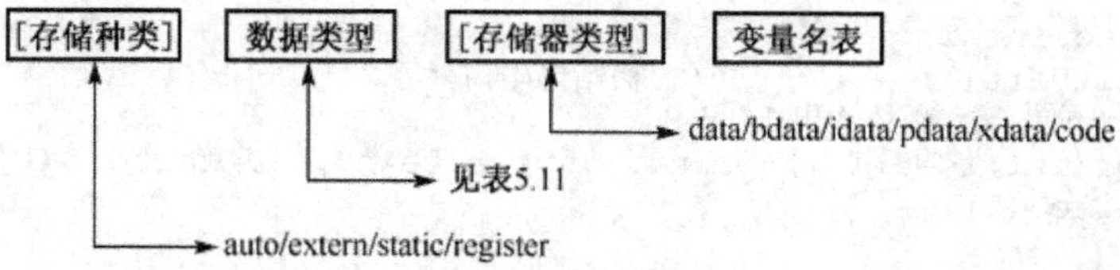

图 5.9　C51 对变量的进行定义格式

图中，存储种类和存储器类型是可选项。下面首先介绍存储种类。

1. 存储种类

存储种类是指变量在程序执行过程中的作用范围。变量的存储种类有四种，分别为自动（auto）、外部（extern）、静态（static）和寄存器（register）。

使用存储种类说明符 auto 定义的变量称为自动变量。自动变量的作用范围在定义它的函数体或复合语句内部，在定义它的函数体或复合语句被执行时，C51 才为该变量分配内存空间。当函数调用结束返回或复合语句执行结束时，自动变量所占用的内存空间被释放，这些内存空间又可被其他函数体或复合语句使用。可见使用自动变量能最有效地使用 80C51 单片机内存。定义变量时，如果省略存储种类，则该变量默认为自动（auto）变量。例如，

```
{
    char c_var;
    int i_var;
}
```

等价于

```
{
    auto char c_var;
    auto int i_var;
}
```

由于 80C51 单片机访问片内 RAM 速度最快，通常将函数体内和复合语句中使用频繁的变量放在片内 RAM 中且定义为自动变量，可有效地利用片内有限的 RAM 资源。

使用外部种类存储符 extern 定义的变量称为外部变量。在一个函数体内，要使用一个已在该函数体外或别的程序模块文件中定义过的外部变量时，该变量在本函数体内要用 extern 说明。外部变量被定义后，即分配了固定的内存空间，在程序的整个执行时间内都是有效的。通常将多个函数或模块共享的变量定义为外部变量。外部变量是全局变量，在程序执行期间一直占有固定的内存空间。当片内 RAM 资源紧张时，不建议将外部变量放在片内 RAM。

使用存储种类说明符 static 定义的变量称为静态变量。静态变量分为局部静态变量和全局静态变量。

局部静态变量是在两次函数调用之间仍能保持其值的局部变量。有些程序要求在多次调用之间仍然保持变量的值，使用自动变量无法做到这一点。使用全局变量有时会带来意外的副作用，这时可采用局部静态变量。

【例 5.15】 局部静态变量的使用——计算并输出 1～8 的阶乘值。

```
#include <REG52.H>        /* special function register declarations */
#include <stdio.h>        /* prototype declarations for I/O functions */

void initUart(void);    /*初始化串口*/
unsigned int factorial(unsigned int n);        //计算阶乘

/******** main 函数 *********/
void main (void) {
```

```
unsigned int i;
    initUart();            /* 初始化串口 */
    /* 下面 for 循环输出 1! —8!  */
    for(i=1;i<=8;i++) printf("%u! = %u\n", i, factorial(i));
    while (1) {}
}
/********** factorial 计算阶乘 ***************/
unsigned int factorial(unsigned int n)       //计算阶乘
{
    static unsigned int fac=1;
    fac=fac*n;
    return(fac);
}
/********** 初始化串口 ************/
void initUart(void)       /*初始化串口*/
{
    /* Setup the serial port for 9600 baud at 11.0592 MHz             */
    SCON=0x50;       /* SCON:mode 1, 8-bit UART, enable rcvr           */
    TMOD|=0x20;      /* TMOD:timer 1, mode 2, 8-bit reload             */
    TH1=0xfd;        /* TH1:reload value for 9600 baud @ 11.0592 MHz */
    TR1=1;           /* TR1:timer 1 run                                */
    TI=1;            /* TI:set TI to send first char of UART           */
}
```

在这个程序中，一共调用了 8 次阶乘函数 factorial(i)，每次调用后输出一个阶乘值 i!，同时保留这个 i!值，以便下次再乘(i+1)，而不用重新计算 i!值。但使用局部静态变量要占用较多的内存空间，因此建议不要过多地使用局部静态变量。

全局静态变量是一种作用范围受限制的外部变量。全局静态变量只在定义它的程序文件中才可以使用，其他文件不能改变其内容。C 语言允许多模块程序设计，即全局静态变量只能在定义它的程序文件所产生的模块中使用。全局静态变量也占用固定的内存空间，但不能作为别的模块的外部变量，这一点与单纯的全局变量不同。

使用存储种类说明符 register 定义的变量称为寄存器变量。80C51 访问寄存器的速度最快，通常将使用频率最高的那些变量定义为寄存器变量。C51 编译器能自动识别程序中使用频率最高的变量，并自动将其作为寄存器变量，用户无须专门声明。

2. 存储器类型

定义变量时，除了说明存储种类外，还允许说明变量的存储器类型。存储器类型和存储种类是完全不同的概念，存储器类型指明该变量所处的单片机的内存空间。C51 编译器可识别以下存储器类型，如表 5.13 所示。

表 5.13　C51 编译器可识别的存储器类型

存储器类型	描　述
data	直接寻址的片内数据存储器低 128 B，访问速度最快
bdata	可位寻址的片内数据存储器（地址 20H～2FH 共 16 B）允许位和字节混合访问
idata	间接寻址片内数据存储器 256 B，允许访问片内除特殊功能寄存器外全部地址
pdata	分页寻址片外数据存储器 256 B，使用指令 MOVX @Rn 访问，需要 2 个指令周期
xdata	寻址片外数据存储器 64 KB，使用指令 MOVX @DPTR 访问
code	寻址程序存储器区 64 KB，使用指令 MOVC @A+DPTR 访问

如果在变量定义时省略了存储器类型标识符，C51 编译器会选择默认的存储器类型。默认的存储器类型由 SMALL、COMPACT 和 LARGE 存储模式指令决定。

下面对 80C51 单片机各存储区类型的特点加以说明。

（1）data 区

对 data 区的寻址是最快的，所以应该把使用频率高的变量放在 data 区。由于空间有限，必须注意使用 data 区，data 区除了包含程序变量外，还包含了堆栈和寄存器组 data 区。

```
unsigned char data system_status=0;
unsigned int data unit_id[2];
char data inp_string[16];
float data outp_value;
mytype data new_var;
```

在 SMALL 存储模式下，未说明存储器类型时，变量默认被定位在 data 区。标准变量和用户自定义变量都可以存储在 data 区，只要不超过 data 区的范围。因为 C51 使用默认的寄存器组传递参数，至少失去了 8 B。另外，要定义足够大的堆栈空间，当内部堆栈溢出的时候，程序会产生莫名其妙的错误，实际原因是 80C51 系列单片机没有硬件报错机制，堆栈溢出只能以这种方式表示出来。

（2）bdata 区

当在 DATA 区的位寻址区定义变量，这个变量就可以进行位寻址，并且声明位变量。这对状态寄存器来说十分有用，因为它可以单独使用变量的每一位，而不一定要用位变量名引用位变量。下面是一些在 bdata 区中声明变量和使用位变量的例子：

```
unsigned char bdata status_byte;
unsigned int bdata status_word;
unsigned long bdata status_dword;
sbit stat_flag=status_byte^4;
if (status_word^15) {
…}
stat_flag=1;
```

编译器不允许在 bdata 区中定义 float 和 double 类型的变量，如果想对浮点数的每位寻址，可以通过包含 float 和 long 的联合定义实现。

```
typedef union{                          /*定义联合类型*/
unsigned long lvalue;                   /*长整型 32 位*/
float fvalue;                           /*浮点数 32 位*/
}bit_float;                             /*联合名*/
bit_float bdata myfloat;                /*在 bdata 区中声明联合*/
sbit float_ld=myfloat.lvalue^31; /*定义位变量名*/
```

（3）idata 区

idata 区也可以存放使用比较频繁的变量，使用寄存器作为指针进行寻址。在寄存器中设置 8 位地址进行间接寻址，与外部存储器寻址比较，它的指令执行周期和代码长度都比较短。

```
unsigned char idata system_status=0;
unsigned int idata unit_id[2];
char idata inp_string[16];
float idata outp_value;
```

（4）pdata 区和 xdata 区

在这两个区声明变量和在其他区的语法是一样的，pdata 区只有 256 B，而 xdata 区可达 65536 B，举例如下：

```
unsigned char xdata system_status=0;
unsigned int pdata unit_id[2];
char xdata inp_string[16];
float pdata outp_value;
```

对 pdata 和 xdata 的操作是相似的，对 pdata 区寻址比对 xdata 区寻址要快，因为对 pdata 区寻址只需要装入 8 位地址，而对 xdata 区寻址需装入 16 位地址，所以尽量把外部数据存储在 pdata 区中。对 pdata 和 xdata 寻址要使用 MOVX 指令，需要 2 个处理周期。

（5）code 区

code 区即 80C51 的程序代码区，所以代码区的数据是不可改变的，80C51 的代码区不可重写。一般代码区中可存放数据表、跳转向量和状态表。对 code 区的访问和对 xdata 区的访问的时间是一样的。代码区中的对象在编译时就初始化，否则就得不到想要的值。下面是代码区的声明例子：

```
unsigned int code unit_id[2]={0x1234, 0x89ab};
unsigned char code uchar_data[16]={0x00, 0x01, 0x02, 0x03, 0x04, 0x05, 0x06, 0x07,
0x08, 0x09, 0x10, 0x11, 0x12, 0x13, 0x14, 0x15};
```

3．存储模式

C51 编译器允许采用三种存储模式：小编译模式 SMALL、紧凑编译模式 COMPACT、大编译模式 LARGE。一个变量的存储器模式确定了变量在内存中的地址空间。在 SMALL 模式下，该变量在 80C51 单片机的内部 RAM 中；在 COMPACT 和 LARGE 模式下，该变量在 80C51 单片机的外部 RAM 中。同样一个函数的存储器模式确定了函数的参数和局部变量在内存中的地址空间。在 SMALL 模式下，函数的参数和局部变量在 80C51 单片机的内部 RAM 中；在 COMPACT 和 LARGE 模式下，函数的参数和局部变量在 80C51 单片机的外部 RAM 中。

下面这个例子说明了存储模式的定义方法。

【例 5.16】 变量和函数的存储模式。

```
#pragma small            /*默认存储器类型为 80C51 片内直接寻址 RAM*/
char data i, j, k;       /*在 80C51 片内直接寻址 RAM 中定义了 3 个变量，默认为自
                           动变量*/
char i, j, k;            /*未指明存储模式，由#pragma small 决定，与前一句完全等价*/
int xdata m, n;          /*在 80C51 片外 RAM 中定义了 2 个自动变量*/
static char m, n;        /*在 80C51 片内直接寻址 RAM 中定义了 2 个静态变量*/
unsigned char xdata ram[128];    /*在 80C51 片外 RAM 中定义了大小为 128B 的数组变量*/
int func1(int i, int j) large    /*指定 large 模式*/
{
  return(i+j);
}
int func2(int i, int j)          /*未指明存储模式，按默认的 SMALL 模式*/
{
  return(i-j);
}
```

不同的存储器类型访问速度是不一样的，例如：

```
unsigned char data var1;         /*SMALL 模式，var1 被定位在 DATA 区*/
                                 /*即 80C51 片内直接寻址 RAM*/
unsigned char pdata var1;        /*COMPACT 模式，var1 被定位在 pdata 区*/
                                 /*即 80C51 片外按页面间接寻址 RAM*/
unsigned char xdata var1;        /*LARGE 模式，var1 被定位在 xdata 区*/
                                 /*即 80C51 片外间接寻址 RAM*/
```

在 SMALL 模式下，var1 被定位在 data 区，经 C51 编译器编译后，采用内部 RAM 直接寻址方式访问速度最快；在 COMPACT 模式下，var1 被定位在 pdata 区，经 C51 编译器编译后，采用外部 RAM 间接寻址方式访问速度较快；在 LARGE 模式下，var1 被定位在 xdata 区，经 C51 编译器编译后，采用外部 RAM 间接寻址方式访问速度最慢。为了提高系统运行速度，建议在编写源程序时，把存储模式设定为 SMALL，再在程序中把 xdata、pdata 和 idata 等类型的变量进行专门声明。

5.5.4　绝对地址的访问

1．使用指针

采用指针的方法，可实现在 C51 程序中对任意指定的存储器地址进行操作。例如，

```
#define uchar unsigned char
#define uint unsigned int
void test_memory(void) {
    uchar idata ivar1;
    uchar xdata *xdp;     /*定义一个指向 xdata 存储器空间的指针*/
    char data *dp;        /*定义一个指向 DATA 存储器空间的指针*/
    uchar idata *idp;     /*定义一个指向 idata 存储器空间的指针*/
    xdp=0x1000;           /*xdata 指针赋值，指向 xdata 存储器地址 1000H 处*/
    *xdp=0x5A;            /*将数据 5AH 送到 xdata 的 1000H 单元*/
    dp=0x61;              /*DATA 指针赋值，指向 DATA 存储器地址 61H 处*/
    *dp=0x23;             /*将数据 23H 送到 DATA 的 61H 单元*/
    idp=&ivar1;           /*idp 指向 idata 区变量 ivar1*/
    *idp=0x16;            /*等价于 ivar1=0x16*/
}
```

2．使用 C51 运行库中预定义宏

C51 编译器提供了一组宏定义用来对 80C51 系列单片机的 code、data、pdata 和 xdata 空间进行绝对地址访问。函数原型如下：

```
#define CBYTE((unsigned char volatile *)0x50000L)
#define DBYTE((unsigned char volatile *)0x40000L)
#define PBYTE((unsigned char volatile *)0x30000L)
#define XBYTE((unsigned char volatile *)0x20000L)

#define CWORD((unsigned int volatile *)0x50000L)
#define DWORD((unsigned int volatile *)0x40000L)
#define PWORD((unsigned int volatile *)0x30000L)
#define XWORD((unsigned int volatile *)0x20000L)
```

这些函数原型放在 absacc.h 文件中。

CBYTE 以字节形式对 code 区寻址，DBYTE 以字节形式对 data 区寻址，PBYTE 以字节形式对 pdata 区寻址，XBYTE 以字节形式对 xdata 区寻址，CWORD 以字形式对 code 区寻址，DWORD 以字形式对 data 区寻址，PWORD 以字形式对 pdata 区寻址，XWORD 以字形式对 xdata 区寻址。例如，

```
#include<absacc.h>
#include<reg52.h>
#define uchar unsigned char
#define uint unsigned int
void main (void)
  {
    uint ui_var1;
    uchar uc_var1;
    ui_var1=XWORD [0x0002];      /*访问外部 RAM 0004H～0005H 地址的内容*/
    uc_var1=XBYTE [0x0002];      /*访问外部 RAM 0002H 地址的内容*/
    …
    while(1);
}
```

需要注意的是，ui_var1 在外部存储器区访问 0x0004。通过使用#define 预处理器命令，可采用其他符号定义绝对地址。

【例 5.17】 设一个单片机硬件系统中，扩展了一片可编程的并行接口芯片 8255，其中，命令口地址为 07FFH，口 A 地址为 07FCH，口 B 地址为 07FDH，口 C 地址为 07FEH。

源程序如下：

```
#include<absacc.h>
#include<reg52.h>
#define uchar unsigned char
#define COM8255 XBYTE[0x007f]          /*命令口地址*/
#define PA8255 XBYTE[0x007c]           /*口 A 地址*/
#define PB8255 XBYTE[0x007d]           /*口 B 地址*/
#define PC8255 XBYTE[0x007e]           /*口 C 地址*/
void  v_func(uchar *p) {
   …
   while((0x80&PC8255)!=0);            /*直接采用已定义的标识符 PC8255 */
   PA8255=*p;
   COM8255=0x00;
   COM8255=0x01;
    …;
}
…;
```

3. 使用 C51 扩展关键字 _at_

使用_at_对指定的存储器空间的绝对地址进行定位，一般格式如下：

```
[存储器类型] 数据类型 标识符_at_ 常数
```

其中，存储器类型为 idata、data、xdata 等 C51 能识别的数据类型，如果省略该选项，则按编译模式 SMALL、COMPAC 或 TLARGE 规定的默认存储器类型确定变量的存储器空间。数据类型除了可用 int、long、float 等基本类型外，还可采用数组、结构等复杂数据类型。常数规定变量的绝对地址，必须位于有效的存储器空间之内。使用_at_定义的变量只能是全局变量。例如：

```
uchar xdata xram[0x8000]  _at_ 0x0000;
/*在外部 RAM 空间 0000H 处定义了一个一维数组变量 xram,数组的元素个数为 32768(0x8000)*/
struct birthdate{                                /* 定义结构 */
   int year;
 uchar month, day;
}
idata struct birthdate Hans _at_ 0x60;   /*结构变量 Hans 定位于 idata 空间地
                                          址 0x60  */
```

【例 5.18】 分别使用三种方法编写以下三个函数。

（1）将起始地址为 1000H 的片外 RAM 的 16 B 内容送入起始地址为 2000H 的片外 RAM 中。

（2）将起始地址为 3000H 的片外 RAM 的 16 B 内容送入起始地址为 50H 的片内 RAM 中。

（3）将起始地址为 800H 的 ROM 的 16 B 内容送入起始地址为 80H 的片内 RAM 中。

```
#include<reg52.h>
#include<absacc.h>
#define uchar unsigned char
#define uint unsigned int
void movxx (uchar  *s_addr, uchar  *d_addr, uchar  lenth) /*使用指针*/
{
uchar i
   for (i=0; i< lenth; i++) {
     d_addr[i]=s_addr[i];
   }
}
void movxd (uint  s_addr, uchar  d_addr, uchar  lenth) {
/*使用 C51 运行库中预定义宏*/
uchar i;
   for (i=0; i<lenth; i++) {
     DBYTE [d_addr+i]=XBYTE [s_addr +i];
```

```
    }
}
void movcd (uchar lenth) {                              /* 使用C51扩展关键字_at_*/
uchar i;
code uchar codedata[16] _at_ 0x800;
idata uchar idatadata[16] _at_ 0x80;
  for (i=0; i< lenth; i++) {
    idatadata [i]=codedata [i];
  }
}
void main( ) {
xdata uchar *xram1;
xdata uchar *xram2;
xram1=0x1000; xram2=0x2000;
movxx (xram1, xram2, 16);        /*使用指针，完成（1）*/
movxd (0x3000, 0x50, 16);        /*使用C51运行库中预定义宏，完成（2）*/
movcd (16);                      /*使用C51扩展关键字_at_，完成（3）*/
for (; ;)
}
```

5.5.5 中断服务程序

80C51 的中断系统十分重要，C51 编译器允许在 C 语言源程序中声明中断和编写中断服务程序，从而减轻了采用汇编程序编写中断服务程序的烦琐程度。通过使用 interrupt 关键字来实现。定义中断服务程序的一般格式如下：

```
void 函数名( ) interrupt n [using m]
```

关键字 interrupt 后面的 n 是中断号，n 的取值范围为 0～31。编译程序从 $8n+3$ 处产生中断向量，即在程序存储器 $8n+3$ 地址处形成一条长跳转指令，转向中断号 n 的中断服务程序。中断号对应着 IE 寄存器中的使能位，换句话说，IE 寄存器中的 0 位对应着外部中断 0，相应的外部中断 0 的中断号是 0。中断号 0～4 对应中断源的关系如表 5.14 所示。

表 5.14 中断号和中断源的对应关系

中断号 n	中断源	中断向量
0	外部中断 0	0003H
1	定时器 0	000BH
2	外部中断 1	0013H
3	定时器 1	001BH
4	串行口	0023H

using m 指明该中断服务程序所对应的工作寄存器组，取值范围为 0～3。指定工作寄存器组的缺点是所有被中断调用的过程都必须使用同一个寄存器组，否则参数传递会发生错误。通常不设定 using m，除非保证中断程序中未调用其他子程序。

设置一个定时器中断服务程序的例子如下：

```
#include <reg51.h>
#include <stdio.h>
#define RELOADTH 0x3C
#define RELOADTL 0xB0
extern unsigned int time0_counter;

void timer0(void) interrupt 1{
    TR0=0;                      /*停止定时器0*/
    TH0=RELOADTH;               /*50 ms 后溢出*/
    TL0=RELOADTL;
    TR0=1;                      /*启动T0*/
    time0_counter++;            /*中断次数计数器加1*/
    printf("time0_counter=%05d\n", time0_counter);
}
```

使用 C51 编写中断服务程序，程序员无须关心 ACC、B、DPH、DPL、PSW 等寄存器的保护，C51 编译器会根据上述寄存器的使用情况在目标代码中自动增加压栈和出栈。

5.6　C51 的运算符和表达式

运算符就是完成某种特定运算的符号。运算符按其表达式中与运算符的关系可分为单目运算符、双目运算符和三目运算符。单目就是指需要有一个运算对象，双目就要求有两个运算对象，三目则要三个运算对象。表达式是由运算符及运算对象所组成的具有特定含义的式子。C 语言是一种表达式语言，表达式后面加“;”号就构成了一个表达式语句。

5.6.1　赋值运算符

赋值运算符“=”，在 C 语言中它的功能是给变量赋值，称为赋值运算符，如“x=10”。由此可见利用赋值运算符将一个变量与一个常数或表达式连接起来的式子为赋值表达式，在表达式后面加“;”便构成了赋值语句。使用“=”的赋值语句格式如下：

```
变量 = 表达式;
```

示例如下：

```
a=0xa6;        /*将常数十六进制数 0xa6 赋予变量 a*/
b=c=33;        /*同时赋值给变量 b, c*/
d=e;           /*将变量 e 的值赋予变量 d*/
f=a+b;         /*将变量 a+b 的值赋予变量 f*/
```

由上面的例子可知，赋值语句的意义就是先计算出“=”右边的表达式的值，然后将得到的值赋给左边的变量，而且右边的表达式可以是一个赋值表达式。

需要注意“==”与“=”两个符号的区别，有时编译报错，往往就是错在 if（b=0xff）之类的语句中，错将“==”用为“=”。“==”符号是用来进行相等关系的运算符号。

5.6.2　算术运算符

对于 a+b 和 a/b 这样的表达式大家都很熟悉，用在 C51 语言中，“+”、“/”就是算术运算符。C51 中的算术运算符有如下几个，其中只有取正值和取负值运算符是单目运算符，其他则都是双目运算符：

+　加或取正值运算符

–　减或取负值运算符

*　乘运算符

/　除运算符

%　模（取余）运算符，如 8 % 5 = 3，即 8 除以 5 的余数是 3

算术表达式的形式为

```
运算对象 1 算术运算符 运算对象 2
```

运算对象可以是常量、变量、函数、数组、结构等。例如，

```
a+b*(10-a);
(x+9)/(y-a);
a*(b+c)-(d-e)/f;
a+b/c-'T';
```

除法运算符和一般的算术运算规则有所不同。如果是两浮点数相除，其结果为浮点数，例如 10.0/20.0 所得值为 0.5。而两整数相除时，所得值就是整数，例如 7/3，值为 2。与 ANSI C 一样，运算符与有优先级和结合性，同样可用括号“()”改变优先级。

5.6.3 关系运算符

C51 中有 6 种关系运算符：

> 大于

< 小于

>= 大于等于

<= 小于等于

== 测试等于

!= 测试不等于

当两个表达式用关系运算符连接起来时，就是关系表达式。关系表达式通常用来判别某个条件是否满足。要注意的是，关系运算符的运算结果只有 0 和 1 两种，也就是逻辑的真与假，当指定的条件满足时结果为 1，不满足时结果为 0。格式如下：

```
表达式 1  关系运算符  表达式 2
```

例如，

```
I<J, I>=J, (I=4)>(J=3), J+1>J
```

5.6.4 逻辑运算符

关系运算符所能反映的是两个表达式之间的大小关系，逻辑运算符则用于求条件式的逻辑值。用逻辑运算符将关系表达式或逻辑量连接起来就是逻辑表达式，格式如下：

- 逻辑与：条件式 1 && 条件式 2。
- 逻辑或：条件式 1 || 条件式 2。
- 逻辑非：! 条件式。

逻辑与，就是当条件式 1 与条件式 2 都为真时结果为真（非 0 值），否则为假（0 值）。也就是说运算会先对条件式 1 进行判断，如果为真（非 0 值），则继续对条件式 2 进行判断，当结果为真时，逻辑运算的结果为真（值为 1），如果结果不为真时，逻辑运算的结果为假（0 值）。如果在判断条件式 1 时就不为真的话，就不用再判断条件式 2 了，而直接给出运算结果为假。

逻辑或，是指只要两个运算条件中有一个为真时，运算结果就为真，只有当条件式都不为真时，逻辑运算结果才为假。

逻辑非，则是把逻辑运算结果值取反，也就是说如果两个条件式的运算值为真，进行逻辑非运算后则结果变为假，条件式运算值为假时最后逻辑结果为真。

如 a=7，b=6，c=0 时，则

- !a 为假，!c 为真；
- a &&b 为真，!a && b 为假，b || c 为真；
- (a>0) && (b>3)为真，(a>8) && (b>0)为假。

5.6.5 位运算符

C51 也能对运算对象进行按位操作，从而使 C51 也具有一定的对硬件直接进行操作的能力。位运算符的作用是按位对变量进行运算，但并不改变参与运算的变量的值。如果要求按位改变变量的值，则需要利用相应的赋值运算。位运算符不能用来对浮点型数据进行操作。位运算的一般表达形式如下：

```
变量 1 位运算符 变量 2
```

C51 中共有 6 种位运算符：

& 按位与

| 按位或

^ 按位异或

~ 按位取反

<< 左移

>> 右移

位运算符也有优先级，从高到低依次是：~（按位取反）、<<（左移）、>>（右移）、&（按位与）、^（按位异或）、|（按位或）。

例如，a=0x54=0101 0100B，b=0x3b=0011 1011B，则 a & b=00010000，a | b=01111111，a ^ b=01101111，~a=10101011，a<<2=01010000，b>>1=00011101。

5.6.6 复合运算符

复合运算符就是在赋值运算符“=”的前面加上其他运算符。以下是 C51 语言中的复合赋值运算符：

+= 加法赋值　　>>= 右移位赋值

-= 减法赋值　　&= 逻辑与赋值

*= 乘法赋值　　|= 逻辑或赋值

/= 除法赋值　　^= 逻辑异或赋值

%= 取模赋值　　~= 逻辑非赋值

<<= 左移位赋值

复合运算的一般形式为：

```
变量 复合赋值运算符 表达式
```

其含义就是变量与表达式先进行运算符所要求的运算，再把运算结果赋值给参与运算的变量。其实这是 C 语言中简化程序的一种方法，凡是二目运算都可以用复合赋值运算符去简化表达。例如，a+=56 等价于 a=a+56，y/=x+9 等价于 y=y/(x+9)。

很明显，采用复合赋值运算符会降低程序的可读性，但这样却可以使程序代码简单化，并能提高编译的效率。对于初学 C51 的读者，在编程时最好还是根据自己的理解力和习惯去使用程序表达的方式，不要一味追求程序代码的短小。

5.6.7 指针和地址运算符

指针是 C 语言中十分重要的概念，也是学习 C51 中的一个难点。C51 中提供两个专门用于指针和地址的运算符：

```
* 取内容
& 取地址
```

取内容和取地址运算的一般形式分别为：

```
变量 = * 指针变量
指针变量 = & 目标变量
```

取内容运算是将指针变量所指向的目标变量的值赋给左边的变量。取地址运算是将目标变量的地址赋给左边的变量。要注意的是：指针变量中只能存放地址（也就是指针型数据），一般情况下不要将非指针类型的数据赋值给一个指针变量。

5.7　C51 的库函数

C51 的强大功能及其高效率的重要体现之一在于，其提供了丰富的可直接调用的库函数。使用库函数使程序代码简单、结构清晰、易于调试和维护。下面介绍 C51 的库函数系统。

5.7.1　本征库函数和非本征库函数

C51 提供的本征函数在编译时直接将固定的代码插入当前行，而不是用 ACALL 和 LCALL 语句实现。这样就大大提供了函数访问的效率，而非本征函数必须由 ACALL 及 LCALL 调用。C51 的本征库函数只有 9 个，数目虽少，但都非常有用，现罗列如下。

- _crol_，_cror_：将 char 型变量循环向左（右）移动指定位数后返回。
- _iror_，_irol_：将 int 型变量循环向左（右）移动指定位数后返回。
- _lrol_，_lror_：将 long 型变量循环向左（右）移动指定位数后返回。
- _nop_：相当于插入汇编指令 NOP。
- _testbit_：相当于 JBC bitvar 测试该位变量并跳转同时清除。
- _chkfloat_：测试并返回源点数状态。

使用上述函数时，源程序开头必须包含#inclucle <intrins.h>一行。

5.7.2　几类重要的库函数

C51 提供了丰富的库函数资源，包括大量关于 I/O 操作、内存分配、字符串操作、数据类型转换、数学计算等的函数库。它们是以执行代码的形式出现的，供用户在连接定位时使用。在用预处理器命令＃include 包含相应的头文件后，就可以在程序中使用这些函数。

1．内部函数 intrins.h

这个库中提供的是一些用汇编语言编写的函数。用汇编语言编写非常直接、简单，且代码很短，而用 C51 编写则代码很长。这些函数主要有：

crol/_cror_　无符号字符型变量左/右移位函数

irol/_iror_　无符号整型变量左/右移位函数

lrol/_lror_　无符号长整型变量左/右移位函数

nop　空操作函数

testbit　位测试函数

这些函数在书写上有其与其他 C 语言函数区别的特点：函数名的前后都加有下划线。

（1）*左移多位函数*

函数原型说明格式为

```
unsigned char  crol (unsigned char val, unsigned char n);
unsigned int _irol_(unsigned val, unsigned char n);
unsigned long _lrol_(unsigned long val, unsigned char n);
```

其中，函数的第 1 个参数是被移位的变量；第 2 个参数是要移位的位数，对于无符号符型变量，该参数取值范围是 0～7，对于无符号整型变量，该参数取值范围是 0～15，对无符号长整型变量，该参数取值范围是 0～31。函数返回值是变量移位后的结果。

例如，

```
#inclucle <intrins.h>
void main()
{
    unsigned int y;
    y=0x00ff;
    y=_irol_ (y,4);
}
```

运行后，y=0x0ff0。

（2）右移多位函数

函数原型说明格式为

```
unsigned char _cror_(unsigned char val, unsigned char n);
unsigned int _iror_(unsigned val, unsigned char n);
unsigned long _lror_(unsigned long val, unsigned char n);
```

其中，函数的第1个参数是被移位的变量；第2个参数是要移位的位数，对于无符号符型变量，该参数取值范围是0～7，对于无符号整型变量，该参数取值范围是0～15，对无符号长整型变量，该参赛取值范围是0～31。函数返回值是变量移位后的结果。

例如，

```
#inclucle <intrins.h>
void main()
{
    unsigned int y;
    y=0x00ff;
    y=_iror_ (y,4);
}
```

运行后，y=0x000f。

（3）空操作函数

函数原型说明格式为

```
void _nop_ (void);
```

本函数产生单一汇编指令nop。执行它没有任何实质性操作，仅仅延时一个机器周期。

（4）位测试函数

函数原型说明格式为

```
bit _testbit_ (bit x);
```

其中，参数和函数返回值必须是位变量。本函数产生汇编指令“JBC x, rel”，用于测试位变量x是0或1，并将其值通过CY返回。

例如，

```
#inclucle <intrins.h>
bit flag;
char val;
void main()
{
    If(!_testbit_ (flag))
    Val--;
}
```

2. 绝对地址访问函数absacc.h

使用这个头文件，可以利用3 B通用指针作为抽象指针，为各存储空间提供绝对地址存取技术。

方法是把通用指针指向各存储空间的首地址，并按存取对象类型实施指针强制，再用定义宏说明为数组名即可。存取时利用数组下标变量寻址。

月预处理器伪指令#define 为各空间的绝对地址定义宏数组名如下：

```
#define CBYTE((unsigned char*)0x500000L)/*code 空间*/
#define DBYTE((unsigned char*)0x400000L)/*data 空间*/
#define PBYTE((unsigned char*)0x300000L)/*pdata 空间*/
#define XBYTE((unsigned char*)0x200000L)/*xdata 空间*/
```

以上存取对象是 char 类型字节。

```
#define CWORD((unsigned int*)0x500000L)/*code 空间*/
#define DWORD((unsigned int*)0x400000L)/*data 空间*/
#define PWORD((unsigned int*)0x300000L)/*pdata 空间*/
#define XWORD((unsigned int*)0x200000L)/*xdata 空间*/
```

以上存取对象是 int 类型字。

对于绝对地址对象的存取，可以用指定下标的抽象数组来实现，如下所示：

char 类型：	CBYTE[i]	DBYTE[i]	PBYTE[i]	XBYTE[i]
int 类型：	CWORD[i]	DWORD[i]	PWORD[i]	XWORD[i]

曰于定义的宏数组名为各空间的绝对零地址，所以带下标变量 i 的数组元素就是各空间绝对地址的内容。

例如，绝对地址 DBYTE[0x10]表示 data 空间绝对地址 16 处的字节对象，XWORD[0xff]表示 xdata 空间绝对地址 255 处的字对象。

二述抽象数组名的宏定义在头文件 absacc.h 中说明。抽象数组与前面介绍过的抽象指针有如下关系：

```
XWORD[0xff]=*（int xdata*）0xff;
```

3. 缓冲区处理函数 string.h

缓冲区处理函数 string.h 也称字符串函数，包括复制、比较、移动等函数。此处，字符串中的每个字符可以是一个无符合字节。下面介绍常用的几个函数。

（1）计算字符串 s 的长度

strlen 原型：

```
extern int strlen(char *s);
```

说明：返回 s 的长度，不包括结束符 NULL。

举例：

```
#include <string.h>
main()
    {
      char *s="Golden Global View";
      printf("%s has %d chars", s, strlen(s));
      getchar();
      return 0;
    }
```

（2）由 src 所指内存区域复制 count 个字节到 dest 所指内存区域

memcpy 原型：

```
extern void *memcpy(void *dest, void *src, unsigned int count);
```

说明：src 和 dest 所指内存区域不能重叠，函数返回指向 dest 的指针。

举例：

```
#include <string.h>
main()
{
  char *s="Golden Global View";
  char d[20];
  memcpy(d, s, strlen(s));
  d[strlen(s)]=0;
  printf("%s", d);
  getchar();
  return 0;
}
```

（3）由 src 所指内存区域复制 count 个字节到 dest 所指内存区域

memmove 原型：

```
extern void *memmove(void *dest, const void *src, unsigned int count);
```

说明：与 memcpy 工作方式相同，但 src 和 dest 所指内存区域可以重叠，但复制后 src 内容会被更改。函数返回指向 dest 的指针。

（4）比较内存区域 buf1 和 buf2 的前 count 个字节

memcmp 原型：

```
extern int memcmp(void *buf1, void *buf2, unsigned int count);
```

说明：当 buf1< buf2 时，返回值< 0；当 buf1= buf2 时，返回值= 0；当 buf1>buf2 时，返回值> 0。

举例：

```
#include <string.h>
main()
    {
        char *s1="Hello, Programmers!";
        char *s2="Hello, programmers!";
        int r;
        r=memcmp(s1, s2, strlen(s1));
        if(!r)
         printf("s1 and s2 are identical");
        else
        if(r<0)
         printf("s1 less than s2");
        else
         printf("s1 greater than s2");
        getchar();
        return 0;
      }
```

（5）把 buffer 所指内存区域的前 count 个字节设置成字符 c

memset 原型：

```
extern void *memset(void *buffer, int c, int count);
```

说明：返回指向 buffer 的指针。

举例：

```
#include <string.h>
main()
    {
        char *s="Golden Global View";
```

```
        memset(s, 'G', 6);
        printf("%s", s);
        getchar();
        return 0;
    }
```

（6）从 buf 所指内存区域的前 count 个字节查找字符 ch

memchr 原型：

```
    extern void *memchr(void *buf, char ch, unsigned count);
```

说明：当第一次遇到字符 ch 时停止查找。如果成功，返回指向字符 ch 的指针，否则返回 NULL。

举例：

```
    #include <string.h>
    main()
      {
        char *s="Hello, Programmers!";
        char *p;
        p=memchr(s, 'P', strlen(s));
        if(p)
          printf("%s", p);
        else
          printf("Not Found!");
        getchar();
        return 0;
      }
```

5.8　C51 的应用技巧

软件工程的思想同样适用于单片机嵌入式系统程序的开发。除此之外，为了帮助 C51 编译器产生更好的代码，还需要掌握下列一些技巧。

1．灵活选择变量的存储器类型

单片机应用程序中，对需进行位操作的变量，其存储类型为 bdata，直接寻址存储器类型为 data，间接寻址存储器类型为 idata（间接寻址存储器也可访问直接寻址存储器区），外部寻址存储器类型为 xdata。当对不同的存储器类型进行操作时，编译后的代码执行效率各不相同，内部存储器中直接寻址空间和间接寻址空间也不相同。

由于单片机系统的存储器资源有限，为了提高执行效率，对存储器类型的设定，应根据以下原则：只要条件满足，尽量先使用内部直接寻址存储器（data），其次设定变量为间接寻址存储器（idata），在内部存储器数量不够的情况下，才使用外部存储器，而且在外部存储器中，优先选择 pdata，最后才是 xdata。而且，在内部和外部存储器共同使用的情况下，要合理分配存储器，对经常使用和计算频繁的数据，应该使用内部存储器，其他的则使用外部存储器。要根据它们的数量进行分配，尽量减少访问外部存储器，从而提高程序运行效率。

另一个提高代码效率的方法就是减小变量的长度，使用 ANSI C 编程时，一般习惯于对变量使用 int 类型，而对于像 80C51 这类 8 位的单片机来说这是一种极大的浪费。80C51 单片机机器指令只支持字节和位变量，所以应该仔细考虑所声明的变量值的可能的取值范围，然后选择合适的变量类型。尽可能地选择变量类型为 char、unsigned char 或 bit，它们只占用 1B 或 1 位。

还有一个提高代码效率的方法是使用无符号类型，原因是 80C51 机器指令也不支持符号运算。当在 C 源代码中使用了有符号类型的变量，尽管从字面上看，其操作十分简单，但 C51 编译器将要增加相应的库函数去处理符号运算。

所以除了根据变量长度来选择变量类型以外，还要考虑该变量是否会用于负数的场合。如果程序中可以不需要负数，那么可以把变量都定义成无符号类型的。

还要提到的是，在输入源程序时，为了提高输入效率，可以使用简化的缩写形式定义无符号数据类型。其方法是在源程序开头，使用#define 语句定义：

```
#define uchar unsigned char
#define uint unsigned int
#define ulong unsigned long
```

这样，在输入源程序时，可以用 uchar、uint、ulong 代替 unsigned char、unsigned int、unsigned long。在后面的叙述中有可能不加说明地使用 uchar、uint、ulong 说明定义的变量。

2．避免使用浮点变量

在 80C51 单片机系统上使用 32 位浮点数是得不偿失的，这样做会浪费单片机大量的存储器资源和程序执行时间。一定要在系统中使用浮点数的时候，可以通过提高数值数量级或使用整型运算代替浮点运算。在运算时，可以进行定点运算的尽量进行定点运算，避免进行浮点运算。尽量减少乘、除法运算，如*2^n 或/2^n，可以使用移位操作代替乘、除法运算，这样不仅可以减少代码量，同时还能大大提高程序执行效率。处理 ints 和 longs 比处理 doubles 和 floats 要方便得多，代码执行起来会更快，C51 编译器也不用连接处理浮点运算的模块。

3．灵活设置变量，高效利用存储器

对于某些标识位应使用 bit 或 sbit，而不是 unsigned char。这样可以大量节省内存，不用多浪费 1 个字节的另外 7 位。而且位变量在 RAM 中访问它们只需要一个处理周期，执行速度更快。

在 C51 编程中，由于单片机系统资源有限，而 C 语言中通常是采用模块化编程方法，如何实现高效的数据传输对提高程序执行效率十分关键。

在编写 C51 语言程序时，不是特别必要的地方一般不要使用全局变量，而应尽可能地使用局部变量。因为局部变量只是在使用它时，编译器才为它在内部存储区中分配存储单元，而全局变量在程序的整个执行过程中都要占用存储单元。另外，如果使用全局变量过多，则在各个函数（如中断、多任务函数）执行时都可能改变全局变量的值，使人们难以清楚地判断出在各个程序执行点处全局变量的值，从而降低程序的通用性和可读性。使用全局变量过多还会引起栈溢出。

通常，在 C51 程序中，子程序模块中与其他变量无关的变量尽可能使用局部变量。对整个程序都要使用的变量将其设置为全局变量更为合适，这样，子程序模块可以直接声明要使用的变量为外部变量即可。其次，要结合 C 语言的特点进行灵活的数据传输，C 语言中所特有的指针、结构、联合，如果能够灵活使用，可以大大提高编程效率，也可以方便我们进行数据传输，主程序和子程序传递的数据量不可过多，否则会影响执行效率。子程序模块和主程序模块都定义了相同的数据类型，在进行数据传输时，只需将指针传送到子程序模块，这样，既可以使不同的程序有很好的独立性和良好的封装性，又能实现不同程序数据的灵活高效传输，从而使不同的开发人员开发出独立性很强的通用子程序模块。

4．为变量分配内部存储区

局部变量和全局变量可以被定义在任何一个存储区中，根据前面的讨论，把经常使用的变量放在内部 RAM 中时，可使程序的速度得到提高。除此之外，还缩短了程序代码，因为外部存储区寻址的指令，相对要麻烦一些。考虑到存取速度，推荐读者按 data→idata→pdata→xdata 的顺序使用存储器，当然要记得在 idata 空间中留出足够的堆栈空间。

5．使用库函数

C51 的库函数提供了供用户使用的许多调令，直接对应着汇编指令，而另外一些比较复杂并兼容

ANSI C。所有这些调令都是再入函数，可在任何地方安全地调用它们，如单字节循环位移指令 RL A 和 RR A 相对应的调令是_crol_（循环左移）和_cror_（循环右移）。如果想对 int 或 long 类型的变量进行循环位移，汇编调令将更加复杂，而且执行的时间会更长。对应于 int 类型 C 库函数为_irol_、_iror_，对应于 long 类型库函数为_lrol_、_lror_。

在 C 语言中也提供了如汇编语言中 JBC 指令的调令_testbit_，如果参数位置位，它将返回 1，否则将返回 0。这条调令在检查标识位时十分有用，而且使 C 语言的代码更具可读性。调令将直接转换成 JBC 指令。

缓冲区处理函数位于 string.h 中，其中包括复制、比较、移动等函数：memccpy、memchr、memcmp、memcpy、memmove、memset。使用这些函数可以很方便地对缓冲区进行处理。

【例 5.19】 使用库函数复制、比较、移动。

```
#include <reg52.h>
#include <intrins.h>
#include <absacc.h>
#include <string.h>
void uselibfun {
    if( memcmp(&XBYTE[0x800], &XBYTE[0x1000], 0x10) ! = 0) {
                    /*比较外部 RAM0x800 和 RAM0x1000 处连续的 16 B 是否相等*/
    memcpy(&XBYTE[0x800], &XBYTE[0x1000], 0x10);
                    /*不等，把 RAM0x1000 处的 16B 复制到 RAM0x800 处*/
    }
    if( memcmp(strbuff1, strbuff2, 0x20) ! = 0 ) {
                    /*比较数组 strbuff1 和数组 strbuff2 处连续的 32 B 是否相等*/
    memset(strbuff3, 0xff, 0x20);
                    /*不等，把数组 strbuff3 处的 32B 置为 0xff */
    }
}
```

6. 使用宏替代函数

对于小段代码，如使能某些电路或从锁存器中读取数据，可通过使用宏来替代函数，使得程序更具可读性。可以把代码定义在宏中，这样看上去更像函数编译器在碰到宏时，按照事先定义的代码去替代宏。宏的名字应能够描述宏的操作，当需要改变宏时，只要修改宏定义处即可。例如，

```
#define led_on() {
    led_state=LED_ON;
    XBYTE[LED_CNTRL]=0x01;
}
#define led_off() {
    led_state=LED_OFF;
    XBYTE[LED_CNTRL]=0x00;
}
```

宏能够使得访问多层结构和数组更加容易，可以用宏替代程序中经常使用的复杂语句，以减少程序输入时的工作量，且更具可读性和可维护性，与函数调用相比较，执行效率更高，但程序的执行代码较大，因为编译器将定义的宏内容直接嵌入到代码中。

7. 存储器模式的确定

C51 提供了三种存储器模式存储变量、过程参数和分配再入函数堆栈。应该尽量使用小存储器模式，即 SMALL 模式。应用系统很少需要使用其他两种模式，如有大的再入函数堆栈系统那样。一般来说，如果系统所需要的内存数小于内部 RAM 数时，都应以小存储模式进行编译，对其他存储模式可以由 pdata 和 xdata 进行说明。

在 SMALL 模式下，DATA 段是所有内部变量和全局变量的默认存储段，所有参数传递都发生在 DATA 段中。如果有函数被声明为再入函数，编译器会在内部 RAM 中为它们分配空间。这种模式的优势就是数据的存取速度很快，但只有 120 B 的存储空间可供使用（总共有 128 B，但至少有 8 B 被寄存器组使用），还要为程序调用开辟足够的堆栈。

在实际进行项目开发时，如果能遵守科学的工程开发规则，灵活地运用 C 语言的强大功能，熟悉硬件特点，就能够在较短时间内编写出高效率、高可靠、易维护的嵌入式系统的执行代码。

本 章 小 结

指令是指挥计算机执行某种操作的命令。一台计算机所有指令的集合，称为该计算机的指令系统，它是表征计算机性能的重要标识，每台计算机都有它自己特有的指令系统。

用助记符表示的指令称为汇编语言指令，汇编语言源程序是由一条条汇编语言指令组成的。汇编语言指令格式为

```
标号:指令助记符 操作数  ;注解
```

其中标号用于表示该条指令的地址，指令助记符用于表示指令进行何种操作，操作数可以有 1 个、2 个、3 个或一个也没有。操作数包括：源操作数和目的操作数，其中源操作数用于发送数据，目的操作数用于接收数据。操作数是汇编指令格式中最复杂的部分，大致可分为 5 类：立即数#data、寄存器 R*n*、存储单元（direct、@R*i*、@A+PC）、位操作数 bit 和相对偏移量 rel。不同类型的操作数对应不同的寻址方式。80C51 单片机指令系统共有 7 种寻址方式，这 7 种寻址方式与对应操作数如表 5.15 所示。

表 5.15　操作数与寻址方式对照表

操 作 数	寻 址 方 式	表 示 符 号
立即数	立即寻址	#data
寄存器	寄存器寻址	R0～R7
存储单元	直接寻址	direct
	寄存器间接寻址	((R*i*))
	变址间接寻址	(PC)+(A)或(DPTR)+(A)
位操作数	位寻址	bit
相对偏移量	相对寻址	rel

80C51 单片机的指令按功能可分为传送、算术、逻辑、位处理和转移指令，现将前 4 种指令小结如下。

1．传送指令

传送指令是完成片内数据存储器传送、片外数据存储器传送、程序存储器传送工作的指令。用于片内数据传送的操作数有：#data、A、R*n*、direct、@R*i*。读者只有深刻理解记忆这 5 种操作数的含义、寻址方式与使用方法后，才能真正掌握 80C51 单片机指令系统。

片内数据传送指令为：

```
MOV  D,S; (D)←(S)
```

其中，目的操作数 D＝A、R*n*、direct、@R*i*，源操作数 S＝#dat a、A、R*n*、direct、@R*i*。注意：寄存器 R*n* 与 R*n* 之间不能直接传送，寄存器 R*n* 与存储单元@R*i* 之间不能直接传送。

片外数据传送指令为：MOVX A, @DPTR 和 MOVX @DPTR, A。

程序存储器传送指令为：MOVC A, @A+DPTR 和 MOVC A，@A+PC。

交换指令为：XCH A, S 和 SWAP A 等。其中，S＝R*n*、direct、@R*i*。

2．算术运算指令

算术运算指令有加法、减法、乘法、除法，指令的助记符分别为 ADD、SUBB、MUL、DIV。在算术运算指令中目的操作数必须是累加器 A，而源操作数 S = #data、R*n*、direct、@R*i*。因此在进行算术运算前必须将被加数、被减数、被乘数、被除数送入累加器 A。

应注意，在加法指令 ADD 之后加 DA A 指令可进行十进制加法运算，由于没有减法十进制调整指令，所以十进制减法运算必须用补码进行。

3．逻辑运算指令

逻辑运算指令包括逻辑运算和移位指令。

（1）逻辑运算指令

在双操作数的逻辑运算指令中累加器 A 总是作为目的操作数，而源操作数 S = #dat a、R*n*、direct、@R*i*。与、或、异或指令的助记符分别为 ANL、ORL、XRL。

（2）循环移位

A 循环左移指令为：RL A, A；带进位循环左移指令为：RLC A, A；循环右移指令 RR A 和 A；带进位循环右移指令为：RRC A。

4．位处理指令

位处理指令分为位传送、位修改、位逻辑三类，现小结如下。

位传送指令：MOV C, bit 和 MOV bit, C。

位置 1 与清 0 指令：SETB bit 和 CLR bit。

位逻辑指令包括：

- 与指令　ANL C, bit 和 ANL C, /bit。
- 或指令　ORL C, bit 和 ORL C, /bit。

C51 即 80C51 单片机的 C 语言。操作数是汇编指令格式中最复杂的部分，不同类型的操作数对应有不同的寻址方式。操作数对应于高级语言中的变量（常量），采用 C51 程序设计语言，编程者只需了解变量（常量）的存储器类型与 80C51 单片机存储空间的对应关系，而不必深入了解 80C51 单片机寻址方式，C51 编译器会自动完成变量（常量）的存储单元的分配，并产生最为合适的目标代码。表 5.16 所示为存储器、存储器类型和访问速度和寻址方式对照表。

表 5.16　存储器、存储器类型和访问速度和寻址方式对照表

存　储　器		地址空间	容量	访问速度	C51 编译器中变（常）量存储器类型	在汇编语言中寻址方式
内部数据区	工作寄存器区	00H～1FH	32	最快		寄存器寻址
	位地址区	20H～2FH	16	快	bdata, bit	位寻址，直接寻址
	数据缓冲区	30H～7FH	80	data 快，idata 中	data, idata	直接寻址、寄存器间接寻址
		80H～FFH	128	中	idata	寄存器间接寻址
	特殊功能寄存器区	80H～FFH		快	sfr, sfr16, sbit	直接寻址
内（外）部程序区		0000H～FFFFH	65536	最慢	code	变址间接寻址
外部数据区		0000H～FFFFH	65536	pdata 慢 xdata 最慢	xdata, pdata	寄存器间接寻址

C51 规定变量必须先定义后使用。C51 对变量进行定义的格式如下：

```
[存储种类]　数据类型　[存储器类型]　变量名表
```

存储种类是可选项，有 4 种，分别为自动（auto）、外部（extern）、静态（static）和寄存器（register）。

如省略存储种类，则该变量默认为自动（auto）变量。自动变量作用范围在定义它的函数体或复合语句内部，在定义它的函数体或复合语句被执行时，C51 才为该变量分配内存空间，当函数调用结束返回或复合语句执行结束时，自动变量所占用的内存空间就被释放，这些内存空间又可以被其他的函数体或复合语句使用。使用自动变量能最有效地使用 80C51 单片机内存。

存储器类型指明该变量所处的单片机的内存空间。如表 5.16 所示应把频繁访问的变量放在 data 区，这样可使 C51 编译器产生的程序代码最短，运行速度最快。一般情况下推荐按 data→idata→xdata 的顺序使用存储器。

C51 编译器所支持的数据类型如表 5.11 所示。80C51 单片机机器指令只支持字节和位变量，尽可能地选择变量类型为 char 或 bit，它们只占用 1 B 或 1 位。除了根据变量长度来选择变量类型以外，还要考虑该变量是否会用于负数的场合，如果程序中可以不需要负数，那么可把变量都定义成无符号类型的。

习　题　5

1. 80C51 的指令系统具有哪些特点？
2. 80C51 单片机的指令系统按其功能可归纳为几大类？请写出各类名称。
3. 何谓寻址方式？80C51 单片机有哪些寻址方式？
4. 什么是源操作数？什么是目的操作数？通常在指令中如何加以区分？
5. 查表指令是在什么空间上的寻址操作？
6. 对 80C51 片内 RAM 的 128～255 字节区的地址空间寻址时，应注意些什么？对特殊功能寄存器，应采用何种寻址方式进行访问？
7. 写出完成下列要求的 C 语言程序。

（1）将地址为 4000H 的片外数据存储单元内容，送入地址为 30H 的片内数据存储单元中。

（2）将地址为 4000H 的片外数据存储单元内容，送入地址为 3000H 的片外数据存储单元中。

（3）将地址为 0800H 的程序存储单元内容，送入地址为 30H 的片内数据存储单元中。

（4）将片内数据存储器中地址为 30H 与 40H 的单元内容交换。

（5）将片内数据存储器中地址为 30H 单元的低 4 位与高 4 位交换。

8. 将 30H、31H 单元中的十进制数与 38H、39H 单元中的十进制数做十进制加法，其和送入 40H、41H 单元中，即(31H, 30H) + (39H, 38H)→(41H, 40H)。
9. 编写程序段完成下列乘法操作：(R4, R3) × (R5)→(32H, 31H, 30H)。此式含义是将 R4、R3 中的双字节被乘数与 R5 中的字节乘数相乘，乘积存放在地址为 32H～30H 的 3 个存储单元中。
10. 编写程序，用 30H 单元内容除以 40H 单元内容，商送入 50H 单元，余数送入 51H 单元。
11. 已知(30H) = 55H，(31H) = 0AAH。分别写出完成下列要求的指令，并写出 32H 单元的内容。

（1）(30H) & (31H)→(32H)；

（2）(30H) | (31H)→(32H)；

（3）(30H) ^ (31H)→(32H)。

12. 十进制调整指令 DA 起什么作用？用在何处？
13. 80C51 指令系统中有了长跳转 LJMP、长调用 LCALL 指令，为何还设置了短跳转 AJMP、短调用 ACALL 指令？在实际使用时应怎样考虑？
14. 写出下列短跳转指令中标号 L00 的取值范围。

```
37FFH    AJMP  L00
```

15．设堆栈指针(SP) = 60H。

```
(1) 2500H          LCALL L00
    ...            ...
(2) 2700H          MOV A, #03H
    ...            ...
(3) 2750H          RET
```

执行（1）指令后：(SP)、((SP))、((SP−1))、(PC)各为多少？执行(2)指令后：(SP)、(PC)为多少？若将(1)指令改为 ACALL L00，标号 L00 的取值范围是多少？

16．为什么 SJMP 指令的 rel = $时，将实现单指令的无限循环？

17．有程序如下：

```
CLR C
CLR RS1
CLR RS0
MOV A, #38H
MOV R0, A
MOV 29H, R0
SETB RS0
MOV R1, A
MOV 26H, A
MOV 28H, C
```

（1）区分哪些是位操作指令？哪些是字节操作指令？

（2）写出程序执行后，片内 RAM 有关单元的内容。

（3）如 f_{osc}= 12MHz，计算这段程序的执行时间。

18．请用位操作指令求下列逻辑方程：

（1） $P1.7 = ACC.0\&(B.0 + P2.0) + \overline{P3.0}$

（2） $PSW.5 = P1.0\&\overline{ACC} + B.6\&\overline{P1.4}$

（3） $PSW.5 = \overline{P1.7}\&B.4 + C + \overline{ACC}\&P1.0$

19．写出下列各条指令的机器码，并逐条写出依次执行每条指令后的结果和 PSW 的内容：

（1）CLR A

（2）MOV A, #9BH

（3）MOV B, #0AFH

（4）ADD A, B

20　伪指令与汇编指令有何区别？说出常用的 5 种伪指令的作用。

21　在单片机应用开发系统中，C 语言编程与汇编语言编程相比有哪些优势？

22　在 C51 中有几种关系运算符？请列举。

23．在 C51 中为何要尽量采用无符号的字节变量或位变量？

24．为了加快程序的运行速度，C51 中频繁操作的变量应定义在哪个存储区？

25．为何在 C51 中要避免使用 float 浮点型变量？

26．如何定义 C51 的中断函数？

第 6 章　80C51 单片机内嵌外设及应用

通过学习本章，读者应了解中断的基本概念、中断的作用、中断源的分类及请求中断的方式；掌握 80C51 单片机中断系统的结构和 C51 中断服务函数的编程方法；掌握 80C51 单片机 5 个中断源的中断请求、中断屏蔽、优先级设置等初始化编程方法；掌握定时器/计数器的定义；理解定时器/计数器的内部结构；掌握 4 种工作方式的初始化编程方法，学会使用定时器/计数器编写计数、定时应用程序的方法；了解串行通信的基础知识；熟悉串行通信的 3 种模式：单工、半双工、全双工，80C51 单片机的串行接口的结构，4 种通信方式的工作过程和使用方法；掌握双机与多机通信的原理、编程方法。

如果在一块芯片上，集成了一台微型计算机的 4 个基本组成部分，即运算器、控制器、存储器、输入/输出接口，则这种芯片就被称为单片机。为了进一步突出单片机的控制特性，许多半导体公司在单片机内部又集成了许多功能单元。如中断、定时器/计数器、串行通信、模拟/数字转换（ADC）、脉冲宽度调制（PWM）等单元，我们把这些单片机内部的这些功能单元统称为单片机内嵌外设。

标准的 80C51 单片机的内嵌外设有中断系统、定时器/计数器和串行口。80C51 单片机片内 RAM 的 80H～FFH 空间有 21 个特殊功能寄存器（SFR），通过这些特殊功能寄存器可以实现对全部内嵌外设的运行操作。

6.1　中断系统和外中断

中断是一项重要的计算机技术，采用中断技术可以使多个任务共享一个资源，所以中断技术实质上就是一种资源共享技术。

80C51 是一个多中断源的单片机，有 3 类共 5 个中断源，分别是外部中断源 2 个、定时中断源 2 个和串行口中断源 1 个。

外部中断是由外部原因引起的，共有 2 个中断源，即外部中断 0 和外部中断 1。它们的中断请求信号分别由 80C51 外部引脚 $\overline{\text{INT0}}$（P3.2）和 $\overline{\text{INT1}}$（P3.3）输入。

定时中断是为满足定时或计数的需要而设置的，串行中断是为串行数据传送的需要而设置的。

本节仅介绍外部中断，定时中断和串行中断将在 6.2 节和 6.3 节介绍。

6.1.1　中断技术概述

1. 中断的概念

当中央处理器（CPU）正在执行某程序时，由于某种原因，外界向 CPU 发出了暂停目前工作去处理更重要的事件的请求，程序被打断，CPU 响应该请求并转入相应的处理程序，处理程序完成以后，再返回到原来程序被打断的位置，继续原来的工作，这一过程称为中断。实现中断功能的部件称为中断系统。

在以上过程中，原来运行的、被中断的程序被称为主程序；从主程序中转入的相应事件处理程序被称为中断服务程序；主程序被打断的位置被称为断点；向 CPU 发出的中断请求信号被称为中断源，它是引起 CPU 中断的来源。

2. 中断技术的作用

计算机内有限的 CPU 资源要处理多项任务，实现多种外部设备之间数据的传送，必然引起 CPU

资源短缺的局面。计算机引入中断技术后，解决了这种资源竞争的问题，因此中断技术实质上是一种资源共享技术。基于这种资源共享思想，中断技术主要用于分时操作、实时处理、故障及时处理等。

（1）分时操作

CPU 在工作的同时，多个外部设备也在工作，由于外部设备的工作速度比 CPU 的处理速度慢得多，二者无法实现同步数据交换。这时就要利用中断技术，只有当外设向 CPU 提出中断请求时，CPU 才暂时为外设服务，服务完成后 CPU 返回原来的工作。这样就大大提高了 CPU 的利用率，也提高了外设的工作效率。

（2）实时处理

计算机能够对外部的中断请求在限定的时间内及时进行处理。对于自动控制系统，各种控制参数可以根据工作需要随时向计算机发出中断请求，CPU 能够及时响应，进行相关处理。

（3）故障及时处理

计算机在运行过程中，会遇到一些事先难以预料的各种故障，如硬件故障、运算错误等。利用中断，计算机能够进行紧急处理。

3. 中断系统功能

中断系统一般要完成以下功能。

（1）现场保护和现场恢复

图6.1 为中断过程示意图，中断源向计算机发出中断请求，CPU 响应该中断请求，断开主程序，转向中断服务程序，完成中断服务后，再返回到原来的主程序。主程序被断开的位置称为断点，为了 CPU 完成中断服务后，能够返回到原主程序的位置，就要保护断点处的现场状态，即将断点处的 PC 值、相关寄存器的内容、标识位等状态压入堆栈保存，该操作被称为保护断点和现场。

中断服务结束后，在返回主程序前，要将被保护的断点和现场恢复，即弹出堆栈中被保存的内容至各相关寄存器，该操作被称为现场恢复。汇编语言程序员在使用中断时，需要仔细考虑现场的保护和恢复，高级程序员无须关心该问题，C 语言编译器会自动完成现场保护和恢复。

（2）中断优先权排队

通常微型计算机系统有多个中断源，当有两个以上的中断源同时向 CPU 提出中断请求时，CPU 面临首先为哪个中断源先服务的问题，微型计算机内为这些中断源规定了中断响应的先后顺序——优先级别，即不同的中断源享有不同的优先响应权利，称为中断优先权。CPU 对多个中断源响应的优先权由高到低的排队，称为优先权排队。CPU 总是首先响应优先权级别高的中断请求。

（3）中断嵌套

如图6.2 所示，当 CPU 正在执行某一中断服务程序时，可能有优先级别更高的中断源发出中断请求，此时，CPU 将暂停当前的优先级别低的中断服务，转而去处理优先级更高的中断申请，处理完后再回到原低级中断处理程序，这一过程称为中断嵌套，该中断系统称为多级中断系统。没有中断嵌套功能的中断系统称为单级中断系统。

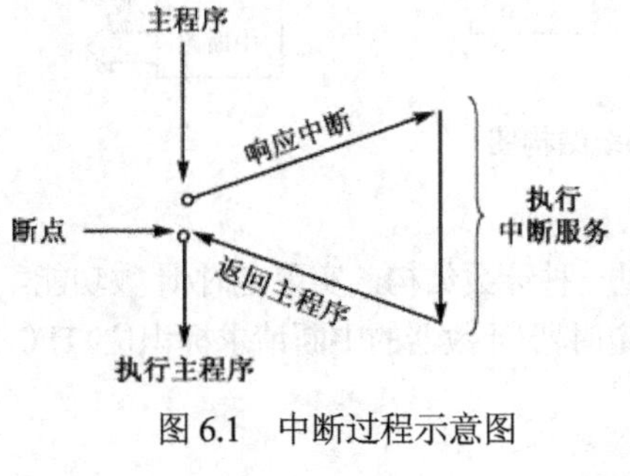

图 6.1 中断过程示意图

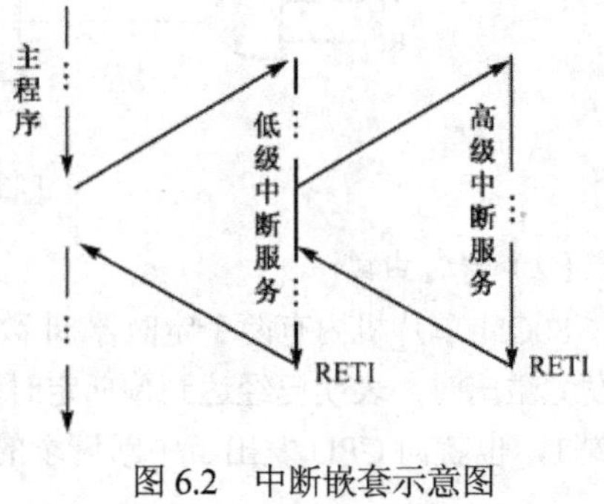

图 6.2 中断嵌套示意图

由于单片机的 RAM 资源非常有限，当中断嵌套层数过多时，可能会使堆栈溢出，引发程序运行错误。汇编程序员和高级程序员必须注意该问题。

6.1.2　80C51 单片机中断系统

图6.3 所示为 80C51 中断系统结构图，它由中断源、中断标识、中断允许控制、中断优先级控制、中断查询硬件及相应的特殊功能寄存器组成，相应的特殊功能寄存器 TCON 和 SCON 用来存储来自中断源的中断请求标识，IE 为中断允许控制寄存器，IP 为中断优先级控制寄存器。该系统有 5 个中断源、2 个中断优先级，能够实现 2 级中断嵌套，通过 IP 控制中断响应的先后顺序，每个中断响应都有各自的中断入口地址（向量地址）。

1．中断源

80C51 共有 3 类 5 个中断源，分别是 2 个外部中断源、2 个定时中断源、1 个串行口接收/发送中断源。

（1）外部中断

外部中断是由外部请求信号或掉电等异常事故引起的，共有 2 个中断源：外部中断 0 和 1，分别由引脚 $\overline{\text{INT0}}$（P3.2）和 $\overline{\text{INT1}}$（P3.3）引入。

如图 6.3 所示，外部中断源请求有两种触发方式：电平方式和脉冲方式，可通过特殊功能寄存器 TCON 中的控制位 IT0 和 IT1 定义。电平方式低电平有效，而脉冲方式则是脉冲的下降沿有效。一旦输入信号有效，特殊功能寄存器 TCON 中的中断标识位 IE0 或 IE1 被置 1，外部中断信号便向 CPU 发出了中断请求申请。

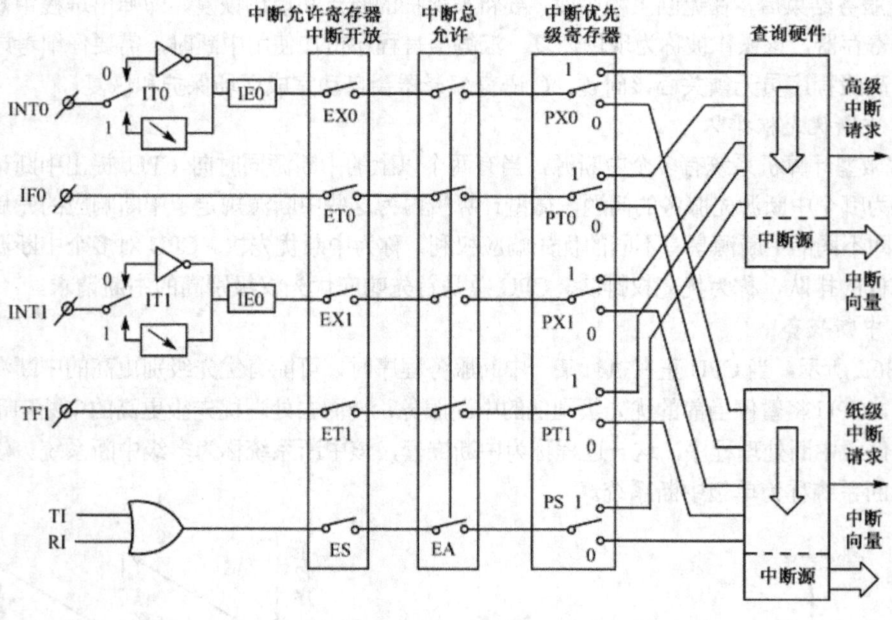

图 6.3　80C51 中断系统结构图

（2）定时中断

80C51 单片机内有两个定时器/计数器 T0、T1，通过一种计数结构，实现定时/计数功能，当计数值发生溢出时，表明已经达到预期定时时间或计数值。定时器/计数器的中断请求标识位 TF0 或 TF1 被置 1，也就向 CPU 发出了中断请求的申请。

（3）串行口中断

当串行口接收或发送完一组数据时，便产生一个中断请求，特殊功能寄存器 SCON 中的 RI 或 TI 被置 1。

2．中断请求标识

要实现中断，首先中断源要提出中断请求，单片机内中断请求的过程是特殊功能寄存器 TCON 和 SCON 相关状态位——中断请求标识位置 1 的过程，当 CPU 响应中断时，中断请求标识位才由硬件或软件清 0。

（1）TCON 中的中断标识位

该寄存器用于保存外部中断请求，以及作为定时器的计数溢出标记，既可以对其整个字节寻址，又可以对其位寻址。寄存器地址 88H，位地址 8FH～88H，如表 6.1 所示。

表 6.1　定时控制寄存器 TCON 位地址和位符号

位 地 址	8F	8E	8D	8C	8B	8A	89	88
位 符 号	TF1	TR1	TF0	TR0	IE1	IT1	IE0	IT0

这个寄存器既有定时器/计数器的控制功能，又有中断控制功能，其中与中断有关的控制位共 6 位：IE0 和 IE1、IT0 和 IT1 以及 TF0 和 TF1。各位的地址及其对应的功能如表 6.2 所示。

表 6.2　定时控制寄存器 TCON 各位的功能

位 地 址	位 符 号	功　能
8FH	TF1	定时器/计数器 T1 溢出标识位
8EH	TR1	定时器/计数器 T1 运行控制位
8DH	TF0	定时器/计数器 T0 溢出标识位
8CH	TR0	定时器/计数器 T0 运行控制位
8BH	IE1	外部中断 1 请求标识位
8AH	IT1	外部中断 1 触发类型选择位
89H	IE0	外部中断 0 请求标识位
88H	IT0	外部中断 0 触发类型选择位

TF0、TF1：计数器溢出标识位。定时器/计数器 T0、T1 溢出（计满）时，该位由内部硬件自动置位。该位的使用分两种情况：中断方式和查询方式。若使用中断方式，此位作为中断标识位，引起中断响应，进入中断服务程序后，由硬件自动清 0；若使用查询方式，中断被禁止，此位作为状态位供查询，但应注意查询有效后应用软件及时将该位清 0。

IE0、IE1：外部中断请求标识位。当 CPU 外部采样 $\overline{INT0}$（P3.2）或 $\overline{INT1}$（P3.3），IE0 或 IE1 被置 1 时，便有外部中断请求，CPU 响应外部中断，转入中断服务时，IE0 或 IE1 由硬件自动清 0（脉冲触发方式）。对于电平触发方式，CPU 执行完中断服务之前，要由外部中断源撤销有效电平，使 IE0 或 IE1 清 0。

IT0、IT1：为外部中断源 $\overline{INT0}$ 和 $\overline{INT1}$ 的触发方式控制位。当 IT0、IT1 为 0 时，外部中断为电平触发方式，等于 1 时为脉冲触发方式。

当 $\overline{INT0}$ 或 $\overline{INT1}$ 为电平触发中断方式时，若 $\overline{INT0}$ 或 $\overline{INT1}$ 输入低电平，CPU 在每个机器周期的 S5P2，对 $\overline{INT0}$ 或 $\overline{INT1}$ 进行采样得低电平信号，IE0 或 IE1 被置 1，外部中断源提出中断请求，在该中断被 CPU 响应前，外部中断源必须一直保持低电平有效。同时在该中断服务程序执行完之前，必须撤除外部中断源，否则将再次产生中断。当 $\overline{INT0}$ 或 $\overline{INT1}$ 为脉冲触发中断方式时，CPU 在每个机器周期的 S5 的第 2 个时钟周期 S5P2（见 4.3.4 节）对 $\overline{INT0}$ 或 $\overline{INT1}$ 进行采样，如果连续两次采样，前一个周期采样为高电平，而下一个周期采样为低电平，则 IE0 或 IE1 被置 1，表示外部中断正在向 CPU 申请中断，直到该中断被 CPU 响应，才由硬件自动清 0。由于对 $\overline{INT0}$ 或 $\overline{INT1}$ 的采样每个机器周期只进行一次，因此，采用脉冲后沿触发方式实现中断时，外部中断源输入的高电平和低电平持续时间必须保持 1 个机器周期以上，才能确保 CPU 检测到由高到低的负跳变。

TR0、TR1：定时器/计数器 T0、T1 的运行控制位，见 6.2 节。

（2）SCON 中的串行中断标识位

SCON 寄存器地址为 98H，位地址为 9FH～98H，其中的低 2 位 RI 和 TI 锁存串行口的接收中断和发送中断的申请标识位，如表 6.3 所示。

表 6.3　串行口控制寄存器

位 地 址	9FH	9EH	9DH	9CH	9BH	9AH	99H	98H
位 符 号							TI	RI

TI：串行口发送中断请求标识位。串行口每发送完一帧串行数据，由内部硬件置 1，表示串行口发送器向 CPU 申请中断。值得注意的是，CPU 响应该中断，转入串行口中断入口时，对 TI 位不清 0，TI 必须由用户在程序中清 0。

RI：串行口接收中断请求标识位。串行口每接收完一帧串行数据后，RI 由硬件置 1。同样，CPU 响应该中断时，对 RI 位不清 0，必须由用户在程序中进行清 0。

80C51 单片机复位后，TCON 和 SCON 各位均被清 0。

3. 中断控制

中断控制主要通过中断允许寄存器 IE 和中断优先级寄存器 IP 实现。

（1）中断允许控制

中断源申请后，中断能否被响应，取决于 CPU 对中断源的开放或屏蔽状态，由内部的中断允许寄存器 IE 进行控制，IE 的地址是 A8H，位地址为 AFH～A8H，其内容如表 6.4 所示。

表 6.4　中断允许控制寄存器

位 地 址	AFH	AEH	ADH	ACH	ABH	AAH	A9H	A8H
位 符 号	EA	—	—	ES	ET1	EX1	ET0	EX0

IE 中与中断有关的共有 6 位，各位含义如下。

EA：CPU 中断允许总控制位。EA=1，CPU 开放中断，此时，每个中断源的中断允许或禁止，取决于各自的中断允许控制位；EA=0，CPU 屏蔽所有中断，即中断总禁止。

EX0、EX1：外部中断允许控制位。EX0（EX1）=1，允许外部中断；EX0（EX1）=0，禁止外部中断。

ET0、ET1：定时器/计数器溢出中断允许控制位。ET0（ET1）=1，允许中断；ET0（ET1）=0，禁止定时器/计数器中断。

ES：串行口中断允许控制位。ES=1，允许串行口中断；ES=0，禁止串行口中断。

以上中断控制为两级控制，即以 EA 实现中断总控，以各中断源的中断允许位实现分控。当总控制位为禁止时，不管分控位状态如何，整个中断系统被禁止。只有当总控制位为允许状态时，中断的允许与禁止才能由各分控制位决定，参见图6.3。

（2）中断优先级控制

80C51 有两个中断优先级，每个中断源均可通过软件设置为高优先级或低优先级中断，实现 2 级中断嵌套。高优先级中断请求可以中断一个正在执行的低优先级中断服务，除非正在执行的低优先级中断服务程序设置了禁止某些高优先级的中断。正在执行的中断服务程序不能被另一个同级或低优先级的中断所中断；正在执行高优先级的中断服务程序，不能被任何中断源中断。一直执行到返回指令 RETI，返回主程序，而后再执行一条指令后，才能响应新的中断申请。

为实现以上功能，80C51 中断系统设有两个不可寻址的优先级状态触发器，一个指示 CPU 是否正在执行高优先级中断服务程序，而另一个指示 CPU 是否正在执行低优先级中断服务程序。前一个触发器的 1 状态屏蔽所有的中断申请，而后一个触发器的 1 状态屏蔽相同优先级的其他中断申请。

特殊功能寄存器 IP 为中断优先级控制寄存器，其地址为 B8H，位地址为 BFH～B8H，各位内容如表 6.5 所示。

表 6.5 中断优先级控制寄存器

位 地 址	BFH	BEH	BDH	BCH	BBH	BAH	B9H	B8H
位 符 号	—	—	—	PS	PT1	PX1	PT0	PX0

PX0：外部中断 0 中断优先级控制位。PX0=1，外部中断 0 定义为高优先级中断；PX0=0，为低优先级中断。

PT0：定时器 0 中断优先级控制位。PT0=1，定时器 T0 中断定义为高优先级中断；PT0=0，为低优先级中断。

PX1：外部中断 1 中断优先级控制位。PX1=1，外部中断 1 定义为高优先级中断；PX1=0，为低优先级中断。

PT1：定时器 1 中断优先级控制位。PT1=1，定时器 T1 中断定义为高优先级中断；PT1=0，为低优先级中断。

PS：串行口中断优先级控制位。PS =1 时，串行口中断定义为高优先级中断；PS = 0 时，为低优先级中断。

当系统复位后，IP 的所有位被清 0，所有的中断源均被定义为低优级中断。IP 的各位都可以用程序置位和复位，也可以用位操作指令或字节操作指令更新 IP 的内容，以改变各中断源的中断优先级。

当同一优先级的几个中断源同时向 CPU 提出中断请求时，CPU 通过内部硬件查询逻辑电路，按查询顺序判定优先响应哪一个中断请求，其查询顺序为：外部中断 0、定时中断 0、外部中断 1、定时中断 1、串行中断。

4．中断处理过程

一个完整的中断处理过程包括中断请求、中断响应、中断服务、中断返回几部分，前面主要介绍了中断请求与控制，下面将介绍其他相关内容。

（1）中断响应

中断响应指系统满足中断条件，CPU 对中断请求做出反应，程序执行转向中断服务程序入口地址的过程。

CPU 要响应中断请求，除了前面介绍的要有中断请求、中断被允许的基本条件外，如果出现下列条件之一，则中断响应将被阻止。

- 条件一：CPU 正在处理同级的或更高优先级的中断。
- 条件二：当前的机器周期不是所执行指令的最后一个机器周期，即在当前指令完成之前，CPU 不会响应任何中断请求。
- 条件三：正在执行的指令是 RETI 或访问 IE 或 IP 的指令。CPU 完成这类指令后，至少还要再执行一条指令才会响应新的中断请求，以便保证程序能够正确地返回。

如果存在上述任何一个条件，CPU 都会丢弃中断查询结果，否则将在随后的机器周期开始响应中断。

CPU 在每个机器周期的 S5P2（S5 的第 2 个时钟周期）对 $\overline{\text{INT0}}$ 或 $\overline{\text{INT1}}$ 进行采样，并设置中断标识位的状态，而其他中断源的中断请求发生在单片机内部，直接设置相应的中断标识位的状态。CPU 在每个机器周期的 S6 按顺序查询每个中断请求标识位，如果有中断请求满足所有中断允许条件，则 CPU 将在下个机器周期的 S1 按中断优先级响应激活最高级中断请求。

CPU 响应中断时，先置位相应的高/低优先级状态触发器，指出 CPU 开始处理的中断优先级别，

表 6.6　80C51 中断向量地址分配

中　断　源	中断入口地址
外部中断 0	0003H
定时器 T0 中断	000BH
外部中断 1	0013H
定时器 T1 中断	001BH
串行口中断	0023H

然后由硬件生成一条长调用指令 LCALL，其格式为 LCALL addr16。其中，addr16 是在程序存储区中与各中断请求对应的中断入口地址，也称为中断向量地址。80C51 中断向量地址分配如表 6.6 所示。

CPU 执行该 LCALL 指令，由硬件自动清除有关中断请求标识位（TI 和 RI 除外），将程序计数器 PC 的内容压入堆栈以保护断点（但不保护 PSW），再将被响应的中断入口地址装入 PC，开始进入中断服务。程序存储区中为各中断服务程序只分配了 8 个单元，一般情况下难以安排下一个完整的中断服务程序。因此，通常总是在各中断区入口地址处放置一条无条件转移指令 LJMP addr16，使程序执行转向在其他地址存放的中断服务程序。

（2）中断响应时间

一个中断，从查询中断请求标识位到转向中断区入口地址要经历一段时间，即为中断响应时间。不同中断情况，中断响应时间也是不一样的。

最短的响应时间为 3 个机器周期。CPU 在每个机器周期的 S6 查询每一个中断请求标识位，而该机器周期又恰好是指令的最后一个机器周期，如果该中断请求满足所有中断允许条件，则 CPU 将从下一个机器周期开始产生 LCALL 指令，而完成这条指令本身需要 2 个机器周期。这样中断响应共经历了 1 个查询机器周期加 2 个 LCALL 指令执行机器周期，总计 3 个机器周期，这也是对中断请求做出响应所需的最短时间。

如果中断响应受阻，则不同情况需要更长的不同响应时间，最长响应时间为 8 个机器周期。根据中断响应中受阻的条件三，若查询中断标识时，刚好是开始执行 RET、REI 或访问 IE、IP 的指令，则需要把当前指令执行完后再继续执行一条指令后，才能进行中断响应。完成指令 RETI 或访问 IE 或 IP 指令需要的最长时间为 2 个机器周期，如果需要完成的下一条指令恰好是 MUL 或 DIV 指令，又需要 4 个机器周期，再加 2 个 LCALL 指令执行机器周期，总计 8 个机器周期。

在一般情况下，在一个单中断系统里，外部中断响应时间总是在 3～8 个机器周期之间。如果出现有同级或高级中断正在响应或服务中需等待的时候，那么响应时间就无法计算了。

（3）中断服务流程

图6.4 所示为中断服务流程图，中断服务程序从入口地址开始执行，到返回指令 RETI 为止，中间经历了关中断、保护现场和断点、开中断、中断服务、关中断、恢复现场、开中断、返回断点几个阶段。

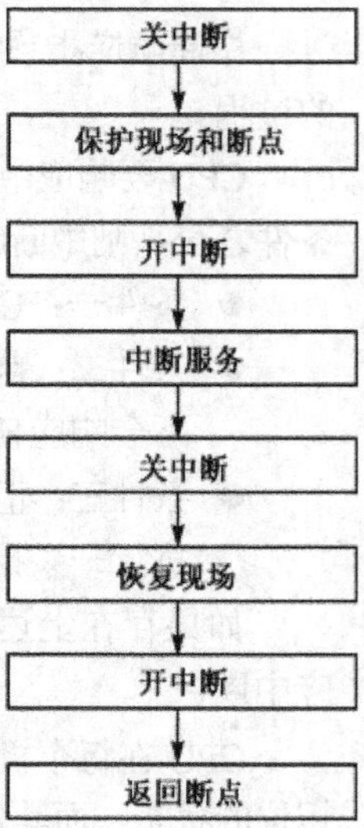

图 6.4　中断服务流程图

由于80C51单片机内不具有自动关中断的功能，因此进入服务子程序后，必须通过指令关闭中断，为下一步保护现场和断点做准备。

保护现场就是在程序进入中断服务程序入口之前，将相关寄存器的内容、标识位状态等压入堆栈保存，避免在运行中断服务程序时，破坏这些数据或状态，保证中断返回后，主程序能够正常运行。然后，再打开中断，允许响应别的中断请求。接着可以执行中断服务，中断服务是用户最终要实现的具体功能。在返回主程序之前，关闭中断，恢复现场，再用指令开中断，以便 CPU 响应新的中断请求。中断服务程序的最后一条指令是 RETI，用来返回断点。

保护现场和恢复现场可以通过堆栈操作指令 PUSH direct 和 POP direct 实现，要保护的现场内容，取决于用户的对具体情况的需求。

中断服务程序的编写参考格式如下：

```
CLR EA          ;关中断
PUSH A          ;保护现场
PUSH R1
…
SETB EA         ;开中断
…               ;中断服务
CLR EA          ;关中断
…
POP R1          ;恢复现场
POP A
SETB EA         ;开中断
RETI            ;中断返回
```

C51 编译器会自动完成 ACC、B、DPH、DPL、PSW、R0～R7 的保护和恢复。C51 程序员无须保护现场和恢复现场。

5．中断请求的撤除

中断响应后，TCON 和 SCON 中的中断请求标识应及时清除。否则中断请求将仍然存在，并引起错误的中断响应。不同的中断请求，其撤除方法也不一样。

对于定时中断，中断响应后，由硬件自动对中断标识位 TF0 或 TF1 清 0，中断请求自动撤除，无须采取其他措施。

对于脉冲触发的外部中断请求，在中断响应后，也同样通过硬件自动对中断请求标识位 IE0 或 IE1 清 0，即中断请求的撤除也是自动的。

对于电平触发的外部中断请求，情况则不同。中断响应后，硬件不能自动对中断请求标识位 IE0 或 IE1 清 0。中断的撤除，要靠撤除 $\overline{\text{INT0}}$ 或 $\overline{\text{INT1}}$ 引脚上的低电平才能有效。

对于串行中断，其中断标识位 TI 和 RI 不进行自动清 0。因为在中断响应后，还要测试这两个标识位的状态，以判定是接收操作还是发送操作，然后才能清除。所以串行中断请求的撤除是通过软件方法，在中断服务程序中实现的。

6.1.3　C51 中断服务函数

中断系统十分重要，C51 编译器允许在 C 语言源程序中声明中断和编写中断服务程序，从而减轻了采用汇编程序编写中断服务程序的烦琐程度。通过使用 interrupt 关键字实现，定义中断服务程序的一般格式如下：

```
void 函数名( ) interrupt n [using m]
```

80C51 中断号、中断源和中断向量关系如表 6.7 所示。

using m 指明该中断服务程序所对应的工作寄存器组，*m* 的取值范围为 0～3。指定工作寄存器组的缺点是，所有被中断调用的过程都必须使用同一个寄存器组，否则参数传递会发生错误。通常不设定 using m，除非保证中断程序中未调用其他子程序。

表 6.7　80C51 中断号、中断源、中断向量关系表

中断号 *n*	中断源	中断向量
0	外部中断 0	0003H
1	定时器 0	000BH
2	外部中断 1	0013H
3	定时器 1	001BH
4	串行口	0023H

【例 6.1】 典型的 C51 中断服务函数的示例。图6.5 中，要求外部中断 INT0 和外部中断 INT1 为低电平触发，相应引脚分别接一按钮，按钮按下时接地输入低电平，产生中断信号；定时器/计数器 T0 和定时器/计数器 T1 设置为外部计数输入，相应引脚接 1 kHz 的方波信号，T0 每计满 1000 个脉冲产生 1 次中断，T1 每计满 4000 个脉冲产生 1 次中断。

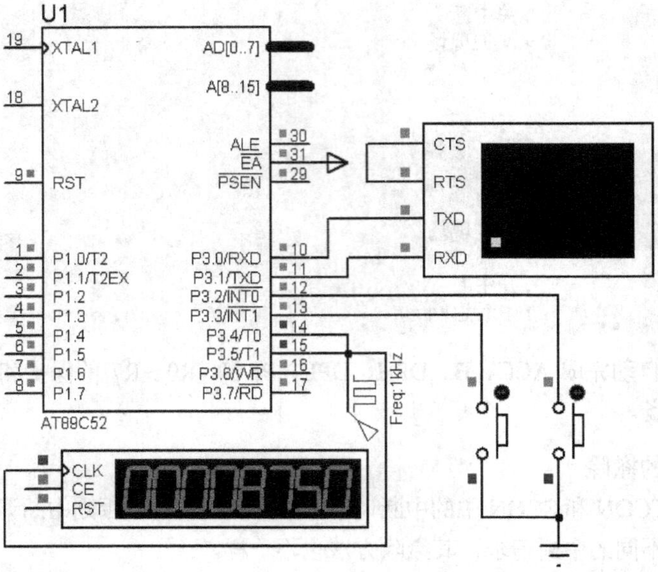

图 6.5　中断服务函数的示例电路

```
/*********************************************
由于设置了定时器 1 中断，不能再作为波特率发生器
此处使用定时器 2 实现波特率发生器。
*********************************************/
#include <REG52.H>    /*special function register declarations*/
#include <stdio.h>    /*prototype declarations for I/O functions*/
#define byte unsigned char
#define uchar unsigned char
#define word unsigned int
#define uint unsigned int
#define ulong unsigned long
#define BYTE unsigned char
#define WORD unsigned int
#define TRUE  1
#define FALSE 0
void initUart(void);/*初始化串口*/
uchar interruptNum=0xff;  /*中断号，初始化为 255*/
/******** main 函数 *********/
void main (void) {
    initUart();       /*初始化串口*/
    TMOD=0x55;        /*工作在方式 1，外部引脚计数*/
    TH0=-1000>>8;TL0=-1000 % 256;/*定时器 0 每 1000 计数脉冲发生 1 次中断*/
    TH1=-4000>>8;TL1=-4000 % 256;/*定时器 1 每 4000 计数脉冲发生 1 次中断*/
    TCON=0x55;        /*电平触发外部中断,开始计数*/
    IE=0x8f;          /*打开出串口中断外其他所有中断*/
    while (TRUE) {
        if(interruptNum<4){
            switch (interruptNum){
            case 0:
                /*可在此处插入外部中断 0 服务程序*/
                printf ("external interrupt 0 happened\n");
                break;
            case 1:
                /*可在此处插入定时器/计数器 0 中断服务程序*/
                printf ("timer0 interrupt happened\n");
                TR0=1;/*启动计数*/
                break;
            case 2:
```

```
                    /*可在此处插入外部中断 1 服务程序*/
                    printf ("external interrupt 1 happened\n");
                    break;
                case 3:
                    /*可在此处插入定时器/计数器 1 中断服务程序*/
                    printf ("timer1 interrupt happened\n");
                    TR1=1;/*启动计数*/
                    break;
                }
                interruptNum=0xff;
            }
        }
}
/*********** 中断 0 服务程序***************/
void exint0(void) interrupt 0
{
    EA=0;                               /*关总中断*/
    interruptNum=0;
    EA=1;                               /*开总中断*/
}
/*********** 中断 1 服务程序***************/
void exint1(void) interrupt 2
{
    EA=0;                               /*关总中断*/
    interruptNum=2;
    EA=1;                               /*开总中断*/
}
/******* 定时器/计数器 0 中断服务程序 ***/
void timer0int(void) interrupt 1
{
    EA=0;                               /*关总中断*/
    TR0=0;                              /*停止计数*/
    TH0=-1000>>8;TL0=-1000 % 256;       /*重置计数初值*/
    interruptNum=1;
    EA=1;                               /*开总中断*/
}
/******* 定时器/计数器 1 中断服务程序 ***/
void timer1int(void) interrupt 3
{
    EA=0;                               /*关总中断*/
    TR1=0;                              /*停止计数*/
    TH1=-4000>>8;TL1=-4000 % 256;       /*重置计数初值*/
    interruptNum=3;
    EA=1;                               /*开总中断*/
}

/********** 初始化串口波特率 ************/
void initUart(void)                     /*初始化串口波特率，使用定时器 2*/
{
/*Setup the serial port for 9600 baud at 11.0592 MHz*/
    SCON = 0x50;                        //串口工作在方式 1
    RCAP2H=(65536-(3456/96))>>8;
    RCAP2L=(65536-(3456/96))%256;
    T2CON=0x34;
    TI  = 1;                            /*置位 TI*/
}
```

中断服务函数的示例电路运行情况如图 6.6 所示。

使用 C51 编写中断服务程序，程序员无须关心 ACC、B、DPH、DPL、PSW 等寄存器的保护，C51 编译器会根据上述寄存器的使用情况在目标代码中自动增加压栈和出栈。例如，上面的程序编译连接后，读者可以在反汇编窗口中观察，int0()、timer0()和 int1()对 ACC、B、DPH、DPL、PSW 的处理情况是不同的，中断向量也由 C51 编译器自动处理，C51 编译器将产生最合适的目标代码。

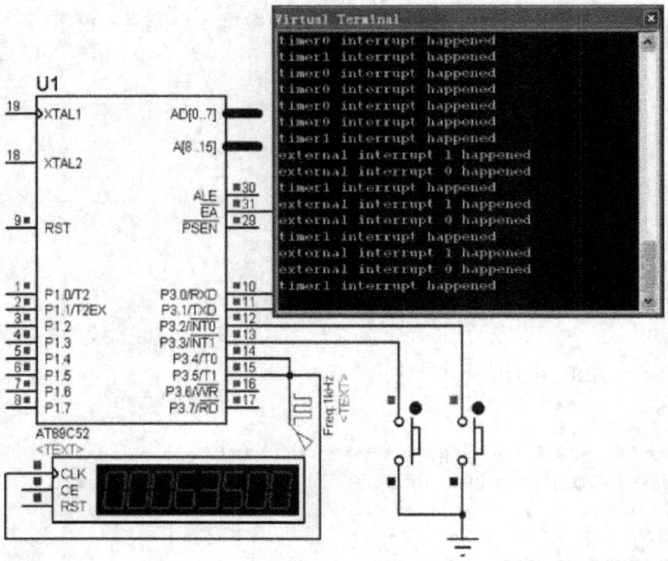

图 6.6　中断服务函数的示例电路运行情况

6.1.4　外部中断的应用实例

当外部中断源较多时，可采用优先编码器扩展外部中断输入。如图6.7所示，使用三态 8-3 优先编码器 74LS348 扩展外部中断输入电路。74LS348 为三态输出，可直接接到数据总线上。图6.7中 74LS348 的外部 RAM 访问地址为 0x0000，但只有低 3 位有意义。

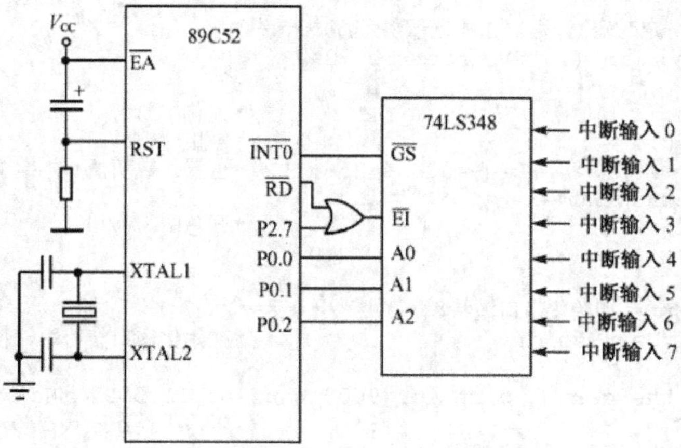

图 6.7　三态 8-3 优先编码器扩展外部中断输入电路

【例 6.2】 如图6.8所示的仿真电路，仿真库中无 74LS348 仿真元件，仿真电路中用 74HC148 和 74HC245 模拟 74LS348，8 路外部中断输入全部为低有效，当对应的中断发生时，使用 printf 从串口输出“extended interrupt x happened”，x 为对应的中断编号，试编写扩展 8 路外部中断的 C51 源程序。

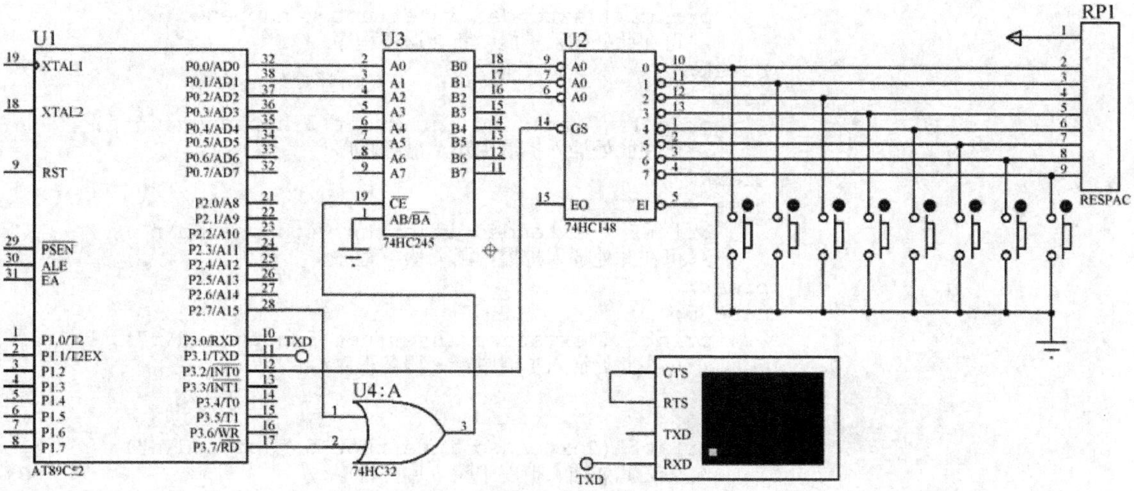

图 6.8　三态 8-3 优先编码器扩展外部中断输入仿真电路

C51 源程序如下：

```
#include <REG52.H>        /*special function register declarations*/
#include <stdio.h>        /*prototype declarations for I/O functions*/
#include <intrins.h>
#include <Absacc.h>

#define byte unsigned char
#define uchar unsigned char
#define word unsigned int
#define uint unsigned int
#define ulong unsigned long
#define BYTE unsigned char
#define WORD unsigned int

#define TRUE  1
#define FALSE 0

#define INT0_PORT  XBYTE[0x0000] /*外部中断 74LS348 地址*/
uchar int0_status;        /*中断状态*/
bit   int0_flag;      /*中断标记*/

void initUart(void);      /*初始化串口*/
/******** main 函数 *********/
void main (void) {
    initUart();           /*初始化串口*/
    int0_flag=0;          /*设置中断 0 标记*/
    TCON=0x55;            /*电平触发外部中断*/
    IE=0x81;              /*打开外中断 int0*/
    do {
    if (int0_flag) {      /*如果有中断*/
    switch (int0_status){ /*根据中断源分支*/
                case 0:
                    printf ("extended interrupt 0 happened\n");
                    /*可在此处插入扩展中断 0 服务程序*/
                break;
                case 1:
                    printf ("extended interrupt 1 happened\n");
                    /*可在此处插入扩展中断 1 服务程序*/
                break;
                case 2:
```

```
                    printf ("extended interrupt 2 happened\n");
                    /*可在此处插入扩展中断 2 服务程序*/
                break;
                case 3:
                    printf ("extended interrupt 3 happened\n");
                    /*可在此处插入扩展中断 2 服务程序*/
                break;
                case 4:
                    printf ("extended interrupt 4 happened\n");
                    /*可在此处插入扩展中断 4 服务程序*/
                break;
                case 5:
                    printf ("extended interrupt 5 happened\n");
                    /*可在此处插入扩展中断 5 服务程序*/
                break;
                case 6:
                    printf ("extended interrupt 6 happened\n");
                    /*可在此处插入扩展中断 6 服务程序*/
                break;
                case 7:
                    printf ("extended interrupt 7 happened\n");
                    /*可在此处插入扩展中断 7 服务程序*/
                break;
               default:break;
            }
            int0_flag=0;        /*清中断 0 标记*/
        }
    }while(TRUE);
}
/***********  中断 0 服务程序***************/
void exint0(void) interrupt 0
{
     EA=0;                       /*关总中断*/
    int0_flag=1;                 /*设置中断 0 标记*/
                                 /*读取外部中断源输入,并屏蔽高 5 位*/
    int0_status=~INT0_PORT & 0x07;
     EA=1;                       /*开总中断*/
}
/********** 初始化串口波特率 ************/
void initUart(void)              /*初始化串口波特率，使用定时器 2*/
{
/*Setup the serial port for 9600 baud at 11.0592 MHz*/
     SCON = 0x50;                //串口工作在方式 1
     RCAP2H=(65536-(3456/96))>>8;
     RCAP2L=(65536-(3456/96))%256;
     T2CON=0x34;
     TI  = 1;                    /*置位 TI*/
}
```

6.2　定时器/计数器

工业检测、控制及智能仪器等中，经常要实现定时检测、定时控制、定时产生毫秒宽的脉冲驱动步进电动机一类的电气机械，这就要求单片机具有定时/计数功能。有多种方法可以实现单片机的定时，如软件定时、硬件定时、可编程定时器定时。软件定时在计算机高级语言编程中经常应用，即通过循环程序实现延时，系统不需要增加任何硬件，但该定时方法需要长期占用 CPU。硬件定时需要系统额外增加电路，而且使用上不够灵活。单片机内集成了定时电路，被称为定时器/计数器，定时器通过对系统时钟脉冲进行计数实现定时功能，计数器则用于对单片机外部引脚上输入的脉冲计数。

80C51 单片机内有 2 个 16 位可编程的定时器/计数器，它们具有 4 种工作方式，其控制字和状态均在相应的特殊功能寄存器中，通过对控制寄存器的编程，就可以方便地选择适当的工作方式。

6.2.1　定时器/计数器 0、1 的结构及工作原理

1．定时器/计数器 0、1 的结构

定时器/计数器 T0、T1 的内部结构框图如图6.9 所示，主要由以下几部分组成：

① 16 位加 1 计数器 TH0、TL0 和 TH1、TL1；

② 定时控制寄存器（TCON）和工作方式控制寄存器（TMOD）；

③ 时钟分频器；

④ 输入引脚 T0、T1、INT0、INT1。

下面将逐一介绍各主要部分的功能。

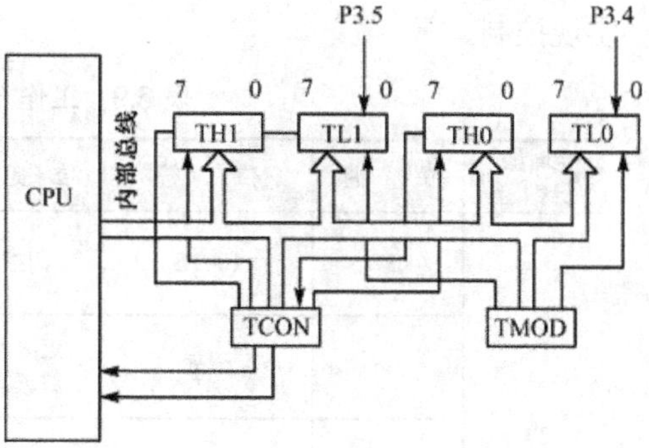

图 6.9　定时器/计数器内部结构逻辑图

2．加 1 计数器

定时器/计数器 T0、T1 都有一个 16 位的加 1 计数器，它们分别由 8 位特殊功能寄存器 TH0、TL0 和 TH1、TL1 组成。TH0、TL0 构成定时器/计数器 T0 加 1 计数器的高 8 位和低 8 位，TH1、TL1 构成定时器/计数器 T1 加 1 计数器的高 8 位和低 8 位。加 1 计数器的初值可以通过程序进行设定，设定不同的初值就可以获得不同的计数值或定时时间。

3．定时控制寄存器（TCON）

表 6.8　定时控制寄存器 TCON 各位的功能

位 地 址	位　符	功　能
8FH	TF1	定时器/计数器 T1 溢出标识位
8EH	TR1	定时器/计数器 T1 运行控制位
8DH	TF0	定时器/计数器 T0 溢出标识位
8CH	TR0	定时器/计数器 T0 运行控制位
8BH	IE1	外部中断 1 请求标识位
8AH	IT1	外部中断 1 触发类型选择位
89H	IE0	外部中断 0 请求标识位
88H	IT0	外部中断 0 触发类型选择位

定时控制寄存器 TCON 是一个 8 位寄存器，它不仅参与定时控制，还参与中断请求控制，既可以对其整个字节寻址，又可以对其位寻址，字节地址为 88H，位地址为 8FH～88H。各位的地址及其对应的功能如表 6.8 所示。

TF0、TF1：计数器溢出标识位。定时器/计数器 T0、T1 溢出（计满）时，该位由内部硬件自动置位。该位的使用分两种情况：中断方式和查询方式。若使用中断方式，此位作为中断标识位，引起中断响应，进入中断服务程序后，由硬件自动清 0；若使用查询方式，中断被禁止，此位作为状态位供查询，但应注意查询有效后应用软件及时将该位清 0。

TR0、TR1：定时器/计数器 T0、T1 的运行控制位。通过软件设置该位清 0 或置 1，实现定时/计数的启停控制。

- TR0(TR1)=1，启动 T0(T1)的定时/计数工作。
- TR0(TR1)=0，停止 T0(T1)的定时/计数工作。

TCON 的其他 4 位 IE0、IT0、IE1、IT1 是和外部中断 0、1 有关的控制位。其中，IE0、IE1 控制外部中断请求，IT0、IT1 控制外部中断触发类型。

4．工作方式控制寄存器（TMOD）

工作方式控制寄存器 TMOD，用来设定定时器/计数器 T0、T1 的工作方式。TMOD 寄存器只能进行字节寻址，地址为 89H，不能进行位寻址，即 TMOD 的内容只能通过字节传送指令进行赋值。

TMOD 各位的含义如表 6.9 所示，其中低半个字节定义定时器/计数器 T0，高半个字节定义定时

器/计数器 T1。定时器/计数器的启动，由门控位 GATE 进行控制，GATE=0 时，寄存器 TCON 中 TR0、TR1 启动定时；GATE=1 时，外部中断引脚 $\overline{INT0}$ 、$\overline{INT1}$ 和 TR0、TR1 联合作用启动定时。定时或计数工作方式的选择，由 C/$\overline{T}$ 位控制。C/$\overline{T}$ = 0 为定时工作方式，C/$\overline{T}$ =1 为计数工作方式。每个计数器/定时器共有方式 0、方式 1、方式 2、方式 3 四种工作方式，分别由不同的 M1M0 值 00、01、10、11 实现控制。

表 6.9　工作方式控制寄存器 TMOD 各位的功能

定时器/计数器	位　序	位　符	位定义	位　值	功　能
T1	B7	GATE	门控位	0	TCON 中 TR1 启动定时
				1	外部中断引脚 $\overline{INT_1}$ 和 TR1 启动定时
	B6	C/$\overline{T}$	定时或计数选择位	0	定时工作方式
				1	计数工作方式
	B5	M1	工作方式选择位	M1M0 = 00	方式 0：13 位定时器/计数器
				M1M0 = 01	方式 1：16 位定时器/计数器
	B4	M0		M1M0 = 10	方式 2：初值自动重新装入的 8 位定时器/计数器
				M1M0 = 11	方式 3：仅适用于 T0，将其分为两个 8 位计数器。对 T1 停止计数
T0	B3	GATE	门控位	0	TCON 中 TR0 启动定时
				1	外部中断引脚 $\overline{INT_0}$ 和 TR0 启动定时
	B2	C/$\overline{T}$	定时或计数选择位	0	定时工作方式
				1	计数工作方式
	B1	M1	工作方式选择位	M1M0 = 00	方式 0：13 位定时器/计数器
				M1M0 = 01	方式 1：16 位定时器/计数器
	B0	M0		M1M0 = 10	方式 2：初值自动重新装入的 8 位定时器/计数器
				M1M0 = 11	方式 3：仅适用于 T0，将其分为两个 8 位计数器。对 T1 停止计数

5. T0、T1 定时功能或计数功能的选择

定时器/计数器的核心是一个加 1 计数器，其基本功能是加 1 功能。定时或计数的功能选择，通过 TMOD 寄存器中的 C/$\overline{T}$ 选择控制实现。当 C/$\overline{T}$ = 0 时，系统具有定时功能；当 C/$\overline{T}$ =1 时，系统则实现计数功能。C/$\overline{T}$ 是工作方式控制寄存器 TMOD 中的定时方式或计数方式选择位，通过软件设置 C/$\overline{T}$，实现定时或计数的功能选择。

6.2.2 定时器/计数器 0、1 的四种工作方式

如表 6.9 所示，根据工作方式控制寄存器 TMOD 中 M1、M0 的设定，定时器/计数器 T0、T1 可以有四种不同的工作方式：方式 0、方式 1、方式 2、方式 3。

1. 方式 0

当 TMOD 中 M1M0 =00 时，定时器/计数器选定方式 0 进行工作。不妨以定时器/计数器 T0 为例解释。图6.10所示为 T0 工作在方式 0 下的逻辑结构图（定时器/计数器 1 与其完全一致）。在该工作方式下，TH0 的全部 8 位和 TL0 的低 5 位构成 13 位的加 1 计数器，计数器的最大值为 2^{13}=8192，而 TL0 的高 3 位处于闲置状态，这是出于与 MCS-48 单片机兼容性的考虑，因为 MCS-48 单片机的加 1 计数器是 13 位的。

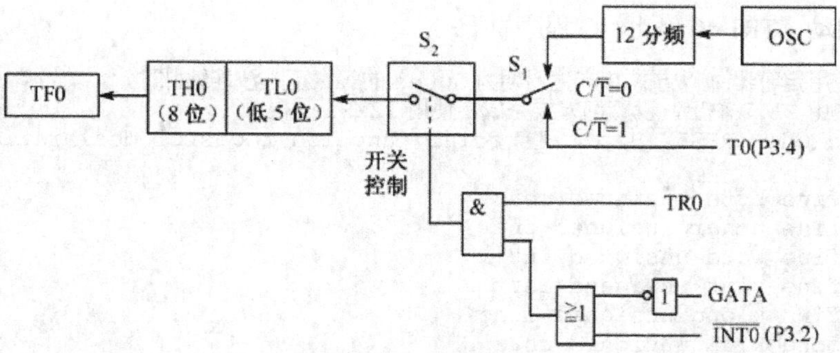

图 6.10　定时器/计数器 0 的工作方式 0 电路逻辑结构

计数功能：$C/\overline{T}=1$ 时，图6.10 中电子开关 S_1 打在下端，定时器/计数器处于计数器状态，加法计数器对 T0 引脚上的外部输入脉冲计数。计数值为

$$N=8192-x$$

计数初值 x 是 TH0、TL0 设定的初值。$x=8191$ 时为最小计数值 1，再来 1 个脉冲计数器即溢出；$x=0$ 时为最大计数值 8192，再来 8192 个脉冲计数器即溢出；计数范围为 1～8192（2^{13}）。

定时功能：$C/\overline{T}=0$ 时，图6.10 中电子开关 S_1 打在上端，振荡脉冲的 12 分频输出，13 位定时器/计数器处于定时器状态，加法计数器对机器周期（T_{cy}）脉冲计数。定时时间为

$$T_d=(8192-x)\times T_{cy} \quad 或 \quad T_d=(8192-x)\times T_{cp}\times 12$$

如果晶振频率 f_{osc}=12 MHz，机器周期为 T_{cy}=1 μs，则定时范围为 1～8192 μs。

随着计数的增大，TL0 的低 5 位溢出后自动向 TH0 进位，TH0 溢出后，将溢出标识位 TF0 置位，并向 CPU 发出中断请求。

图6.10 中控制开关 S_2 控制定时器/计数器的启动或停止，开关 S_2 的控制信号为

$$I=(\overline{\overline{GATE}+\overline{INT0}})TR0 \qquad (6.1)$$

当 GATE=0 时，$\overline{GATE}+\overline{INT0}=1$，$\overline{INT0}$ 信号不起作用，开关 S_2 的状态由 TR0 决定，即 TR0=1 时，启动定时器/计数器；TR0=0 时，关闭定时器/计数器。当 GATE=1 时，式（6.1）中 $I=\overline{INT0}\times TR0$，开关 S_2 的状态由 $\overline{INT0}\times TR0$ 决定，所以仅当 TR0=1 且 $\overline{INT0}$ 位于高电平时，开关 S_2 闭合，才能启动定时器/计数器 0 工作。如果 $\overline{INT0}$ 上出现低电平，则停止工作，利用门控位的这一特征，可以测量外信号的脉冲宽度。

【例 6.3】 设单片机晶振频率为 6 MHz，使用定时器 1 以方式 0 产生周期为 500μs 的等宽正方波连续脉冲，并由 P1.2 输出，以查询方式完成。

（1）计算 TH1、TL1 初值

要产生 500μs 的等宽正方波脉冲，只需在 P1.2 端以 250μs 为周期交替输出高低电平即可实现，为此定时时间 T_d 应为 250μs。使用 12 MHz 晶振，则一个机器周期 T_{cy} 为 1μs。设待求的计数初值为 x，根据 $T_d=(8192-x)\times T_{cy}$，有

$$T_d=(8192-x)\times 1=250\mu s$$

求解得 $x=7942$，二进制数表示时为 11111000 00110 B，十六进制数表示时，高 8 位为 0F8H，低 5 位为 06H。其中高 8 位放入 TH1，即 TH1=0F8H；低 5 位放入 TL1，即 TL1=06H。

（2）TMOD 寄存器初始化

为把定时器/计数器 1 设定为方式 0，应使 M1M0=00；为实现定时功能，应使 $C/\overline{T}=0$；为实现定时器/计数器 1 的运行控制，应使 GATE=0。定时器/计数器 0 不用，有关位设定为 0，因此 TMOD 寄存器应初始化为 00H。

（3）由定时器控制寄存器 TCON 中的 TR1 位控制定时的启动和停止

TR1=1 启动，TR1=0 停止。C 程序如下：

```
//使用定时器 1 以方式 0 产生周期为 500μs 的等宽正方波连续脉冲，
//并由 P1.2 输出，以查询方式完成。使用 12MHz 晶振。
#include <REG52.H>    /*special function register declarations*/

#define byte unsigned char
#define uchar unsigned char
#define word unsigned int
#define uint unsigned int
#define ulong unsigned long
#define BYTE unsigned char
#define WORD unsigned int

#define TRUE  1
#define FALSE 0

sbit rect_wave = P1^2;               /*方波由 P1.2 口输出*/
void time1over(void);                /*计数器计数时间到子程序*/

/******** main 函数 *********/
void main (void) {
  TMOD=0x00;                         /*设置定时器/计数器为工作方式 0*/
    TH1=0xf8;                        /*设置计数初值高字节*/
    TL1=0x06;                        /*设置计数初值低字节*/
    IE=0x00;                         /*禁止中断*/
    TR1=1;                           /*启动定时*/
    for (; ;) {
        if (TF1) {                   /*查询计数溢出*/
            time1over();
            TF1=0;                   /*查询，计数溢出标志位须清 0*/
        }
    }
}

void time1over(void) {
    TR1=0;
    TH1=0xf8;                        /*设置计数初值高字节*/
    TL1=0x06;                        /*设置计数初值低字节*/
    rect_wave=!rect_wave;            /*输出取反*/
    TR1=1;
}
```

2. 方式 1

当 TMOD 中 M1M0=01 时，定时器/计数器选定方式 1 进行工作。图6.11 所示为 T0 工作在方式 1 下的逻辑结构图（定时器/计数器 1 与其完全一致）。其逻辑结构与方式 0 不同的是，两个 8 位寄存器 TH0 和 TL0 构成了一个 16 位的定时器/计数器，其他与工作方式 0 完全相同。

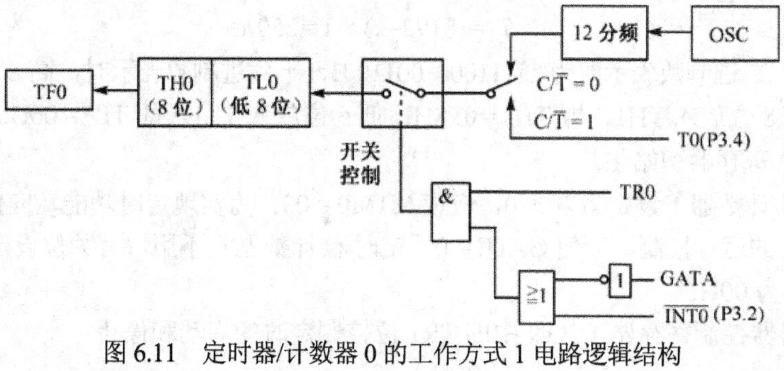

图 6.11　定时器/计数器 0 的工作方式 1 电路逻辑结构

在该工作方式下，当作为计数器使用时，其计数范围是 1～65536（2^{16}）。当作为定时器使用时，定时器的定时时间为

$$T_d = (2^{16}-\text{Count})\times T_{cy} \qquad 或 \qquad T_d = (2^{16}-\text{Count})\times 12\times T_{cp}$$

如果晶振频率 f_{osc}=12 MHz，则定时范围为 1～65536μs。

【例 6.4】 如图6.12所示电路，单片机晶振频率为 12 MHz，要求使用定时器 0 以方式 1 产生周期为 20 ms 的等宽方波连续脉冲，并由 P1.2 输出，以查询方式完成。

由于定时时间大于工作方式 0 的最大计时值 8192 μs，应选用工作方式 1。

（1）计算 TH0、TL0 的初值

设计数初值为 x，则根据 $T_d=(2^{16}-\text{Count})\times T_{cy}$，有

$$(65536-x)\times 1 = 10000$$

得 x = 55536 = 0D8F0H，即 TH0 = 0D8H，TL0 = 0F0H。

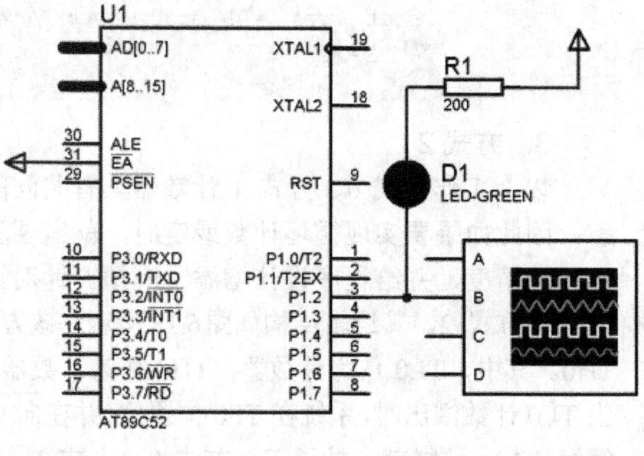

图 6.12　定时器/计数器 0 产生 10 ms 的等宽方波测量电路

（2）TMOD 寄存器初始化

参考表 6.9，TMOD 寄存器各位的内容确定如下：定时器/计数器 0 设定为定时器工作方式 1，有 C/$\overline{T}$ (TMOD.2) = 0，Ml(TMOD.l) = 0，M0(TMOD.0) = 1，GATE(TMOD.3) = 0，定时器/计数器 1 未使用，相应的各个位为随意状态，不妨取 0。则(TMOD) = 0lH。

（3）C 程序如下：

```
//使用定时器 0 以方式 1 产生周期为 20ms 的等宽正方波连续脉冲,
//并由 P1.2 输出，以查询方式完成。使用 12MHz 晶振。
#include <REG52.H>     /*special function register declarations*/

#define byte unsigned char
#define uchar unsigned char
#define word unsigned int
#define uint unsigned int
#define ulong unsigned long
#define BYTE unsigned char
#define WORD unsigned int

#define TRUE  1
#define FALSE 0

sbit rect_wave=P1^2;            /*方波由 P1.2 口输出*/
void time1over(void);           /*计数器计数时间到子程序*/

/******** main 函数 *********/
void main (void) {
   TMOD=0x01;                   /*设置定时器/计数器 0 为工作方式 1*/
    TH0=0xd8;                   /*设置计数初值高字节*/
    TL0=0xf0;                   /*设置计数初值低字节*/
    IE=0x00;                    /*禁止中断*/
    TR0=1;                      /*启动定时*/
    for (; ;) {
        if (TF0) {              /*查询计数溢出*/
```

```
                timelover();
                TF0=0;             /*查询，计数溢出标志位须清 0*/
            }
        }
    }

    void timelover(void) {
        TR0=0;
        TH0=0xd8;                  /*设置计数初值高字节*/
        TL0=0xf0;                  /*设置计数初值低字节*/
        rect_wave  = ! rect_wave;  /*输出取反*/
        TR0=1;
    }
```

3. 方式 2

以上工作方式 0、方式 1 计数器具有共同的特点，即计数器发生溢出现象后，自动处于 0 状态，因此如果要实现循环计数或定时，就需要程序不断反复给计数器赋初值，这就影响了计数或定时的精度，并给程序设计增添了麻烦。针对该问题，设计了计数器具有初值自动重新加载功能的工作方式 2，其逻辑结构如图6.13 所示。该方式下，16 位计数器被分为两个 8 位寄存器：TL0 和 TH0。其中，TL0 作为计数器，TH0 作为计数器 TL0 的初值预置寄存器，并始终保持为初值常数。当 TL0 计数溢出时，系统在 TF0 位置位，并在向 CPU 申请中断的同时，将 TH0 的内容重新装入 TL0，继续计数。这样就省掉了工作方式 0、方式 1 一定要通过软件给计数器重新赋初值的麻烦，并提高了计数精度。

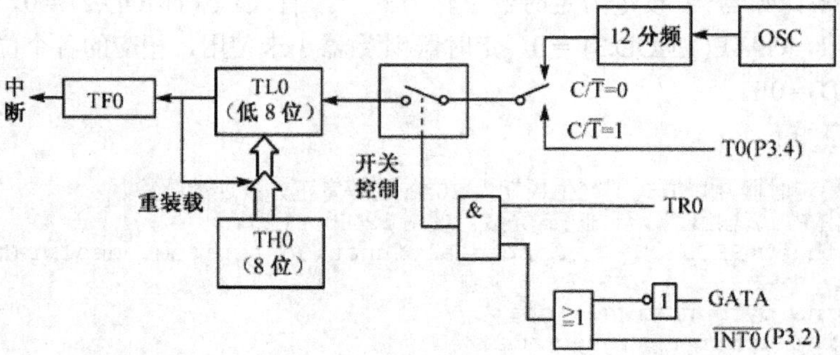

图 6.13　T0 在工作方式 2 下的逻辑结构

TH0 的内容重新装入 TL0 后，其自身保持不变。这样计数器就具有重复加载、循环工作的特点，可用于产生固定脉宽的脉冲信号，还可以用来作为串行口波特率发生器使用。

在该工作方式下，当作为计数器使用时，其计数范围是 1～256（2^8）。当作为定时器使用时，定时器的定时时间为

$$T_d=(2^8-\text{Count})\times T_{cy} \quad 或 \quad T_d=(2^8-\text{Count})\times 12\times T_{cp}$$

如果晶振频率 f_{osc}=12 MHz，则定时范围为 1～256 μs。

【例 6.5】 已知单片机晶振频率 f_{osc} = 12 MHz，要求定时器 0 以工作方式 2、查询方式产生 100μs 的定时，并在 P1.2 输出周期为 200μs 的连续方波。

（1）计算计数初值

以 TH0 作为重装载的预置寄存器，TL0 作为 8 位计数器，假设计数初值为 x，则

$$(2^8-x)\times 1\times 10^{-6}=100\times 10^{-6}$$

求解得

$$x=156=09CH$$

把 09CH 分别装入 TH0 和 TL0 中，

TH0=09CH, TL0=09CH

（2）寄存器 TMOD 初始化

定时器/计数器 0 在工式方式 2 下，参考表 6.9，设置 TMOD 各位 MlM0=10，C/$\overline{T}$=0 实现定时功能，GATE=0 实现 TR0 启动定时器/计数器 0。定时器/计数器 1 不用，有关位设定为 0。

综上情况 TMOD 寄存器的状态应为 02H。

C 语言源程序如下：

```
//使用定时器 0 以方式 2 产生周期为 200μs 的等宽正方波连续脉冲，
//并由 P1.2 输出，以查询方式完成。使用 12 MHz 晶振。
#include <REG52.H>    /*special function register declarations*/
#define byte unsigned char
#define uchar unsigned char
#define word unsigned int
#define uint unsigned int
#define ulong unsigned long
#define BYTE unsigned char
#define WORD unsigned int

#define TRUE  1
#define FALSE 0

sbit rect_wave=P1^2;                    /*方波由 P1.2 口输出*/
void timelover(void);                   /*计数器计数时间到子程序*/

/******** main 函数 *********/
void main (void) {
  TMOD=0x02;                            /*设置定时器/计数器 0 为工作方式 1*/
  TH0=0x9c;                             /*设置计数初值高字节*/
  TL0=0x9c;                             /*设置计数初值低字节*/
  IE=0x00;                              /*禁止中断*/
  TR0=1;                                /*启动定时*/
  for (; ;) {
       if (TF0) {                       /*查询计数溢出*/
           timelover();
           TF0=0;                       /*查询，计数溢出标志位须清 0*/
       }
     }
}

void timelover(void) {
    rect_wave=!rect_wave;               /*输出取反*/
}
```

与方式 0 和方式 1 不同，方式 2 具有自动重装载功能，计数初值只需设置一次，以后不再需要软件重置。

4. 方式 3

当 TMOD 中 M1M0=11 时，定时器/计数器处于定时工作方式 3 下工作。在前三种定时工作方式下，两个定时器/计数器 T0、T1 具有相同且平等的功能，但在该工作方式下，T0 和 T1 具有完全不同的功能。

图6.14 所示为 T0 在定时工作方式 3 下的逻辑结构，其中 TL0 和 TH0 作为两个独立的 8 位计数器，分别构成了一个定时器/计数器和一个定时器，TL0 使用 T0 的状态控制位 C/$\overline{T}$、GATE、TR0 和 $\overline{INT0}$，而 TH0 被固定为一个 8 位定时器（不能用做外部计数方式），并占用了定时器 T1 的状态控制位 TR1 和 TF1，占用 T1 的中断源。

在前面的三种工作方式下，两个定时器/计数器T0、T1的设置和使用是完全相同的，但是在工作方式3下，T0、T1的设置和使用却不尽相同，下面分别介绍。

（1）在工作方式3下的T0

在工作方式3下，定时器/计数器T0被拆成两个独立的8位计数器TL0和TH0。其中，TL0既可以计数使用，又可以定时使用，定时器/计数器T0的控制位和引脚信号全归它使用。其功能和操作与方式0或方式1完全相同，而且逻辑电路结构也极其类似，如图6.14所示。

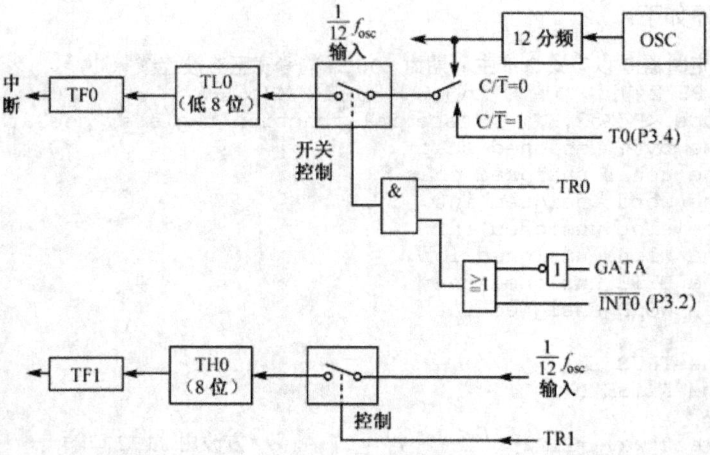

图6.14　工作方式3下定时器/计数器T0被分成两个8位计数器的逻辑结构

与TL0的情况相反，对于T0的另一半TH0，则只能作为简单的定时器使用。而且由于T0的控制位已被TL0独占，因此只好借用定时器/计数器T1的控制位TR1和TF1，以计数溢出去置位TF1，而定时的启动和停止则受TR1的状态控制。

由于TL0既能做定时器使用，也能做计数器使用，而TH0只能做定时器使用却不能做计数器使用，因此在工作方式3下，定时器/计数器0可以构成2个定时器或1个定时器、1个计数器。

（2）工作方式3下的T1

如果定时器/计数器T0已工作在工作方式3下，则定时器/计数器T1只能工作在方式0、方式1或方式2下，它的运行控制位TR1及计数溢出标识位TF1已被定时器/计数器0借用，如图6.15所示。

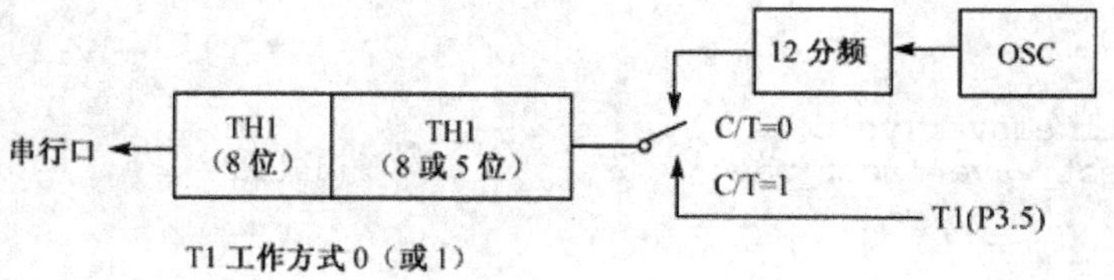

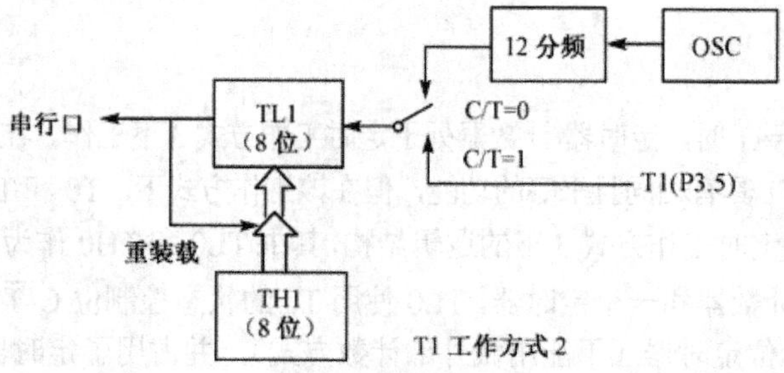

图6.15　定时器/计数器方式3的T1结构

在这种情况下，定时器/计数器 1 通常作为串行口的波特率发生器使用，以确定串行通信的速率。因为已没有计数溢出标识位 TF1 可供使用，因此只能把计数溢出直接送给串行口。当作为波特率发生器使用时，只需设置好工作方式，便可自动运行。如果要停止工作，只需送入一个把它设置为方式 3 的方式控制字即可，因为定时器/计数器 1 不能在方式 3 下使用，如果强行把它设置为方式 3，则停止工作。

6.2.3　定时器/计数器对输入信号的要求

定时器/计数器的作用是用来精确地确定某一段时间间隔（作为定时器使用）或累计外部输入的脉冲个数（作为计数器使用）。当用做定时器时，在其输入端输入周期固定的脉冲，根据定时器/计数器中累计（或事先设定）的周期固定的脉冲个数，即可计算出所定时间的长度。

当 80C51 内部的定时器/计数器被选定为定时器工作模式时，计数输入信号是内部时钟脉冲，每个机器周期产生一个脉冲位，计数器增 1，因此定时器/计数器的输入脉冲的周期与机器周期一样，为时钟振荡频率的 1/12。当采用 12 MHz 频率的晶体时，计数速率为 1 MHz，输入脉冲的周期间隔为 1μs。由于定时的精度决定于输入脉冲的周期，因此如果需要高分辨率的定时，应尽量选用频率较高的晶振（80C51 最高为 40 MHz）。

当定时器/计数器用做计数器时，计数脉冲来自外部输入引脚 T0 或 T1。当输入信号产生由 1 至 0 的跳变（即负跳变）时，计数器的值增1。每个机器周期的 S5P2 期间，对外部输入进行采样。如在第一个周期中采得的值为 1，而在下一个周期中采得的值为 0，则在紧跟着的再下一个周期 S3P1 的期间，计数器加 1。由于确认一次下跳变需要花 2 个机器周期，即 24 个振荡周期，因此外部输入的计数脉冲的最高频率为振荡器频率的 1/24。例如，选用 6 MHz 频率的晶体，允许输入的脉冲频率为 250 kHz，如果选用 12 MHz 频率的晶体，则可输入 500 kHz 的外部脉冲。对于外部输入信号的占空比并没有什么限制，但为了确保某一给定的电平在变化之前能被采样一次，则这个电平至少要保持一个机器周期。故对输入信号的基本要求如图6.16所示，图中 T_{cy} 为机器周期。

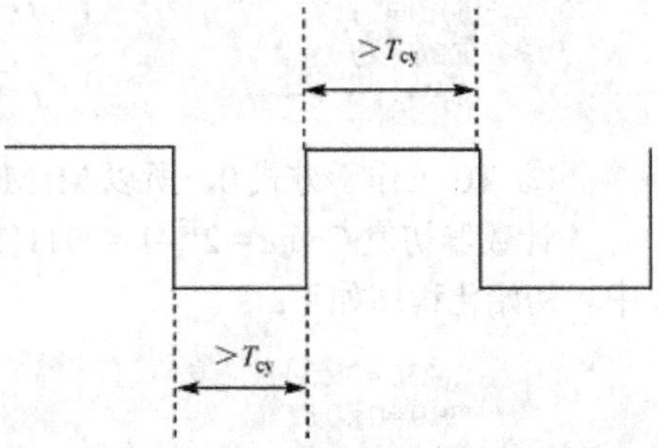

图 6.16　对输入信号的基本要求

6.2.4　定时器/计数器 0、1 的编程和应用实例

1. 定时器/计数器的初始化编程

因为 80C51 单片机的定时器/计数器能定时、计数，具有 3 个通道 4 种工作方式。因此，在使用定时器/计数器前必须对其进行初始化，即设置其工作方式。初始化一般应进行如下工作。

① 设置工作方式，即设置 TMOD 中的各位：GATE、C/$\overline{T}$、M1M0。

② 计算加 1 计数器的计数初值 Count，并将计数初值 Count 送入 TH、TL 中。

③ 启动计数器工作，即将 TR 置 1。

④ 若采用中断方式则 T0、T1 及 CPU 开中断。

图6.17 所示为定时器/计数器初始化流程图。

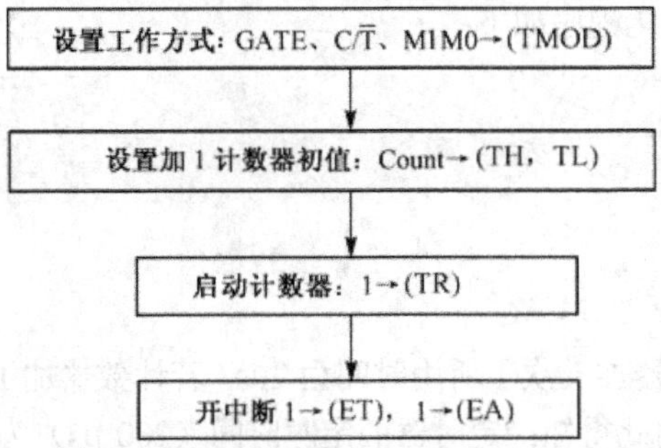

图 6.17　定时器/计数器初始化流程图

2. 计算计数初值 Count

（1）计数方式

假设 T0 工作于方式 1，16 位计数。

计数值 $x=1$，即 T0 引脚输入 1 个计数脉冲就使计数器产生溢出，计数器的初值 Count=0FFFFH= $2^{16}-1$；

计数值 $x=2$，即 T0 引脚输入 2 个计数脉冲就使计数器产生溢出，计数器的初值 Count=0FFFFH= $2^{16}-2$；

……

一般 n 位计数，x 表示计数值，则计数初值通用计算公式为

$$\text{Count} = 2^n - x$$

式中，$n=13, 16, 8, 8$ 分别对应工作方式 0、1、2、3。

【例 6.6】 定时器/计数器 T0 工作于计数方式，计数值 $x=1$，允许中断，分别使用：①工作方式 1；②工作方式 0；③工作方式 2。用 C 语言程序进行初始化编程。

解：由于 T0 工作于计数方式，从而 $C/\overline{T}=1$，GATE= 0。

① T0 工作于方式 1，所以 M1M0=01。T1 不用，TMOD 的高 4 位取 0000，则 TMOD = 00000101= 05H，计数器位数 $n=16$。

计数器初值 Count = $2^{16}-1$ = 1111111111111111= 0FFFFH。初始化程序如下：

```
TMOD=0x05;            /*设置 T0 工作计数方式 1*/
TH0=0xff;             /*加 1 计数器高 8 位 TH0 赋初值 FFH*/
TL0=0xff;             /*加 1 计数器低 8 位 TL0 赋初值 FFH*/
TR0=1;                /*打开 T0 启动开关*/
ET0=1;                /*T0 开中断*/
EA=1;                 /*CPU 开中断*/
```

② T0 工作于方式 0，所以 M1M0=00，TMOD = 04H，计数器位数 $n=13$。

计数器初值 Count= $2^{13}-1$ = 1111111111111，高 8 位 FFH 存放在 TH0 中，低 5 位 1FH 存放在 TL0 中。初始化程序如下：

```
TMOD=0x04;
TH0=0x0ff;
TL0=0x1f;
```

其余指令与①相同。

③ T0 工作于方式 2，所以 M1M0=10。TMOD=06H，$n=8$。

计数器初值 Count= 2^8-1=11111111=0FFH，由于方式 2 是 8 位重装方式，所以计数初值 FFH 存放在计数器 TL0 中，8 位重装值 FFH 存放在 TH0 中。初始化程序如下：

```
TMOD=0x06;
TH0=0xff;
TL0=0xff;
```

其余指令与①相同。

（2）定时方式

若系统主频 f_{osc} = 6 MHz，则机器周期为 2 μs，即计数器加一次 1 所用时间为 2μs，若计数器加 100 次产生溢出（计数值 $N=100$），则定时时间为 200 μs。由此得知：定时器的定时时间（200 μs）为计数值（100）与加一次 1 所用时间（2 μs）。因为计数值 $N = 2^n-\text{Count}$，加一次 1 所用时间为机器周期，所以定时时间 $T_d=(2^n-\text{Count})\times$机器周期，计数初值 $\text{Count}=2^n-T_d/T_{cy}$。式中，$n=13, 16, 8, 8$ 分别对应方式 0、1、2、3。

【例 6.7】 T0 工作于定时方式 1，定时时间 $T_d = 2$ ms，系统主频 $f_{osc} = 8$ MHz，允许中断，对 T0 进行初始化编程。

解：由于 T0 工作于定时方式，从而 $C/\overline{T} = 0$，GATE=0。

T0 工作于方式 1，所以 M1M0=01。T1 不用，TMOD = 00000001 = 01H。

系统主频 f_{osc}= 8 MHz 时，时钟周期 T_{cp} = 1/8 μs，T_{cy}=12T_{cp}=12/8 =1.5 μs。

计数初值 Count = 2^{16}–2000/1.5 =10000–535 = FACBH，初始化程序如下：

```
TMOD=0x01;    /*设置 T0 为定时方式 1*/
TH0=0xfa;
TL0=0xcb;
TR0=1;
ET0=1;
EA=1;
```

【例 6.8】 T1 工作于定时方式 2，定时时间为 500 μs，系统主频 f = 6 MHz，关中断。对 T1 进行初始化编程。

解：由于 T1 工作于定时方式，从而 $C/\overline{T} = 0$，GATE = 0。

T1 工作方式 2，所以 M1M0=10。T0 不用，TMOD = 00100000 = 20H。

系统主频 f_{osc}= 6 MHz 时，时钟周期 T_{cp} = 1/6 μs，T_{cy}=12T_{cp} = 12/6 = 2 μs。

计数初值 Count = 2^8–500/2 = 256–250 = 06H。程序如下：

```
TMOD=0x20;              /*设置 T1 为定时方式 2*/
TL1=0x06;               /*计数器 TL1 赋初值 06H*/
TH1=0x06;               /*重装寄存器 TH1 赋初值 06H*/
ET1=0;                  /*T1 关中断*/
TR1=1;                  /*启动 T1*/
```

【例 6.9】 设系统主频 f_{osc} = 6MHz，使用定时器 T1 以方式 2 产生周期为 1 ms 的等宽正方波脉冲，并由 P1.0 输出，以查询方式完成。

解：要产生 1 ms 的等宽正方波脉冲，只需在 P1.0 端以 500 μs 为周期交替输出高低电平即可实现。

T1 工作于定时方式 2，定时时间为 500 μs，f = 6 MHz。T1 的初始化编程与例 6.6 完全相同。汇编源程序如下：

```
        ORG     0000H
        LJMP    START
;*************************************
;*                                  *
;*     主 程 序                  *  *
;*                                  *
;*************************************
        ORG     100H

START:  MOV     SP,#4FH
MAIN:
        MOV TMOD,#20H          ;设置 T1 为定时方式 2
        MOV TL1,#06H           ;计数器 TL1 赋初值 06H
        MOV TH1,#06H           ;重装寄存器 TH1 赋初值 06H
        CLR ET1                ;T1 关中断
        SETB TR1               ;启动 T1
LOOP:   JBC TF1, NEXT          ;当 T1 溢出时，清 TF1 并转 NEXT
        AJMP LOOP              ;否则，继续查询 TF1
NEXT:   CPL P1.0               ;定时 500s 后 P1.0 取反输出
        AJMP LOOP              ;继续循环
END
```

3. 定时器/计数器中断的应用实例

【例 6.10】 设单片机的 f_{osc}=12 MHz，要求在 P1.0 脚上输出周期为 2 ms 的方波。

解：周期为 2 ms 的方波要求定时间隔 1 ms，每次时间到 P1.0 取反。

定时器计数率为 $f_{osc}/12$，$T_{cy}=12/f_{osc}=1$ μs。

每个机器周期定时器计数加 1，1 ms=1000 μs，需计数次数为 $1000/(12/f_{osc})=1000/1=1000$。

由于计数器向上计数，为得到 1000 个计数之后的定时器溢出，必须给定时器赋初值 65536–1000，C 语言中相当于–1000。

（1）用定时器 1 的方式 1 编程，采用查询方式，程序如下：

```
#include <REG52.H>   /*special function register declarations*/
sbit rect_wave = P1^0;                      /*方波由 P1.0 口输出*/
void time1over(void);                       /*计数器计数时间到子程序*/
/******** main 函数 *********/
void main (void) {
    TMOD=0x10;                              /*工作在方式 1，内部定时计数*/
    TH1=-1000>>8;TL1=-1000 % 256;           /*定时器 1 每 1000 计数脉冲溢出*/
    IE=0x00;                                /*禁止中断*/
    TR1=1;                                  /*启动定时*/
    for (; ;) {
        if (TF1) {                          /*查询计数溢出*/
            time1over();
            TF1=0;                          /*查询，计数溢出标志位须清 0*/
        }
    }
}
//因为是查询，输出方波的周期稍有差异！
void time1over(void) {
    TR1=0;                                  /*停止定时器*/
    TH1=-1000>>8;TL1=-1000 % 256;           /*定时器 1 每 1000 计数脉冲溢出*/
    rect_wave  = ! rect_wave;               /*输出取反*/
    TR1=1;                                  /*启动定时*/
}
```

（2）用定时器 1 的方式 1 编程，采用中断方式，程序如下：

```
#include <REG52.H>    /*special function register declarations*/
sbit rect_wave = P1^0;                      /*方波由 P1.0 口输出*/
/******** main 函数 *********/
void main (void) {
    TMOD=0x10;                              /*设置定时器 1 为工作方式 1*/
    TH1=-1000>>8;TL1=-1000 % 256;           /*定时器 1 每 1000 计数脉冲发生 1 次中断*/
    TCON=0x40;                              /*内部脉冲计数*/
    IE=0x88;                                /*打开定时器中断*/
    while (1) {
    }
}
/******* 定时器/计数器 1 中断服务程序 ***/
void timer1int(void) interrupt 3
{
    EA=0;                                   /*关总中断*/
    TR1=0;                                  /*停止计数*/
    TH1=-1000>>8;TL1=-1000%256;             /*重置计数初值*/
    TR1=1;                                  /*启动计数*/
    rect_wave=!rect_wave;                   /*输出取反*/
    EA=1;                                   /*开总中断*/
}
```

4. 采用定时器/计数器扩展外部中断

尽管 80C51 为用户只提供了两个外部中断源，但用户可以根据实际需求，进行多于两个外部中断请求的扩展，其中有很多扩展方法，如 6.1.4 节的例子。在此重点介绍利用定时器中断作为外部中断的扩展。

80C51 有两个定时器/计数器 T0、T1，若选择它们以计数器方式工作，当引脚 T0 或 T1 上发生负跳变时，T0 或 T1 计数器则加 1。利用这个特性，借用引脚 T0 或 T1 作为外部中断请求输入线。若设定计数初值为满量程，计数器加 1，就会产生溢出中断请求，TF0 或 TF1 变成了外部中断请求标识位，T0 或 T1 的中断入口地址被扩展成了外部中断源的入口地址。值得注意的是，当使用定时器作为外部中断时，定时器以前的功能将失效，除非用软件对它进行复用。

将定时器 T0 引脚作为外部中断源使用的具体做法为，设定相应定时器工作方式为方式 2，计数器 TH0、TL0 初值为 0FFH，允许计数器 T0 中断，则 T0 的初始始化程序如下：

```
    MOV TMOD,#06H        ;将计数器 T0 设定为方式 2 外部计数工作
    MOV TL0,#0FFH        ;设置计数器初值
    MOV TH0,#0FFH        ;设置重装计数器初值
    SETB ET0             ;允许 T0 中断
    SETB EA              ;开中断
    SETB TR0             ;启动 T0
```

【例 6.11】 用定时器/计数器 0 和 1 实现外部中断。

程序如下：

```
/*定时器/计数器作为外部中断程序示例*/
#include <REG52.H>    /*special function register declarations*/
#include <stdio.h>    /*prototype declarations for I/O functions*/

#define byte unsigned char
#define uchar unsigned char
#define word unsigned int
#define uint unsigned int
#define ulong unsigned long
#define BYTE unsigned char
#define WORD unsigned int

#define TRUE  1
#define FALSE 0
void initUart(void);                /*初始化串口*/
void time(unsigned int ucMs);       //延时单位：ms
/******** main 函数 *********/
void main (void) {
    initUart();                     /*初始化串口*/
    TMOD=0x66;                      /*工作在方式 2，外部引脚计数*/
    TH1=0xff;TL1=0xff;              /*8 位计数器初始值 255，来一个脉冲就溢出*/
    TH0=0xff;TL0=0xff;              /*8 位计数器初始值 255，来一个脉冲就溢出*/
    TCON=0x55;                      /*外部脉冲计数,启动计数*/
    IE=0x8f;                        /*打开出串口中断外其他所有中断*/
    while (TRUE) {
        time(1);                    /*延时 1ms*/
    }
}
/******* 定时器/计数器 0 中断服务程序 ***/
void timer0int(void) interrupt 1
{
    EA=0;                           /*关总中断*/
    /*可在此处插入定时器/计数器 0 中断服务程序*/
    printf ("timer0 interrupt happened\n");
    EA=1;                           /*开总中断*/
```

```
}
/******* 定时器/计数器 1 中断服务程序 ***/
void timer1int(void) interrupt 3
{
    EA=0;                           /*关总中断*/
    /*可在此处插入定时器/计数器 1 中断服务程序*/
    printf ("timer1 interrupt happened\n");
    EA=1;                           /*开总中断*/
}
/********** 初始化串口波特率 ************/
void initUart(void)/*初始化串口波特率，使用定时器 2*/
{
/*Setup the serial port for 9600 baud at 11.0592 MHz*/
    SCON=0x50;                      //串口工作在方式 1
    RCAP2H=(65536-(3456/96))>>8;
    RCAP2L=(65536-(3456/96))%256;
    T2CON=0x34;
   TI=1;                            /*置位 TI*/
}
/*********** time C **************/
void time(unsigned int ucMs)     //延时单位：ms
{
#define DELAYTIMES 239
unsigned char  ucCounter;           //延时设定的循环次数

    while (ucMs!=0) {
        for (ucCounter=0; ucCounter<DELAYTIMES; ucCounter++){}//延时
        ucMs--;
    }
}
```

6.2.5　定时器/计数器 2

80C51 系列 52 子系列增加了一个定时器/计数器 2。定时器/计数器 2 可以设置为定时器，也可以设置为外部事件计数器，具有三种工作方式：16 位自动重装载定时器/计数器方式、捕捉方式和串行口波特率发生器方式。输入引脚 T2（P1.0）是外部计数脉冲输入端，输入引脚 T2EX（P1.1）是外部控制信号输入端。

1．结构

定时器/计数器 2 由特殊功能寄存器 TH2、TL2、RCAP2H、RCAP2L 等电路组成。其中，TH2、TL2 构成 16 位加法计数器，RCAP2H、RCAP2L 构成 16 位寄存器。在自动重装载方式中，RCAP2H、RCAP2L 作为 16 位初值寄存器；在捕捉方式中，当 T2EX（P1.1）上出现负跳变时，把 TH2、TL2 的当前值捕捉到寄存器 RCAP2H、RCAP2L 中。

定时器/计数器 2 的工作由控制寄存器 T2CON 控制。T2CON 的格式如表 6.10 所示，各位功能如下。

表 6.10　T2CON 的格式

位 地 址	CFH	CEH	CDH	CCH	CBH	CAH	C9H	C8H
位 符 号	TF2	EXF2	RCLK	TCLK	EXEN2	TR2	$C/\overline{T2}$	$CP/\overline{RL2}$

- TF2：溢出中断标识位，在捕捉/重装载方式中，TH2 加法计数溢出时，由硬件置 TF2=1，向 CPU 申请中断。CPU 响应中断后，TF2 必须由软件清 0。在波特率发生器方式下，计数溢出时，TF2 不会被置 1，即不会提出中断请求。
- EXF2：定时器/计数器 2 外部中断标识位。

- RCLK：串行口接收时钟标识位。
- TCLK：串行口发送时钟标识位。
- EXEN2：外部允许标识位。
- TR2：运行控制位，为 1 启动定时器/计数器 2 的工作，为 0 停止工作。
- C/$\overline{T2}$：定时器/计数器功能选择位，为 1 表示计数器方式，为 0 表示定时器方式。
- CP/$\overline{RL2}$：捕捉/重装载标识位。

控制寄存器 T2CON 各位的功能如表 6.11 所示。

表 6.11　T2CON 各位的功能

RCLK	TCLK	CP/$\overline{RL2}$	工作方式
0	0	0	16 位重装载方式
0	0	1	16 位捕捉方式
0	1	x	波特率发生器方式，定时器/计数器 2 的溢出脉冲做串行口的发送时钟
1	0	x	波特率发生器方式，定时器/计数器 2 的溢出脉冲做串行口的接收时钟
1	1	x	波特率发生器方式，定时器/计数器 2 的溢出脉冲做串行口发送、接收时钟

在 EXEN2 = 1 时，如果定时器/计数器 2 工作在捕捉方式，那么当 T2EX（P1.1）上出现负跳变时，TH2、TL2 的当前值自动送入 RCAP2H、RCAP2L 寄存器，同时外部中断标识 EXF2 被置 1，向 CPU 申请中断；如果定时器/计数器 2 工作在重装载方式，那么 T2EX 的负跳变将 RCAP2H、RCAP2L 的内容自动装入 TH2、TL2，同时 EXF2 =1，向 CPU 申请中断。CPU 响应中断后，EXF2 必须由软件清 0。

EXEN2 = 0 时，T2EX 上电平的变化对定时器/计数器 2 没有影响。

2. 定时器/计数器 2 的自动重装载工作方式

RCLK=0、TCLK=0、CP/$\overline{RL2}$ = 0 使定时器/计数器 2 处于自动重装载工作方式。如图 6.18 所示，这时 TH2、TL2 构成 16 位加法计数器，RCAP2H、RCAP2L 构成 16 位初值寄存器。

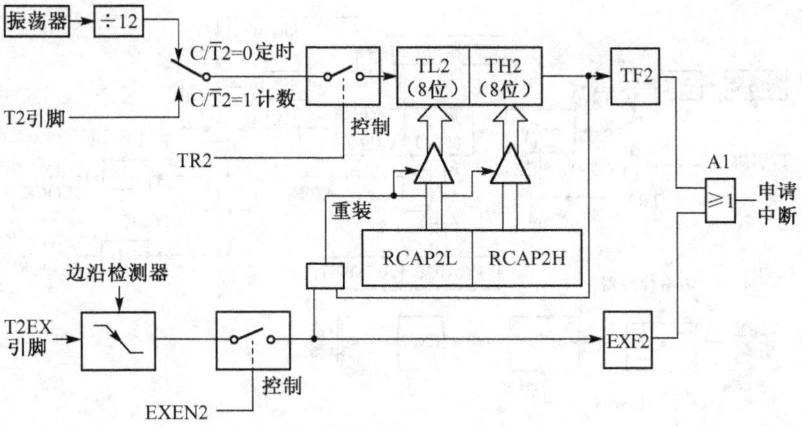

图 6.18　定时器/计数器 T2 的自动重装载方式

3. 定时器/计数器 2 的捕捉工作方式

RCLK=0、TCLK=0、CP/$\overline{RL2}$ = 1 使定时器/计数器 2 处于捕捉工作方式，如图 6.19 所示。

定时器/计数器 2 的工作与定时器/计数器 0、1 的工作方式 1 相同。C/$\overline{T2}$ = 0 为 16 位定时器，C/$\overline{T2}$ = 1 为 16 位计数器，计数溢出时，由硬件置 TF2=1，向 CPU 申请中断。定时器/计数器 2 的初值必须由程序重新设定。

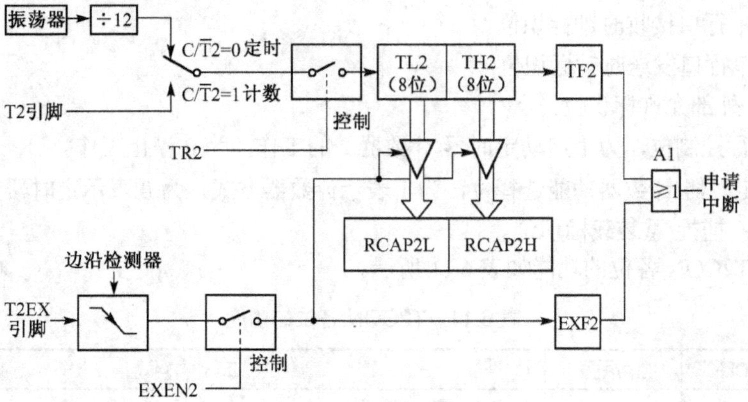

图 6.19　定时器/计数器 T2 的捕获方式

4．波特率发生器工作方式

T2CON 中的 RCLK=1 或 TCLK=1，定时器/计数器 2 成为波特率发生器工作方式，如图 6.20 所示。这时 TH2、TL2 构成 16 位加法计数器，RCAP2H、RCAP2L 构成 16 位初值寄存器。C/$\overline{T2}$ = 1 时 TH2、TL2 选用外部时钟，对 T2（P1.0）上的外部脉冲加法计数。C/$\overline{T2}$ = 0 时，TH2、TL2 选用内部时钟，对机器周期脉冲（频率为 $f_{osc}/12$）加法计数，这一点要特别注意。TH2、TL2 计数溢出时 RCAP2H、RCAP2L 中预置的初值自动送入 TH2、TL2，使 TH2、TL2 从初值开始重新计数，因此溢出脉冲是连续产生的周期脉冲。

溢出脉冲经 16 分频后作为串行口发送脉冲、接收脉冲。发送脉冲、接收脉冲的频率称为波特率。其计算公式如下：

$$BR = \frac{f_{osc}}{32 \times [65536 - (RCAP2H, RCAP2L)]}$$

使用示例见例 6.15。

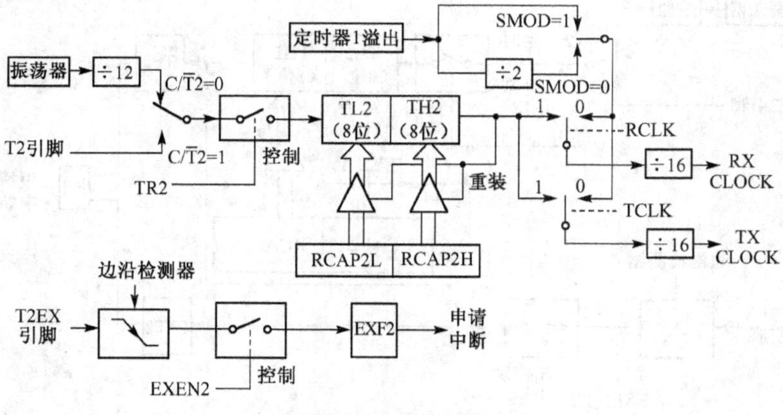

图 6.20　定时器/计数器 T2 的波特率发生器方式

6.3　串 行 通 信

6.3.1　串行通信基础知识

1．数据通信的传输方式

常用于数据通信的传输方式有单工、半双工、全双工方式。

单工方式：数据仅按一个固定方向传送，因而这种传输方式的用途有限，常用于串行口的打印数据传输与简单系统间的数据采集。

半双工方式：数据可实现双向传送，但不能同时进行，实际应用采用某种协议实现收/发开关转换。

全双工方式：允许双方同时进行数据双向传送，但一般全双工传输方式的线路和设备较复杂。

2. 并行通信和串行通信方式

所谓通信是指计算机与计算机或外设之间的数据传送，因此，这里的“信”是一种信息，是由数字 1 和 0 构成的具有一定规则并反映确定信息的一个数据或一批数据。这种数据传输有两种基本方式，即并行通信和串行通信。

并行通信比较简单，根据 CPU 字长和总线特点以及外设数据口的宽度可分为不同位数（宽度）的并行通信，如 8 位并行通信、16 位并行通信等。并行通信的特点是数据的每位被同时传输出去或接收进来。与并行通信不同，串行通信其数据传输是逐位传输的，因而在相同条件下，比并行通信传输速度慢。

虽然串行通信比并行通信慢，但采用串行通信，不管发送或接收的数据是多少，最多只需要两根导线，一根用于发送，另一根用于接收。根据串行通信的不同工作方式，还可以将发送接收线合二为一，成为发送/接收复用线（如半双工）。即便在实际应用中可能还要附加一些信号线，如应答信号线、准备好信号线等，但在多字节数据通信中，串行通信与并行通信相比，其工程实现上造价要低得多。因此，串行通信已被越来越广泛地采用，尤其是串行通信通过在信道中设立调制/解调器中继站等，可使数据传输到地球的每个角落。目前，飞速发展的计算机网络技术（互联网、广域网、局域网）均为串行通信。

世界性计算机通信使得地球越来越小。串行通信技术的普遍利用和深层研究开发，将给世界信息流带来革命性变化。

3. 异步串行通信和同步串行通信

异步串行通信（以下简称为异步通信）所传输的数据格式（也称为串行帧）由 1 个起始位、7 个或 8 个数据位、1～2 个停止位（含 1.5 个停止位）和 1 个校验位组成。起始位约定为 0，空闲位约定为 1。在异步通信方式中，接收器和发送器有各自的时钟，它们的工作是非同步的。图 6.21 所示为异步通信方式和异步通信数据格式示意图，数据格式是 1 个起始位、8 个数据位、1 个停止位，所传输的数据是 35H（00110101）。

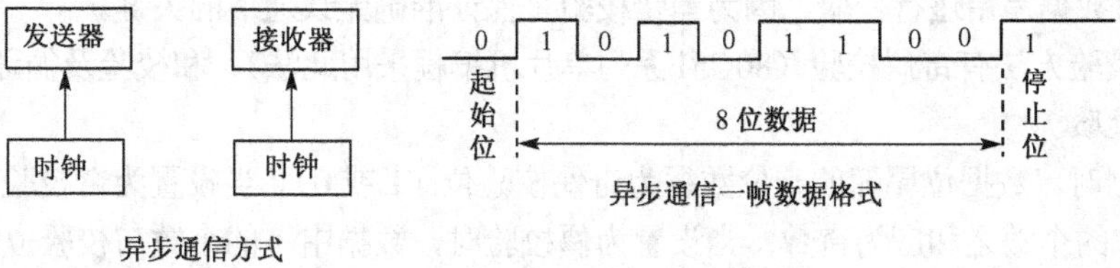

图 6.21 异步通信方式和异步通信数据格式示意图

异步通信的实质是指通信双方采用独立的时钟，每个数据均以起始位开始、停止位结束，起始位触发甲乙双方同步时钟。每个异步串行帧中的 1 位彼此严格同步，位周期相同。所谓异步是指发送、接收双方的数据帧与帧之间不要求同步，也不必同步。

同步串行通信（以下简称为同步通信）中，发送器和接收器由同一个时钟源控制。而在异步通信中，每传输一帧字符都必须加上起始位和停止位，占用了传输时间，在要求传送数据量较大的场合，速度就会慢得多。同步传输方式去掉了这些起始位和停止位，只在传输数据块时先送出一个同步头（字符）标识即可。图 6.22 所示为同步通信方式和同步通信数据格式示意图。由图 6.22 可知，同步通信所传输的数据格式（也称同步串帧）是由多个数据构成的，每帧有 2 个同步字符作为起始位以触发同步时钟开始发送或接收数据。空闲位需发送同步字符。因此，同步是指发送、接收双方的数据帧与帧之间严格同步，而不只是位与位之间严格同步。

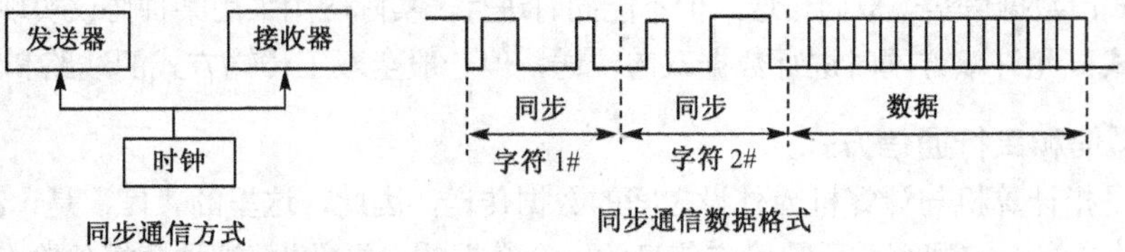

图 6.22　同步通信方式和同步通信数据格式示意图

同步传输方式比异步传输方式速度快，这是它的优势。但同步传输方式也有其缺点，即它必须要用一个时钟来协调收发器的工作，所以它的设备也较复杂。

由上所述可以得到推论：异步通信比较灵活，适用于数据的随机发送/接收，而同步通信则是成批数据传送的。异步传输一批数据，因为每个字节均有起始位和停止位控制而使发送/接收速度有所降低，一般适用于每秒 50～19200 位，而同步传输速度较快，可达每秒 80 万位。

4. 波特率及时钟频率

波特率是串行通信中一个重要概念。波特率（BR）是单位时间传输的数据位数，其单位为 bps（bit per second），1 bps=1 bit/s。波特率的倒数即为每位传输所需的时间。由上面介绍的异步串行通信原理可知，互相通信甲乙双方必须具有相同的波特率，否则无法成功的完成数据通信。发送和接收数据是由同步时钟触发发送器和接收器而实现的。发送/接收时钟频率与波特率有关，即

$$f_{T/R} = n \times BR_{T/R}$$

式中，$f_{T/R}$ 为发/收时钟频率，单位为 Hz；$BR_{T/R}$ 为发/收波特率，单位为 bps；n 为波特率因子。

同步通信 n=1。异步通信 n 可取 1、16 或 64。也就是说，同步通信中数据传输的波特率即为同步时钟频率，而异步通信中，时钟频率可为波特率的整数倍。

5. 串行通信的校验

异步通信时可能会出现帧格式错、超时错等传输错误。在具有串行口的单片机的开发中，应考虑在通信过程中对数据差错进行校验，因为差错校验是保证准确无误通信的关键。

常用差错校验方法有奇偶校验（80C51 系列单片机编程采用此法）、和校验及循环冗余码校验。

（1）奇偶校验

在发送数据时，数据位尾随的一位数据为奇偶校验位（1 或 0）。当设置为奇校验时，数据中 1 的个数与校验位 1 的个数之和应为奇数；当设置为偶校验时，数据中 1 的个数与校验位中 1 的个数之和应为偶数。接收时，接收方应具有与发送方一致的差错检验设置，当接收一个字符时，对 1 的个数进行校验，若二者不一致，则说明数据传送出现了差错。

奇偶校验是按字符校验，数据传输速度将受到影响。这种特点使得它一般只用于异步串行通信中。

（2）和校验

所谓和校验是指发送方将所发送的数据块求和（字节数求和），并产生一个字节的校验字符（校验和）附加到数据块末尾。接收方接收数据时也是先对数据块求和，将所得结果与发送方的校验和进行比较，相符则无差错，否则即出现了差错。这种和校验的特点是无法检验出字节位序的错误。

（3）循环冗余码校验

这种校验是对一个数据块校验一次。例如，对磁盘信息的访问、ROM 或 RAM 存储区的完整性等的检验。这种方法广泛应用于串行通信方式。

6.3.2　80C51 串行接口

对于单片机来说，为了进行串行数据通信，同样也需要有相应的串行接口电路。只不过这个接口电路不是单独的芯片，而是集成在单片机芯片的内部，成为单片机芯片的一个组成部分。

80C51 单片机内部有一个全双工的串行通信口，即串行接收和发送缓冲器（SBUF），这两个在物理上独立的接收发送器，既可以接收数据，也可以发送数据。但接收缓冲器只能读出不能写入，而发送缓冲器则只能写入不能读出，它们的地址为 99H。这个通信口既可用于网络通信，也可实现串行异步通信，还可以构成同步移位寄存器使用。如果在通信口的输入/输出引脚上加上电平转换器，还可以方便地构成标准的 RS-232 和 RS-485 接口。

1．串行口结构与特殊功能寄存器

80C51 单片机串行口是由发送缓冲寄存器 SBUF、发送控制器、发送控制门、接收缓冲寄存器 SBUF、接收控制寄存器、移位寄存器和中断等部分组成的，如图 6.23 所示。

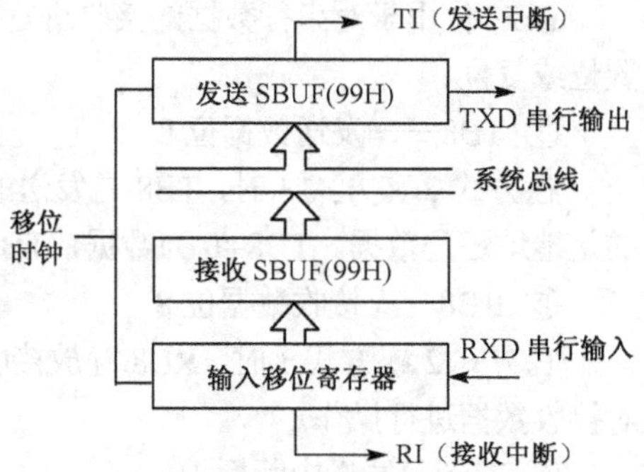

图 6.23　80C51 串行口组成示意图

SBUF 是串行口的缓冲寄存器。它是一个可寻址的专用寄存器，其中包括发送寄存器和接收寄存器，以便能以全双工方式进行通信。这两个寄存器具有同一地址（99H），串行接收时，从接收 SBUF 读出数据。发送、接收控制器的速率由波特率发生器 T1 控制。当一帧数据发送结束后，将 TI 置 1 向 CPU 发中断，当接收到一帧数据后，将 RI 置 1 向 CPU 发中断。TB8 为发送数据的第 9 位，RB8 为接收数据的第 9 位。

此外，在接收寄存器之前还有移位寄存器，从而构成了串行接收的双缓冲结构，以避免在数据接收过程中出现帧重叠错误。与接收数据情况不同，发送数据时，由于 CPU 是主动的，不会发生帧重叠错误，因此发送电路就不需要双重缓冲结构。

与串行通信有关的控制寄存器共有 4 个：SBUF、SCON、PCON 和 IE。

（1）SBUF

在逻辑上，SBUF 只有一个，既表示发送寄存器，又表示接收寄存器，具有同一个单元地址 99H。在物理上，SBUF 有两个，一个是发送寄存器，另一个是接收寄存器。

（2）串行控制寄存器 SCON

SCON 是 80C51 的一个可位寻址的专用寄存器，用于串行数据通信的控制，单元地址为 98H，位地址为 9FH～98H。寄存器和位地址表示如表 6.12 所示。

表 6.12　串行控制寄存器 SCON 位地址和位符号

位　地　址	9FH	9EH	9DH	9CH	9BH	9AH	99H	98H
位　符　号	SM0	SM1	SM2	REN	TB8	RB8	TI	RI

表 6.12 各位功能说明如下。

① SM0 SM1——串行口工作方式选择位

这两位可以组合出 4 种工作方式，如表 6.13 所示。

② SM2——多机通信控制位

因多机通信是在方式 2 和方式 3 下进行的，因此 SM2 位主要用于方式 2 和方式 3。当串行口以方式 2 或方式 3 接收时，如 SM2=1，则只有当接收到的第 9 位数据（RB8）为 1 时，才将接收到的前 8 位数据送入 SBUF，并置位 RI 产生中断请求，否则将接收到的 8 位数据丢弃。而当 SM0=0 时，则不论第 9 位数据为 0 还是为 1，都将前 8 位数据装入 SBUF 中，并产生中断请求。在方式 0 时，SM2 必须为 0。

表 6.13　串行口 4 种工作方式

SM0、SM1	工作方式	功　能	波特率
00	方式 0	8 位同步移位寄存器	$f_{osc}/12$
01	方式 1	10 位 UART	可变
10	方式 2	11 位 UART	$f_{osc}/32$ 或 $f_{osc}/64$
11	方式 3	11 位 UART	可变

③ REN——允许接收位

REN 位用于对串行数据的接收进行控制：REN=0 时禁止接收，REN=1 时允许接收。该位由软件置位或复位。

④ TB8——发送数据位 8

在方式 2 和方式 3 时，TB8 是发送的第 9 位数据。在多机通信中，以 TB8 位的状态表示主机发送的是地址还是数据。TB8=0 为数据，TB8=1 为地址。该位由软件置位或复位。

⑤ RB8——接收数据位 8

在方式 2 或方式 3 时，RB8 存放接收到的第 9 位数据，代表着接收的某种特征，故应根据其状态对接收数据进行操作。

⑥ TI——发送中断标识

在方式 0 时，当发送完第 8 位数据后，该位由硬件置位。在其他方式下，在发送停止位之前，由硬件置位。因此 TI=1，表示帧发送结束，其状态既可供软件查询使用，也可请求中断。TI 位由软件清 0。

⑦ RI——接收中断标识

在方式 0 时，接收完第 8 位数据后，该位由硬件置位。在其他方式下，当接收到停止位时，该位由硬件置位。因此 RI=1，表示帧接收结束。其状态既可供软件查询使用，也可以请求中断。RI 位由软件清 0。

（3）电源控制寄存器 PCON

PCON 主要是为 CHMOS 型单片机的电源控制而设置的专用寄存器，单元地址为 87H，其内容如表 6.14 所示。

表 6.14　电源控制寄存器 PCON 位序和位符号

位　序	D7	D6	D5	D4	D3	D2	D1	D0
位符号	SMOD	—	—	—	GF1	GF0	PD	IDL

在 HMOS 的单片机中，该寄存器中除最高位以外，其他位都是虚设的。最高位（SMOD）是串行口波特率的倍增位，当 SMOD=1 时串行口波特率加倍。系统复位时，SMOD=0。PCON 寄存器不能进行位寻址，因此表 6.14 中使用“位序”而不是“位地址”。

（4）中断允许控制寄存器 IE

中断允许控制寄存器 IE 在前面的中断系统中已详细介绍过，IE 的地址是 A8H，其内容如表 6.15 所示。其中与串行口允许中断的控制位为 ES，当 ES=1 时，允许串行口中断；当 ES=0 时，禁止串行中断。

表 6.15　中断允许控制寄存器 IE 位地址和位符号

位地址	AFH	AEH	ADH	ACH	ABH	AAH	A9H	A8H
位符号	EA	—	—	ES	ET1	EX1	ET0	EX0

2. 80C51 串行通信工作方式

(1) 串行工作方式 0

在方式 0 下，串行口作为同步移位寄存器使用。这时用 RXD（P3.0）引脚作为数据移位的入口和出口，而由 TXD（P3.1）引脚提供移位脉冲。移位数据的发送和接收以 8 位为一帧，不设起始位和停止位，低位在前高位在后，其帧格式如图 6.24 所示。

…	D0	D1	D2	D3	D4	D5	D6	D7	…

图 6.24　帧格式

使用方式 0 实现数据的移位输入/输出时，实际上是把串行口变成并行口使用。串行口作为并行输出口使用时，要有“串入并出”的移位寄存器配合（例如 CD4049 或 74HC164），其电路连接如图 6.25 所示。

图 6.25(a)为 74HC164 的引脚图，芯片各引脚功能如下：

- Q0～Q7 为并行输出引脚；
- DSA、DSB 为串行输入引脚；
- $\overline{CR}$ 为清 0 引脚，低电平时，使 74HC164 输出清 0；
- CP 为时钟脉冲输入引脚，在 CP 脉冲的上升沿作用下实现移位，在 CP=0，$\overline{CR}$=1 时，74HC164 保持原来数据状态不变。

利用串行口与 74HC164 实现 8 位串入并行输出的连接如图 6.25(b)所示，数据从串行口 RXD 端在移位时钟脉冲（TXD）的控制下逐位移入 74HC164。当 8 位数据全部移出后，SCON 寄存器的 TI 位被自动置 1。其后 74HC164 的内容即可并行输出。用 P1.0 输出低电平可将 74HC164 输出清 0。

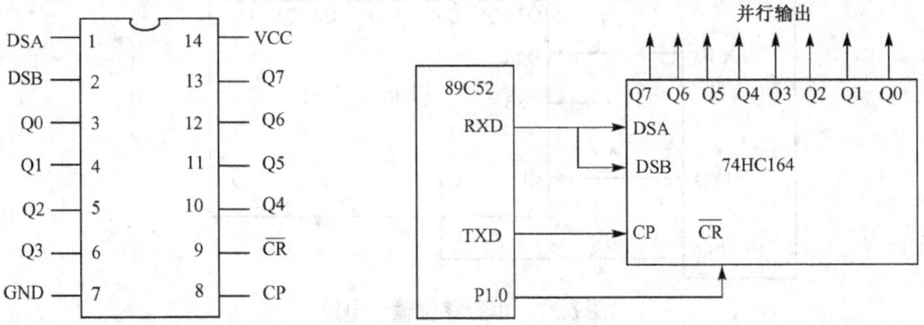

(a) 8 位串入 / 并出移位寄存器 74HC164　　(b) 串行口与 74HC164 配合

图 6.25　串行口与 74HC164 配合

如果把能实现并入串出功能的移位寄存器（如 CD4014 或 74HC165）与串行口配合使用，就可以把串行口变为并行输入口使用，如图 6.26 所示。

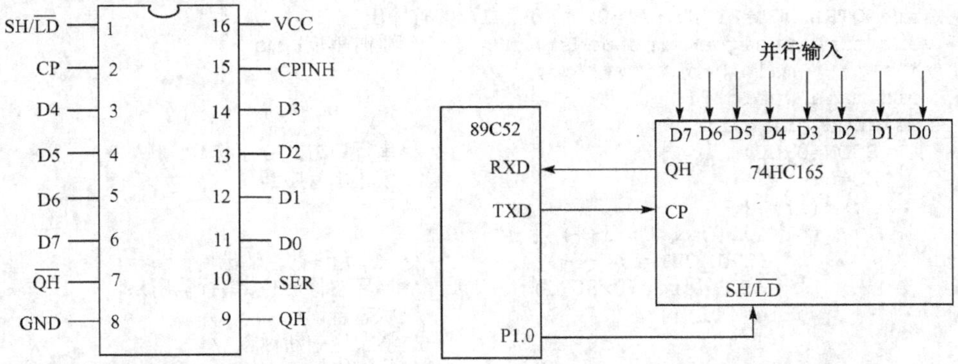

(a) 8 位并入 / 串出移位寄存器 74HC165　　(b) 串行口与 74HC165 配合

图 6.26　串行口与 74HC165 配合

图 6.26(a)为 74HC165 引脚图，当 SH/$\overline{LD}$=1 时，允许串行移位，SH/$\overline{LD}$=0 时允许并行输入。QH 为串行移位输出引脚，SER 为串行移位输入引脚（用于 2 个 165 输入 16 位并行数据）。当 CPINH=1 时，从 CP 引脚输入的每个正脉冲使 QH 输出移位一次。$\overline{QH}$ 为补码输出引脚。

图 6.26(b)为串行口与 74HC165 的连接图。74HC165 移出的串行数据 $\overline{QH}$ 经由 RXD 端串行输入，同时由 TXD 端提供移位时钟脉冲 CP。8 位数据串行接收需要有允许接收的控制，具体由 SCON 寄存器的 REN 位实现。REN=0，禁止接收；REN=1，允许接收。当软件置位 REN 时，开始从 RXD 端以 f_{osc} 波特率输入数据（低位在前），当接收到 8 位数据时，置位中断标识 RI 在中断处理程序中将 REN 清 0，停止接收数据，并用 P1.0 引脚将 SH/$\overline{LD}$ 清 0，停止串行输出，转而并行输入。当 SBUF 中的数据取走后，再将 REN 置 1 准备接收数据，并利用 P1.0 将 SH/$\overline{LD}$ 置 1，停止并行输入，转为串行输出。

方式 0 时，移位操作的波特率是固定的，为单片机晶振频率的 1/12，即波特率为 $f_{osc}/12$。如果晶振频率用 f 表示，波特率也就是一个机器周期进行一次移位，当 f=6 MHz 时，波特率为 500 kbps，即 2 μs 移位一次。例如，f=12 MHz，则波特率为 1 Mbps，即 1 μs 移位一次。

【例 6.12】 使用 74HC164 的并行输出引脚接 8 支发光二极管，利用它的串入并出功能，把发光二极管从左向右轮流点亮，并反复循环。

解： 假定发光二极管为共阴极型，则电路连接如图 6.27 所示。

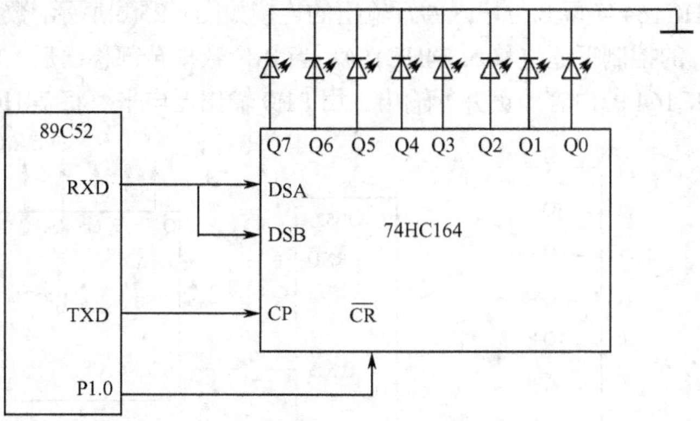

图 6.27　串行移位输出电路

当串行口把 8 位状态码串行移位输出后，TI 置 1。如果把 TI 作为状态查询标识，则使用查询方法完成的参考程序如下：

```
#include <REG52.H>    /*special function register declarations*/
#include <intrins.h>
sbit CTRL_OUT=P1^0;  /*=0，清 0；=1，并行输出*/
void time(unsigned int ucMs);         //延时单位：ms
/******** main 函数 *********/
void main (void) {
unsigned char  i;
    SCON=0x00;                        /*串行口方式 0 工作*/
    ES=0;                             /*禁止串行中断*/
    for (;;) {
        for (i=0; i<8; i++) {
            CTRL_OUT=1;               /*=1,允许并行输出*/
            SBUF=cror(0x80,i);        /*循环右移 i 位,串行输出*/
        while(!TI){}                  /*状态查询*/
            TI=0;                     /*清发送中断标志*/
            time(588);                /*状态维持*/
        }
    }
```

```
}
/*********** time C **************/
void time(unsigned int ucMs)              //延时单位：ms
{
#define DELAYTIMES 239
unsigned char  ucCounter;                 //延时设定的循环次数

    while (ucMs!=0) {
        for (ucCounter=0; ucCounter<DELAYTIMES; ucCounter++){}//延时
        ucMs--;
    }
}
```

此外，串行口并行 I/O 扩展功能还常用于 LED 显示器接口电路，但这种应用有时受速度的限制。

（2）串行工作方式 1

方式 1 是 10 位为一帧的异步串行通信方式。共包括 1 个起始位、8 个数据位和 1 个停止位。其帧格式如图 6.28 所示。

起始	D0	D1	D2	D3	D4	D5	D6	D7	停止

图 6.28　帧格式

① 数据发送与接收

方式 1 的数据发送是由一条写发送寄存器（SBUF）指令开始的，随后在串行口由硬件自动加入起始位和停止位，构成一个完整的帧格式，然后在移位脉冲的作用下，由 TXD 端串行输出。一个字符帧发送完后，使 TXD 输出线维持在 1（SPACE）状态下，并将 SCON 寄存器的 TI 置 1，通知 CPU 可以发送下一个字符。

接收数据时，SCON 的 REN 位应处于允许接收状态（REN＝1）。在此前提下，串行口采样 RXD 端，当采样到从 1 向 0 的状态跳变时，就认定是接收到起始位。随后在移位脉冲的控制下，把接收到的数据位移入接收寄存器中。直到停止位到来之后把停止位送入 RB8 中，并置位中断标识位 RI，通知 CPU 从 SBUF 取走接收到的一个字符。

② 波特率设定

方式 0 的波特率是固定的，一个机器周期进行一次移位。但方式 1 的波特率是可变的，其波特率由定时器 1 的计数溢出率决定，公式为

$$BR = (2^{SMOD} \times T_d)/32$$

式中，SMOD 为 PCON 寄存器最高位的值，SMOD=1 表示波特率加倍。

当定时器 1（也可使用定时器 2）作为波特率发生器使用时，通常选用定时器 1 的工作方式 2。注意，不要把定时器/计数器的工作方式与串行口的工作方式混淆！

工作方式 2 的计数结构为 8 位，假定计数初值为 Count，则定时时间 $T=(256-\text{Count})\times T_{cy}$,从而在 1 s 内发生溢出的次数（即溢出率）为 $1/((256-\text{Count})\times T_{cy})$，其波特率为 $2^{SMOD}/(32\times(256-\text{Count})\times T_{cy})$。

由于针对具体的单片机系统而言，其时钟频率是固定的，从而机器周期也是可知的，所以在上面的公式中，有两个变量：波特率和计数初值。只要已知其中一个变量的值，就可以求出另外一个变量的值。

在串行口工作方式 1 中，之所以选择定时器的工作方式 2，是由于方式 2 具有自动加载功能，从而避免了通过程序反复装入计数初值而引起的定时误差，使得波特率更加稳定。

【例 6.13】 有一个单工形式的双机通信。假定 A 机和 B 机以方式 1 进行串行数据通信，其波特率为 9600，A 机的 P1.6 口为发送控制按钮，当按钮按下时，A 机发送 0, 1,…, 255，每次发送间隔 0.5 s，并将发送字节送到本机 P2 口，通过 P2 口的总线驱动器 74HC245 接数码管显示发送数据。B 机设置为

串口中断接收A机发来的数据，接收到的数据去反后送到本机P2口，通过P2口的总线驱动器74HC245接数码管显示发送数据。

解： 分析：设A、B机的时钟频率均为11.0592 MHz，从而机器周期为12/(11.0592×10^6) μs。

SMOD=0，波特率不倍增，从而PCON=00H，至于SMOD什么时候为0，什么时候为1，可以根据需要决定。具体地说，波特率较大，则SMOD=1，否则SMOD=0。

由公式可知波特率为

$$BR=2^0/(32\times(256-Count)\times12/(11.0592\times10^6))=9600$$

$$Count=253=0FDH$$

A机发送程序如下：

```
#include <REG52.H>    /*special function register declarations*/
#define byte unsigned char
#define uchar unsigned char
#define word unsigned int
#define uint unsigned int
#define ulong unsigned long
#define BYTE unsigned char
#define WORD unsigned int
#define TRUE  1
#define FALSE 0
sbit CTRL_BUTTON=P1^6;              /*=0，开始发送；=1，停止发送*/
void initUart(void);                /*初始化串口*/
void time(unsigned int ucMs);       //延时单位：ms
/******** main 函数 *********/
void main (void) {
uchar  i=0;
    time(1);                        /*延时等待外围器件完成复位*/
    initUart();                     /*初始化串口*/
    while(TRUE){
        CTRL_BUTTON=1;              /*设置触发器输出为1，以得到正确的端口状态*/
        if(!CTRL_BUTTON){           /*CTRL_BUTTON=0,允许A机发送数据到B机*/
            P2=i;                   /*i送到P2口*/
            SBUF=i++;               /*串行输出，并+1*/
            while(!TI){}            /*状态查询*/
            TI=0;                   /*清发送中断标志*/
            time(500);              /*每发送一个字节延时约0.5秒*/
        }
    }
}
/********** 初始化串口波特率 ************/
void initUart(void)/*初始化串口波特率，使用定时器1*/
{
/*Setup the serial port for 9600 baud at 11.0592 MHz*/
    SCON=0x50;                      //串口工作在方式1
    TMOD=0x20;
    PCON=0x0;
    TH1=0xfd;
    TCON=0x40;
}
/*********** time C **************/
void time(unsigned int ucMs)      //延时单位：ms
{
#define DELAYTIMES 239
unsigned char  ucCounter;          //延时设定的循环次数

    while (ucMs!=0) {
        for (ucCounter=0; ucCounter<DELAYTIMES; ucCounter++){}//延时
```

```
        ucMs--;
    }
}
```

B 机接收程序如下：

```
/*B 机接收程序*/
#include <REG52.H>    /*special function register declarations*/
#define byte unsigned char
#define uchar unsigned char
#define word unsigned int
#define uint unsigned int
#define ulong unsigned long
#define BYTE    unsigned char
#define WORD    unsigned int

#define TRUE  1
#define FALSE 0

void time(unsigned int ucMs);          //延时单位：ms
void initUart(void);                   /*初始化串口波特率，使用定时器 1*/
/******** main 函数 *********/
void main (void) {
    time(1);                           /*延时等待外围器件完成复位*/
    initUart();                        /*初始化串口*/
    IE=0x90;                           /*打开串口中断*/
    while(TRUE){}
}
/********** 初始化串口波特率 ************/
void initUart(void)                    /*初始化串口波特率，使用定时器 1*/
{/*Setup the serial port for 9600 baud at 11.0592 MHz*/
    SCON=0x50;                         //串口工作在方式 1
    PCON=0x0;
    TMOD=0x20;
    TH1=0xfd;
    TCON=0x40;
}
/***********  串行口中断服务程序***************/
void serial0_int(void) interrupt 4
{
    EA=0;                              /*关总中断*/
    /*可在此处插入串口中断服务程序*/
    P2=~SBUF;                          /*收到数据去反送到 P2 数码管显示*/
    RI=0;
    EA=1;                              /*开总中断*/
}
/*********** time C **************/
void time(unsigned int ucMs)           //延时单位：ms
{
#define DELAYTIMES 239
unsigned char  ucCounter;              //延时设定的循环次数

    while (ucMs!=0) {
        for (ucCounter=0; ucCounter<DELAYTIMES; ucCounter++){}//延时
        ucMs--;
    }
}
```

（3）串行工作方式 2 和方式 3

方式 2 和方式 3 是 11 位为一帧的串行通信方式，即 1 个起始位，9 个数据位和 1 个停止位，格式如图 6.29 所示。

起始	D0	D1	D2	D3	D4	D5	D6	D7	D8	停止

图 6.29　帧格式

在方式 2 和方式 3 下，字符还是 8 个数据位，而第 9 数据 D8 位，既可作为奇偶校验位使用，也可作为控制位使用，其功能由用户确定，发送之前应先将 SCON 中的 TB8 准备好。可使用如下指令完成：

```
SETB TB8     ;TB8 位置 1
CLR TB8      ;TB8 位清 0
```

准备好第 9 数据位之后，再向 SBUF 写入字符的 8 个数据位，并以此来启动串行发送。一个字符帧发送完毕后，将 TI 位置 1，其过程与方式 1 相同。方式 2 的接收过程也与方式 1 类似，所不同的在于第 9 数据位上，串行口把接收到的 8 位数据送入 SBUF，而把第 9 数据位送入 RB8。

方式 2 和方式 3 的不同之处在于波特率的计算方法不同。方式 3 同方式 1，即通过设置定时器 1 的初值来设定波特率。方式 2 的波特率是固定的，且有两种。一种是晶振频率的 1/32，另一种是晶振频率的 1/64，即 $f_{osc}/32$ 和 $f_{osc}/64$。例如，用公式表示为

$$BR=2^{SMOD}\times f_{osc}/64$$

即与 PCON 寄存器中 SMOD 位的值有关。当 SMOD=0 时，波特率等于 f_{osc} 的 1/64；当 SMOD = 1 时，波特率等于 f_{osc} 的 1/32。

3. 80C51 串行口波特率

从 80C51 串行通信的各种工作方式可知：

① 方式 0 时波特率是固定的，为单片机晶振频率的 1/12，即 $BR=f_{osc}/12$。如果晶振频率用 f_{osc} 表示，按此波特率也就是一个机器周期进行一次移位。当 f_{osc} = 6 MHz 时，波特率为 500 kbps，即 2 μs 移位一次；当 f_{osc} =12 MHz 时，波特率为 1 Mbps，即 1 μs 移位一次。

② 方式 2 的波特率也是固定的，且有两种：一种是晶振频率的 1/32，另一种是晶振频率的 1/64，即 $f_{osc}/32$ 和 $f_{osc}/64$。例如，用公式表示为

$$BR=2^{SMOD}\times f_{osc}/64$$

式中，SMOD 为 PCON 寄存器最高位的值，SMOD=1 表示波特率加倍。

③ 方式 1 和方式 3 的波特率是可变的，其波特率由定时器 1 的计数溢出（对 80C52 来说，也可以使用定时器 2 的计数溢出）决定，公式为

$$BR = (2^{SMOD}\times T_d)/32$$

式中，SMOD 为 PCON 寄存器最高位的值，SMOD = 1 表示波特率加倍。T_d 为定时器 1 溢出率，其计算公式为

$$T_d = f_{osc}/[12\times(256-TH1)]$$

使用定时器 1 的计数溢出，方式 1 和方式 3 的常用波特率如表 6.16 所示。

表 6.16　方式 1 和方式 3 的常用波特率

串行口工作方式	波特率	f_{osc} = 6 MHz			f_{osc} = 12 MHz			f_{osc} = 11.0592 MHz		
		SMOD	TMOD	TH1	SMOD	TMOD	TH1	SMOD	TMOD	TH1
方式 1 或方式 3	57600							1	20	FFH
	28800							1	20	FEH
	19200							1	20	FDH
	9600							0	20	FDH
	4800				1	20	F3H	0	20	FAH
	2400	1	20	F3H	0	20	F3H	0	20	F4H
	1200	1	20	E6H	0	20	E6H	0	20	E8H
	600	1	20	CCH	0	20	CCH	0	20	D0H
	300	0	20	CCH	0	20	98H	0	20	A0H

从表 6.16 中可以看出，当选择晶振 f_{osc}=11.0592 MHz 时，波特率最为齐全，如无特别要求，通常在 80C51 单片机系统中选择晶振频率为 11.0592 MHz。

设置定时器 2 为波特率发生器工作方式，定时器 2 的溢出脉冲经 16 分频后作为串行口发送脉冲、接收脉冲。发送脉冲、接收脉冲的频率称为波特率。其计算公式如下：

$$BR = \frac{f_{osc}}{32 \times [65536 - (RCAP2H, RCAP2L)]}$$

6.3.3　应用实例

利用以上介绍的串行口 4 种工作方式，就可以实现单片机之间的通信，下面将举例说明两台单片机（点对点）之间的通信及多机间的通信。通信程序用高级语言 C51 编制。

1．点对点异步通信实例

【例 6.14】 假定有 A、B 两机，以方式 1 进行串行口通信，其中 A 机发送信息，B 机接收信息，双方的晶振频率为 f_{osc}=11.0592 MHz，通信波特率为 9600。

为了保持通信的畅通与准确，通信双方之间要遵循一些约定。通信开始时，A 机首先发送一个启动信号 AA，B 机收到后发送一个回答信号 BB，表示同意接收。A 机收到 BB 后，就可以发送数据了。假定该例题发送的数据块长度是 10 B，数据缓冲区为 buf，数据块发送完毕后要立即发送校验和，进行发送数据准确性校验。

B 机将接收到的数据存储到数据缓冲区 buf，收齐一个数据块后，再接收 A 机发来的校验和，并将其与 B 机求出的校验和进行比较。若两者相等，说明接收正确，B 机回答 00H；若两者不等，说明接收不正确，B 机回答 0FFH，请求重发。

程序设计时，选择定时器 T1 在方式 2 下工作，计数初值：

$$Count = 256 - \frac{f_{osc} \times 2^{SMOD}}{384 \times BR} = 256 - 11.0592 \times 10^6/384/9600 = 253 = 0FDH$$

式中，SMOD = 0，即波特率不增倍，程序中应使 PCON = 00H。

编写 A、B 两机点对点的通信程序。该程序可以在双方机中运行，不同的是在程序运行之前，要判别 P1.0 口的输入，若 P1.0=1，表示该机是发送方；若 P1.0=0，表示该机是接收方。程序中包含主函数 main(void)，根据 P1.0 输入的设置，利用发送函数 send(uchar idata *d)和接收函数 receive(uchar idata *d)分别实现发送和接收功能。

程序如下：

```
/*程序中增加了在 P2 口显示启动信号 AA、回答信号 BB、发送数据和校验和*/
#include <REG52.H>    /*special function register declarations*/
#define byte unsigned char
#define uchar unsigned char
#define word unsigned int
#define uint unsigned int
#define ulong unsigned long
#define BYTE unsigned char
#define WORD unsigned int
#define TRUE  1
#define FALSE 0
/*SEND_RECI_LINE=1，设置发送； SEND_RECI_LINE=0，设置接收*/
sbit SEND_RECI_CTRL=P1^0;
sbit CTRL_BUTTON=P1^7;                    /*CTRL_BUTTON=0，设置错误校验和*/
```

```
void initUart(void);                     /*初始化串口*/
void time(unsigned int ucMs);            //延时单位：ms
void send(uchar idata *d);               /*发送函数*/
void receive(uchar idata *d);            /*接收函数*/
/******** main 函数 *********/
void main (void) {
uchar idata sbuf [10]={0x20,0x21,
0x22,0x23,0x24,0x25,0x26,0x27,0x28,0x29,};   /*发送内容*/
uchar idata rbuf [10];                   /*接收缓冲区*/
    time(1);                             /*延时等待外围器件完成复位*/
    initUart();                          /*初始化串口*/
    if(SEND_RECI_CTRL){                  /*发送*/
        send(sbuf);
    }
    else{                                /*接收*/
        receive(rbuf);
    }
    while(TRUE){}
}

void send(uchar idata *d)                /*发送函数*/
{
uchar i,pf;
    do{
        P2=0xaa;
        SBUF=0xaa;                       /*发送联络信号*/
        while(TI==0){}TI=0;
        while(RI==0){}RI=0;
    }while((SBUF^0xbb)!=0);              /*乙机未准备好，继续联络*/
    P2=SBUF;time(500);
    do{
        pf=0;                            /*清校验和*/
        for(i=0;i<10;i++){
            P2=d[i];time(500);
            SBUF=d[i];                   /*发送一个数据*/
            pf+=d[i];                    /*求校验和*/
            while(TI==0){}TI=0;
        }
        if(!CTRL_BUTTON) pf++;           /*CTRL_BUTTON=0，设置错误校验和*/
        P2=pf;time(500);                 /*显示校验和*/
        SBUF=pf;                         /*发送校验和*/
        while(TI==0){}TI=0;
        while(RI==0){}RI=0;
        P2=SBUF;time(500);
    }while(SBUF!=0);                     /*回答出错，则重发*/
}

void receive(uchar idata *d)             /*接收函数*/
{
uchar i,pf;
  do{
        while(RI==0){}RI=0;
        P2=SBUF;time(500);
   }while((SBUF^0xaa)!=0);               /*判甲机请求否*/
    P2=0xbb;time(500);
   SBUF=0xbb;                            /*发应答信号*/
   while(TI==0){}TI=0;
   while(1){
        pf=0;                                /*清校验和*/
        for(i=0; i<10; i++){
            while(RI==0){}RI=0;
```

```
            d[i]=SBUF;                  /*接收一个数据*/
            P2=d[i];                    /*显示接收数据*/
            pf+=d[i];                   /*求校验和*/
        }
        P2=pf;                          /*显示校验和*/
        while(RI==0){}RI=0;
        P2=SBUF;
        if((SBUF^pf)==0){               /*比较校验和*/
            P2=0;time(500);
            SBUF=0x00;                  /*校验和相同发"0x00"*/
            while(TI==0){}TI=0;
        }
        else{
        P2=0xff;time(500);
        SBUF=0xff;while(TI==0){}TI=0; /*校验和不同发"0xff", 重新接收*/
        }
    }
}
/********** 初始化串口波特率 ************/
void initUart(void)                     /*初始化串口波特率，使用定时器 1*/
{
/*Setup the serial port for 9600 baud at 11.0592MHz*/
    SCON=0x50;                          //串口工作在方式 1
    TMOD=0x20;
    PCON=0x0;
    TH1=0xfd;
    TCON=0x40;
}
/*********** time C **************/
void time(unsigned int ucMs)            //延时单位：ms
{
#define DELAYTIMES 239
unsigned char  ucCounter;               //延时设定的循环次数

    while (ucMs!=0) {
        for (ucCounter=0; ucCounter<DELAYTIMES; ucCounter++){}//延时
        ucMs--;
    }
}
```

2. 多机通信实例

【例 6.15】 设一主机与多台从机进行通信，主机和从机之间能够相互发送和接收数据。假定从机地址号为 1～5，通信各方的晶振频率为 11.0592 MHz，主机循环选定地址号为 1～5 的从机进行通信，发送前，在 P2 口显示所呼叫的从机机号，主机发送的数据包格式如图 6.30 所示。

从机机号	命令字	数据长度	数据体	校验和

图 6.30　主机发送的数据包格式

从机以中断方式接收主机发送的首字节，然后在中断服务程序里用查询方式接收数据包的后续字节。收到完整数据包后，判别：①数据包里的从机机号是否等于本机机号；②校验和是否正确。如果①和②两者均成立，则发送应答信息 0xa0+本机机号，同时将本机机号送到 P2 口显示，表示主机正在与本机通信。如果①和②两者不同时成立，则将 0xff 送到 P2 口显示，表示本机空闲。

主机收到应答后，在 P2 口显示应答信息。

本例题中波特率发生器采用定时器 2 实现。其计算公式为

$$BR = \frac{f_{osc}}{32 \times [65536 - (RCAP2H, RCAP2L)]}$$

主机程序如下：

```
/*主机和从机必须使用相同的串口初始化程序 *
全是定时器 1，或全是定时器 2 *
*****************************************/
/*主机程序*/
/******** 发送接收数据报格式 **************/
/*从机机号 命令字 数据长度 数据体 校验和*/
#include <REG52.H>    /*special function register declarations*/
#include <string.h>
#define byte unsigned char
#define uchar unsigned char
#define word unsigned int
#define uint unsigned int
#define ulong unsigned long
#define BYTE unsigned char
#define WORD unsigned int
#define TRUE  1
#define FALSE 0
sbit CTRL_BUTTON=P1^7;                /*=0，开始发送；=1，停止发送*/
void initUart(void);                  /*初始化串口波特率，使用定时器 2*/
void time(unsigned int ucMs);         //延时单位：ms
uchar idata  ucSendBuf[20];           /*发送数据缓冲区*/
#define reciMacNo    ucSendBuf[0]     /*从机机号*/
#define tranSize ucSendBuf[2]         /*数据长度*/

uchar idata databuf[10]={0x21,
0x22,0x23,0x24,0x25,0x26,0x27,0x28,0x29,0x2a};
/******** 组织发送数据包 *********/
void arrange_data (uchar macno,uchar cmd,uchar datasize,uchar* sdata) {
uchar i,pf=0;
    ucSendBuf[0]=macno;               /*机号*/
    ucSendBuf[1]=cmd;                 /*命令字*/
    ucSendBuf[2]=datasize;            /*数据长度*/
    memcpy(&ucSendBuf[3],sdata,datasize); /*发送数据体*/
    ucSendBuf[datasize+3]=0;          /*校验初始值=0*/
    for(i=0;i<datasize+3;i++){        /*计算校验*/
        pf=pf+ucSendBuf[i];
    }
    ucSendBuf[datasize+3]=pf;
}
/******** main 函数 *********/
void main (void) {
uchar  i,j;
uint timeOver;
  time(1);                                      /*延时等待外围器件完成复位*/
  initUart();                                   /*初始化串口*/
  while(TRUE){
        for(i=1;i<=5;i++){                      /*实际连接从机 3 个*/
            arrange_data(i,6,8,databuf);        /*组织发送数据*/
            P2=ucSendBuf[0];time(800);          /*显示欲连接从机机号*/
            for(j=0;j<ucSendBuf[2]+4;j++){      /*发送数据*/
                SBUF=ucSendBuf[j];while(!TI){}TI=0;
                time(1);
            }
            /*等待从机返回信息，从机应答超时判断*/
            timeOver=0;
            while((RI==0)&&(timeOver<=300)){
```

```
                timeOver++;
            }RI=0;

            if(timeOver<300)
                P2=SBUF;                        /*显示从机应答信息*/
            time(1000);
        }
    }
}
/********** 初始化串口波特率 ************/
void initUart(void)/*初始化串口波特率，使用定时器 2*/
{
/*Setup the serial port for 9600 baud at 11.0592 MHz*/
    SCON=0x50;                    //串口工作在方式 1
    RCAP2H=(65536-(3456/96))>>8;
    RCAP2L=(65536-(3456/96))%256;
    T2CON=0x34;
}
/*********** time C **************/
void time(unsigned int ucMs)      //延时单位：ms
{
#define DELAYTIMES 239
unsigned char  ucCounter;         //延时设定的循环次数

    while (ucMs!=0) {
        for (ucCounter=0; ucCounter<DELAYTIMES; ucCounter++){}//延时
        ucMs--;
    }
}
```

从机程序如下：

```
#include <REG52.H>    /*special function register declarations*/
#define byte unsigned char
#define uchar unsigned char
#define word unsigned int
#define uint unsigned int
#define ulong unsigned long
#define BYTE unsigned char
#define WORD unsigned int

#define TRUE  1
#define FALSE 0
sbit CTRL_BUTTON=P1^6;                  /*=0，开始发送；=1，停止发送*/

void time(unsigned int ucMs);           //延时单位：ms
void initUart(void);                    /*初始化串口波特率，使用定时器 2*/
uchar idata  ucReciBuf[21];             /*接收数据缓冲区*/

/**********发送接收数据报格式********
从机机号 命令字 数据长度 数据体 校验和
*************************************/
/******** main 函数 *********/
void main (void) {

    time(1);                            /*延时等待外围器件完成复位*/
    initUart();                         /*初始化串口*/
    IE=0x90;                            /*打开串口中断*/
    while(TRUE){EA=1;}
}
/********** 初始化串口波特率 ************/
```

```
void initUart(void)                         /*初始化串口波特率，使用定时器2*/
{
/*Setup the serial port for 9600 baud at 11.0592 MHz*/
    SCON=0x50;                              //串口工作在方式1
    RCAP2H=(65536-(3456/96))>>8;
    RCAP2L=(65536-(3456/96))%256;
    T2CON=0x34;
}
/***********  串行口中断服务程序***************/
void serial0_int(void) interrupt 4
{
uchar i,pf=0;
   EA=0;
    RI=0;ucReciBuf[0]=SBUF;                         /*机号*/
    while(RI==0){}RI=0;ucReciBuf[1]=SBUF;     /*命令字*/
    while(RI==0){}RI=0;ucReciBuf[2]=SBUF;     /*数据长度*/
    for(i=3;i<(ucReciBuf[2]+4);i++){              /*后续数据*/
        while(RI==0){}RI=0;ucReciBuf[i]=SBUF;
    }

    for(i=0;i<(ucReciBuf[2]+3);i++){          /*计算校验和*/
        pf = pf + ucReciBuf[i];
    }

    if((ucReciBuf[0]==(P1&0x07))&&(pf==ucReciBuf[ucReciBuf[2]+3])){
     /*是本机且校验和正确，应答：0xa0+机号*/
        P2=ucReciBuf[0];                      /*显示本机机号*/
        SBUF=ucReciBuf[0]+0xa0;               /*应答：0xa0+机号*/
        while(TI==0){}TI=0;
    }
    else
        P2=0xff;/*显示 0xff*/
}
/*********** time C **************/
void time(unsigned int ucMs)                  //延时单位：ms
{
#define DELAYTIMES 239
unsigned char  ucCounter;                     //延时设定的循环次数

    while (ucMs!=0) {
        for (ucCounter=0; ucCounter<DELAYTIMES; ucCounter++){}//延时
        ucMs--;
    }
}
```

本 章 小 结

1. 中断

由于中断源的请求，CPU 暂停当前程序而执行中断处理程序，完毕后返回原程序继续执行的过程称为中断。中断过程分为中断请求、响应、处理、返回四个阶段。

（1）中断请求

中断请求是指中断源向 CPU 发中断请求信号。请求方法是：先由中断源将中断触发器置 1，然后由 CPU 在每个机器周期的最后去查询中断触发器，查询到 1，则转入中断响应阶段，否则继续执行下一条指令。80C51 单片机的中断源有：外部中断 $\overline{\text{INT0}}$ 和 $\overline{\text{INT1}}$、定时器中断 T0 和 T1、串行中断。5 个中断源的中断触发器分别为 IE0、IE1、TF0、TF1、TI/RI。外部中断 $\overline{\text{INT0}}$ 、$\overline{\text{INT1}}$ 使 IE0、IE1 置 1

的方法有两种：低电平与负跳变，两种中断请求方式可用 IT0、IT1 进行选择，IT0(或 IT1) = 0 选择低电平中断方式，IT0(或 IT1)=1 选择低负跳变中断方式。80C51 单片机将中断触发器(IE0、IE1、TF0、TF1)、中断方式选择位(IT0、IT1)及定时器启动开关(TR0、TR1)组合成定时器/中断控制寄存器 TCON，如图 6.31 所示。

TCON	TF1	TR1	TF0	TR0	IE1	IT1	IE0	IT0

图 6.31　定时器/中断控制寄存器 TCON

（2）中断响应

CPU 响应中断的条件是：CPU 执行完当前指令及允许中断。80C51 单片机允许中断是由中断允许寄存器 IE 中的相应位决定的，位取 1 允许中断，位为 0 禁止中断。

（3）中断处理

中断处理前应保护在主程序与中断处理程序中同时用到的寄存器或存储单元内容，称为保护现场，保护现场可用 PUSH 指令或换区的方法实现。现场保护后可执行中断处理程序，完成中断处理任务，最后应用 POP 指令或换区方法恢复现场。

（4）中断返回

中断返回是使用中断返回指令 RETI 实现的，RETI 指令的作用是将断点地址由堆栈弹回给 PC，使 CPU 返回到断点处执行源程序。

（5）中断判优

当多个中断源同时发中断请求时，CPU 先响应优先级最高的中断源，处理完毕后，再响应优先级次之的中断源，最后响应优先级最低的中断源，这就是中断判优的任务。80C51 单片机有两个优先级：高优先级与低优先级，各中断源的优先级是通过优先级寄存器 IP 中相应位实现的，位取 1 设置高优先级，位取 0 设置低优先级。

C51 中只要设置 IE 和 IP，C51 编译器会自动为中断的各个阶段产生最合适的代码。

2. 定时器/计数器

80C51 单片机的定时器/计数器是能定时、计数，具有 2～3 个通道、4 种工作方式的可编程器件。

定时器/计数器 3 个通道分别为 T0、T1 与定时器/计数器 2，其中定时器/计数器 2 仅 52 子系列单片机才有。

定时器/计数器内的核心器件是加 1 计数器，加 1 计数器由两个特殊功能寄存器 TH 与 TL 组成。当定时器/计数器工作于定时方式，加 1 脉冲由系统时钟 f_{osc} 经 12 分频后产生。当定时器/计数器工作于计数方式，加 1 脉冲由 T0 或 T1 引脚直接提供。定时器/计数器工作于定时还是计数方式，取决于选择开关 $C/\overline{T}$，当 $C/\overline{T}=0$ 时工作于定时方式，$C/\overline{T}=1$ 时工作于计数方式。加 1 脉冲要经过启动开关 TR 才能到达加 1 计数器，当加 1 计数器溢出时，由硬件自动将中断标识 TF 置 1，以此向 CPU 发中断请求。

定时器/计数器四种工作方式的主要区别在于加 1 计数器的位数，工作方式的选择是由 TMOD 寄存器中的 M1M0 决定的，如表 6.9 所示。

在使用定时器/计数器前必须进行初始化，即设置其工作方式。初始化一般应进行如下工作。

① 设置工作方式，即设置 TMOD 中的各位 GATE、$C/\overline{T}$、M1M0。

② 计算加 1 计数器的计数初值 Count，并将计数初值 Count 送入 TH、TL 中。

- 计数方式：计数初值 $Count=2^n-N$。
- 定时方式：计数初值 $Count=2^n-T_d/T_{cy}$。式中，n =13, 16, 8, 8，分别对应方式 0、1、2、3。

③ 启动计数器工作，即将 TR 置 1。T0、T1 及 CPU 开中断。

定时器初始化后可进行各种应用，如输出各种方波、实现实时时钟、对产品进行计数等。

3. 串行通信

单片机的串行通信分为同步通信与异步通信。

单片机串行通信的数据通路形式有单工、半双工、全双工三种方式。异步通信时可能会出现帧格式错、超时错等传输错误码，校验传输错误的方法有奇偶校验、和校验、循环冗余码校验、海明码校验。

与 80C51 单片机串行通信有关的控制寄存器共有 3 个：SBUF、SCON 和 PCON。

80C51 单片机的串行接口有四种通信方式。

方式 0 为同步通信方式，其波特率是固定的，为单片机晶振频率的 1/12，即 BR=f_{osc}/12。

方式 2 为异步通信方式，其波特率也是固定的，但有两种，一种是晶振频率的 1/32，另一种是晶振频率的 1/64，即 f_{osc}/32 和 f_{osc}/64。如用公式表示，则为

$$BR=2^{SMOD}\times f_{osc}/64$$

方式 1 和方式 3 的波特率是可变的，其波特率由定时器 1 的计数溢出来决定，公式为

$$BR=(2^{SMOD}\times T_d)/32$$

设置定时器 2 为波特率发生器工作方式，定时器 2 的溢出脉冲经 16 分频后作为串行口发送脉冲、接收脉冲。发送脉冲、接收脉冲的频率称为波特率。其计算公式如下：

$$BR=\frac{f_{osc}}{32\times[65536-(\text{RCAP2H, RCAP2L})]}$$

方式 1 是以 10 位为一帧的异步串行通信方式。方式 2 和方式 3 是以 11 位为一帧的异步串行通信方式，而第 9 个数据 D8 位既可作为奇偶校验位使用，也可为控制位使用。在多机通信方式中，经常把该位用做数据帧和地址帧的标识。SM2 为多机通信控制位，当 SM2=1 时，80C51 单片机只接收第 9 个数据为 1 的地址帧，而对第 9 个数据为 0 的数据帧则自动丢弃；SM2=0 时，地址帧和数据帧全部接收。利用此特性可实现多机通信。

习 题 6

1. 80C51 有几个中断源？各中断标识是如何产生、如何复 0 的？CPU 响应中断时，其中断入口地址各是多少？
2. 在外部中断中，有几种中断触发方式？如何选择中断源的触发方式？
3. 80C51 提供哪几种中断？在中断管理上有何特点？什么是同级内的优先权管理？中断被封锁的条件有哪些？
4. 在中断请求有效并开中断状况下，能否保证立即响应中断？有什么条件？
5. 中断响应中，CPU 应完成哪些自主操作？这些操作状态对程序运行有什么影响？
6. 80C51 单片机内部设有几个定时器/计数器？它们各由哪些特殊功能寄存器组成？有哪几种工作方式？
7. 80C51 定时器/计数器方式 0 的 13 位计数器初值如何计算？已有方式 1 的 16 位计数，为何还需要 13 位的计数方式？
8. 定时器/计数器作为定时用时，定时时间与哪些因素有关？作为计数用时，对外界计数频率有何限制？
9. 定时器 T0 为方式 3 时，由于 TR1 位已经被 T0 占用，如何控制定时器 T1 的开启和关闭？
10. 用 80C51 的定时器测量某正单脉冲的宽度，采用何种方式可以得到最大量程？若单片机晶振频率为 12 MHz，求允许测量的最大脉冲宽度。
11. 80C51 单片机系统中，已知单片机晶振频率为 6 MHz，选用定时器 0 以方式 3 产生周期为 400 μs 的等宽正方波连续脉冲，请编写由 P1.1 口输出此方波的程序。
12. 串行通信操作模式有哪几种？各有什么特点？
13. 异步串行通信时，通信双方应遵守哪些协定？一帧信息包含哪些内容？

14. 串行通信时会出现哪些错误？用什么方法检查这些错误？
15. 80C51 串行通信有哪几种工作方式？当并行口不够用时，如何实现串行口作为并行口使用？
16. 什么是波特率？如何计算和设置 80C51 串行通信的波特率。
17. 串行口控制寄存器 SCON 中 TB8、RB8 起什么作用？在什么方式下使用？
18. 什么是串行接口的异步数据传输和同步数据传输？80C51 UART 中哪些方式是异步传输？哪些方式是同步传输？
19. 80C51 单片机内部串行口工作方式工作于方式 1、3 时，波特率与 T1 的溢出率有关，什么是 T1 的溢出率？如何计算定时器 T1 工作于方式 1 时的 T1 溢出率？
20. 设置串行口工作于方式 3，波特率为 9600 bps，系统主频为 11.0592 MHz，允许接收数据，串行口开中断，初始化编程，实现上述要求。若将串口改为方式 1，应如何修改初始化程序？
21. 使用串行口方式 3 进行双机通信，系统主频为 11.0592 MHz，设置波特率为 19200 bps，定时器 T1 工作于方式 2。A 机将地址为 3000H～30FFH 外部 RAM 中的数据传送到 B 机地址为 4000H～40FFH 的外部 RAM 中。请编写程序：①采用查询方式，进行偶校验，②采用中断方式，不要校验。
22. 80C52 串行口按工作方式1进行串行数据通信。假定波特率为 1200 bps，系统主频为 11.0592 MHz，以中断方式传送数据，将本机中地址为 30H～4FH 内部 RAM 中的内容传送到对方地址为 50H～6FH 的内部 RAM 中去。请编写全双工通信程序。

第 7 章　单片机外部扩展资源及应用

单片机内部资源有 RAM、I/O 接口、中断、定时器、串行接口等，但在构成实际的硬件系统时，如果单片机自身的资源还是不能满足要求，这时就要进行系统扩展，扩展可以采用并行和串行方式。并行是使用单片机的系统总线进行扩展，而串行则是使用单片机通用 I/O 口进行扩展。本章通过大量应用实例介绍单片机系统扩展的一般设计方法。

7.1　单片机外部扩展资源和扩展编址技术概述

7.1.1　单片机外部扩展资源分类

单片机外部扩展资源包含外部 RAM/ROM、键盘、显示器、A/D、D/A、I/O 扩展、中断扩展、串行通信、总线驱动、电源监控、看门狗等一些最基本的模块，它们都是大多数单片机嵌入式系统必不可少的关键部分。

1. 外部程序存储器 ROM

当单片机内部程序存储器 ROM 容量无法满足应用系统要求时，需要在外部进行扩展。外部扩展的程序存储器种类主要有 EPROM、E^2PROM 和 Flash E^2PROM。目前大多数单片机生产厂家都提供大容量 Flash E^2PROM 型号的单片机，其存储单元数量都达到了 64 KB，能满足绝大多数用户的需要，且价格与 ROMLess 的单片机不相上下。用户没有必要再扩展外部程序存储器。

2. 外部数据存储器 RAM

由于单片机的内部数据存储器容量较小，在需要大量数据缓冲的单片机嵌入式系统中（如语音系统、商场收费 POS）仍然需要在外部扩展数据存储器。常用的外部数据存储器有静态随机存储器 RAM6264、RAM62256 和 RAM628128，但随机存储器不具备数据掉电保护特性，许多单片机嵌入式系统采用 Flash E^2PROM 作为数据存储器。

3. 并行 I/O 口资源扩展

I/O 口是单片机系统最宝贵的资源之一，单片机的外部扩展将占用大量 I/O 口资源，以 80C51 系列单片机为例，外部扩展占用 P0、P2 口 16 个 I/O 口和 P3 的 2 个 I/O 口，总共损失了至少 18 个 I/O 口。在较为复杂的控制系统（尤其是工业控制系统，如可编程控制器）中，经常需要扩展 I/O 口。常用的 I/O 接口芯片有 74HC 系列锁存器/寄存器、8255 和 8155 等。

4. 键盘和显示器

键盘和显示器提供了用户与单片机嵌入式系统之间的人机界面，用户通过键盘向单片机系统输入数据或程序，而通过显示器用户可以了解单片机系统的运行状态。

5. 串行通信接口

单片机通常都提供了一个串行通信接口，且信号为 TTL 电平，为了方便单片机系统与 PC、打印机、其他外部设备等接口，往往需要扩展通用的 RS-232 通信接口。为了实现远距离通信，还要扩展 RS-485 通信接口。常用的 RS-232 接口芯片为 MAX232，常用的 RS-485 接口芯片为 MAX485。

当单片机系统需要更多的串行通信接口时，可以通过串行口芯片扩展，常用的串行口芯片有 8251、8250、16C554 等。

6．A/D 转换接口

A/D 转换接口将外部设备输入的模拟量转换为计算机使用的数字量。常用的 A/D 转换芯片有 ADC0808/0809、ADC0816/0817、ADC1140、ADC71/76、AD574A 等。

7．D/A 转换接口

D/A 转换接口将计算机的数字量转换为外部设备使用的模拟量。常用的 D/A 转换芯片有 DAC0832、DA7520、DAC1208、DAC1230 等。

8．电源监控和硬件看门狗

在电源不稳定或有强大的干扰源时，系统经常会出现“程序跑飞”等异常情况，给系统的开发和实际应用带来极大的不便，严重时会使系统瘫痪，甚至发生工业事故。为此需要使用专用的电源监控复位芯片，人们常把此类电路称为硬件看门狗，当系统电压下降和“程序跑飞”时，它能发出复位信号，保证系统正常工作。常用的电源监控复位芯片有 CSI24C161、DS1232、X5045 等。

9．硬件日历时钟

由单片机构成的大多数计费、计时系统中，日期和时间是数据库中的一个重要参数，为此需要在单片机系统中扩展日历时钟芯片。常用的日历时钟接口电路有 DS1305、DS12887 等。

单片机系统是指以单片机为核心，根据其应用目标扩展相关的外围电路所构成的硬件系统，外部扩展是与应用紧密联系的。本章只是对单片机系统中常用资源扩展和流行接口加以论述。

7.1.2　单片机系统扩展结构与编址技术

单片机通过三总线扩展外部接口电路。这时 P0、P2 口用做外部扩展总线，无法再作为通用 I/O 口。P0 口经锁存器 74HC573 在 ALE 下降沿输出有效的低 8 位地址信号与 P2 口组成 16 位地址总线。片外有效的 ROM 和 RAM 寻址空间（包括片外 I/O）为 0x0000～0xFFFF 共 64KB。P0 口在地址 ALE 下降沿之后作为 8 位数据总线。P3 口的读写控制信号 $\overline{RD}$、$\overline{WR}$ 和程序选通信号 $\overline{PSEN}$ 等作为控制总线。

图 7.1 所示为 AT89C52 单片机通过三总线的扩展系统结构图。

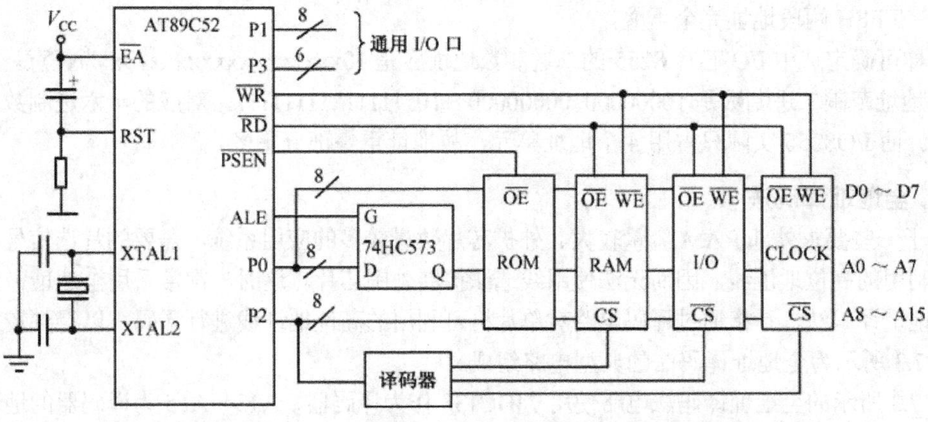

图 7.1　AT89C52 单片机通过三总线的扩展系统结构图

由图 7.1 可知，单片机采用三总线扩展 ROM、RAM、I/O 和 CLOCK 等接口电路，ROM 处于程序存储器空间，当取指控制信号 $\overline{PSEN}$ 有效时从 ROM 读出程序指令，图 7.1 中 AT89C52 的 $\overline{EA}$ 接 V_{CC}，表示从 0000H～1FFFH 取指令操作均在片内进行，片外程序存储器地址从 2000H 开始。如果 $\overline{EA}$ 接

GND，则从 0000H～FFFFH 取指令操作均在片外进行。RAM、I/O 和 CLOCK 则处于数据存储器空间，通过读写选通控制有效信号 $\overline{RD}$ 、$\overline{WR}$ 对其进行读/写和输入/输出操作。译码器产生地址译码信号，在任一时刻其输出的有效片选信号使得单片机只能访问 RAM、I/O 和 CLOCK 其中之一，避免了总线竞争现象。下面介绍单片机扩展中的地址译码技术。

地址译码有两种方法：线选法和全地址译码法。

1．线选法

线选法一般用于扩展少量的片外存储器和 I/O 接口芯片。所谓线选法，通常是指将单片机的高 8 位地址线 A8～A15 中的某几根与外部接口芯片的片选端一一相连，当该地址线为 0 时（对 0 选通有效的外部芯片而言），与该地址线相连接的外部芯片被选通。这种方法的缺点是：全部地址空间是断续的，每个接口电路的地址空间又可能是重叠的。图 7.2 所示为线选法典型电路组成。

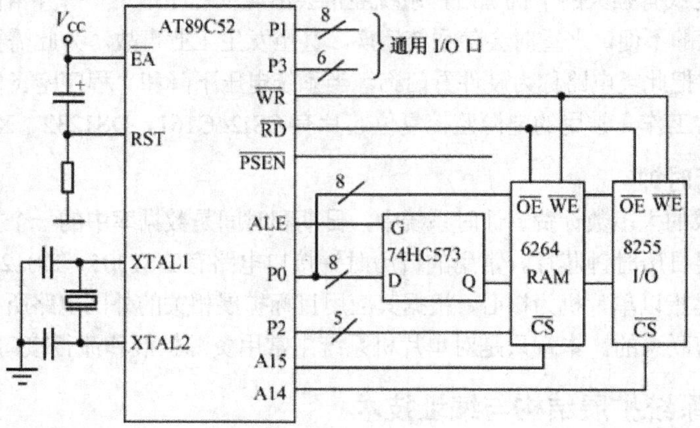

图 7.2　线选法电路组成

图 7.2 中，当 A15=0 时，选中 RAM 6264，而 A14=0 时，选中 I/O 芯片 8255，为了避免产生总线竞争，A15 和 A14 不能同时为 0，由此可确定选中 RAM6264 的二进制数地址应为 01xxxxxx xxxxxxxx，x 为任意，即可以是 0 也可以是 1。故 RAM 6264 的地址范围二进制数是 01000000 00000000～01111111 11111111，对应的十六进制数是 4000H～7FFFH。而 RAM6264 容量只有 8KB，故 4000H～5FFFH、6000H～7FFFH 两段地址完全重叠。

同样可确定选中 I/O 芯片 8255 的二进制数地址应是 10xxxxxx xxxxxxxx，x 为任意。故 I/O 芯片 8255 的地址范围二进制数是 10000000 00000000～10111111 11111111，对应的十六进制数是 8000H～BFFFH。而 I/O8255 实际只占用 4 个地址单元，故地址重叠部分更多。

2．全地址译码法

对于一些要求外部 RAM 容量较大、外扩芯片数量较多的应用系统，需要的片选信号往往多于单片机可利用的高位地址线，因而无法使用线选法扩展外围芯片。这时，常常采用全地址译码法进行。所谓全地址译码法，是指通过译码电路对单片机可利用的高位地址线进行译码，以得到较多的片选信号。图 7.3 所示为全地址译码法的典型电路组成。

图 7.3 所示的全地址译码法电路使用 74HC138 作为译码器，A13～A15 为译码器的地址输入，其输出 $\overline{Y0}$ ～ $\overline{Y7}$ 对应的 8 个有效地址空间为 0000H～1FFFH、2000H～3FFFH、4000H～5FFFH、6000H～7FFFH、8000H～9FFFH、A000H～BFFFH、C000H～DFFFH、E000H～FFFFH。注意，图 7.3 中第（7）片 RAM 为 6116，只有 2KB，所以 E000H～E7FFH、E800H～EFFFH、F000H～F7FFH 和 F800H～FFFFH 这 4 个 2KB 空间都对应 6116 芯片，也就是说，全地址译码法仍然会有地址重叠现象。

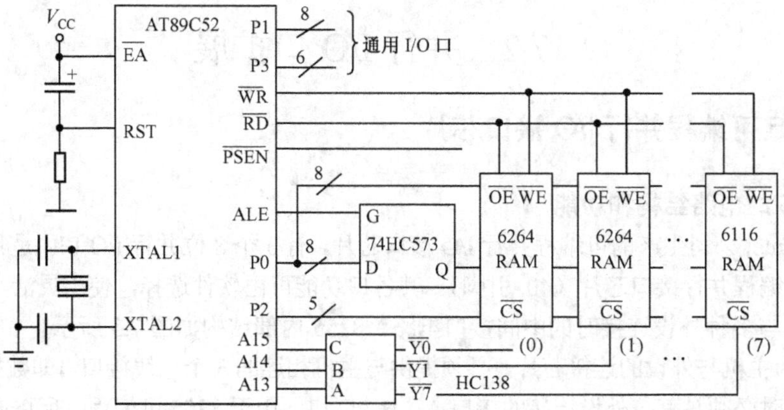

图 7.3　全地址译码法的典型电路组成

7.1.3　单片机系统存储器扩展方法

外部程序存储器的种类单一，常采用只读存储器 ROM。经常使用的程序存储器有 EPROM、E^{2}PROM 和 Flash E^{2}PROM。由于 Flash E^{2}PROM 具有低成本和快速的电擦写特性，更受用户欢迎。只读存储器 ROM 的密度普遍提高，目前 ROM 芯片单片容量已达到或超过 64KB，外部扩展程序存储器时，单片即可满足需要，一般都采用线选法或用 $\overline{\text{PSEN}}$ 直接选中。图 7.4 所示为扩展程序存储器典型电路。当 ROM 容量小于 64KB 时，用单片机的 A15 接 ROM 的 $\overline{\text{CS}}$ 端，如图 7.4(a)所示；当 ROM 容量等于 64 KB 时，用单片机的 $\overline{\text{PSEN}}$ 接 ROM 的 $\overline{\text{CS}}$ 和 $\overline{\text{OE}}$ 端，如图 7.4(b)所示。

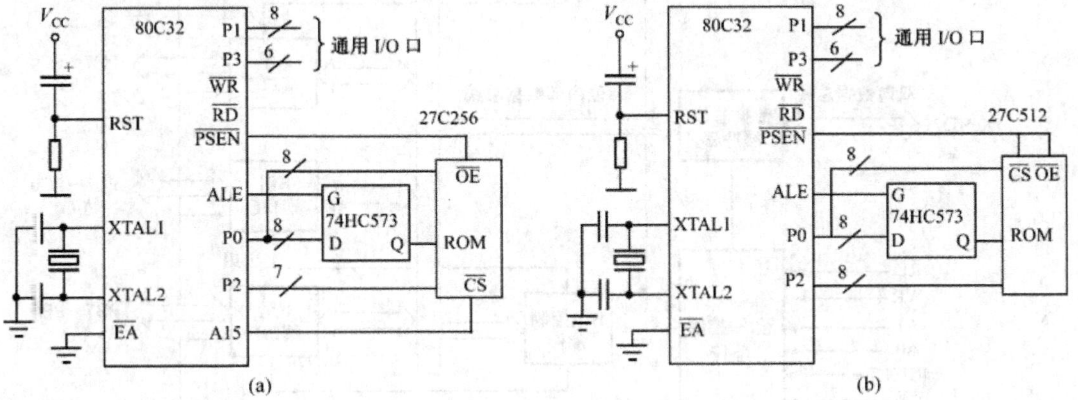

图 7.4　单片机系统程序存储器扩展方法

在 80C51 单片机嵌入式系统中，程序存储器之外所扩展的各种功能的接口电路或外围设备采取与数据存储器相同的寻址方法。所有接口电路或外围设备均与片外数据存储器统一编址。任何一个扩展电路根据地址线的选择方式不同，占用一个片外 RAM 地址或一个片外 RAM 区域，而与外部程序存储器无关。这些接口电路或外围设备都要通过译码电路产生相应的片选信号，如图 7.3 所示。当接口电路较多，采用通用集成电路组件无法完成译码时，可使用小规模 PLD 器件（如 GAL16V8、GAL20V8 等）实现，在此不再赘述，读者可参阅有关资料。

以上所述都是并行扩展，并行扩展的优点是扩展资源 I/O 地址位于内存空间，读写速度快，软件控制简单。缺点是占用了 CPU 的 2 个 8 位 I/O 口 P0 和 P2，不能再做他用。

而串行扩展优点则是只使用少量单片机的 I/O 即可实现。缺点按位进行读写，访问速度慢。本章后续章节会涉及串行扩展应用。

7.2 并行 I/O 口扩展

7.2.1 8255 可编程并行 I/O 接口芯片

1. 8255 的电路结构和功能

8255 是 Intel 公司生产的可编程并行 I/O 接口芯片，有 3 个 8 位并行 I/O 口，是具有 3 个通道 3 种工作方式的可编程并行接口芯片（40 引脚）。其各口功能可由软件选择，使用灵活，通用性强。8255 可作为单片机与多种外设连接时的中间接口电路。8255 内部结构如图 7.5 所示。

8255 作为主机与外设的连接芯片，必须提供与主机相连的 3 个总线接口，即数据线、地址线、控制线接口。同时必须具有与外设连接的接口 A、B、C 口。由于 8255 可编程，所以必须具有逻辑控制部分，因而 8255 内部结构分为 3 个部分：与 CPU 连接部分、与外设连接部分、控制部分。

（1）与 CPU 连接部分

根据定义，8255 能并行传送 8 位数据，所以其数据线为 8 根 D0～D7。由于 8255 具有 3 个通道 A、B、C，所以只需要两根地址线就能寻址 A、B、C 口及控制寄存器，故地址线为两根 A0～A1。此外，CPU 要对 8255 进行读、写与片选操作，所以控制线为片选、复位、读、写信号。

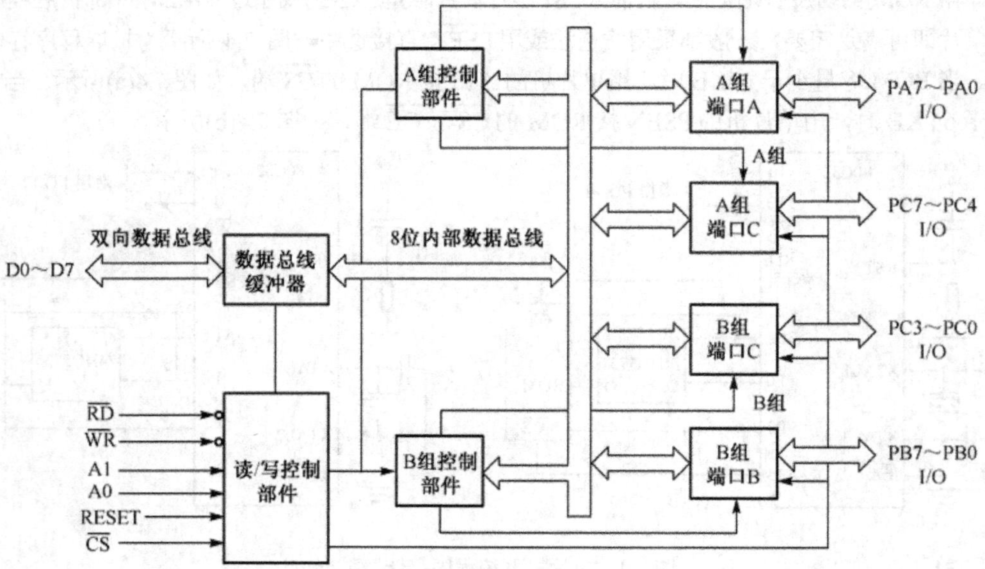

图 7.5 8255 内部结构

各信号的引脚编号如下。

① 数据总线 DB：编号为 D0～D7，用于 8255 与 CPU 传送 8 位数据。

② 地址总线 AB：编号为 A0～A1，用于选择 A、B、C 口与控制寄存器。

③ 控制总线 CB：片选信号 $\overline{CS}$、复位信号 RST、写信号 $\overline{WR}$、读信号 $\overline{RD}$。当 CPU 要对 8255 进行读、写操作时，必须先向 8255 发片选信号 $\overline{CS}$ 选中 8255 芯片，然后发读信号 $\overline{RD}$ 或写信号 $\overline{WR}$ 对 8255 进行读或写数据的操作。

（2）与外设接口部分

根据定义，8255 有 3 个通道 A、B、C 与外设连接，每个通道又有 8 根线与外设连接，所以 8255 可以用 24 根线与外设连接，若进行开关量控制，则 8255 可同时控制 24 路开关。各通道的引脚编号如下：

① A 口：编号为 PA0～PA7，用于 8255 向外设输入/输出 8 位并行数据。

② B 口：编号为 PB0～PB7，用于 8255 向外设输入/输出 8 位并行数据。

③ C 口：编号为 PC0～PC7，用于 8255 向外设输入/输出 8 位并行数据，当 8255 工作于应答 I/O 方式时，C 口用于应答信号的通信。

（3）控制部分

8255 将 3 个通道分为两组，即 PA0～PA7 与 PC4～PC7 组成 A 组，PB0～PB7 与 PC0～PC3 组成 B 组，如图 7.5 所示。相应的控制器也分为 A 组控制器与 B 组控制器，各组控制器的作用如下。

① A 组控制器：控制 A 口与上 C 口的 PC4～PC7 输入与输出。

② B 组控制器：控制 B 口与下 C 口的 PC0～PC3 输入与输出。

2. 8255 芯片引脚与 CPU 的连接

8255 是一个 40 脚的双列直插式芯片，图 7.6 所示为 8255 的引脚图。8255 与 CPU 的连接方式是多种多样的，本节以 AT89C52 与 8255 的连接为例说明 8255 与 CPU 的连接方法，同时也介绍 8255 各芯片引脚的功能与作用。

图 7.7 所示为 8255 与 AT89C52 的连接图。由于 AT89C52 与 8255 的连接就是 3 总线的连接。因此，下面将以 3 总线形式讲述连接方法。

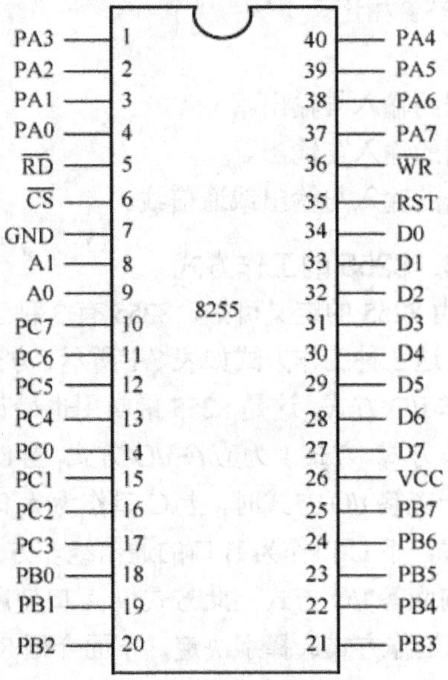

图 7.6　8255 的引脚图

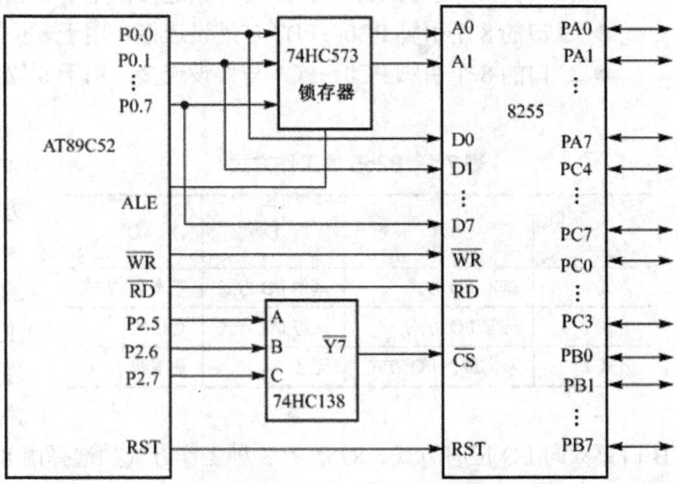

图 7.7　8255 与 AT89C52 的连接图

（1）数据总线 DB 引脚

8255 的数据总线 DB 有 8 根：D0～D7。因为 AT89C52 用其 P0 口作为数据总线口，所以 AT89C52 与 8255 数据线连接为：AT89C52 的 P0.0～P0.7 与 8255 的 D0～D7 连接，如图 7.7 所示。

（2）地址总线 AB 引脚

8255 的地址线 AB 有两根：A0、A1。A0、A1 通过 74HC373 锁存器与 AT89C52 的 P0.0、P0.1 连接。A1A0 取值 00～11，可选择 A、B、C 口与控制寄存器，选择方法如下。

- A1A0=00：选择 A 口。
- A1A0=01：选择 B 口。
- A1A0=10：选择 C 口。
- A1A0=11：选择控制寄存器。

（3）控制总线 CB

片选信号 CS 由 P2.5～P2.7 经 138 译码器 Y7 产生。若要选中 8255，则 Y7 必须有效，此时 P2.7P2.6P2.5=111。由此可推知各口地址如下。

- A 口：111x～x00=E000H（当 x～x=0～0 时）。
- B 口：111x～x01=E001H（当 x～x=0～0 时）。
- C 口：111x～x10=E002H（当 x～x=0～0 时）。
- 控制口：111x～x11=E003H（当 x～x=0～0 时）。

其中，x～x 表示取值可任意，所以各口地址不唯一。为了今后叙述方便，后面的程序中 8255 的地址将全部使用 E000H～E003H。

注意：此处要说明的是单片机与 8255 的连接方法是多种多样的，8255 各口地址也随连接方式而变化。因此，读者在使用不同单片机系统时，8255 的各口地址不会是上面所推导的 E000H～E003H，本书仅是为了介绍一种具体的连接方法而导出上面的地址，这一点请读者一定要注意。读者在使用其他单片机系统时，只要将所用单片机系统 8255 各口地址做相应替换即可。

- 读信号 $\overline{RD}$：8255 的读信号 $\overline{RD}$ 与 AT89C52 的 $\overline{RD}$ 相连。
- 写信号 $\overline{WR}$：8255 的写信号 $\overline{WR}$ 与 AT89C52 的 $\overline{WR}$ 相连。
- 复位信号 RST：8255 的复位信号 RST 与 AT89C52 的 RST 相连。

（4）3 个通道引脚

- A 口的 8 个引脚 PA0～PA7 与外设连接，用于 8 位数据的输入与输出。
- B 口的 8 个引脚 PB0～PB7 与外设连接，用于 8 位数据的输入与输出。
- C 口的 8 个引脚 PC0～PC7 与外设连接，用于 8 位数据的输入与输出或通信线。

3. 8255 的工作方式

由 8255 的定义可知，8255 有 3 种工作方式，这 3 种工作方式如表 7.1 所示。方式 0 为基本 I/O 方式，这是 8255 最常用也最基本的工作方式。方式 1 为应答 I/O 方式，当 8255 工作于应答 I/O 方式时，上 C 口作为 A 口的通信线，下 C 口作为 B 口的通信线。方式 2 为双向应答 I/O 方式，此方式仅 A 口使用，B 口无双向 I/O 应答方式。8255 的 3 种工作方式的选择由 8255 工作方式选择字决定，下面介绍 8255 的工作方式选择字。

表 7.1　8255 的工作方式

接口 / 方式	A	B	C
方式 0	基本 I/O 方式	基本 I/O 方式	基本 I/O 方式
方式 1	应答 I/O 方式	应答 I/O 方式	通信线
方式 2	双向应答 I/O 方式	无	通信线

4. 8255 初始化

（1）工作方式选择字

8255 工作方式选择字共 8 位，如图 7.8 所示，存放在 8255 控制寄存器中。最高位 D7 为标识位，D7=1 表示控制寄存器中存放的是工作方式选择字，D7=0 表示控制寄存器中存放的是 C 口置位/复位控制字。

D3～D6 用于 A 组的控制，D6D5＝00 表示 A 组工作于基本 I/O 方式 0，D6D5＝01 表示 A 组工作于应答 I/O 方式 1，D6D5＝1x 表示 A 组工作于双向应答 I/O 方式 2（x 取 0 或 1）。D4=1 表示 A 口工作于输入方式，D4=0 表示 A 口工作于输出方式。D3=1 表示上 C 口工作于输入方式，D3=0 表示上 C 口工作于输出方式。

D0～D2 用于 B 组的控制，各位含义如图 7.8 所示。D2=0 表示 B 组工作于基本 I/O 方式 0，D2=1 表示 B 组工作于应答 I/O 方式 1。D1=1 表示 B 口工作于输入方式，D1=0 表示 B 口工作于输出方式。

D0=1 表示下 C 口工作于输入方式，D0=0 表示下 C 口工作于输出方式。工作方式字应输入控制寄存器，按上面的连接方式，控制寄存器的地址为 E003H。

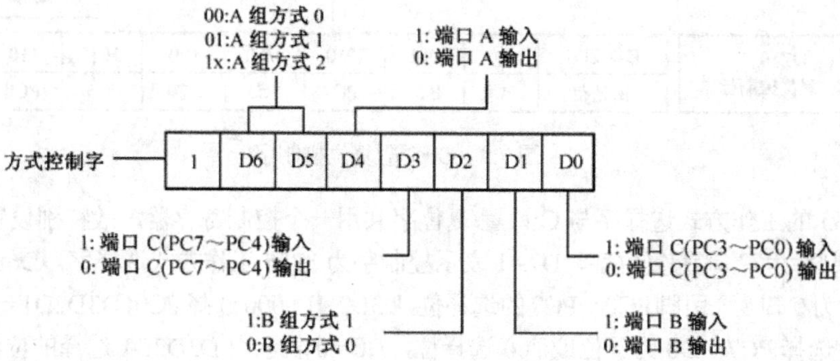

图 7.8　8255 的工作方式选择字

所谓 8255 初始化，是指要根据工作要求确定 8255 工作方式选择字，并输入 8255 控制寄存器。

【例 7.1】 按照图 7.7 所示的 8255 与 AT89C52 的连接图对 8255 初始化编程：

① A、B、C 口均为基本 I/O 输出方式；

② A 口与上 C 口为基本 I/O 输出方式，B 口与下 C 口为基本 I/O 输入方式；

③ A 口为应答 I/O 输入方式，B 口为应答 I/O 输出方式。

解：

8255 的初始化程序分别为如下。

①

```
#include<reg52.h>
#include<absacc.h>
#define COM8255 XBYTE[0xe003]     /*定义 8255 控制寄存器地址*/
#define uchar unsigned char
void init8255(void) {
    COM8255=0x80;                 /*工作方式选择字送入 8255 控制寄存器,设置
                                     A、B、C 口为基本 I/O 输出方式*/
}
```

②

```
#include<reg52.h>
#include<absacc.h>
#define COM8255  0xe003           /*定义 8255 控制寄存器地址*/
void init8255(void) {
    XBYTE [COM8255]=0x83;         /*工作方式选择字送入 8255 控制寄存器,设置
                                     A、B、C 口为基本 I/O 输出方式*/
}
```

③

```
#include<reg52.h>
uchar xdata COM8255 _at_ 0xe003; /*定义 8255 控制寄存器地址*/
void init8255(void) {
    COM8255=0xb4;                 /*工作方式选择字送入 8255 控制寄存器,设置
                                     A、B、C 口为基本 I/O 输出方式*/
}
```

（2）C 口置/复位控制字

8255 的 C 口可进行位操作，即可对 8255 C 口的每一位进行置位或清 0 操作，该操作是通过设置 C 口置/复位字实现的。C 口置/复位字共 8 位，各位含义如图 7.9 所示。

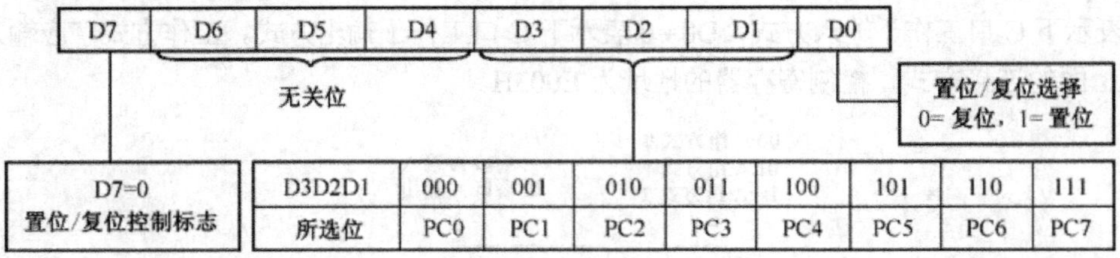

图 7.9　C 口置/复位控制字

由于 8255 的工作方式选择字与 C 口置/复位字共用一个控制寄存器，故特别设置 D7 为标识位，D7=0 表示控制字为 C 口置/复位字，D7=1 表示控制字为 8255 工作方式选择字。D6D5D4 不用，常取 000。D3D2D1 为 C 口 8 个引脚 PC0～PC7 的选择位，D3D2D1=000 选择 PC0，D3D2D1=001 选择 PC1……D3D2D1=111 选择 PC7。D0 为置位或清 0 选择位，D0=0 表示由 D3D2D1 选择的位清 0，D0=1 表示由 D3D2D1 选择的位置 1。C 口置/复位字必须输入 8255 控制寄存器。

5. 8255 应用举例

【例 7.2】 按照图 7.7 所示的 8255 与 AT89C52 的连接图，用 8255C 口的 PC3 引脚向外输出连续的正方波信号，频率为 500 Hz。

解：

① 软件延时方式实现

将 C 口设置为基本 I/O 输出方式，先从 PC3 引脚输出高电平 1，间隔 1 ms 后向 PC3 输出低电平 0，再间隔 1 ms 后向 PC3 输出高电平 1，周而复始，则可实现从 PC3 输出频率为 500 Hz 正方波的目的。

```
/*采用软件延时实现*/
#include <REG52.H>    /*special function register declarations*/
#include <Absacc.h>
#define TRUE  1
#define FALSE 0
#define PA8255  XBYTE[0xe000]        /*定义 8255A 口地址*/
#define PB8255  XBYTE[0xe001]        /*定义 8255B 口地址*/
#define PC8255  XBYTE[0xe002]        /*定义 8255C 口地址*/
#define COM8255 XBYTE[0xe003]        /*定义 8255 控制寄存器地址*/
void time(unsigned int ucMs);//延时单位：ms

void init8255(void) {
    COM8255=0x80;/*工作方式选择字送入 8255 控制寄存器，设置 A、B、C 口为基本 I/O 输出方式*/
}
/******** main 函数 *********/
void main (void) {
    init8255();
    while (TRUE) {
        COM8255=0x07;                /*PC3 置 1*/
        time(1);                     /*延时 1ms*/
        COM8255=0x06;                /*PC3 清 0*/
        time(1);                     /*延时 1ms*/
    }

}
/*********** time C **************/
void time(unsigned int ucMs)         //延时单位：ms
{
#define DELAYTIMES 239
unsigned char  ucCounter;            //延时设定的循环次数
    while (ucMs!=0) {
```

```
            for (ucCounter=0; ucCounter<DELAYTIMES; ucCounter++){}//延时
            ucMs--;
        }
    }
```

② 定时器1工作方式1中断实现

中断实现有效提高CPU的工作效率。将C口设置为基本I/O输出方式，12MHz晶振，定时器初值设为65536–1000即可，每次中断PC3引脚翻转，周而复始，则可实现从PC3输出频率为500Hz正方波的目的。

```
/*采用工作方式1定时器1中断实现*/
#include <REG52.H>    /*special function register declarations*/
#include <Absacc.h>
#define TRUE  1
#define FALSE 0

bit bitFF;/*位计数器*/
#define PA8255   XBYTE[0xe000]    /*定义8255A口地址*/
#define PB8255   XBYTE[0xe001]    /*定义8255B口地址*/
#define PC8255   XBYTE[0xe002]    /*定义8255C口地址*/
#define COM8255  XBYTE[0xe003]    /*定义8255控制寄存器地址*/

/*初始化8255*/
/*工作方式选择字送入8255控制寄存器，设置A、B、C口为基本I/O输出方式*/
void init8255(void) {
    COM8255=0x80;
}
/******** main 函数 *********/
void main (void) {
    init8255();                   /*初始化8255*/
    TMOD=0x10;                    /*设置定时器1为工作方式1*/
    TH1=-500>>8;TL1=-500 % 256;   /*定时器1每1000计数脉冲发生1次中断,
                                    12MHz晶振，定时时间1000us*/
    TCON=0x40;                    /*内部脉冲计数*/
    IE=0x88;                      /*打开定时器中断*/
    while (TRUE) {}
}
/******* 定时器/计数器1中断服务程序 ***/
void timer1int(void) interrupt 3
{
    EA=0;                         /*关总中断*/
    TR1=0;                        /*停止计数*/
    TH1=-500>>8;TL1=-500 % 256;   /*重置计数初值*/
    TR1=1;                        /*启动计数*/
    if(bitFF)
        COM8255=0x07;             /*PC3置1*/
    else
        COM8255=0x06;             /*PC3清0*/
    bitFF=!bitFF;
    EA=1;                         /*开总中断*/
}
```

7.2.2　用74HC系列芯片扩展I/O接口

在80C51单片机嵌入式系统中，采用74HC系列的锁存器和触发器通过P0口也可以构成各种类型的输入/输出接口，这种I/O口具有电路简单、成本低、配置灵活方便等优点。故在单片机嵌入式系统中也被广泛采用。

1. 用锁存器扩展输出接口

通过 P0 口扩展输出接口时，锁存器被视为一个外部 RAM 地址单元，使用 MOVX @DPTR，A 指令向输出口输出数据。图 7.10 所示为 AT89C52 通过 74HC573 扩展输出口的原理图。

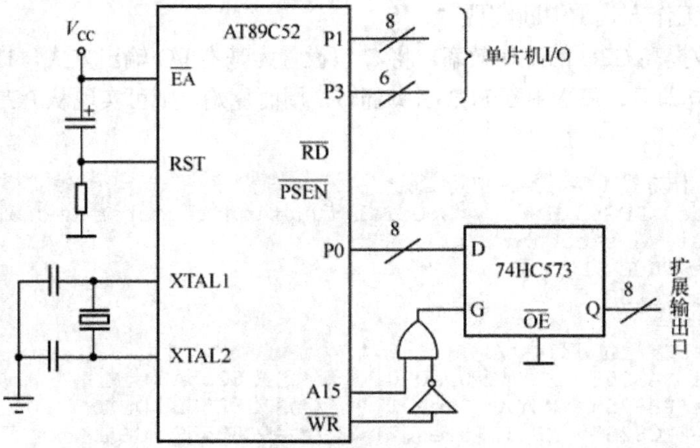

图 7.10　AT89C52 通过 74HC573 扩展输出口的原理图

A15=1 且 $\overline{WR}$ =0 时，单片机将数据打入到 74HC573 的输出口并锁存。74HC573 在外部的 RAM 地址为 8000H（大于等于 8000H 即可），如果执行如下指令：

```
#define HC573_OUTPUT XBYTE[0x8000]    /*定义 74HC573 输出口地址*/
HC573_OUTPUT=0x55;
```

则扩展输出口输出 01010101。

2. 用总线驱动器扩展输入接口

通过 P0 口扩展输入接口时，总线驱动器被视为一个外部 RAM 地址单元。使用 MOVX A，@DPTR 指令从输入口读取数据。图 7.11 所示为 AT89C52 通过 74HC245 扩展输入口的原理图。

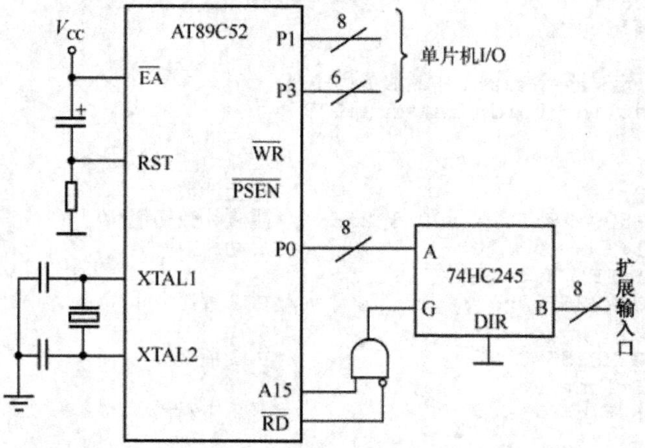

图 7.11　AT89C52 通过 74HC245 扩展输入口的原理图

A15=1 且 $\overline{RD}$ =0 时，单片机可从扩展输入口读取数据，74HC245 在外部的 RAM 地址为 8000H（大于 8000H 即可），如果执行如下指令：

```
#define  HC245_INPUT   XBYTE[0x8000]    /*定义 74HC245 输出口地址*/
uchar status;
status=HC245_INPUT ;
```

则把扩展输入口的数据存入 status 变量。

在单片机数据总线上用 74HCXX 系列芯片扩展 I/O 接口，74HCXX 芯片被视为 80C51 的片外 RAM 单元，用 MOVX 指令对其进行读/写。以 80C51 的信号对它们进行读/写控制时需要注意如下三点：

- 输出锁存；
- 输入三态；
- 用 RD、WR 和地址线产生的有效选片信号（可能高、也可能低）作为数据输入或输出控制信号。

7.3　大容量闪速存储器 Flash 的扩展

由于闪速存储器 Flash E^2PROM 结合了 E^2PROM 可电擦除的灵活性和 EPROM 大容量、低成本的优点，在电子词典、商场 POS 收费终端、考勤机等单片机嵌入式系统中得到了广泛应用，随着制造工艺和材料的改进，闪速存储器与 EPROM 和 E^2PROM、SRAM 及 DRAM 等存储器相比优势越来越明显。SST39SF040 是 SST 公司推出的一种基于 SuperFlash 技术的 NOR Flash 存储器，属于 SST 公司并行闪速存储器系列；适用于需要程序在线写入或大容量、非易失性数据重复存储的场合。

本节以 SST 公司的 NOR Flash 芯片 SST39SF040 存储器为例，介绍闪速存储器 Flash 存储器在单片机系统中的使用方法。

7.3.1　Super Flash 39SF040 简介

1．39SF040 存储器的主要特点

① 容量为 512 KB，按 512K × 8 位结构组织。

② 采用单一的 5 V 电源供电，编程电源 VPP 在芯片内部产生。

③ 芯片可反复擦写 100 000 次，数据保存时间为 100 年。

④ 工作电流典型值为 10 mA，待机电流典型值为 30 μA。

⑤ 扇区结构：扇区大小统一为 4 KB。

⑥ 读取、擦除和字节编程时间的典型值：数据读取时间为 45～70 ns；扇区擦除时间为 18 ms，整片擦除时间为 70 ms；字节编程时间为 14 μs。

⑦ 有记录内部擦除操作和编程写入操作完成与否的状态标志位。

⑧ 具有硬、软件数据保护功能。

⑨ 具有地址和数据锁存功能。

2．内部功能结构与引脚排列

图7.12(a)是 SST39SF040 的内部功能结构框图由 Super-Flash 存储单元、行译码器、列译码器、地址缓冲与锁存器、输入/输出缓冲和数据锁存器以及控制逻辑电路等部分组成。39SF040 具有多种封装形式，包括 32 脚 TSOP、32 脚 PLCC 和 32 脚 PDIP 等。32 脚 PDIP 封装 39SF040 的引脚排列如图7.12(b)所示。

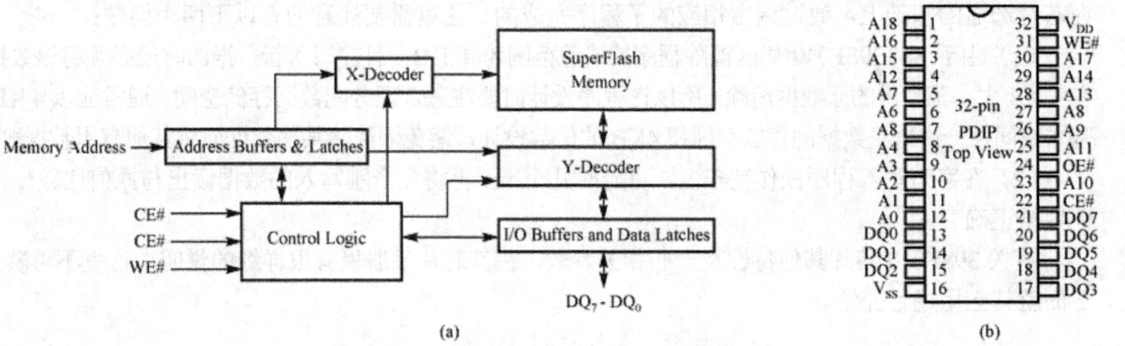

图 7.12　39SF040 的内部结构和引脚排列

其引脚功能如下：A0～A18 为地址线。DQ7～DQ0 为数据 I/O 总线，读周期输出数据，写周期接收数据。CE#为片选线，低电平时芯片被选中。OE#为输出使能端。WE#为写信号使能端，“#”表示低电平有效。VDD 为电源接+5V，VSS 接地。

3. 软件操作命令

SST39SF040 闪速存储器的读写时序与一般存储器的读写时序相同，当 OE#和 CE#信号同时为低电平时，可对芯片进行读操作；当 WE#和 CE#信号同时为低电平时进行写操作。对 39SF040 的读操作非常简单，类似于 SRAM，这里不再赘述。读操作之外的操作称之为命令操作。包括字节编程、扇区擦除、整片擦除、软件 ID 进入、软件 ID 退出。命令操作如表 7.2 所示，其中 BA 为待写入字节的地址，DATA 为字节写人数据，SAx（A18～A12）为待擦除扇区地址，软件 ID 退出 1 和 2 的代码指令等效，XXH 为寻址空间范围内的任意地址。

表 7.2 39SF040 命令操作简表

命令描述	写周期 1		写周期 2		写周期 3		写周期 4		写周期 5		写周期 6	
	地址	数据	地址	数据	地址	数据	地址	数据	地址	数据	地址	数据
字节编程	5555H	AAH	2AAAH	55H	5555H	A0H	BAH	DATA				
扇区擦除	5555H	AAH	2AAAH	55H	5555H	80H	5555H	AAH	2AAAH	55H	SAx	30H
整片擦除	5555H	AAH	2AAAH	55H	5555H	80H	5555H	AAH	2AAAH	55H	5555H	10H
进入 ID 操作	5555H	AAH	2AAAH	55H	5555H	90H						
软件 ID 进入	XXH	F0H										
软件 ID 退出	5555H	AAH	2AAAH	55H	5555H	F0H						

SST39SF040 的命令操作序列实际上是由一个或多个总线写操作组成的。以 SST39SF040 的扇区擦除为例，其操作过程包括 3 个步骤：第 1 步，开启擦除方式，用表 7.2 中给出的第 1 至第 5 周期的总线写操作来实现；第 2 步，装载扇区擦除命令（30H）到待擦除扇区的地址，用其对应的第 6 周期的总线写操作来实现；第 3 步，进行内部擦除，内部擦除时间最长为 25 ms。

SST39SF040 芯片在进行内部字节编程或擦除操作时都需要花费一定的时间，虽然可以采用固定的延时来等待这些操作的完成，但为了优化系统的字节编程和擦除操作时间，以及时判断内部操作的完成与否，SST39SF040 提供了两个用于检测的状态位，即跳变位 DQ6 和数据查询位 DQ7。在芯片进行内部操作时，只要对 DQ6 或者 DQ7 进行查询就能及时做出判断，具体见后面驱动程序。

4. SST39SF040 使用注意事项

SST39SF040 作为一种闪速型的存储器，在硬件电路设计中，其连接关系与通常所用的 SRAM 或 E^2PROM 相同，只要读写信号和片选信号配合正确，一般不会出现时序方面问题。其对数据的存储是在芯片选通的基础上，通过调用相应的子程序完成的。这里需要注意的有以下两个问题：

（1）由于 SST39SF040 扇区擦除程序的清除范围为 4 KB，且在写入新数据的时候必须将该数据所在 4 KB 大小范围内的原数据清除，所以在程序设计时要注意合理分配数据存储空间。通常应以 4 KB 为基本空间，一次采集数据的存放空间按 4KB 的倍数设计，避免因清除某次数据而将其他有用数据删除。

（2）在字节写入程序操作完毕后，可延时几个 ms 再将几个刚写入的数据读出与原值比较，以保证数据正确存入。

有关 39SF040 芯片其他特性及一些相关参数，在其芯片手册里有很详细的说明，这里不再赘述，下面就其应用进行介绍。

7.3.2 89C52 单片机和 39SF040 接口方法

39SF040 是大容量并行存储器共计 512 KB，地址线 A0～A18 共 19 根，而 89C52 全部寻址空间仅为 64KB，地址线 A0～A15 共 16 根，因此需要增加高位地址线访问 39SF040。

1. 使用单片机的 I/O 口控制高位地址线

图 7.13 中，单片机采用 89C52，39SF040 占有 CPU 的 0000～FFFFH 共 64KB 的地址空间，39SF040 共有 512 KB 的空间，用 P1 口的 P1.2～P1.0 控制 39SF040 高位地址线，把 39SF040 分为 2^3=8 页（8×64 KB=512 KB）。在对 39SF040 进行读写操作之前，首先确定页地址。当 P1.2～P1.0=000 时选中第 0 页，对应 39SF040 的绝对地址空间为 00000～0FFFFH；当 P1.2～P1.0=001 时选中第 1 页，对应 39SF040 的绝对地址空间为 10000～1FFFFH；……；当 P1.2～P1.0 = 111 时选中第 7 页，对应 39SF040 的绝对地址空间为 70000～7FFFFH。图中 74HC573 为地址锁存器，其输出为单片机系统低位地址线 A0～A7。

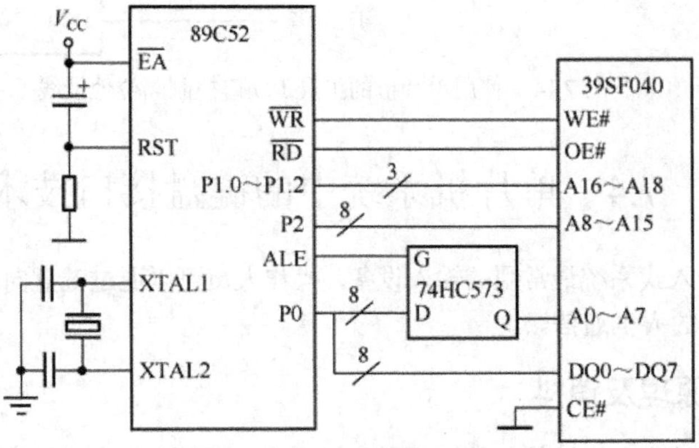

图 7.13 使用单片机的 I/O 口控制高位地址线

【例 7.3】 按照图 7.13，编写 39SF040 驱动函数。

本例程序代码见：..\McuBookExam\Chapter_7\Exam7_3。

字节编程函数 void Program_One_Byte (BYTE SrcByte, BYTE *Dst)，输入参数 Dst 为 16 位地址指针，高 3 位 A18～A16 由 P1.2～P1.0 事先锁存。

图 7.13 中用 P1 口的 P1.2～P1.0 控制 39SF040 高位地址线，占用了 3 根单片机的通用 I/O 口资源，且单片机的外部 RAM 空间全部分配给了 39SF040，再也无法扩展其他外部接口电路。当单片机系统资源紧张时，使用单片机的扩展 I/O 口控制高位地址线。

2. 使用单片机的扩展 I/O 口控制高位地址线

图 7.14 中单片机采用 89C52，74HC138 译码给 39SF040 和 74HC574 的片选。当[A15, A14, $\overline{WR}$ & $\overline{RD}$] = [0, 0, 0]时，$\overline{Y0}$=0 选中 39SF040 进行读/写操作，对应 CPU 的地址空间为 0000～3FFFH 共 16 KB。当[A15, A14, $\overline{WR}$ & $\overline{RD}$]=[1, 1, 0]时，$\overline{Y6}$=0 选中 74HC574，对应 CPU 的地址为 C000（实际上在此 C000～FFFFH 范围），执行写操作，将 D0～D4 打到 74HC574 的输出端 Q0～Q4 锁存，作为 39SF040 的高位地址线 A14～A18。此处需注意，因为 74HC574 为 CMOS 电路，未用的输入端要做接 VCC 或 GND 的处理。

图 7.14 中，39SF040 占有 CPU 的 0000～3FFFH 共 16 KB 的地址空间，39SF040 共有 512 KB 的空间，用 74HC574 的输出端 Q4～Q0 控制 39SF040 的高 5 位地址线 A18～A14，把 39SF040 分为 2^5= 32 页（32×16 KB=512 KB）。在对 39SF040 进行读写操作之前，首先确定页地址。当 Q4～Q0 = 00000 时选中第 0 页，

对应 39SF040 的绝对地址空间为 0000～3FFFH；当 Q4～Q0= 00001 时选中第 1 页，对应 39SF040 的绝对地址空间为 4000～7FFFH；……；当 Q4～Q0 = 00011 时选中第 3 页，对应 39SF040 的绝对地址空间为 C000～FFFFH；……；当 Q4～Q0=11111 时选中第 31 页，对应 39SF040 的绝对地址空间为 7C000～7FFFFH。图 7.14 中的 74HC138、74HC574 和与门也可由一片可编程逻辑器件 PLD 实现。

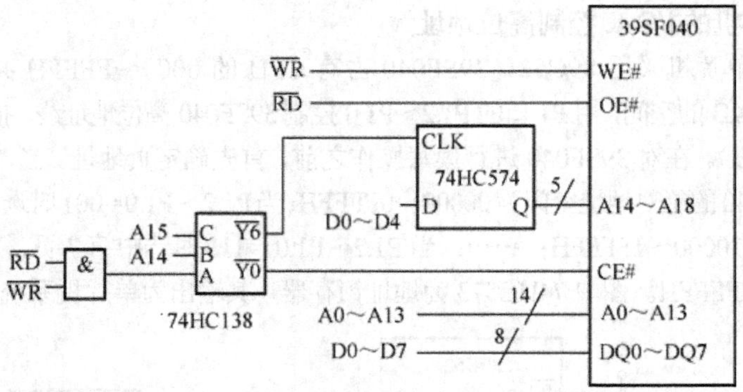

图 7.14　使用单片机的扩展 I/O 口控制高位地址线

7.4　单片机系统中的键盘接口技术

键盘是单片机嵌入式系统最常用的输入设备，操作人员可以通过键盘向单片机系统输入指令、地址和数据，实现简单的人机通信。

7.4.1　键盘工作原理及消抖

键盘是一组按键的集合，键是一种常开型按钮开关，平时（常态）键的两个触点处于断开状态，按下键时它们才闭合（短路），如图7.15所示。键盘分为编码键盘和非编码键盘。按键的识别由专用的硬件译码实现，并能产生键编号或键值的称为编码键盘，如 BCD 码键盘、ASCII 码键盘等，而缺少这种键盘编码电路要靠自编软件识别的键盘称为非编码键盘。在单片机组成的电路系统及智能化仪器中，用得更多的是非编码键盘，本节只讨论非编码键盘。

1．键盘操作特点

在图 7.15 中，当按键 S 未被按下（即断开）时，P1.1 输入为高电平，S 闭合后，P1.1 输入为低电平。通常的按键所用的开关为机械弹性开关，当机械触点断开、闭合时，电压信号波形如图 7.15(b)所示。由于机械触点的弹性作用，一个按键开关在闭合时不会马上稳定地接通，在断开时也不会马上断开，因而在闭合及断开的瞬间均伴随有一连串的抖动。抖动时间的长短由按键的机械特性决定，一般为 5～10 ms。这种抖动对于人来说是感觉不到的，但对单片机来说，则是完全可以感应到的，因为单片机的处理速度在微秒级。假如对按键不进行消抖处理，如通过键盘输入一个 1，单片机程序却已执行了多次输入 1 按键处理程序，其结果是认为输入了若干个 1。

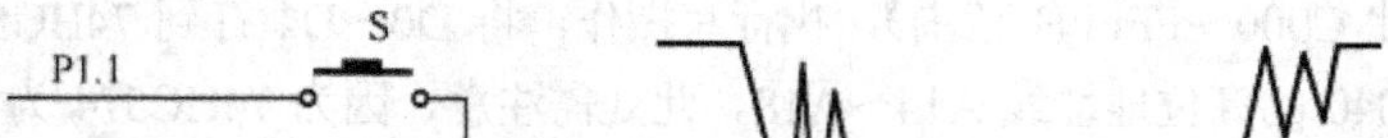

图 7.15　按键输入与抖动波形

2．按键抖动的消除方法

键抖动会引起一次按键被误读多次，为了确保单片机对键的一次闭合仅做一次处理，必须去除键抖动，在键闭合稳定时取键状态，并且必须判别到键释放稳定后再进行处理。按键的抖动，可用硬件或软件两种方法消除。

通常在键数较少时，可用硬件方法消除键抖动。RS 触发器为常用的硬件去抖电路，但单片机系统中常用软件法。软件消抖法很简单，如图 7.15 所示，就是在单片机获得 P1.1 口为低的信息后，不是立即认定按键已被按下，而是延时 10 ms 或更长一些时间后再次检测 P1.1 口，如果仍为低，说明 S 的确按下了，这实际上是避开了按键按下时的抖动时间。而在检测到按键释放后（P1.1 为高）再延时 5～10 ms，消除后沿的抖动，再对键值处理。不过一般情况下，通常不对按键释放的后沿进行处理，实践证明，也能满足一定的要求。当然，实际应用中，对按键的要求也是千差万别的，要根据不同的需要编制处理程序，以消除键抖动为原则。

7.4.2　独立式键盘与工作原理

键盘的结构形式有两种：独立式键盘和行列式键盘。

独立式键盘是各按键互相独立的接通一条输入数据线，各按键的状态互不影响，如图 7.16 所示。这是最简单的键盘结构，该电路采用了中断方式读取键值。由于 89C51 系列单片机 P1 口在内部已经有上拉电阻，根据使用经验，图 7.16 中的 3 个外部上拉电阻可省掉。

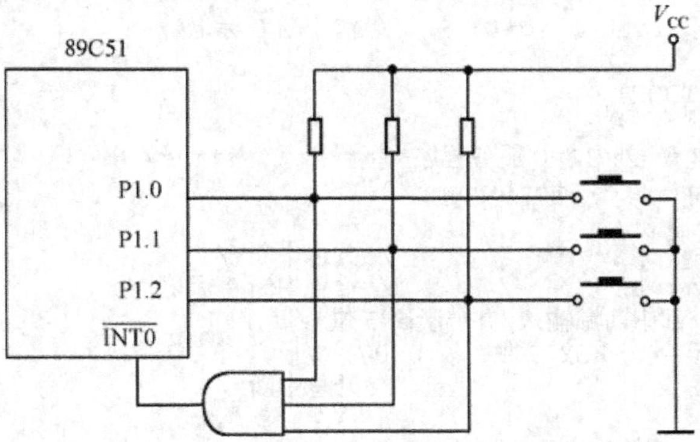

图 7.16　独立式按键与单片机的接口

当没有键按下时，与之相连的输入口线为 1（高电平），与门输出为高电平。当任何一个键按下时，与之相连的输入口线被置 0（低电平），与门输出由高变低，产生外中断条件，在中断服务程序中读取键盘值。

【例 7.4】 按照图 7.16，使用外中断，编写独立式按键程序。

其 C 语言程序如下：

```
#include <REG52.H>            /*special function register declarations*/
#include <stdio.h>            /*prototype declarations for I/O functions*/
#define byte unsigned char
#define uchar unsigned char
#define word unsigned int
#define uint unsigned int
#define ulong unsigned long
#define BYTE    unsigned char
#define WORD    unsigned int
#define TRUE  1
#define FALSE 0
void initUart(void);          /*初始化串口*/
```

```
#define KEY_PORT  P1            /*按键接在 P1 口*/
uchar key_Value;                /*存放键值*/
bit   int0_flag;                /*中断标记*/
/******** main 函数 *********/
void main (void) {
    initUart();                 /*初始化串口*/
    int0_flag=0;                /*设置中断 0 标记*/
    TCON=0x55;                  /*电平触发外部中断*/
    IE=0x81;                    /*打开外中断 int0*/
    do {
    if (int0_flag) {            /*如果有中断*/
        switch (key_Value){     /*根据中断源分支*/
            case 1:
                    printf ("key-press0 is pressed\n");
                    /*可在此处插入按键 0 处理程序*/
                break;
            case 2:
                    printf ("key-press1 is pressed\n");
                    /*可在此处插入按键 1 处理程序*/
                break;
            case 4:
                    printf ("key-press2 is pressed\n");
                    /*可在此处插入按键 2 处理程序*/
                break;
               default:break;
            }
            int0_flag=0;        /*清中断 0 标记*/
        }
    }while(TRUE);
}
/***********  外中断 0 服务程序***************/
void exint0(void) interrupt 0
{
    EA=0;                       /*关总中断*/
   int0_flag=1;                 /*设置中断 0 标记*/
    /*读取外部中断源输入,并屏蔽高 5 位*/
   key_Value= ~KEY_PORT & 0x07;
    EA=1;                       /*开总中断*/
}
/********** 初始化串口波特率 ************/
void initUart(void)             /*初始化串口波特率，使用定时器 2*/
{
/*Setup the serial port for 9600 baud at 11.0592MHz*/
    SCON = 0x50;  //串口工作在方式 1
    RCAP2H=(65536-(3456/96))>>8;
    RCAP2L=(65536-(3456/96))%256;
    T2CON=0x34;
    TI=1;                       /*置位 TI*/
}
```

这种键盘结构的优点是电路简单，缺点是当键数较多时要占用较多的 I/O 线。

7.4.3　行列式键盘与工作原理

为了减少键盘与单片机接口时所占用 I/O 口线的数目，在键数较多时，通常都将键盘排列成行列矩阵式，如图 7.17 所示。每一水平线（行线）与垂直线（列线）的交叉处不相通，是通过一个按键连通的。利用这种行列矩阵结构只需 N 个行线和 M 个列线即可组成 $M \times N$ 个按键的键盘。图 7.17 所示为 4×4（16 键）行列式键盘电路。由于 89C52 单片机 P1 口在内部已经有上拉电阻，根据使用经验，外部上拉电阻可以省掉。

在这种行列矩阵式非编码键盘的单片机系统中，对键的识别通常采用两步扫描判别法。下面以图 7.17 所示的 4×4 键盘为例，说明两步扫描判别法识别是哪一个键被按下的工作过程。

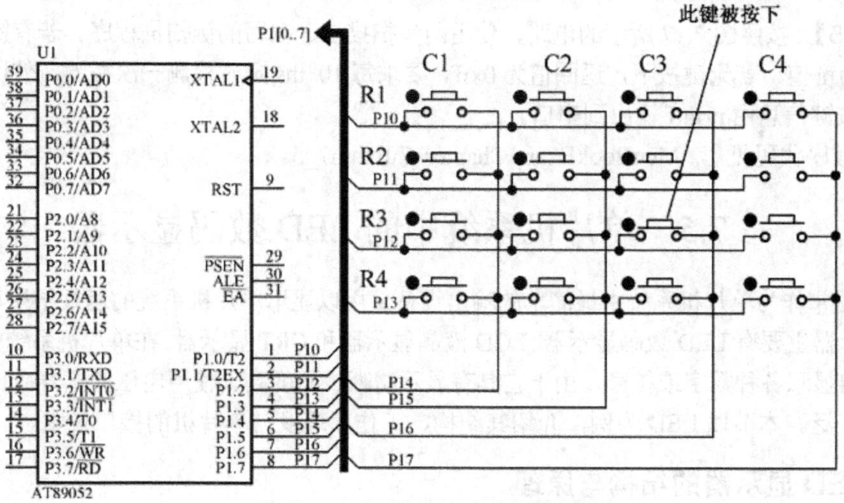

图 7.17 4×4（16 键）行列式键盘电路

首先判别按键所在的行，由单片机 P1 口向键盘送（输出）列扫描字，然后读入（输入）行线状态来判断。其方法是：向 P1 口输出 0FH，即列线（图中垂直线）输出全 0，行线（图中平行线）输出全 1，然后将 P1 口低 4 位（即行线）的电平状态读入一个临时变量 x_temp 中。如果有按键按下，总会有一根行线被拉至低电平，从而使行输入不全为 1。图 7.17 中，对应 P1.2 为低，即 x_temp=0x0b。

然后判别按键所在的列，由单片机 P1 口向键盘送（输出）行扫描字，然后读入（输入）列线状态来判断。其方法是：向 P1 口输出 F0H，即行线（图中平行线）输出全 0，列线（图中垂直线）输出全 1，然后将 P1 口高 4 位（即列线）的电平状态读入另一个临时变量 y_temp 中。如果有按键按下，总会有一根列线被拉至低电平，从而使列输入不全为 1。图 7.17 中，对应 P1.6 为低，即 y_temp=0xb0。

将行和列的状态相或得到 0xbb，再把该值取反得到该位置键值为 0x44，对应的二进制数为 01000100B。如表 7.3 所示，该键值对应第 3 行第 3 列的按键。

同理求出上述 16 个位置的键值如表 7.4 所示。这种键盘的键值表示方式分散度大且不等距，还需进一步的程序处理，以依次排列键值。

表 7.3 键值与行列的对应关系

列				行			
4	3	2	1	4	3	2	1
0	1	0	0	0	1	0	0

表 7.4 行列式键盘键值

11H	21H	41H	81H
12H	22H	42H	82H
14H	24H	44H	84H
18H	28H	48H	88H

7.4.4 键盘扫描的控制程序

单片机对按键的控制通常有以下三种方式：

① 程序控制扫描方式，即利用程序连续地对键盘进行扫描；

② 定时扫描方式，即单片机定时地对键盘进行扫描；

③ 中断扫描方式，即键的按下引起中断后，单片机对键盘进行扫描。

程序控制扫描工作过程的主要内容有：

① 查询是否有键按下；

② 查询按下键所在的行列位置；

③ 对所得到的行号和列号译码得到键值；

④ 键的抖动处理。

【例 7.5】 按照图 7.17 所示的电路，使用两步扫描法，编写的键扫描程序。若有键按下，扫描函数返回值为键值，若无键按下，返回值为 0xff。要求每 10 ms 定时检测一次按键，使用定时器中断实现定时。按键信息由 printf 输出到串口。

本例程序代码见：..\McuBookExam\Chapter_7\Exam7_5。

7.5 单片机系统中的 LED 数码显示器

显示器常作为单片机系统中最简单的输出设备，用以显示单片机系统的运行结果与运行状态等。常用的显示器主要有 LED 数码显示器、LCD 液晶显示器和 CRT 显示器。在单片机系统中，通常用 LED 数码显示器显示各种数字或符号。由于它具有显示清晰、亮度高、使用电压低、寿命长的特点，因此使用非常广泛。本节以 LED 为例，介绍其结构、工作原理及与单片机的接口技术。

7.5.1 LED 显示器的结构与原理

LED 显示器是由发光二极管显示字段的显示器件，也可称为数码管。单片机系统中通常使用 8 段 LED 数码显示器，其外形及引脚如图 7.18(a)所示，由图可见 8 段 LED 显示器由 8 个发光二极管组成。其中 7 个长条形的发光二极管排列成"日"字形，另一个圆点形的发光二极管在显示器的右下角作为显示小数点用，其通过不同的组合可用来显示各种数字，包括 A～F 在内的部分英文字母和小数点"."等字样。

LED 显示器有两种不同的形式：一种是 8 个发光二极管的阳极都连在一起，称为共阳极 LED 显示器；另一种是 8 个发光二极管的阴极都连在一起，称为共阴极 LED 显示器。如图 7.18(b)所示。

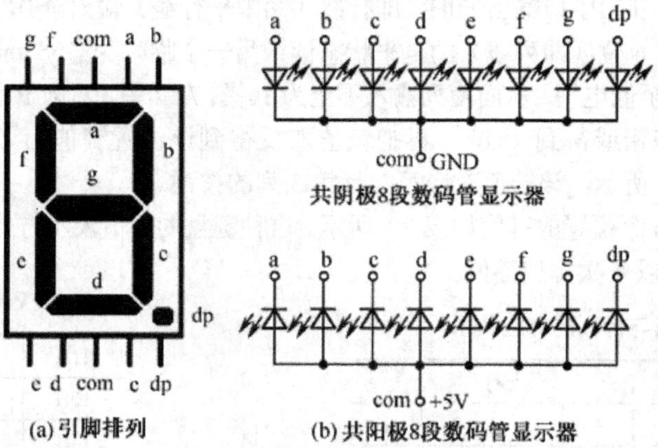

图 7.18 8 段 LED 数码显示器

共阴和共阳结构的 LED 显示器各笔画段名和安排位置是相同的，当二极管导通时，相应的笔画段发亮，由发亮的笔画段组合从而显示各种字符。8 个笔画段 dpgfedcba 对应于 1B（8 位）的 D7、D6、D5、D4、D3、D2、D1、D0，于是用 8 位二进制码就可以表示要显示字符的字形代码。例如，对于共阴极 LED 显示器，当公共阴极接地（为零电平），而阳极 dpgfedcba 各段为 01110011 时，显示器显示"P"字符，即对于共阴极 LED 显示器，"P"字符的字形码是 0x73。如果是共阳极 LED 显示器，公共阳极接高电平，显示"P"字符的字形代码应为 10001100（0x8C）。这里必须注意的是：很多产品为了方便接线，常不按规定的方法去对应字段与位的关系，这时字形码就必须根据接线自行设计。

LED 显示器的显示方法有静态显示与动态显示两种，下面分别予以介绍。

7.5.2　LED 静态显示接口

数码管工作在静态显示方式时，共阴极（共阳极）的公共端 COM 连接在一起接地（电源）。每位的段选线与一个 8 位并行口相连。只要在该位的段选线上保持段选码电平，该位就能保持相应的显示字符。这里的 8 位并行口可以直接采用并行 I/O 接口片（例如 80C51 的 P1 端口、8155 和 8255 的 I/O 端口等），也可以采用串行输入/并行输出的移位寄存器。考虑到若采用并行 I/O 接口，占用 I/O 资源较多，因而静态显示方式常采用串行接口方式，外接 8 位移位寄存器 74HC164 构成显示电路。图 7.19 所示为通过串行口扩展 8 位 LED 显示器静态驱动电路，在 TXD（P3.1）运行时钟信号，将显示数据由 RXD（P3.0）口串行输出，串行口工作在移位寄存器方式（方式 0）。

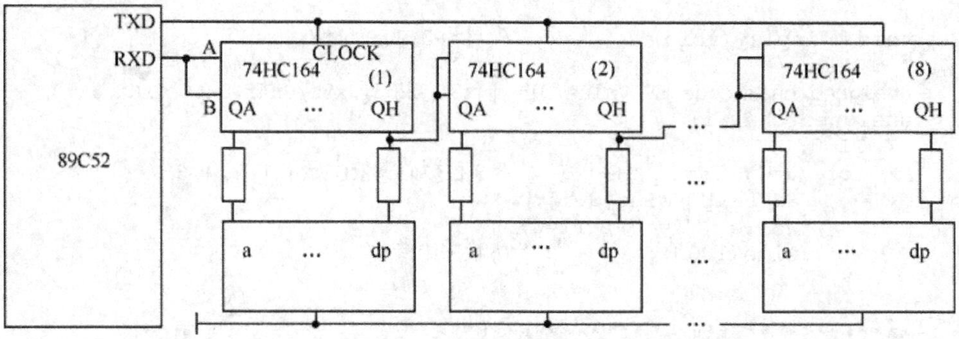

图 7.19　串行口扩展 8 位 LED 显示器静态驱动电路

图7.19中使用的是共阴极数码管，因而各数码管的公共极 COM 端接地，要显示某字段，则相应的移位寄存器 74HC164 的输出线必须是高电平。

显然，要显示某字符，首先要把这个字符转换成相应的字形码，然后再通过串行口发送到 74HC164。74HC164 把串行口收到的数变为并行输出加到数码管上。

先建立一个字形码表，以十六进制数的次序存放它们的相应字形码，共阴极字形码表如表 7.5 所示。

例如，显示字符 6，查表可知 6 的字形码为 0x7d，把 0x7d 送到 8 位移位寄存器 74HC164 即可。显然，要显示字符 0～9、A～F，其高 4 位为全 0，而低 4 位为十六进制数。如果要显示的数高半字节不是 0，则要通过程序加以变换。

表 7.5　共阴极字形码表

显示字符	字形码	显示字符	字形码
0	0x3f	A	0x77
1	0x06	B	0x7c
2	0x5b	C	0x39
3	0x4f	D	0x5e
4	0x66	E	0x79
5	0x6d	F	0x71
6	0x7d	P	0x73
7	0x07	U	0x3e
8	0x7f	8	0xff
9	0x6f	灭	0x00

【例 7.6】　按照图 7.19 显示电路编写显示驱动程序。

程序如下：

```
#include <REG52.H>        /*special function register declarations*/
#include <stdio.h>        /*prototype declarations for I/O functions*/
#define byte unsigned char
#define uchar unsigned char
#define word unsigned int
#define uint unsigned int
#define ulong unsigned long
```

```
#define BYTE    unsigned char
#define WORD    unsigned int

#define TRUE  1
#define FALSE 0
void time(unsigned int ucMs);//延时单位：ms
void  display(void);           /*显示 0, 1,  ,7*/
/******** main 函数 *********/
void main (void) {
    SCON=0x00;                 /*串行口方式 0 工作*/
    ES=0;                      /*禁止串行中断*/
    for (;;) {
        display();
    }
}
void  display(void)            /*显示 0,1, ,7*/
{
unsigned char code LEDValue[9]= {0x3f,0x06,0x5b,0x4f,0x66,0x6d,0x7d,0x07,0x7f};
unsigned char i;
   TI=0;
   for (i=1; i<=8; i++) {      /*8 位数码管依次显示 1,2, ,8*/
        SBUF=LEDValue[9-i];
        while (TI==0); TI=0;
        time(1000);            /*状态维持*/
    }
}
/*********** time C **************/
void time(unsigned int ucMs)//延时单位：ms
{
#define DELAYTIMES 239
unsigned char  ucCounter;      //延时设定的循环次数

    while (ucMs!=0) {
        for (ucCounter=0; ucCounter<DELAYTIMES; ucCounter++){}//延时
        ucMs--;
    }
}
```

这种静态 LED 显示法有着显示亮度大，软件较为简单的优点，但硬件上使用芯片多，每个 LED 显示器需要一个驱动电路。

7.5.3 LED 动态扫描显示接口

LED 动态显示的基本做法在于分时轮流选通数码管的公共端，使得各数码管轮流导通，在选通相应 LED 后，即在显示字段上得到显示字形码。这种方式不但能提高数码管的发光效率，而且由于各个数码管的字段线是并联使用的，从而大大简化了硬件线路。

动态扫描显示接口是单片机系统中应用最为广泛的一种显示方式。其接口电路是把所有显示器的 8 个笔画段 a～dp 同名端并联在一起，而每个显示器的公共极 COM 各自独立地受 I/O 线控制，CPU 向字段输出口送出字形码时，所有显示器由于同名端并连接收到相同的字形码，但究竟是哪个显示器亮，则取决于 COM 端，而这一端是由 I/O 控制的，所以就可以自行决定何时显示哪一位。而所谓动态扫描是指采用分时的方法，轮流控制各个显示器的 COM 端，使各个显示器轮流点亮。

在轮流点亮扫描过程中，每位显示器的点亮时间是极为短暂的（约 1 ms），但由于人的视觉暂留现象及发光二极管的余辉效应，尽管实际上各位显示器并非同时点亮，但只要扫描的速度足够快，给人的印象就是一组稳定的显示数据，不会有闪烁感。

图7.20所示为一个典型的动态扫描 8 位 LED 显示接口电路。该电路由 74HC245 提供段 a～dp 的

驱动，74LS45 提供位 COM1～COM8 的驱动。请注意，89C52 的 P0.0～P0.7 每个口线上有 1 个 10 kΩ 的上拉电阻，图中未示出。

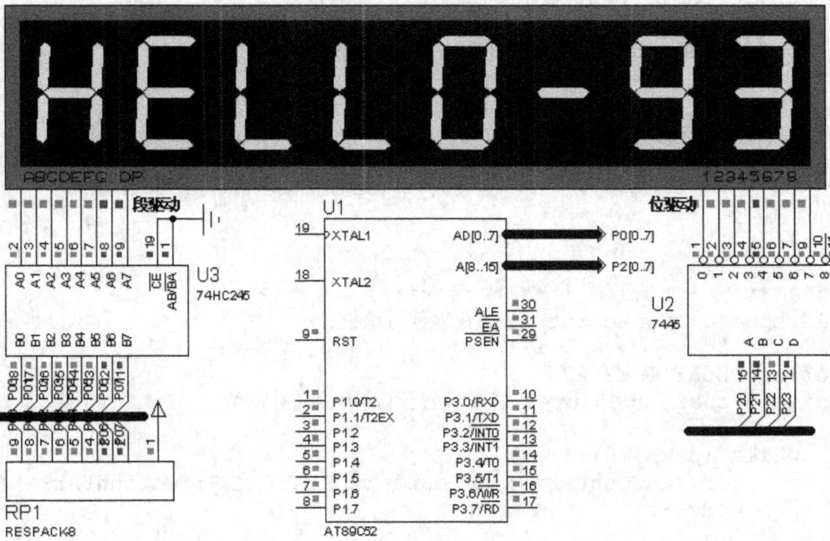

图 7.20　动态扫描显示接口电路

图 7.20 中采用了共阴极的数码管。使用总线驱动器 74HC245 作为段驱动，由于 HC 电路的输出电阻较大，外部可直接驱动而不需要限流电阻。位驱动使用十进制译码驱动器 74LS45，具有 10 个 OC 门输出（图中用了 8 个），用来驱动 8 段显示器的公共极 COM。

数码管是 8 段共阴极 LED 显示器，所以发光时字形驱动输出 1 有效，位驱动输出 0 有效。但请注意，位驱动是 74LS45 的译码输出，如果要显示第 5 位（数码管序号为 0～7）数码管，74LS45 的输入端应为 DCBA=0101。

【例 7.7】按照图 7.20 所示电路，先显示“8.8.8.8.8.8.8.8.”，即点亮显示器所有段，持续约 500 ms；然后显示“HELLO-93”，保持。

程序如下：

```
#include <REGX52.H>
#include <intrins.h>
#define TRUE 1
#define dataPort   P0              /*定义 P0 为段输出口*/
#define ledConPort P2              /*定义 P2 为位输出口*/
unsigned char code ch[8]={0x76,0x79,0x38,0x38,0x3f,0x40,0x6f,0x4f};
                                   /*定义‘HELLO-93’对应的数值*/
void time(unsigned int ucMs);      //延时单位：ms
void main(void)
{
    unsigned char i,counter=0;     /*各 LED 灯状态值数组的索引*/

    for(i=0;i<30;i++){//1、显示"8.8.8.8.8.8.8.8."，即点亮显示器所有段，持续约 500ms;
        for(counter=0; counter<8; counter++)
        {
            ledConPort=counter;
            dataPort=0xff;         /*点亮选中的 LED 灯*/
            time(5);               /*延时 5 毫秒*/
        }
    }
```

```
    ledConPort=0xff;time(2000); //2、灭显示器，持续约 2 s

    while(TRUE) //3、显示"HELLO-93"，保持。
    {
        for(counter=0; counter<8; counter++)
        {
            ledConPort=counter;
            dataPort=ch[counter]; /*点亮选中的 LED 灯*/
            //time(300);          /*延时 300 ms,时间较长，可观察动态扫描变化情况*/
            time(5);              /*延时 5 ms，感觉不出扫描显示*/
        }
    }
}
/*********** time C **************/
void time(unsigned int ucMs)//延时单位：ms
{
#define DELAYTIMES 239
unsigned char  ucCounter;     //延时设定的循环次数

    while (ucMs!=0) {
        for (ucCounter=0; ucCounter<DELAYTIMES; ucCounter++){}//延时
        ucMs--;
    }
}
```

采用此显示子程序，每调用一次，仅扫描一遍，要得到稳定的显示，必须不断地调用显示子程序。

7.6　单片机系统中的 LCD 液晶显示器

LCD 液晶显示器是一种被动式的显示器，与 LED 不同，液晶本身并不发光，而是利用液晶在电压作用下，能改变光线通过方向的特性而达到显示白底黑字或黑底白字的目的。液晶显示器具有体积小、功耗低、抗干扰能力强等优点，特别适用于小型手持式设备。这几年随着价格的下降得到了广泛的应用。

常见的液晶显示器有七段式 LCD 显示器、点阵式字符型 LCD 显示器和点阵式图形 LCD 显示器。其中，点阵式图形 LCD 显示器能支持汉字和图形曲线的显示应用较为灵活，但是价格较为昂贵。本节介绍点阵式字符型 LCD 显示器、点阵式图形 LCD 显示器及应用。

7.6.1　字符型液晶显示模块的组成和基本特点

字符型液晶显示模块是专门用于显示字母、数字、符号等的点阵型液晶显示模块，分 4 位和 8 位数据传输方式；提供“5×7 点阵+光标”和“5×10 点阵+光标”的显示模式；提供显示数据缓冲区 DDRAM、字符发生器 CGROM 和字符发生器 CGRAM，可以使用 CGRAM 来存储自己定义的最多 8 个 5×8 点阵的图形字符的字模数据；提供丰富的指令设置：清显示、光标回原点、显示开/关、光标开/关、显示字符闪烁、光标移位、显示移位等；提供内部上电自动复位电路，当外加电源电压超过+4.5 V 时，自动对模块进行初始化操作，将模块设置为默认的显示工作状态。

字符型液晶显示模块组件内部主要由 LCD 显示屏（LCD Panel）、控制器（Controller）、驱动器（Driver）、少量阻、容元件、结构件等装配在 PCB 板上构成，如图 7.21 所示。

字符型液晶显示模块目前在国际上已经规范化，无论显示屏规格如何变化，其电特性和接口形式都是统一的，因此只要设计出一种型号的接口电路，在指令设置上稍加改动即可使用各种规格的字符型液晶显示模块。

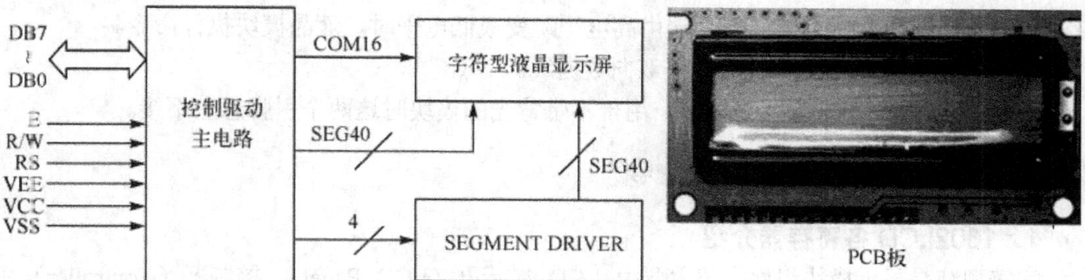

图 7.21　字符型液晶显示模块及 PCB 板

字符型液晶显示模块的基本特点如下。

① 液晶显示屏是以若干个 5×8 或 5×11 点阵块组成的显示字符群。每个点阵块为一个字符位，字符间距和行距都为一个点的宽度。

② 主控制驱动电路为 HD44780（HITACHI）及其他公司全兼容电路，如 SED1278（SEIKO EPSON）、KS0066（SAMSUNG）、NJU6408（NER JAPAN RADIO）。

③ 具有字符发生器 ROM 可显示 192 种字符（160 个 5×7 点阵字符和 32 个 5×10 点阵字符）。

④ 具有 64 个字节的自定义字符 RAM，可自定义 8 个 5×8 点阵字符或 4 个 5×11 点阵字符。

⑤ 具有 80 个字节的 RAM。

⑥ 标准的接口特性，适配 M6800 系列 MPU 的操作时序。

⑦ 模块结构紧凑、轻巧、装配容易。

⑧ 单+5 V 电源供电。

⑨ 低功耗、长寿命、高可靠性。

下面介绍点阵式字符型 LCD 显示器 LCD1602 模块及应用。

7.6.2　LCD1602 模块接口引脚功能

LCD1602 共有 16 个引脚，如表 7.6 所示。

表 7.6　LCD1602 引脚

引脚号	符　号	状　态	功　能
1	VSS		电源地
2	VDD		+5 V 逻辑电源
3	VO		液晶驱动电源（也有资料介绍 VEE 表示）
4	RS	输入	寄存器选择 1：数据；0：指令
5	R/W	输入	读、写操作选择 1：读；0：写
6	E	输入	使能信号
7	DB0	三态	数据总线（LSB）
8	DB1	三态	数据总线
9	DB2	三态	数据总线
10	DB3	三态	数据总线
11	DB4	三态	数据总线
12	DB5	三态	数据总线
13	DB6	三态	数据总线
14	DB7	三态	数据总线（MSB）
15	LEDA	输入	背光+5 V
16	LEDK	输入	背光地

引脚进一步说明如下。

第 1 脚：VSS 为地电源。

第 2 脚：VDD 接 5V 正电源。

第 3 脚：VO 为液晶显示器对比度调整端，接正电源时对比度最弱，接地电源时对比度最高，对比度过高时会产生“鬼影”，使用时可以通过一个 10 kΩ的电位器调整对比度。

第 4 脚：RS 为寄存器选择，高电平时选择数据寄存器，低电平时选择指令寄存器。

第 5 脚：R/W 为读写信号线，高电平时进行读操作，低电平时进行写操作。当 RS 和 RW 同为低电平时可以写入指令或者显示地址，当 RS 为低电平且 RW 为高电平时可以读忙信号，当 RS 为高电平且 RW 为低电平时可以写入数据。

第 6 脚：E 端为使能端。当 E 端由高电平跳变成低电平时，液晶模块执行命令。

第 7～14 脚：DB0～DB7 为 8 位双向数据线。

第 15、16 两脚用于带背光模块，用于不带背光的模块时这两个引脚悬空不接。

7.6.3　LCD1602 模块的操作命令

1．1602LCD 各寄存器介绍

字符型液晶显示模块组件内部主要由 LCD 显示屏（LCD Panel）、控制器（Controller）、驱动器（Driver）和偏压产生电路构成。

控制器主要由指令寄存器 IR、数据寄存器 DR、忙标识 BF、地址计数器 AC、DDRAM、CGROM、CGRAM 及时序发生电路组成。

（1）指令寄存器（IR）和数据寄存器（DR）

本系列模块内部具有两个 8 位寄存器：指令寄存器（IR）和数据寄存器（DR）。用户可以通过 RS 和 R/W 输入信号的组合选择指定的寄存器，进行相应的操作。表 7.7 中列出了组合选择方式。

表 7.7　RS 和 R/W 输入信号组合

E	RS	R/W	说　明
1	0	0	将 DB0～DB7 的指令代码写入指令寄存器中
1→0	0	1	分别将状态标识 BF 和地址计数器（AC）内容读到 DB7 和 DB6～DB0
1	1	0	将 DB0～DB7 的数据写入数据寄存器中，模块的内部操作自动将数据写到 DDRAM 或 CGRAM 中
1→0	1	1	将数据寄存器内的数据读到 DB0～DB7，模块的内部操作自动将 DDRAM 或 CGRAM 中的数据送入数据寄存器中

（2）忙标识位 BF

忙标识 BF=1 时，表明模块正在进行内部操作，此时不接收任何外部指令和数据。当 RS=0、R/W=1 且 E 为高电平时，BF 输出到 DB7。每次操作之前最好先进行状态字检测，只有在确认 BF=0 之后，MPU 才能访问模块。

（3）地址计数器（AC）

AC 地址计数器是 DDRAM 或 CGRAM 的地址指针。随着 IR 中指令码的写入，指令码中携带的地址信息自动送入 AC 中，并做出 AC 作为 DDRAM 的地址指针还是 CGRAM 的地址指针的选择。

AC 具有自动加 1 或减 1 的功能。当 DR 与 DDRAM 或 CGRAM 之间完成一次数据传送后，AC 自动会加 1 或减 1。在 RS=0、R/W=1 且 E 为高电平时，AC 的内容送到 DB6～DB0。

地址计数器 AC 如图 7.22 所示。

AC 高 3 位			AC 低 4 位			
AC6	AC5	AC4	AC3	AC2	AC1	AC0

图 7.22　地址计数器 AC

（4）显示数据寄存器（DDRAM）

DDRAM 存储显示字符的字符码，其容量的大小决定模块最多可显示的字符数目。控制器内部有 80 字节的 DDRAM 缓冲区，DDRAM 地址（HEX）与 LCD 显示屏上的显示位置的对应关系如图 7.23 所示。

（5）字符发生器 ROM

在 CGROM 中，模块已经以 8 位二进制数的形式，生成了 5×8 点阵的字符字模组字符字模（一个字符对应一组字模）。字符字模是与显示字符点阵相对应的 8×8 矩阵位图数据（与点阵行相对应的矩

阵行的高三位为“0”)，同时每一组字符字模都有一个由其在 CGROM 中存放地址的高 8 位数据组成的字符码对应。

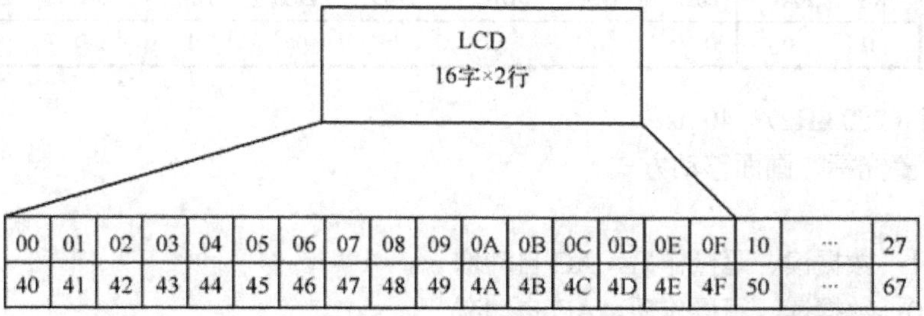

图 7.23 DDRAM 地址与 LCD 显示屏上的显示位置的对应关系

字符码地址范围为 00H～FFH，其中 00H～07H 字符码与用户在 CGRAM 中生成的自定义图形字符的字模组相对应。

(6) 字符发生器 RAM

在 CGRAM 中，用户可以生成自定义图形字符的字模组，可以生成 5 × 8 点阵的字符字模 8 组，相对应的字符码从 CGROM 的 00H～0FFH 范围内选择。

2. 1602LCD 指令说明

由于 MPU 可以直接访问模块内部的 IR 和 DR，作为缓冲区域，IR 和 DR 在模块进行内部操作之前，可以暂存来自 MPU 的控制信息。这样就给用户在 MPU 和外围控制设备的选择上，增加了余地。模块的内部操作由来自 MPU 的 RS、R/W、E 及数据信号 DB0～DB7 决定，这些信号的组合形成了模块的指令。

本系列模块向用户提供了 11 条指令，大致可以分为四大类：

- 模块功能设置，如显示格式、数据长度等；
- 设置内部 RAM 地址；
- 完成内部 RAM 数据传送；
- 完成其他功能。

一般情况下，内部 RAM 的数据传送的功能使用最为频繁，因此，RAM 中的地址指针所具备的自动加一或减一功能，在一定程度上减轻了 MPU 的编程负担。此外，由于数据移位指令与写显示数据可同时进行，这样用户就能以最少的系统开发时间，达到最高的编程效率。

有一点需要特别注意：在每次访问模块之前，MPU 应首先检测忙标识 BF，确认 BF=0 后，访问过程才能进行。

(1) 清屏

RS	R/W	DB7	DB6	DB5	DB4	DB3	DB2	DB1	DB0
0	0	0	0	0	0	0	0	0	1

运行时间（250 kHz）：1.64 ms。

功能：清 DDRAM 和 AC 值。

(2) 归位

RS	R/W	DB7	DB6	DB5	DB4	DB3	DB2	DB1	DB0
0	0	0	0	0	0	0	0	1	*

运行时间（250 kHz）：1.64 ms。

功能：AC=0，光标、画面回 HOME 位。

（3）输入方式设置

RS	R/W	DB7	DB6	DB5	DB4	DB3	DB2	DB1	DB0
0	0	0	0	0	0	0	1	I/D	S

运行时间（250 kHz）：40 μs。

功能：设置光标、画面移动方式。

说明：

① I/D = 1：数据读、写操作后，AC 自动增一。

② I/D = 0：数据读、写操作后，AC 自动减一。

③ S = 1：数据读、写操作，画面平移。

④ S = 0：数据读、写操作，画面不动。

（4）显示开关控制

RS	R/W	DB7	DB6	DB5	DB4	DB3	DB2	DB1	DB0
0	0	0	0	0	0	1	D	C	B

运行时间（250 kHz）：40 μs。

功能：设置显示、光标及闪烁开、关。

说明：

① D 表示显示开关：D = 1 为开，D = 0 为关。

② C 表示光标开关：C = 1 为开，C = 0 为关。

③ B 表示闪烁开关：B = 1 为开，B = 0 为关。

（5）光标、画面位移

RS	R/W	DB7	DB6	DB5	DB4	DB3	DB2	DB1	DB0
0	0	0	0	0	1	S/C	R/L	*	*

运行时间（250 kHz）：40 μs。

功能：光标、画面移动，不影响 DDRAM。

说明：

① S/C = 1：画面平移一个字符位。

② S/C = 0：光标平移一个字符位。

③ R/L = 1：右移；R/L = 0：左移。

（6）功能设置

RS	R/W	DB7	DB6	DB5	DB4	DB3	DB2	DB1	DB0
0	0	0	0	1	DL	N	F	*	*

运行时间（250 kHz）：40 μs。

功能：工作方式设置（初始化指令）。

说明：

① DL = 1，8 位数据接口；DL = 0，4 位数据接口。

② N = 1，两行显示；N = 0，一行显示。

③ F = 1，5×10 点阵字符；F = 0，5×7 点阵字符。

（7）CGRAM 地址设置

RS	R/W	DB7	DB6	DB5	DB4	DB3	DB2	DB1	DB0
0	0	0	1	A5	A4	A3	A2	A1	A0

运行时间（250 kHz）：40 μs。

功能：设置 CGRAM 地址。A5～A0＝0～3FH。

（8）DDRAM 地址设置

RS	R/W	DB7	DB6	DB5	DB4	DB3	DB2	DB1	DB0
0	0	1	A6	A5	A4	A3	A2	A1	A0

运行时间（250 kHz）：40 μs。

功能：设置 DDRAM 地址。

说明：

① N＝0，一行显示 A6～A0＝0～4FH。

② N＝1，两行显示，首行 A6～A0＝00H～2FH，次行 A6～A0＝40H～67H。

（9）读 BF 及 AC 值

RS	R/W	DB7	DB6	DB5	DB4	DB3	DB2	DB1	DB0
0	1	BF	AC6	AC5	AC4	AC3	AC2	AC1	AC0

功能：读忙 BF 值和地址计数器 AC 值。

说明：BF＝1：忙；BF＝0：准备好。

此时，AC 值为最近一次地址设置（CGRAM 或 DDRAM）定义。

（10）写数据

RS	R/W	DB7	DB6	DB5	DB4	DB3	DB2	DB1	DB0
1	0	数据							

运行时间：（250 kHz）：40 μs。

功能：根据最近设置的地址性质，数据写入 DDRAM 或 CGRAM 内。

（11）读数据

RS	R/W	DB7	DB6	DB5	DB4	DB3	DB2	DB1	DB0
1	1	数据							

运行时间（250 kHz）：40 μs。

功能：根据最近设置的地址性质，从 DDRAM 或 CGRAM 数据读出。

7.6.4　LCD1602 与 89C52 单片机接口与编程

LCD1602 适配 M6800 系列 MPU 的操作时序，可直接与该系列 MPU 连接。由于 80C51 系列单片机的操作时序与 M6800 系列不同，可采用 80C51 的 I/O 模拟 LCD1602 的操作时序。其连接方法如图7.24 所示。

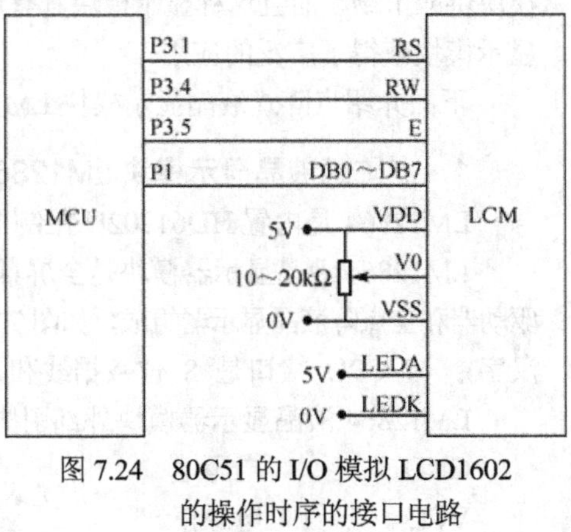

图 7.24　80C51 的 I/O 模拟 LCD1602 的操作时序的接口电路

采用图 7.24 中接口电路将占用很多 80C51 宝贵的 I/O 口资源，将 80C51 的读/写信号经门电路变换后，可直接将 LCD1602 连到 80C51 的三总线上。图 7.25 所示为采用 AT89C52、74HC00 和 74HC573 组成的接口电路。图中连接方法 LCD1602 的寄存器读/写地址如下：

```
uchar xdata Lcd1602CmdPort      _at_ 0x8000;     //写 IR 寄存器，命令
uchar xdata Lcd1602StatusPort   _at_ 0x8001;     //读 IR 寄存器，状态
uchar xdata Lcd1602WdataPort    _at_ 0x8002;     //写 DR 寄存器
uchar xdata Lcd1602RdataPort    _at_ 0x8003;     //读 DR 寄存器
```

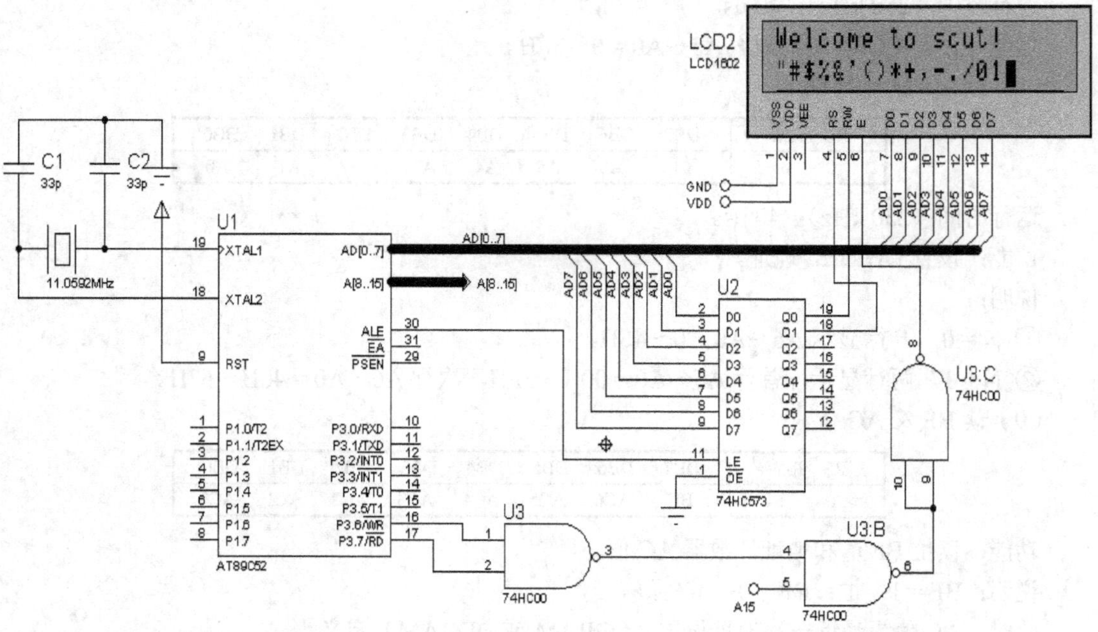

图 7.25　89C52、74HC573、74HC00 和 LCD1602 显示器组成的接口电路

【例 7.8】 如图 7.25 所示电路，编写程序顺序实现：① LCD1602 初始化；② 在 LCD1602 显示 “Welcome to scut!- By zhangqi\n”；③ 然后在第 2 行循环显示 ASCII 可打印字符。

本例程序代码见..\McuBookExam\Chapter 7\Exam7_8。

7.6.5　点阵式图形 LCD 显示器的组成和基本特点

字符型液晶显示器（如前面所述的 LCD1602）只能显示 ASCII 字符，对于较复杂的字符或图形则无能为力。而点阵式图形 LCD 液晶器显示器不仅可以显示字符、数字，还可以显示各种图形、曲线及汉字，并且可以实现屏幕上下左右滚动、动画、闪烁、文本特征显示等功能。

为了用户使用方便，字符型液晶显示器通常和驱动电路控制器集成在一起，作为点阵式液晶显示模块供应市场，而且这种显示模块具有可编程能力，与单片机接口方便。由于以上优点，点阵式液晶显示模块获得了广泛的应用。

下面介绍点阵式液晶显示模块 LM12864 模块及应用。

1．点阵式液晶显示模块 LM12864 的结构、引脚和特点

LM12864 是内置 HD61202U 控制器的 128 × 64 点阵式液晶显示模块，封装如图 7.26 所示。

LM12864 液晶显示器模块是全屏幕图形点阵式液晶显示器组件，由控制器、显示缓冲 DD RAM、驱动器和全点阵液晶显示器组成，如图 7.27 所示。可完成图形显示，也可以显示汉字(4×8 个 16×16 点阵汉字)；与 CPU 接口是 8 位数据线和几条地址线，另外 3 条电源线供芯片和 LCD 驱动。

LM12864 液晶显示器模块外部引脚功能定义如下：

GND　　电源地

VCC　　电源正

VO	LCD 驱动电压
RS	数据/指令选择：高电平为数据，低电平为指令
R/W	读/写选择：高电平为读数据，低电平为写数据
E	读写使能，高电平有效，下降沿锁定数据
DB0～DB7	数据输入/输出引脚
CS1	片选择号，低电平时选择前 64 列
CS2	片选择号，低电平时选择后 64 列
RST	复位信号，低电平有效
$-V_{OUT}$	输出–15 V 电源给 VO 提供驱动电源

图 7.26　点阵式图形液晶显示模块 LM12864 外形

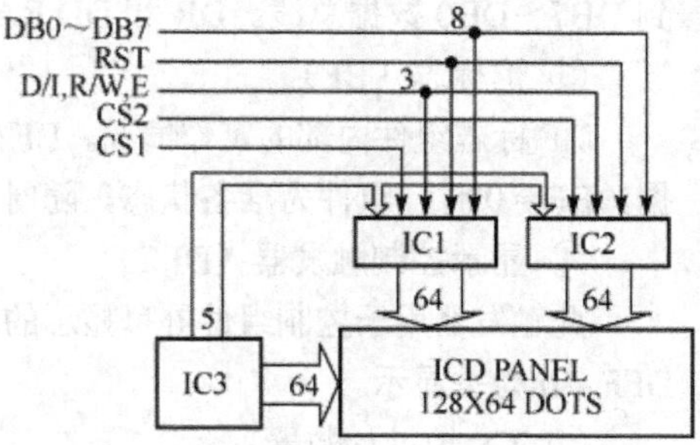

图 7.27　点阵式图形液晶显示模块构成

LM12864 具有如下特点：

- 可以显示数字、字母、特殊字符、图形、曲线和汉字；
- 拥有 64 × 64 位（512 字节）的显示存储器，其数据直接作为显示驱动信号；
- 8 位并行数据接口；
- 64 路列驱动输出；
- 简单的操作指令：显示开关设置，显示起始行设置，地址指针设置和数据读/写等指令；
- 功耗低：在显示期间功耗最大为 2 mW。

2．屏幕数据操作与屏幕点阵的对应关系

从图 7.28 可以看出 LM12864 屏是分为左、右两块控制的，片选信号为 CS1、CS2。通过对内部 DDRAM 操作完成对屏幕的操作，DDRAM 数据与屏幕点阵的对应关系如图 7.28 所示。

CS2=1						CS1=1					
Y=	0	1	…	62	63	0	1	…	62	63	行号
X=0	DB0 ↓ DB7	DB0 ↓ DB7	DB0 ↓ DB7	DB0 ↓ DB7	DB0 ↓ DB7	DB0 ↓ DB7	DB0 ↓ DB7	DB0 ↓ DB7	DB0 ↓ DB7	DB0 ↓ DB7	0 ↓ 7
↓	DB0 ↓ DB7	DB0 ↓ DB7	DB0 ↓ DB7	DB0 ↓ DB7	DB0 ↓ DB7	DB0 ↓ DB7	DB0 ↓ DB7	DB0 ↓ DB7	DB0 ↓ DB7	DB0 ↓ DB7	8 ↓ 55
X=7	DB0 ↓ DB7	DB0 ↓ DB7	DB0 ↓ DB7	DB0 ↓ DB7	DB0 ↓ DB7	DB0 ↓ DB7	DB0 ↓ DB7	DB0 ↓ DB7	DB0 ↓ DB7	DB0 ↓ DB7	56 ↓ 63

图 7.28　DDRAM 数据与屏幕点阵的对应关系

从图 7.28 可以看出数据按字节在屏幕上是竖向排列的。上方为低位，下方为高位。因此在横向上（也就是 Y）一共是 128 列数据。分为 CS1 和 CS2 两个 64 列来写入。在竖向上（也就是 X）一字节数据显示 8 个点，竖向 64 个点共为 8 个字节，称为 8 页（X = 0～7）。要满屏显示一张图就要从 Y = 0…127、X = 0…7 一共写 128 × 8 = 1024 个字节的数据。

3．LM12864 内部寄存器

① 指令寄存器（IR）

IR 用来寄存指令码，当 D/I = 0 时，在 E 信号下降沿的作用下，指令写入 IR。

② 数据寄存器（DR）

DR 是用来寄存数据的。当 DR = 1 时，在 E 信号的作用下，图形显示数据写入 DR，或由 DR 读到 DB7～DB0 数据总线。DR 和 DD RAM 之间的数据传输是组件内部自动执行的。

③ 忙标志（BF）

BF 标志组件内部的工作情况。BF = 1 表示组件在进行内部操作，此时组件不接受外部指令和数据。BF = 0 时，组件为准备状态，随时可接受外部指令和数据。

④ 显示控制触发器（DFF）

此触发器用于控制组件屏幕显示的开和关。DFF = 1 为开显示，DDRAM 的内容就显示在屏幕上，DFF = 0 为关显示。

⑤ XY 地址计数器

XY 地址计数器是一个 9 位计数器。高三位是 X 地址计数器，低 6 位为 Y 地址计数器。XY 地址计数器实际上作为 DDRAM 的地址指针，X 地址计数器作为 DDRAM 的页指针，Y 地址计数器作为 DDRAM 的 Y 地址指针。

⑥ 显示数据 RAM（DDRAM）

DDRAM 是用于存储图形显示数据的。数据为 1 表示显示选择，数据为 0 表示显示非选择。DDRAM 与地址和显示位置的关系见 DDRAM 地址表。

⑦ Z 地址计数器

Z 地址计数器是一个 6 位计数器。此计数器具备循环计数功能，它是用于显示行扫描同步的。当一行扫描完成，此地址计数器自动加 1，指向下一行扫描数据。RST 复位后 Z 地址计数器为 0。

Z 地址计数器可以用指令 DISPLAY START LINE 预置。因此，显示屏幕的起始行就由此指令控制，即 DDRAM 的数据从哪一行开始显示在屏幕的第一行。此组件的 DDRAM 共 64 行，屏幕可以循环显示 64 行。

4．LM12864 读/写时序

LM12864 读/写时序如图 7.29 和图 7.30 所示。

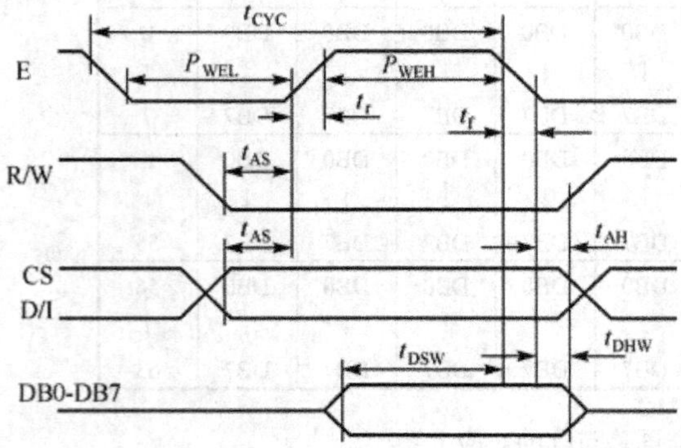

图 7.29　写操作时序

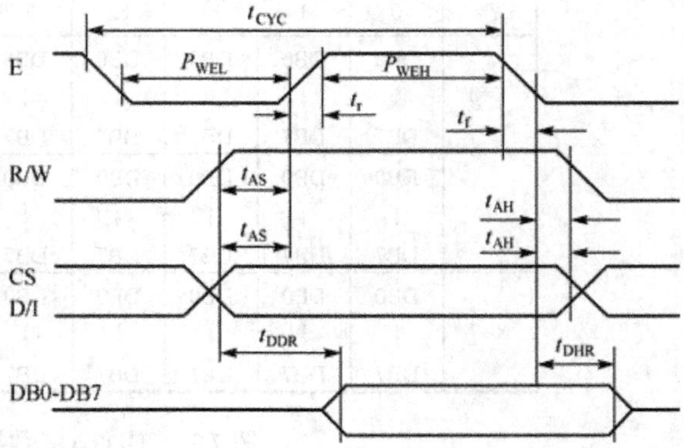

图 7.30　读操作时序

LM12864 读写时序动态参数如表 7.8 所示。

表 7.8　LM12864 读写时序动态参数

名称	符号	最小值	典型值	最大值	单位
E 周期时间	t_{CYC}	1000			ns
E 高电平时间	P_{WEH}	450			ns
E 低电平时间	P_{WEL}	450			ns
E 上升时间	t_r			25	ns
E 下降时间	t_f			25	ns
地址建立时间	t_{AS}	140			ns
地址保持时间	t_{AH}	10			ns
数据建立时间	t_{DSW}	200			ns
数据延迟时间	t_{DDR}			320	ns
写数据保持时间	t_{DHW}	100			ns
读数据保持时间	t_{DHR}	20			ns

5．LM12864 操作指令

① 显示开关控制（DISPLAY ON/OFF）

R/W	D/I	DB7	DB6	DB5	DB4	DB3	DB2	DB1	DB0
0	0	0	0	1	1	1	1	1	D

D = 1：开显示（DISPLAY ON）

D = 0：关显示（DISPLAY OFF）。此时的 DDRAM 内容不变。只要 D = 0 变成 D = 1，原来的显示就会显示在屏幕上。

② 设置显示起始行

R/W	D/I	DB7	DB6	DB5	DB4	DB3	DB2	DB1	DB0
0	0	1	1	A5	A4	A3	A2	A1	A0

前面在 Z 地址计数器一节已经描述了显示起始行是由 Z 地址计数器控制的。A5～A0 这 6 位地址自动送入 Z 地址计数器，起始行的地址可以是 0～63 的任意一行。

③ 设置页地址（SET PAGE “ X ADDRESS ”）

R/W	D/I	DB7	DB6	DB5	DB4	DB3	DB2	DB1	DB0
0	0	1	0	1	1	1	A2	A1	A0

所谓页地址，就是 DDRAM 的行地址。8 行为一页，组件共 64 行即 8 页。A2～A0 表示 0～7 页。读写数据对页地址没有影响。页地址由本指令或 RST 信号改变。复位后页地址为 0。

页地址与 DDRAM 的对应关系见图 7.28。

④ 设置 Y 地址（SET Y ADDRESS）

R/W	D/I	DB7	DB6	DB5	DB4	DB3	DB2	DB1	DB0
0	0	0	1	A5	A4	A3	A2	A1	A0

此指令的作用是将 A5～A0 送入 Y 地址计数器。作为 DDRAM 的 Y 地址指针在对 DDRAM 进行读写操作后，Y 地址指针自动加 1，指向下一个 DDRAM 单元。

⑤ 读状态（STATUS READ）

R/W	D/I	DB7	DB6	DB5	DB4	DB3	DB2	DB1	DB0
1	0	BF	0	ON/OFF	RST	0	0	0	0

当 R/W = 1，D/I = 0 时，在 E 信号为“H”的作用下，状态分别输出到数据总线（DB7～DB0）的相应位。

BF：前面已叙述过（见 BF 标志位一节）。

ON/OFF：表示 DFF 触发器的状态（见 DFF 触发器一节）。

RST：RST = 1 表示内部正在初始化，此时组件不接收任何指令和数据。

⑥ 写显示数据（WRITE DISPLAY DATA）

R/W	D/I	DB7	DB6	DB5	DB4	DB3	DB2	DB1	DB0
0	1	D7	D6	D5	D4	D3	D2	D1	D0

D7～D0 为显示数据。此指令把 D7～D0 写入相应的 DDRAM 单元。Y 地址指针自动加 1。

⑦ 读显示数据（READ DISPLAY DATA）

R/W	D/I	DB7	DB6	DB5	DB4	DB3	DB2	DB1	DB0
1	1	D7	D6	D5	D4	D3	D2	D1	D0

此指令把 DDRAM 的内容 D7～D0 读到数据总线 DB7～DB0。Y 地址指针自动加 1。

6．LM12864 使用过程中应注意以下几个问题

① 模块的工作电压是 VCC 提供的，LCD 驱动电压是 VO 提供的，改变 VO 可以调整对比度。（范围：0～–15 V）

② 在编程时建议在每次读写指令前先访问忙信号 BUSY，以节省时间。

③ 在显示汉字时可以调用汉字系统下的汉字库，但要注意汉字库中字节排列顺序与 LM12864 的字节排列顺序不同。

7．LM12864 与 89C52 单片机接口与编程

【例 7.9】 LM12864 与 89C52 单片机典型接口电路如图7.31 所示。在 LM12864 显示 16×16 点阵汉字“单片机原理与嵌入式系统设计仿真实验、题库、题解*点阵液晶实验演示”；显示保持约 2 秒，清除屏幕后保持约 0.5 秒；重复上述过程。

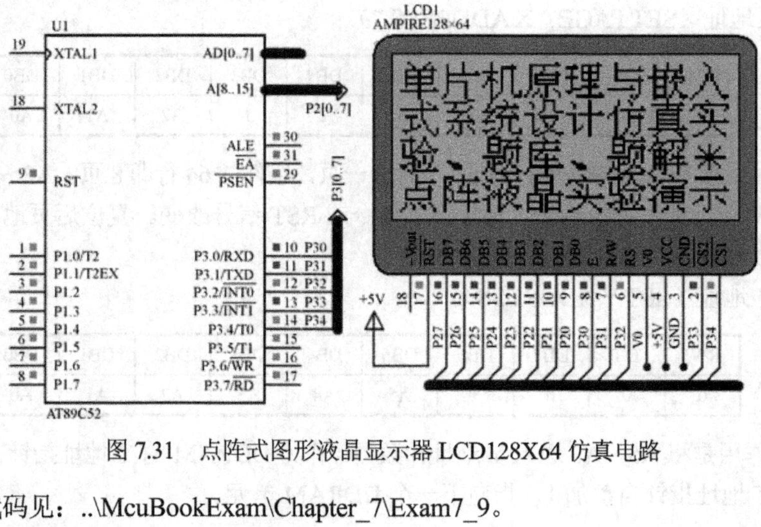

图 7.31　点阵式图形液晶显示器 LCD128X64 仿真电路

本例程序代码见：..\McuBookExam\Chapter_7\Exam7_9。

7.7　日历时钟接口芯片及应用

7.7.1　并行接口日历时钟芯片 DS12887

DS12887 是内置锂电池的实时日历时钟芯片，它可以产生秒、分、时、星期、日、月及年等 7 个时标，并有供用户使用的 114B 带掉电保护的 RAM，可以通过编程读取和修改这些时标，也可以编程产生定时间隔时间中断，使用十分方便。

1．DS12887 芯片的引脚

DS12887 的引脚如图 7.32 所示。

- VCC：电源。
- GND：地。
- AD0～AD7：地址/数据。
- MOT：总线类型选择，与 80C51 单片机
- 连接时接地。
- $\overline{CS}$：片选。
- AS：地址选通，与 CPU 连接时接 ALE。
- R/$\overline{W}$：读/写控制，与 CPU 连接时接 WD。
- DS：数据选通，与 CPU 连接时接 RD。
- $\overline{RESET}$：复位端。
- $\overline{IRQ}$：中断请求输出。
- SQW：可编程的方波输出端。
- NC：空引脚。

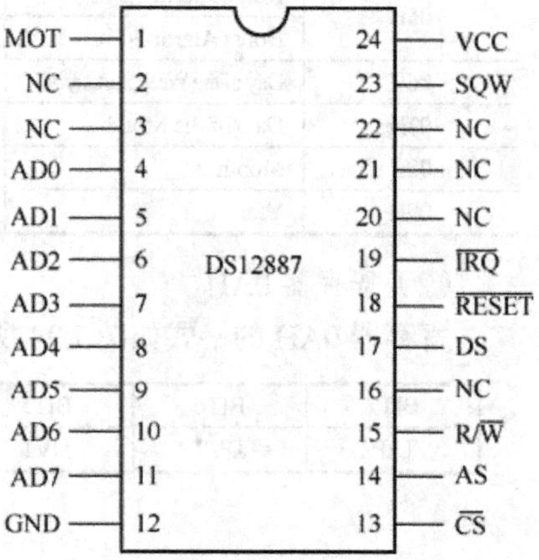

图 7.32　DS12887 引脚图

2．片内结构和寄存器

DS12887 的内部有 10B 时标寄存器、4B 状态寄存器、114B 带掉电保护的 RAM。其地址分配如图7.33 所示。

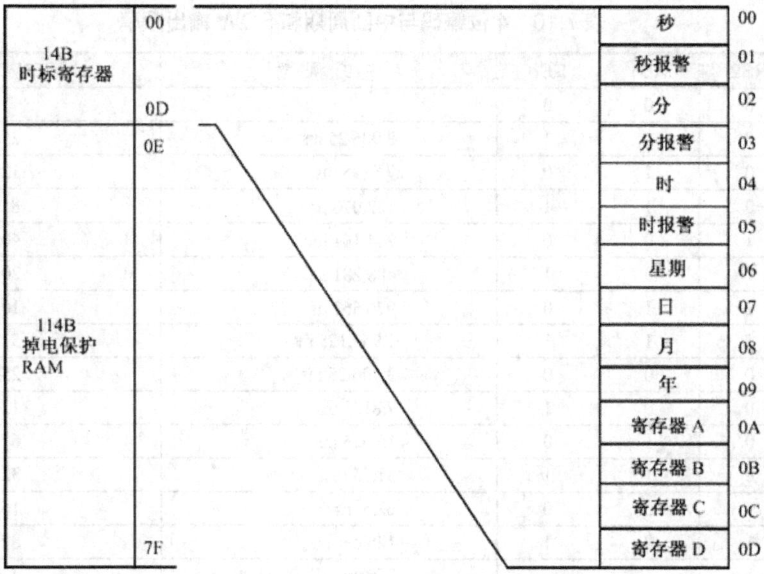

图 7.33　DS12887 片内寄存器和 RAM 地址分配

（1）时标寄存器

10 个时标寄存器可用二进制表示，也可用 BCD 码表示。其功能和数值范围如表 7.9 所示。

表 7.9 时标寄存器功能和数值范围

地 址	功 能	十 进 制	二 进 制	BCD 码
00H	Seconds	0～59	00～3B	00～59
01H	Seconds Alarm	0～59	00～3B	00～59
02H	Minutes	0～59	00～3B	00～59
03H	Minutes Alarm	0～59	00～3B	00～59
04H	Hours-12-hr Mode	1～12	01～0C AM，81～8C PM	01～12AM，81～92PM
	Hours-24-hr Mode	0～23	00～17	00～23
05H	Hours Alarm-12-hr	1～12	01～0C AM，81～8C PM	01～12AM，81～92PM
	Hours Alarm-24-hr	0～23	00～17	00～23
06H	Day of the Week Sunday = 1	1～7	01～07	01～07
07H	Date of the Month	1～31	01～1F	01～31
08H	Month	1～12	01～0C	01～12
09H	Year	0～99	00～63	00～99

（2）寄存器 0AH

寄存器 0AH 的格式如图 7.34 所示。

BIT7	BIT6	BIT5	BIT4	BIT3	BIT2	BIT1	BIT0
UIP	DV2	DV1	DV0	RS3	RS2	RS1	RS0

图 7.34 寄存器 0AH 中的位

- UIP：更新周期进行标识位，UIP = 1 时，芯片正处于或将开始新周期，此期间不允许读/写时标寄存器。
- DV2～DV0：为 010 时晶振工作，其他组合时晶振停止。
- RS3～RS0：中断周期时间和 SQW 输出频率选择位。4 位编码与中断周期和 SQW 输出频率的对应关系如表 7.10 所示。

表 7.10 4 位编码与中断周期和 SQW 输出频率

RS3	RS2	RS1	RS0	中 断 周 期	SQW 输出频率
0	0	0	0	—	—
0	0	0	1	3.906 25 ms	256 Hz
0	0	1	0	7.8125 ms	128 Hz
0	0	1	1	122.070 μs	8192 Hz
0	1	0	0	244.141 μs	4096 Hz
0	1	0	1	488.281 μs	2048 Hz
0	1	1	0	976.562 μs	1024 Hz
0	1	1	1	1.953 125 ms	512 Hz
1	0	0	0	3.906 25 ms	256 Hz
1	0	0	1	7.8125 ms	128 Hz
1	0	1	0	15.625 ms	64 Hz
1	0	1	1	31.25 ms	32 Hz
1	1	0	0	62.5 ms	16 Hz
1	1	0	1	125 ms	8 Hz
1	1	1	0	250 ms	4 Hz
1	1	1	1	500 ms	2 Hz

（3）寄存器 0BH

寄存器 0BH 中的格式如图 7.35 所示。

BIT7	BIT6	BIT5	BIT4	BIT3	BIT2	BIT1	BIT0
SET	PIE	AIE	UIE	SQWE	DM	24/12	DSE

图 7.35 寄存器 0BH 中的位

- SET：为 1 时禁止更新，为 0 时正常。
- PIE：为 1 时周期中断允许。
- AIE：为 1 时警报中断允许。
- UIE：为 1 时更新结束中断允许。
- SQWE：为 1 时方波输出允许。
- DM：为 0 时时间为 BCD 码，为 1 时为二进制。
- 24/12：为 1 时是 24 小时进制。为 0 时是 12 小时进制。
- DSE：置 0。

（4）寄存器 0CH

寄存器 0CH 的格式如图 7.36 所示。

BIT7	BIT6	BIT5	BIT4	BIT3	BIT2	BIT1	BIT0
IRQF	PF	AF	UF	0	0	0	0

图 7.36 寄存器 0CH 中的位

- IRQF：中断申请标识。
- PF：周期中断标识。
- AF：警报中断标识。
- UF：更新结束中断标识。

（5）寄存器 0DH

寄存器 0DH 格式如图 7.37 所示。

VRT：为 0 时表示内部锂电池耗尽。

BIT7	BIT6	BIT5	BIT4	BIT3	BIT2	BIT1	BIT0
VRT	0	0	0	0	0	0	0

图 7.37 寄存器 0DH 中的位

3. DS12887 与 89C52 的接口电路

图7.38 所示为89C52与DS12887的接口电路，DS12887 的片选信号接 P2.4，即 P2.4=0 时，选中 DS12887。设片内时标寄存器和掉电 RAM 的地址范围是 0E400H～0E47FH。

时标寄存器设置的步骤如下。

① 寄存器 B 的 SET 位置 1，芯片停止工作。

② 时标寄存器置初值。秒、分、时、星期、年、月、日时标寄存器的地址顺序为 E400H、E402H、E404H、E406H、E407H、E408H、E409H。

③ 读寄存器 C，以消除已有的中断标识。

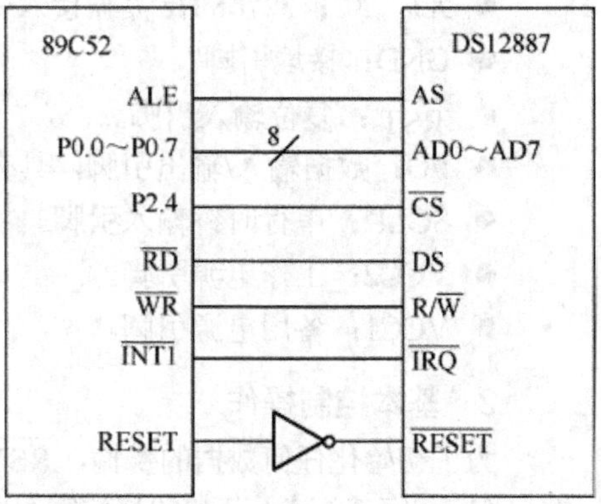

图 7.38 89C52 与 DS12887 的接口电路

④ 读寄存器 D，使片内寄存器和 RAM 数据有效。

⑤ 寄存器 B 的 SET 位清 0，启动 DS12887 开始工作。

【例 7.10】 编写如图 7.38 所示的时钟电路 DS12887 的 C 语言驱动程序。

本例程序代码见..\McuBookExam\Chapter_7\Exam7_10。

7.7.2　串行接口日历时钟芯片 DS1302

以上介绍的接口电路都是采用单片机系统并行总线（三总线）扩展的，采用单片机系统并行总线扩展的接口电路具有操作速度快，编程方便的优点，但是对于 80C51 系列单片机来说，低位地址线要通过锁存器输出，还需要地址译码器等电路，而且并行口芯片体积相对较大，故许多半导体公司又推出了串行接口电路，本小节介绍具有串行接口电路的日历时钟芯片 DS1302。

串行接口的日历时钟芯片以其使用简单、接口容易、与微机连线少等特点，在单片机嵌入式系统，尤其是手持式信息设备中得到广泛应用。下面介绍在单片机嵌入式系统中广为使用的串行接口实时时钟芯片 DS1302 的特点和使用方法。

1. DS1302 特性和引脚说明

DS1302 内部具有实时时钟、日历和用户可用 RAM，通过一个简单的串行接口与微机通信，可根据月份和闰年的情况自动调整月份的结束日期，时钟可由用户决定是以 24 小时制式或 12 小时制式工作。

（1）芯片主要特性

- 实时时钟包括秒、分、小时、日、月、星期和年等信息。
- 31B 静态 RAM 可供用户使用。
- 简单的 3 线串行 I/O 接口。
- 2.5～5.5 V 的电压工作范围。
- TTL/CMOS 兼容（V_{CC}=5 V 时）。
- 在 2.5 V 工作时，芯片电流小于 300 nA。
- 8 脚 DIP 或 SOIC 封装。
- 可选的涓流充电方式。
- 工作电源和备份电源双引脚输入。
- 备份电源可由超级电容（1F）替代。

（2）引脚说明

DS1302 的引脚如图 7.39 所示。

- X1、X2：32768 Hz 晶振接入引脚。
- GND：接地引脚。
- $\overline{\text{RST}}$：复位输入引脚。
- I/O：数据输入/输出引脚，具有三态功能。
- SCLK：串行时钟输入引脚。
- VCC2：工作电源引脚。
- VCC1：备用电源引脚。

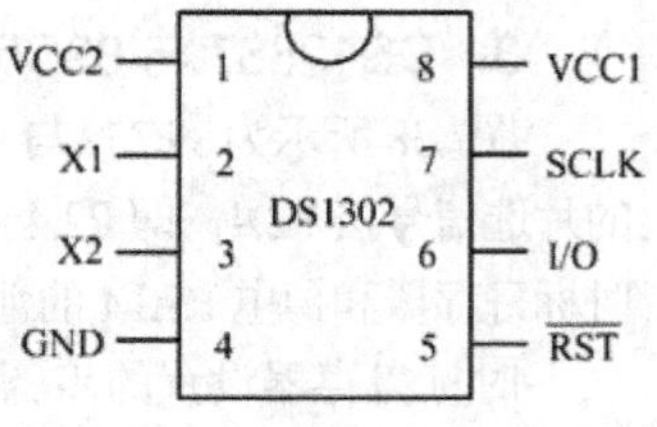

图 7.39　DS1302 的引脚图

2. 基本控制操作

为了初始化任何数据的传输，$\overline{\text{RST}}$ 引脚信号应由低变高，并且应将具有地址和控制信息的 8 位数据（控制字节）装入芯片的移位寄存器内。数据的读/写可以用单字节或多字节的突发模式方式进行。所有的数据应在时钟的下降沿变化，而在时钟的上升沿，在芯片或与之相连的设备进行输入。

（1）命令字节

命令字节的格式如图 7.40 所示。

D7	D6	D5	D4	D3	D2	D1	D0
1	R/$\overline{C}$	A4	A3	A2	A1	A0	R/$\overline{W}$

图 7.40　命令字节格式

每次数据的传输都是由命令字节开始的，这里的最高有效位必须是 1。D6 是 RAM（为 1）或时钟/日历（为 0）的标识位。D1～D5 定义片内寄存器的地址。最低有效位（D0）定义了写操作（为 0 时）或读操作（为 1 时），命令字节的传输始终从最低有效位开始。

（2）数据的写入或读出

对芯片的所有写入或读出操作都是由命令字节为引导的。每次仅写入或读出 1B 数据的操作称为单字节操作。每次对时钟/日历的 8B 或 31 个 RAM 字节进行全体写入或读出操作，称其为多字节突发模式操作。包括命令字节在内，对于单字节操作，每次需要 16 个时钟；对于时钟/日历多字节突发模式操作，每次需要 72 个时钟；对于 RAM 多字节突发模式操作，每次需要多达 256 个时钟。单字节传送操作格式如图 7.41 所示，多字节突发模式操作格式如图 7.42 所示。

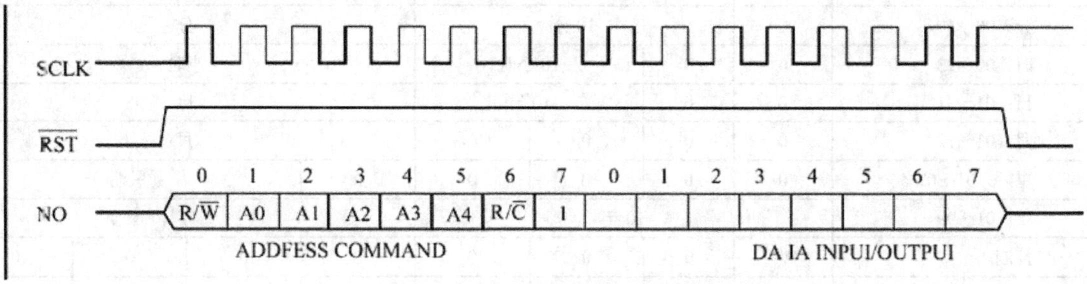

图 7.41　单字节传送操作格式

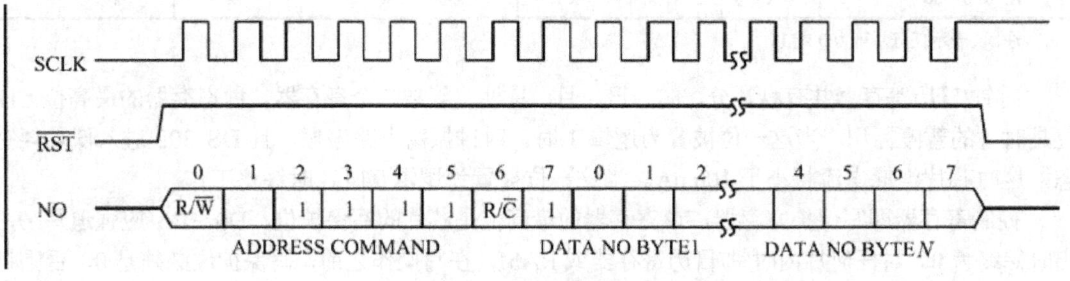

图 7.42　多字节突发模式操作格式

（3）时钟/日历寄存器地址命令格式及功能定义

方问 DS1302 片内各寄存器地址命令格式如表 7.11 所示。访问 DS1302 片内各寄存器数据格式如表7.12 所示。

表 7.11　访问 DS1302 片内各寄存器地址命令格式

时钟/RAM	固定 1	R/$\overline{C}$	地　址					R/$\overline{W}$
秒	1	0	0	0	0	0	0	R/$\overline{W}$
分	1	0	0	0	0	0	1	R/$\overline{W}$
小时	1	0	0	0	0	1	0	R/$\overline{W}$
日	1	0	0	0	0	1	1	R/$\overline{W}$
月	1	0	0	0	1	0	0	R/$\overline{W}$

续表

时钟/RAM	固定 1	R/$\overline{\mathrm{C}}$	地　址					R/$\overline{\mathrm{W}}$
星期	1	0	0	0	1	0	1	R/$\overline{\mathrm{W}}$
年	1	0	0	0	1	1	0	R/$\overline{\mathrm{W}}$
控制	1	0	0	0	1	1	1	R/$\overline{\mathrm{W}}$
涓流充电	1	0	0	1	0	0	0	R/$\overline{\mathrm{W}}$
时钟突发模式	1	0	1	1	1	1	1	R/$\overline{\mathrm{W}}$
RAM0	1	1	0	0	0	0	0	R/$\overline{\mathrm{W}}$
…	1	1	…	…	…	…	…	R/$\overline{\mathrm{W}}$
RAM30	1	1	1	1	1	1	0	R/$\overline{\mathrm{W}}$
RAM 突发模式	1	1	1	1	1	1	1	R/$\overline{\mathrm{W}}$

表 7.12　访问 DS1302 片内各寄存器数据格式

时钟/RAM	数 据 格 式							
	D7	D6	D5	D4	D3	D2	D1	D0
秒：00～59	CH	10 秒			秒			
分：00～59	0	10 分			分			
时：00～23	0	0	10 小时		小时			
日：01～31	0	0	10 日		日			
月：01～12	0	0	0	10 月	月			
星期：01～07	0	0	0	0	0	星期		
年：01～99	10 年				年			
控制	WP	0	0	0	0	0	0	0
涓流充电	TCS	TCS	TCS	TCS	DS	DS	RS	RS
RAM 0～30	x	x	x	x	x	x	x	x

注：x 表示任意，可为 0 或 1。

时钟/日历寄存器共有秒、分、时、日、月、星期、年共 7 个寄存器。秒寄存器的最高位 CH 标识位是时钟的暂停标识。当这一位被置为逻辑 1 时，时钟振荡电路停振，且 DS1302 进入低功耗空闲状态，这时芯片消耗电流将小于 100 nA。当这一位被置为逻辑 0 时，时钟将工作。

控制寄存器即写保护寄存器，该寄存器的最高位是芯片的写保护位，D0～D6 应强迫写 0，且读出时始终为 0。对任何片内时钟/日历寄存器或 RAM，在写操作之前，写保护位必须是 0，否则将不可写入。因此，通过设置写保护位，可以提高数据的安全性。

涓流充电寄存器控制着 DS1302 的涓流充电特性。寄存器的 D4～D7 决定是否具备充电性能，仅在 1010 编码的条件下才具备充电性能，其他编码组合不允许充电。D2 和 D3 可以选择在 VCC2 脚和 VCC1 脚之间是串联一个二极管还是两个二极管。如果编码是 01，选择一个二极管；如果编码是 10，选择两个二极管；其他编码将不允许充电。该寄存器的 D0 和 D1 选择与二极管相串联的电阻值，其中编码 01 为 2 kΩ，10 为 4 kΩ，11 为 8 kΩ，而 00 将不允许进行充电。因此根据涓流充电寄存器的不同编程，可得到不同的充电电流。其充电电流具体计算公式如下：

$$I_{\mathrm{C}}=\frac{5.0(\mathrm{V})-V_{\mathrm{D}}-V_{\mathrm{E}}}{R}$$

式中，5.0 V 为 VCC2 脚所接入的工作电压，V_{D} 为二极管正向压降 0.7 V，R 为寄存器 0 和 1 位编码决定的电阻值，V_{E} 为 VCC1 脚所接入的电池电压。

在 RAM 寻址空间依次排布的 31B 静态 RAM 可为用户使用，VCC1 引脚的备用电源为 RAM 提供了失电保护功能。寄存器和 RAM 的操作通过命令字节的 D6 位加以区别。当 D6 位为 0 时对 RAM 区进行寻址，否则将对时钟/日历寄存器寻址，其操作方法如前所述。

3. DS1302 与 89C52 的接口电路

图 7.43 是 89C52 与 DS1302 的接口电路，DS1302 的 3 条接口线可接到单片机的任何通用双向 I/O 口上。

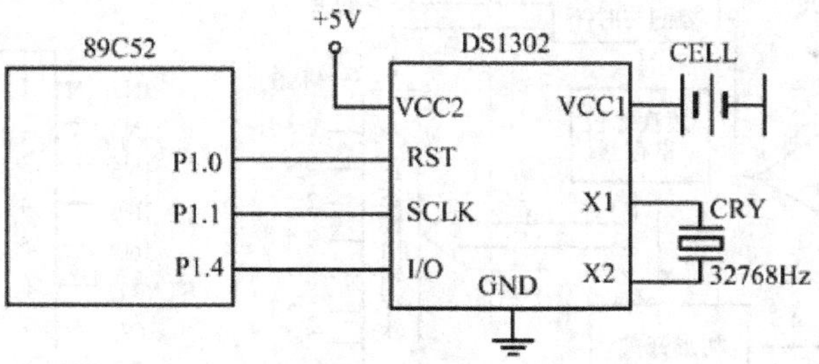

图 7.43　89C52 与 DS1302 的接口电路

【例 7.11】 编写图 7.43 所示的时钟电路 DS1302 时钟芯片驱动程序，并在主程序中每隔 1 秒读取时钟信息送到串口输出。在 P1.6 增加一个按钮，当按钮按下时间超过 1 s 时，时钟被初始化为 2008 年 1 月 1 日 0 点 0 分 0 秒周二。

本例程序代码见：..\McuBookExam\Chapter_7\Exam7_11。

7.8　单片机数据采集系统

在工业生产和科学技术研究的各行各业中，常常利用 PC 或工控机对各种数据进行采集如液位、温度、压力、频率等物理量。现在常用的采集方式是通过数据采集板卡。采用板卡不仅安装麻烦，易受机箱内环境的干扰，而且由于受计算机插槽数量和地址、中断资源的限制，不可能挂接很多设备。而单片机数据采集系统的出现，很好地解决了以上这些冲突，很容易就能实现低成本、高可靠性、多点的数据采集。现实世界的物理量都是模拟量，能把模拟量转化为数字量的器件称为模/数转换器（A/D 转换器）。A/D 转换器是单片机数据采集系统的关键接口电路，按照与单片机系统的接口形式，可分为并行 A/D 转换器和串行 A/D 转换器。

7.8.1　并行 A/D 转换器 ADC0809

1. ADC0809 的特性与引脚

ADC0809 是单片 CMOS 器件，是 8 位模/数转换器，带有使能控制端，可以与微机直接接口。片内带有锁存功能的 8 路模拟多路开关，可以对 8 路 0～5 V 的输入模拟电压信号分时进行转换。ADC0809 逻辑框图如图7.44 所示。器件的核心部分是 8 位 A/D 转换器，它由比较器、逐次逼近寄存器、D/A 转换器及控制和定时 5 部分组成，输出具有 TTL 三态锁存缓冲器，可直接连到单片机数据总线上。

8 路模拟开关用于输入 IN0～IN7 上的 8 路模拟电压。地址锁存和译码器在 ALE 信号控制下可以锁存 ADDA、ADDB 和 ADDC 上的地址信息，经译码后控制 IN0～IN7 上哪一路模拟电压送入比较器。例如，当 ADDA、ADDB 和 ADDC 上均为低电平 0 且 ALE 为高电平时，地址锁存和译码器输出，使 IN0 上模拟电压送到比较器输入端。

逐次逼近寄存器和比较器 SAR 在 A/D 转换过程中存放暂态数字量，在 A/D 转换完成后存放数字量，并可送到三态输出锁存器锁存。

三态输出锁存器和控制电路用于锁存 A/D 转换完成后的数字量。CPU 使 OE 引脚变成高电平就可以从三态输出锁存器取走 A/D 转换后的数字量。

控制电路用于控制 ADC0809 的操作过程。

ADC0809 引脚图如图 7.45 所示。

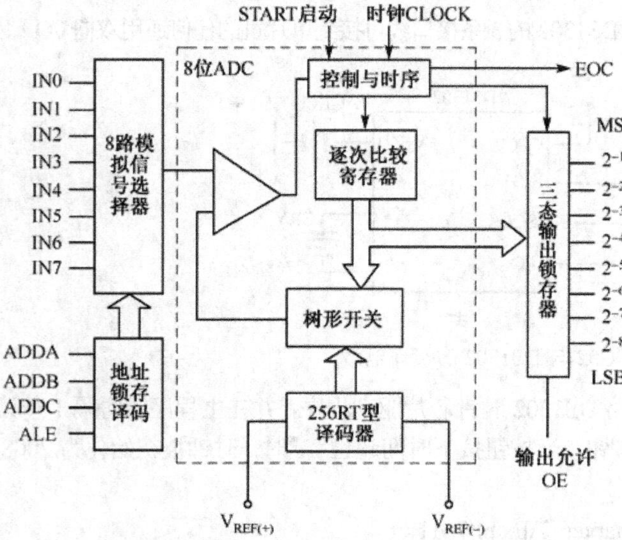

图 7.44　ADC0809 逻辑框图

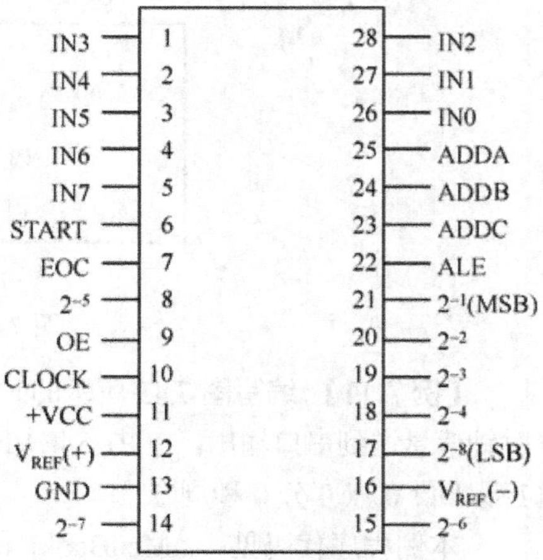

图 7.45　ADC0809 引脚图

ADC0809 采用双列直插式封装，共有 28 条引脚，现分 4 组简述如下。

IN0～IN7（8 条）：IN0～IN7 为 8 模拟电压输入线，用于输入被转换的模拟电压。

地址输入和控制（4 条）：ALE 为地址锁存允许输入线，高电平有效。当 ALE 线为高电平时，为地址输入线，用于选择 IN0～IN7 上哪一路模拟电压送给比较器进行 A/D 转换。例如，当 ADDC ADDB ADDA=000 且 ALE 为高电平时，地址锁存和译码器输出使 IN0 上模拟电压送到比较器输入端；当 ADDC ADDB ADDA = 001 且 ALE 为高电平时，地址锁存和译码器输出使 IN1 上模拟电压送到比较器输入端；依次类推。

数字量输出及控制线（11 条）：START 为“启动脉冲”输入线，该线上正脉冲由 CPU 送来，宽度应大于 100 ns，上升沿清零 SAR，下降沿启动 ADC 工作。EOC 为转换结束输出线，该线上高电平表示 A/D 转换已结束，数字量已锁入三态输出锁存器。2^{-1}～2^{-8} 为数字量输出线，2^{-1} 为最高位。OE 为“输出允许”线，高电平时能使 2^{-1}～2^{-8} 引脚上输出转换后的数字量。

电源线及其他（5 条）：CLOCK 为时钟输入线，用于为 ADC0809 提供逐次比较所需 640kHz 时钟脉冲序列。VCC 为+5V 电源输入线，GND 为地线。$V_{REF}(+)$和 $V_{REF}(-)$为参考电压输入线，用于给电阻阶梯网络供给标准电压。$V_{REF}(+)$常与 VCC 相连，$V_{REF}(-)$常接地。

在启动端（START）加启动脉冲（正脉冲），开始转换，但是 EOC 信号是在 START 的下降沿 10μs 后才变成无效的低电平。这就要求查询 EOC 要在 10 μs 后才能开始查询。转换结束后，由 OE 信号产生输出结果。如果将启动端（START）与转换结束端（EOC）直接相连，转换将是连续的，在用这种转换方式时，开始应在外部加启动脉冲。

2. ADC0809 与 89C52 的接口电路

ADC0809 与单片机有多种连接方式，图 7.46 所示为 89C52 与 ADC0809 的接口电路。该电路通过调节滑线变阻器，改变 ADC0809 的输入电压。

图 7.46 中单片机 89C52 通过定时器中断从 P2.4 输出方波，接到 ADC0809 的 CLOCK，P2.6 发正脉冲启动 A/D 转换，P2.5 检测 A/D 转换是否完成，转换完成后，P2.7 置高从 P1 口读取转换结果。

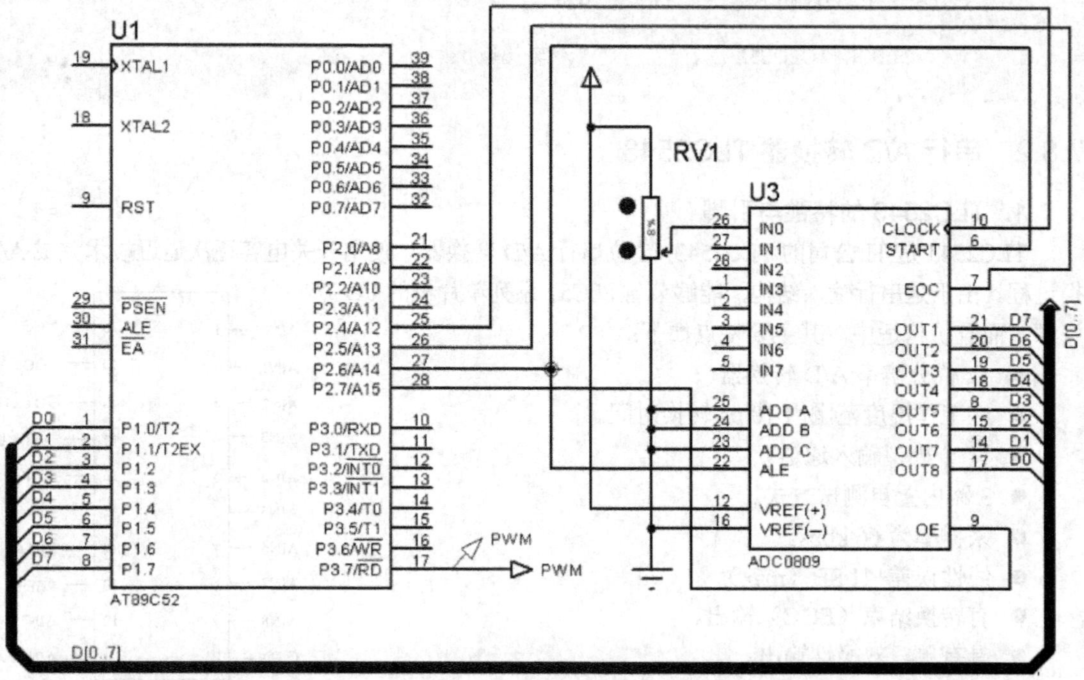

图 7.46　89C52 与 ADC0809 的接口电路

【例 7.12】 按图 7.46 所示电路，设计 PWM 输出控制电路，根据 ADC0809 IN0 的输入调制 PWM 占空比。PWM 从 P3.7 口输出。

源程序如下：

```
/*通过 ADC0809 IN0 的输入调制 PWM 占空比*/
#include "common.h"
sbit CLOCK=P2^4;
sbit EOC=P2^5;
sbit ST=P2^6;
sbit OE=P2^7;
sbit PWM=P3^7;
uchar ADCReg;
//主程序
void main(void)
{
    TMOD=0x02;                  /*设置定时器 0 为工作方式 2*/
    TH0=0x80;                   /*定时器 0 每 128 计数脉冲发生 1 次中断*/
    IE=0x82;                    /*打开定时器中断*/
    TR0=1;
    initUart();                     //串口初始化
    time(1);delay_n_100us(1);       //延时
    while(1)
    {
        ST=0;ST=1;ST=0;             //启动 A/D 转换
        while(EOC){}                //等待 EOC 变低
        while(!EOC){}               //等待 EOC 变高
        OE=1;ADCReg=P1;OE=0;        //读转换结果
        PWM=1;time(ADCReg);         //PWM 高
        PWM=0;time(255);            //PWM 低
```

```
        }
    }
    /******* 定时器/计数器 0 中断服务程序 ***/
    void timer0int(void) interrupt 1
    {
        CLOCK=!CLOCK;              /*输出取反*/
    }
```

7.8.2　串行 A/D 转换器 TLC2543

1. TLC2543 的特性与引脚

TLC2543 是 TI 公司的 TLC2543 12 位串行 A/D 转换器，使用开关电容逐次逼近技术完成 A/D 转换过程。由于是串行输入结构，能够节省 80C51 系列单片机的 I/O 资源，而且价格适中。其主要特点如下：

- 12 位分辨率 A/D 转换器。
- 在工作温度范围内 10 μs 转换时间。
- 11 个模拟输入通道。
- 3 路内置自测试方式。
- 采样率为 66 kbps。
- 线性误差+1LSB（max）。
- 有转换结束（EOC）输出。
- 具有单、双极性输出。
- 可编程的 MSB 或 LSB 前导。
- 可编程的输出数据长度。

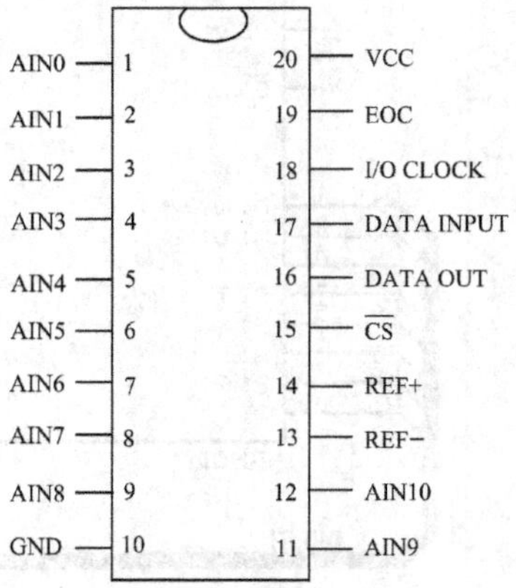

图 7.47　TLC2543 的引脚排列图

TLC2543 的引脚排列如图 7.47 所示。图中，AIN0～AIN10 为模拟输入端，$\overline{CS}$ 为片选端，DATA INPUT 为串行数据输入端，DATA OUT 为 A/D 转换结果的三态串行输出端，EOC 为转换结束端，I/O CLOCK 为 I/O 时钟，REF+为正基准电压端，REF−为负基准电压端，VCC 为电源，GND 为地。

2. TLC2543 的工作过程

TLC2543 的工作过程分为两个周期：I/O 周期和实际转换周期。

（1）I/O 周期

I/O 周期由外部提供的 I/O CLOCK 定义，延续 8、12 或 16 个时钟周期，决定于选定的输出数据长度。器件进入 I/O 周期后同时进行两种操作。

① 在 I/O CLOCK 的前 8 个脉冲的上升沿，以 MSB 前导方式从 DATA INPUT 端输入 8 位数据流到输入寄存器。其中前 4 位为模拟通道地址，控制 14 通道模拟多路器从 11 个模拟输入和 3 个内部自测电压中选通一路送到采样保持电路，该电路从第 4 个 I/O CLOCK 脉冲的下降沿开始，对所选信号进行采样，直到最后一个 I/O CLOCK 脉冲的下降沿。I/O 周期的时钟脉冲个数与输出数据长度（位数）有关，输出数据长度由输入数据的 D3、D2 选择为 8、12 或 16 位。当工作于 12 或 16 位时，在前 8 个时钟脉冲之后，DATA INPUT 无效。

② 在 DATA OUT 端串行输出 8、12 或 16 位数据。当$\overline{CS}$保持为低时，第一个数据出现在 EOC 的上升沿；若转换由$\overline{CS}$控制，则第一个输出数据发生在$\overline{CS}$的下降沿。这个数据串是前一次转换的结果，在第一个输出数据位之后的每个后续位均由后续的 I/O CLOCK 脉冲下降沿输出。

（2）实际转换周期

在 I/O 周期的最后一个 I/O CLOCK 脉冲下降沿之后，EOC 变低，采样值保持不变，转换周期开始，片内转换器对采样值进行逐次逼近式 A/D 转换，其工作由与 I/O CLOCK 同步的内部时钟控制。转换完成后 EOC 变高，转换结果锁存在输出数据寄存器中，等待下一个 I/O 周期输出。I/O 周期和转换周期交替进行，从而可以减小外部的数字噪声对转换精度的影响。

TLC2543 的工作时序如图 7.48 所示。

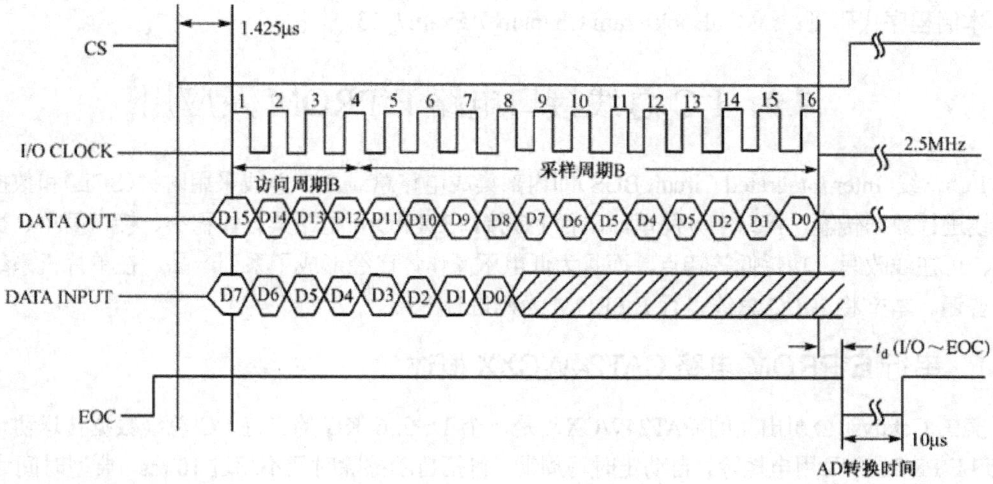

注：使用$\overline{CS}$,MSB在前。

图 7.48　TLC2543 的工作时序

3. TLC2543 与 89C52 的接口电路

图 7.49 所示 89C52 与 TLC2543 的接口电路，TLC2543 的 5 条接口线可以接到单片机的任何通用双向 I/O 口上。

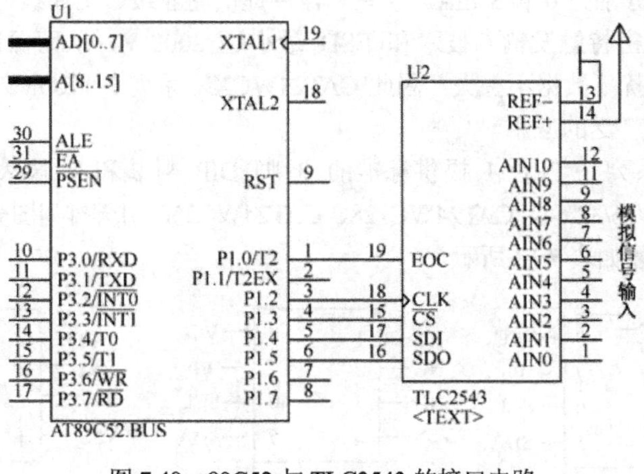

图 7.49　89C52 与 TLC2543 的接口电路

单片机 89C52 是整个系统的核心，TLC2543 对输入的模拟信号进行采集，转换结果由单片机通过 P1.5 接收，A/D 芯片的通道选择和方式数据通过 P1.4 输入到其内部的一个 8 位地址和控制寄存器中。

TLC2543 的通道选择和方式数据为 8 位，其功能为：D7、D6、D5 和 D4 用来选择要求转换的通道，D7D6D5D4=0000 时选择 0 通道，D7D6D5D4=0001 时选择 1 通道，依次类推；D3 和 D2 用来选择输出数据长度，本程序选择输出数据长度为 12 位，即 D3D2=00 或 D3D2=10；D1 和 D0 选择输入数据的导前位，D1D0=00 选择高位导前。

TLC2543 在每次 I/O 周期读取的数据都是上次转换的结果，当前的转换结果在下一个 I/O 周期中被串行移出。第一次读数由于内部调整，读取的转换结果可能不准确，应丢弃。数据采集程序见例 7.13。单片机通过编程产生串行时钟，并按时序发送与接收数据位，完成通道方式/通道数据的写入和转换结果的读出。

【例 7.13】 按图 7.49 所示电路，编写采集 11 个输入通道模拟输入的 C 语言程序。

本例程序代码见：..\McuBookExam\Chapter_7\Exam7_13。

7.9　I²C 总线接口电路 E²PROM 及应用

I²C 总线（Inter Integrated Circuit BUS）即内部集成电路总线。I²C 总线采用时钟（SCL）和数据（SDA）两根线进行数据传输，接口十分简单。串行 I²C 接口 E²PROM 电路具有体积小、接口简单、数据保存可靠、可在线改写、功耗低等特点，而且为低电压操作，已经形成了系列产品，在单片机系统中应用十分普遍。本文将以 I²C 总线串行 E²PROM 为例进行介绍。

7.9.1　串行 E²PROM 电路 CAT24WCXX 概述

美国 Catalyst 公司出品的 CAT24WCXX 是一个 1～256 KB 的支持 I²C 总线数据传送协议的串行 CMOS E²PROM，可用电擦除，自动定时写周期（包括自动擦除时间不超过 10 ms，典型时间为 5 ms）。串行 E²PROM 一般具有两种写入方式，一种是字节写入方式，另一种是页写入方式。允许在一个写周期内同时对 1B 到一页的若干字节的编程写入，1 页的大小取决于芯片内页寄存器的大小。其中，CAT24WC01 具有 8 B 数据的页面写能力，CAT24WC02/04/08/16 具有 16 B 数据的页面写能力，CAT24WC32/64 具有 32 B 数据的页面写能力，CAT24WC128/256 具有 64 B 数据的页面写能力。美国 Catalyst 公司先进的 CMOS 技术实质上降低了器件的功耗，可在电源电压低至 1.8 V 的条件下工作，等待电流和额定电流分别为 0 和 3 mA。该系列器件提供商业级、工业级、汽车级芯片。Catalyst 公司特有的噪声保护施密特触发输入技术和 ESD 最小达 2000 V，从而保证了 CAT24WCXX 系列 E²PROM 在极强的干扰下数据不丢失，因此 CAT24WCXX 系列 E²PROM 在汽车电子及电度表、水表、煤气表中得到了广泛的应用。

CAT24WCXX 系列 E²PROM 提供标准的 8 脚 DIP 封装和 8 脚表面安装的 SOIC 封装。CAT24WC01/02/04/08/16/32/64、CAT24WC128、CAT24WC256 引脚排列图分别如图 7.50(a)、(b)和(c)所示，其引脚功能描述如表 7.13 所示。

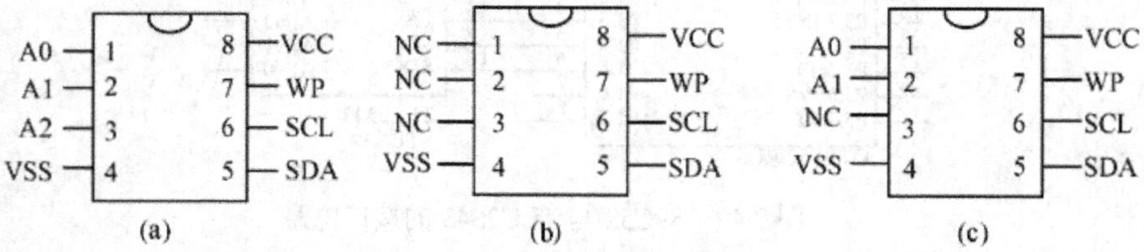

图 7.50　CAT24WCXX 系列串行 E²PROM 引脚排列图

表 7.13　引脚功能描述

引 脚 名 称	功　能	引 脚 名 称	功　能
A0、A1、A2	器件地址选择	WP	写保护
SDA	串行数据/地址	VCC	1.8～6.0 V
SCL	串行时钟	VSS	地

SCL：串行时钟。这是一个输入引脚，用于产生器件所有数据发送或接收的时钟。

SDA：串行数据/地址。这是一个双向传输端，用于传送地址和发送或接收所有数据。它是一个漏极开路端，因此要求接一个上拉电阻到 VCC 端（典型值为：100 kHz 时 10 kΩ，400 kHz 时 1 kΩ）。对于一般的数据传输，仅在 SCL 为低期间 SDA 才允许变化。在 SCL 为高期间变化，指示 START（开始）和 STOP（停止）条件。

A0、A1、A2：器件地址输入端。这些输入端用于多个器件级联时设置器件地址，当这些脚悬空时默认值为 0（CAT24WC01 除外）。

WP：写保护。如果 WP 引脚连接到 VCC，所有的内容都被写保护（只能读）。当 WP 引脚连接到 VSS 或悬空，允许器件进行正常的读/写操作。

在单片机系统中，I^2C 总线受单片机控制，单片机产生串行时钟（SCL），控制总线的存取，发送 START 和 STOP 信号。

7.9.2 串行 E^2PROM 芯片的操作

1．器件寻址

（1）从器件地址位

主器件通过发送一个起始信号启动发送过程，然后发送它所要寻址的从器件的地址。8 位从器件地址的高 4 位 D7～D4 固定为 1010（如图 7.52 所示），接下来的 3 位 D3～D1（A2、A1、A0）为器件的片选地址位，或作为存储器页地址选择位用来定义哪个器件及器件的哪个部分被主器件访问。最多可以连接 8 个 CAT24WC01/02、4 个 CAT24WC04、2 个 CAT24WC08、8 个 CAT24WC32/64、4 个 CAT24WC256 器件到同一总线上，这些位必须与硬连线输入脚 A2、A1、A0 相对应。1 个 CAT24WC16/128 可单独被系统寻址。从器件 8 位地址的最低位 D0，作为读/写控制位。1 表示对从器件进行读操作，0 表示对从器件进行写操作。在主器件发送起始信号和从器件地址字节后，CAT24WCXX 监视总线并当其地址与发送的从地址相符时响应一个应答信号（通过 SDA 线）。CAT24WCXX 再根据读/写控制位（$R/\overline{W}$）的状态进行读或写操作。

（2）应答信号

应答时序图如图 7.51 所示。I^2C 总线数据传送时，每成功地传送 1B 数据后，接收器都必须产生一个应答信号。应答的器件在第 9 个时钟周期时将 SDA 线拉低，表示其已收到 1B 数据。CAT24WCXX 在接收到起始信号和从器件地址之后响应一个应答信号，如果器件已选择了写操作，则在每接收 1 B 之后响应一个应答信号。

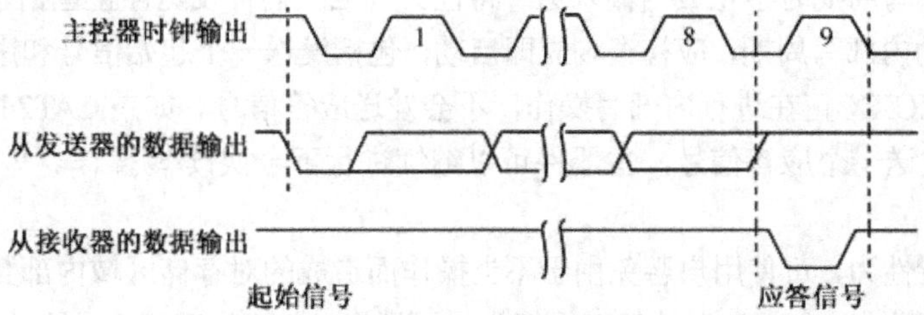

图 7.51　应答时序图

当 CAT24WCXX 工作于读模式时，在发送 1 B 后释放 SDA 线并监视一个应答信号，一旦接收到应答信号，CAT24WCXX 继续发送数据。如果主器件没有发送应答信号，器件停止传送数据并等待一个停止信号。主器件必须发一个停止信号给 CAT24WCXX 使其进入备用电源模式，并使器件处于已知的状态。

2．写操作方式

（1）字节写

图7.52所示为 CAT24WC01/02/04/08/16 字节写时序图。在字节写模式下，主器件发送起始命令和

从器件地址信息（R/$\overline{W}$ 位置 0）给从器件，主器件在收到从器件产生的应答信号后，主器件发送 1 B 地址写入 CAT24WC01/02/04/08/16 的地址指针，主器件在收到从器件的另一个应答信号后，再发送数据到被寻址的存储单元。CAT24WCXX 再次应答，并在主器件产生停止信号后开始内部数据的擦写，在内部擦写过程中，CAT24WCXX 不再应答主器件的任何请求。

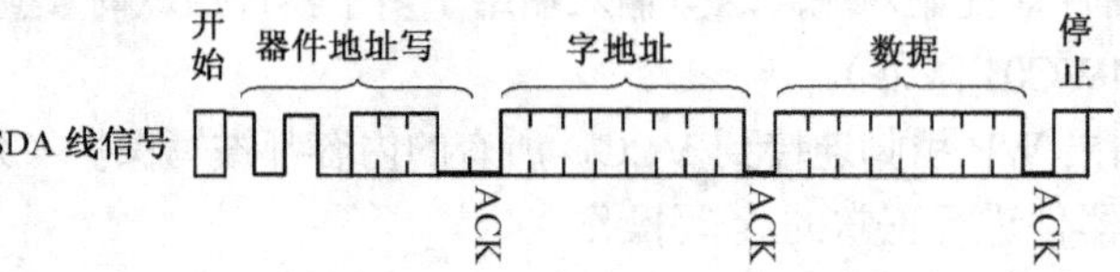

图 7.52　CAT24WC01/02/04/08/16 字节写时序图

（2）页写

图 7.53 所示为 CAT24WCXX 页写时序图。在页写模式下，CAT24WC01/02/04/08/16 可一次写入 8/16/16/16/16B 的数据。页写操作的启动与字节写一样，不同的是在传送了 1B 数据后并不产生停止信号。主器件被允许发送 P（CAT24WC01：$P=7$；CAT24WC02/04/08/16：$P=15$；CAT24WC32/64：$P=31$；CAT24WC128/256：$P=63$）个额外的字节。每发送 1B 数据后 CAT24WCXX 产生一个应答位，且内部低 3/3/4/4/4/5/5/5/6 位地址加 1，高位保持不变。如果在发送停止信号之前主器件发送超过 $(P+1)$B，地址计数器将自动翻转，先前写入的数据被覆盖。接收到 $(P+1)$ B 数据和主器件发送的停止信号后，CAT24WCXX 启动内部写周期将数据写到数据区。所有接收的数据在一个写周期内写入 CAT24WCXX。

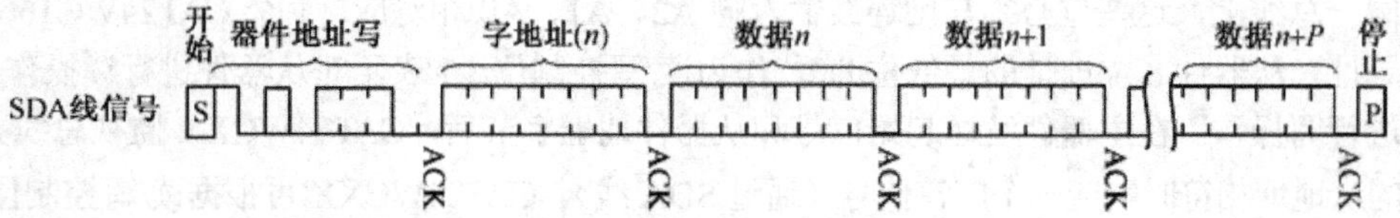

图 7.53　CAT24WCXX 页写时序图

页写时应该注意器件的页翻转现象，如 CAT24WC01 的页写字节数为 8，从 0 页首址 00H 处开始写入数据，当页写入数据超过 8 个时，会页翻转。若从 03H 处开始写入数据，当页写入数据超过 5 个时，会页翻转。其他情况依次类推。

（3）应答查询

可以利用内部写周期时禁止数据输入这一特性。一旦主器件发送停止位指示主器件操作结束时，CAT24WCXX 启动内部写周期，应答查询立即启动，包括发送一个起始信号和进行写操作的从器件地址。如果 CAT24WCXX 正在进行内部写操作，不会发送应答信号。如果 CAT24WCXX 已经完成了内部自写周期，将发送一个应答信号，主器件可以继续进行下一次读/写操作。

（4）写保护

写保护操作特性为，可使用户避免由于不当操作而造成的对存储区域内部数据的改写，当 WP 引脚接高时，整个寄存器区全部被保护起来而变为只可读取。CAT24WCXX 可以接收从器件地址和字节地址，但是装置在接收到第一个数据字节后不发送应答信号从而避免了寄存器区域被编程改写。

3. 读操作方式

对 CAT24WCXX 读操作的初始化方式与写操作时一样，仅把 R/$\overline{W}$ 位置为 1，有三种不同的读操作方式：读当前地址内容、读随机地址内容、读顺序地址内容。

（1）立即地址读取

图7.54 所示为 CAT24WCXX 立即地址读时序图。CAT24WCXX 的地址计数器内容为最后操作字

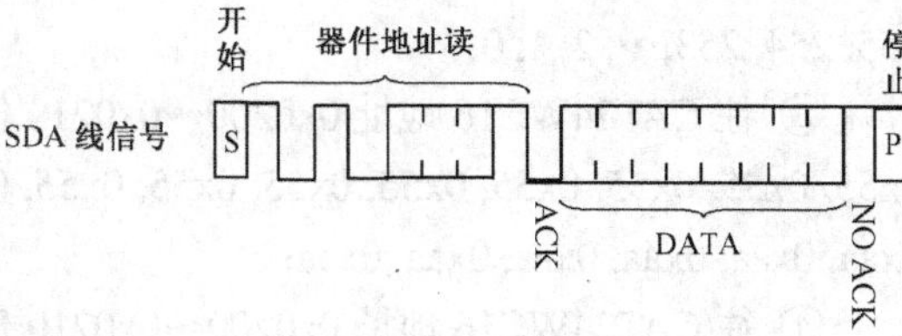

图 7.54　CAT24WCXX 立即地址读时序图

节的地址加 1。也就是说，如果上次读/写的操作地址为 N，则立即读的地址从地址 $N+1$ 开始。如果 $N=E$（CAT24WC01，$E=127$；CAT24WC02，$E=255$；CAT24WC04，$E=511$；CAT24WC08，$E=1023$；CAT24WC16，$E=2047$），则计数器将翻转到 0 且继续输出数据。CAT24WCXX 接收到从器件地址信号后（R/$\overline{W}$ 位置 1），它首先发送一个应答信号，然后发送 1B 数据。主器件不需要发送一个应答信号，但要产生一个停止信号。

（2）随机地址读取

图7.55 所示为 CAT24WCXX 随机地址读时序图。随机读操作允许主器件对寄存器的任意字节进行读操作，主器件首先通过发送起始信号、从器件地址和它想读取的字节数据的地址执行一个伪写操作。在 CAT24WCXX 应答之后，主器件重新发送起始信号和从器件地址，此时 R/W 位置 1，CAT24WCXX 响应并发送应答信号，然后输出所要求的一个字节的数据，主器件不发送应答信号但产生一个停止信号。

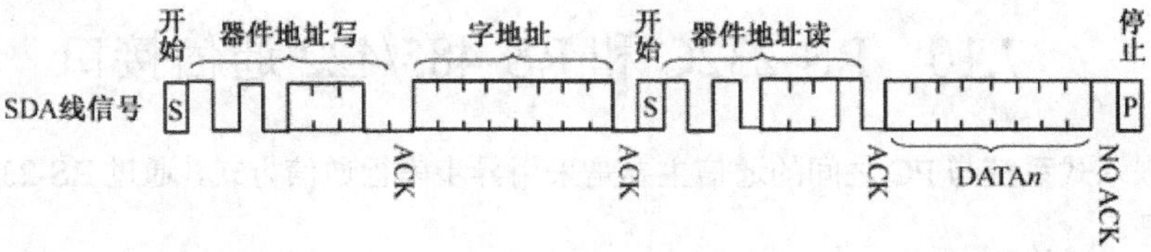

图 7.55　CAT24WCXX 随机地址读时序图

（3）顺序地址读取

图7.56 所示为 CAT24WCXX 顺序地址读时序图。顺序读操作可通过立即读或选择性读操作启动。在 CAT24WCXX 发送完 1B 数据后，主器件产生一个应答信号来响应，告知 CAT24WCXX 主器件要求更多的数据，对应每个主机产生的应答信号 CAT24WCXX 将发送 1 B 数据。当主器件不发送应答信号而发送停止位时结束此操作。从 CAT24WCXX 输出的数据按顺序由 N 到 $N+1$ 输出。读操作时地址计数器在 CAT24WCXX 整个地址内增加，这样整个寄存器区域可在一个读操作内全部读出。当读取的字节超过 E（CAT24WC01，$E=127$；CAT24WC02，$E=255$；CAT24WC04，$E=511$；CAT24WC08，$E=1023$　CAT24WC16，$E=2047$）时，计数器将翻转到 0 并继续输出数据字节。

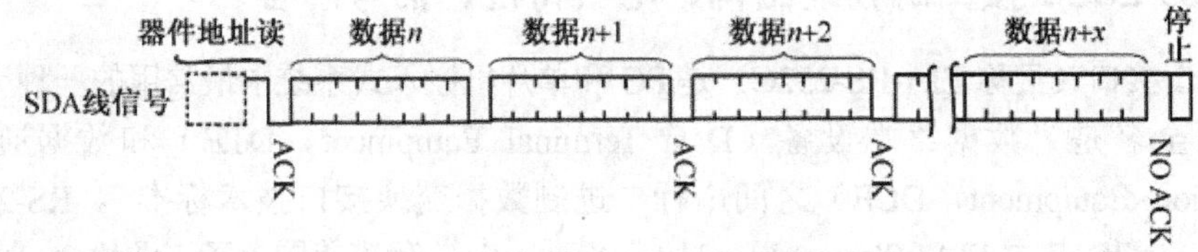

图 7.56　CAT24WCXX 顺序地址读时序图

7.9.3　串行 E²PROM 芯片与 89C52 的接口与编程

图 7.57 所示为 89C52 与串行 E²PROM CAT24WC16 的接口电路，CAT24WC16 的 3 条接口线可接到单片机的任何通用双向 I/O 口上。

【例 7.14】　按图 7.57 所示电路，编写 CAT24WC16 读/写驱动程序，并在主程序中完成：

① 往 CAT24WC16 地址 0x0000～0x00FF 依次写入：0, 1, 2,⋯, 255；

② 往 CAT24WC16 地址 0x0100～0x01FF 依次写入：255, 254, 253,…, 2, 1, 0；

③ 往 CAT24WC16 地址 0x0200～0x0210 依次写入：0x55, 0x55, 0x55, 0x55, 0x55, 0x55, 0x55, 0x55, 0xaa, 0xaa, 0xaa, 0xaa, 0xaa, 0xaa, 0xaa, 0xaa；

④ 往 CAT24WC16 地址 0x0200～0x0210 依次写入：0xaa, 0xaa, 0xaa, 0xaa, 0xaa, 0xaa, 0xaa, 0xaa, 0x55, 0x55, 0x55, 0x55, 0x55, 0x55, 0x55, 0x55；

⑤ 读出 CAT24WC16 地址 0x0000～0x0300 的内容，用 printf 语句输出。

本例程序代码见：..\McuBookExam\Chapter_7\Exam7_14。

在对 CAT24WC16 写操作之前，需要将 WP 置 0（WP = LOW），写操作完成后，将 WP 置 1（WP = HIGH），以保护 CAT24WC16 被非法改写。

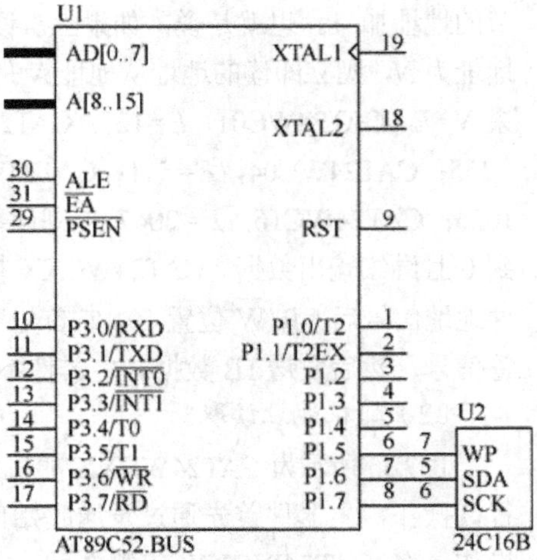

图 7.57　89C52 与串行 E^2PROM CAT24WC16 的接口电路

7.10　RS-232C 和 RS-485/422 通信接口

单片机嵌入式系统与 PC 之间的通信主要是采用异步串行通信方式，通过 RS-232C 或 RS-485/422 标准接口实现。

RS-232C、RS-485/422 都是串行数据接口标准，最初都是由电子工业协会（EIA）制定并发布的，RS-232C 在 1969 年发布，命名为 EIA-RS-232C，作为工业标准，以保证不同厂家产品之间的兼容。RS-422 由 RS-232C 发展而来，它是为弥补 RS-232C 的不足而提出的。为改进 RS-232C 通信距离短、速率低的缺点，RS-422 定义了一种平衡通信接口，将传输速率提高到 10 Mbps，传输距离延长到 1.2 km（速率低于 100 kbps 时），并允许在一条平衡总线上连接最多 10 个接收器。RS-422 是一种单机发送、多机接收的单向、平衡传输规范，被命名为 TIA/EIA-422-A 标准。为扩展应用范围，EIA 又于 1983 年在 RS-422 基础上制定了 RS-485 标准，增加了多点、双向通信能力，即允许多个发送器连接到同一条总线上，同时增加了发送器的驱动能力和冲突保护特性，命名为 TIA/EIA-485-A 标准。由于 EIA 提出的建议标准都是以 RS 作为前缀的，所以在通信工业领域，仍然习惯将上述标准以 RS 作为前缀称谓。

7.10.1　RS-232C 接口的物理结构、电气特性、信号内容

RS-232C 接口（又称 EIA-RS-232C）是 PC 和单片机嵌入式系统中最常用的一种串行通信接口。RS-232C 的全名是“数据终端设备（Data Terminal Equipment，DTE）和数据通信设备（Data Communication Equipment，DCE）之间串行二进制数据交换接口技术标准”。RS-232C 又称为是 EIA-RS-232C 标准，其中 EIA（Electronic Industry Association）代表美国电子工业协会，RS（Recommeded Standard）代表推荐标准，232 是标识号，C 代表 RS232 的最新一次修改（1969）。它规定连接电缆和机械、电气特性、信号功能及传送过程。

需要注意的是，DTE-数据终端设备一般指 PC 或嵌入式系统，而 DCE-数据通信设备指调制解调器 Modem。远程通信时，在“发送”数据方，作为 DTE 的 PC 或嵌入式系统必须通过作为 DCE 的 Modem 接入通信线路，才能发送数据；而在“接收”数据方，作为 DTE 的 PC 或嵌入式系统也必须通过作为 DCE 的 Modem 接入通信线路，才能接收数据。“发送”数据方 DTE 和“接收”数据方 DTE 相距较近时，两个 DTE 可以直接相连而省掉 DCE，这种情况我们可称之为零调制解调器（null modem）。

通常从外观就能判断是 DTE 还是 DCE，DTE 是针头（俗称公头），DCE 是孔头（俗称母头），这样两种接口才能接在一起。

RS-232C 标准中所提到的“发送”和“接收”，都是站在 DTE 立场上，而不是站在 DCE 的立场来定义的。

1. 接口的物理结构和信号内容

RS-232C 的物理结构规定采用一个 25 脚的 DB-25 连接器，通常插头在 DCE 端，插座在 DTE 端。实际上 RS-232C 的 25 条引线中有许多是很少使用的，在计算机与终端的通信中一般只使用 3～9 条引线。如 PC 机的 RS-232C 接口 COM1 和 COM2 使用的是 9 针 D 形连接器 DB9。RS-232C 引线如图 7.58 所示。RS-232C 引线的信号内容如表 7.14 所示。

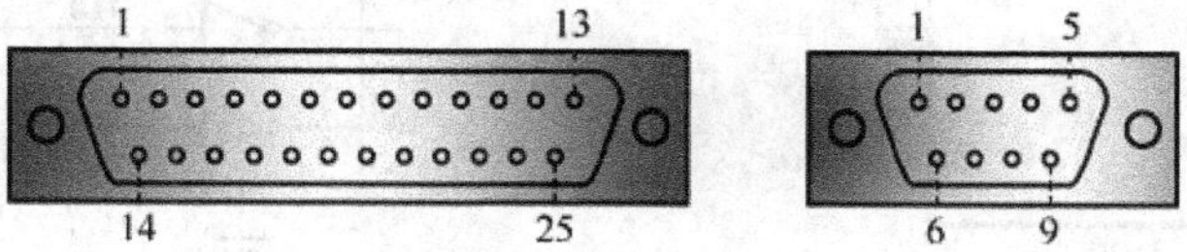

图 7.58　RS-232C 引线图

表 7.14　DB9 和 DB25 的常用信号脚说明

9 针串口（DB9）			25 针串口（DB25）		
针　号	功 能 说 明	缩　写	针　号	功 能 说 明	缩　写
1	数据载波检测	DCD	8	数据载波检测	DCD
2	接收数据	RXD	3	接收数据	RXD
3	发送数据	TXD	2	发送数据	TXD
4	数据终端准备	DTR	20	数据终端准备	DTR
5	信号地	GND	7	信号地	GND
6	数据设备准备好	DSR	6	数据准备好	DSR
7	请求发送	RTS	4	请求发送	RTS
8	清除发送	CTS	5	清除发送	CTS
9	振铃指示	DELL	22	振铃指示	BELL

2. 接口的电气特性

EIA-RS-232C 对电器特性、逻辑电平和各种信号线功能都做了规定。

在 TxD 和 RxD 上：

逻辑 1（MARK）= –3～–15 V

逻辑 0（SPACE）= +3～+15 V

在 RTS、CTS、DSR、DTR 和 DCD 等控制线上：

信号有效（接通，ON 状态，正电压）= +3～+15 V

信号无效（断开，OFF 状态，负电压）= –3～–15 V

在 RS-232C 中任何一条信号线的电压均为负逻辑关系，即：逻辑 1，–3～–15 V；逻辑 0，+3～+15 V。

3. RS-232C 和 TTL 电平转换

RS-232C 规定了自己的电气标准，都不能直接满足单片机系统中 TTL 电平的传送要求。为了通过 RS-232C 接口通信，必须在单片机嵌入式系统中加入电平转换芯片，以实现 TTL 电平向 RS-232C 电平的转换。图 7.59 和图 7.60 所示为实现 TTL 电平和 RS-232C 电平的转换电路，采用单 5V 工作电源的 MAX232 芯片实现。

4. 传输电缆长度

RS-232C 标准规定，若不使用 Modem，在码元畸变小于 4%的情况下，DTE 和 DCE 之间最大传输距离为 15 m（50 英尺）。可见这个最大的距离是在码元畸变小于 4%的前提下给出的。为了保证码元畸变小于 4%的要求，接口标准在电气特性中规定，驱动器的负载电容应小于 2500 pF。

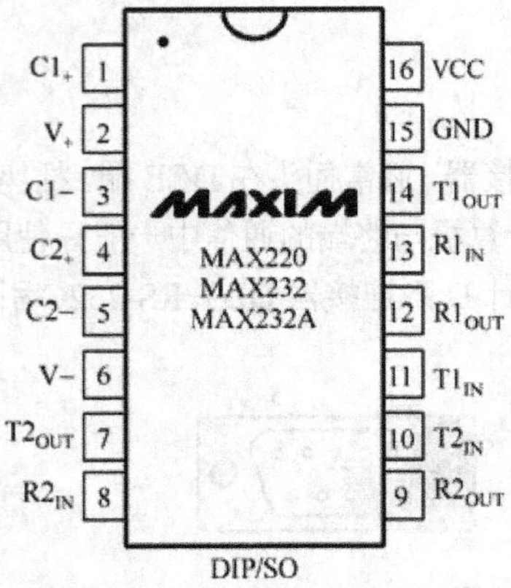

图 7.59　MAX232A 封装和 TTL 电平

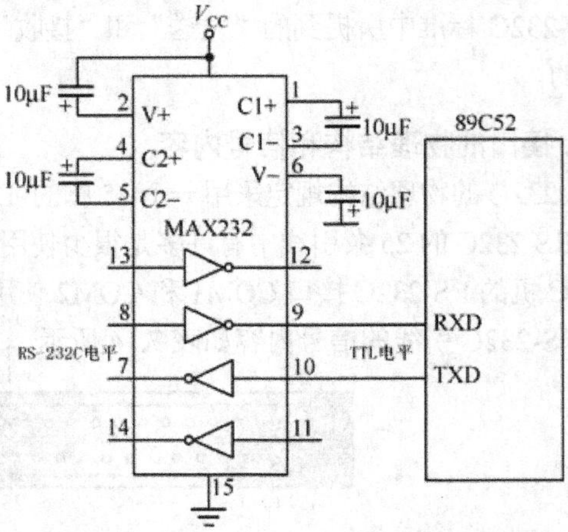

图 7.60　RS-232C 电平的转换电路

5. RS-232C 接口的缺点

由于 RS-232C 接口标准出现较早，难免有不足之处，主要有以下 4 点：

① 接口的信号电平值较高，易损坏接口电路的芯片，又因为与 TTL 电平不兼容，故需使用电平转换电路方能与 TTL 电路连接；

② 传输速率较低，在异步传输时，波特率为 20 kbps；

③ 接口使用一根信号线和一根信号返回线而构成共地的传输形式，这种共地传输容易产生共模干扰，所以抗噪声干扰性弱；

④ 传输距离有限，最大传输距离标准值为 15 m，实际上也只能在 50 m 左右。

尽管 RS-232C 接口有不足之处，但由于 RS-232C 是一个已制定很久的标准，PC 和嵌入式系统都把其作为一个标准接口进行配置。

6. 单片机系统和 PC 通信应用举例

【例 7.15】 如图 7.61 所示仿真电路，设置单片机串行口设为工作方式 1，波特率为 9600。要求 PC 从串行口发送一个字符 1、2、3 或 4 到单片机串行口，单片机接收到该字符后，首先在 P2 口的数码管上显示该字符，然后据字符不同返回不同的字符串，具体要求见表 7.15。

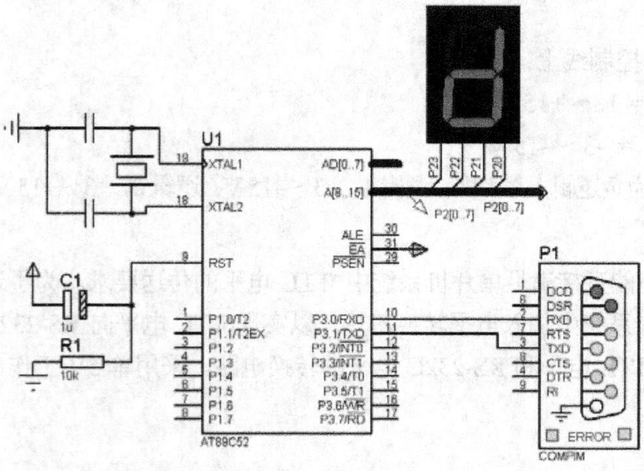

图 7.61　PC 和单片机通信仿真电路

表 7.15　单片机和 PC 通信内容

PC 发送字符	单片机返回
1	1: What do you plan to do this Friday?
2	2: I plan to go to the concert.
3	3: What are you doing next week?
4	4: I'm thinking of going to my grandma's.
其他字符	5: Please select a character '1','2','3' or '4'!

Proteus Professional 7.5 提供了一个带电平转换的串行通信接口仿真元件 COMPIM，配合 PC 上配置的虚拟串行口即可实现仿真电路中单片机和 PC 的通信。可以看到本仿真电路已经调入了仿真元件 COMPIM。

另外还要在 PC 上配置虚拟串行口，配置工具很多，笔者使用的是 Eltima Software 公司的产品 Configure VSPD XP，读者在网站 http://www.virtualserialport.com/products/vspdxp/可以下载此软件。

安装后运行 Configure VSPD XP，打开该工具主界面。如图 7.62 所示。

如图 7.62 所示，在主界面的左边窗口是计算机已有的串行口配置，我们可以看到此计算机目前尚无配置虚拟串行口，但计算机已有 2 个物理串行口（硬件串行口），物理串行口通常在计算机主机后边可以找到，是 9 针口。不同的计算机，物理串行口的数量多少也不一致。

在主界面的右边是虚拟串行口配置按钮，通过这些按钮可以增加和删除虚拟串行口，如图 7.63 所示。

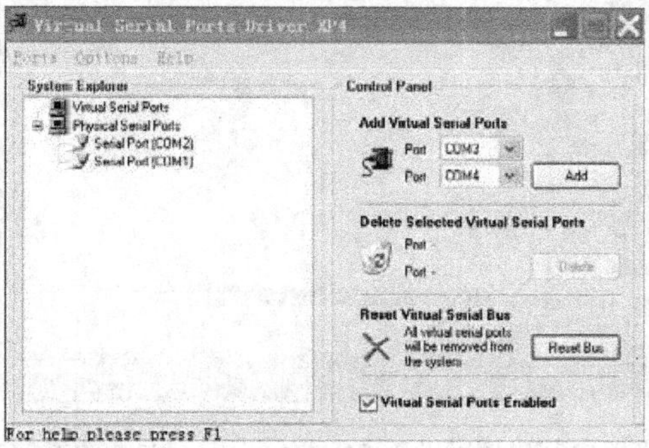

图 7.62　在 PC 上串行口配置情况

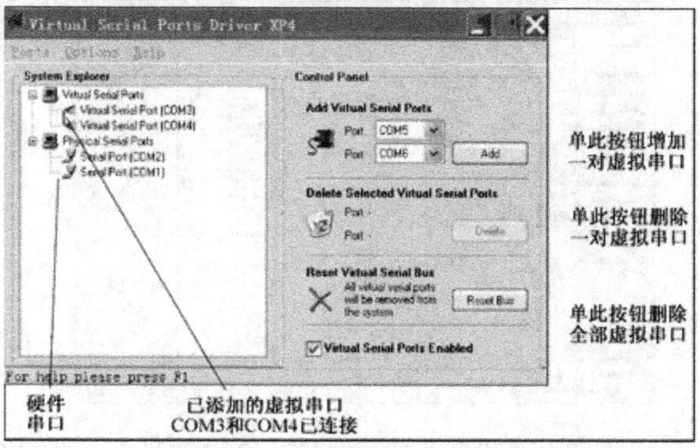

图 7.63　在 PC 上配置虚拟串行口

如图 7.63，点击 Add 按钮可添加虚拟串行口，虚拟串行口是成对增加的，图中已经添加了一对虚拟串行口 COM3 和 COM4。我们从图中可以看到 COM3 和 COM4 的图标尾巴是连在一起的，表示 COM3 和 COM4 已经连接。故在单片机和 PC 的通信中我们把单片机和 PC 选择 COM3 和 COM4，就意味单片机串行口和 PC 串行口已经连接。这一点我们从 PC 的设备管理器中也可以看出，如图 7.64 所示。下面就只要考虑软件该如何实现通信即可。

7. PC 上的串行口通信软件

单片机系统与 PC 之间的串行口通信，双方都需要编写相应的串行口通信软件配合。单片机系统通信程序编写我们在上一章已经熟悉了，PC 的串行口通信软件我们可以直接使用他人编写的较为成熟的串行口调试工具，许多网站都提供了多种串行口调试工具的下载链接。在此我们使用的是“啸峰”网友开发的串行口调试助手 SComAssistant V2.1。这是一个绿色免安装的软件，界面精致美观，实用性也强，支持各种串行口设置，如波特率、校验位、数据位和停止位等，能以 ASCII 码或十六进制接收或发送任何数据或字符，可以任意设定自动发送周期。图 7.65 所示为串行口调试助手 SComAssistant V2.1 的主界面。

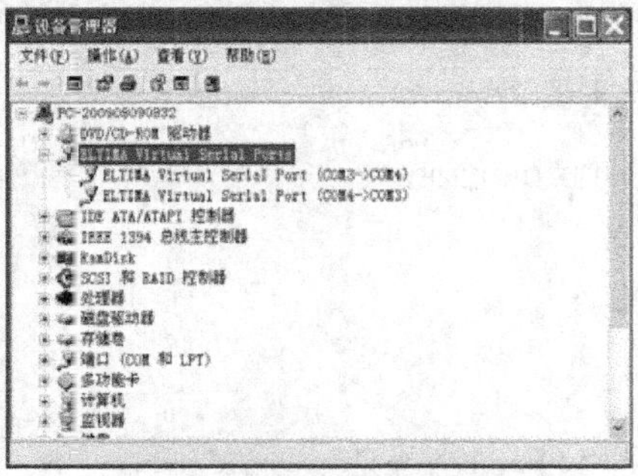

图 7.64　在 PC 的设备管理器查询虚拟串行口配置情况

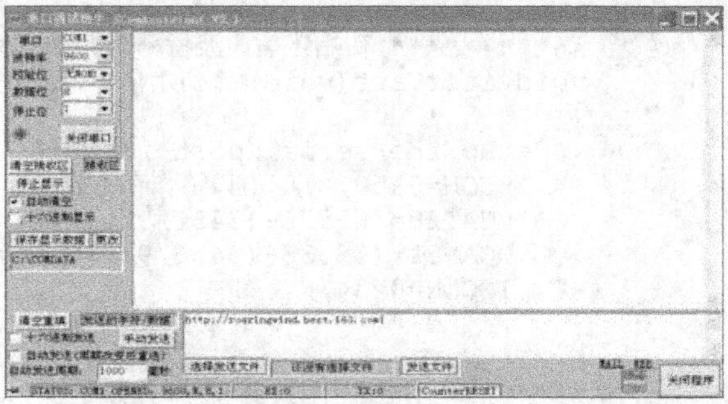

图 7.65　串行口调试助手 SComAssistant V2.1 主界面

8. 设置仿真元件 COMPIM 与串行口调试助手

要使用虚拟串行口，还要做最后一步设置。假设已经添加一对虚拟串行口为 COM3 和 COM4，双击仿真电路中的 P1-COMPIM 元件，按图 7.66 修改设置仿真元件的 COMPIM 属性，则表示单片机方通信口连接到 COM4，通信波特率为 9600，数据位 8 位，无校验位，停止位 1 位。

打开串行口调试助手 SComAssistant V2.1，按图 7.67 所示修改串行口参数，图中，PC 通信口连接到 COM3，通信波特率为 9600，数据位 8 位，无校验位，停止位 1 位。图中右边上半部分为串行口数据接收窗口，可以字符或十六进制显示方式接收数据。右边下半部分为串行口数据发送窗口，可以字符或十六进制方式发送数据。

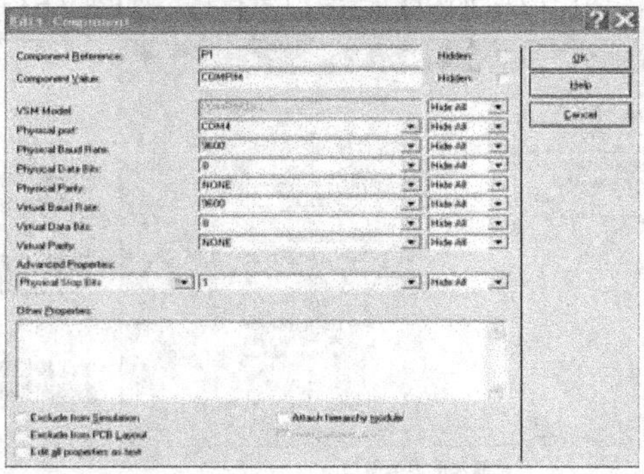

图 7.66　设置仿真元件 COMPIM 属性

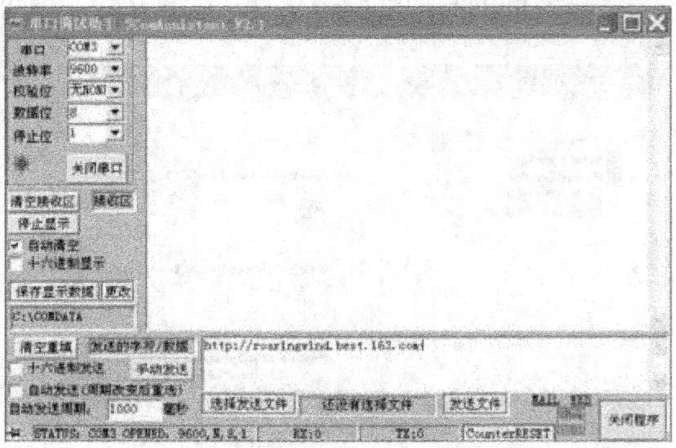

图 7.67　设置串行口调试助手 SComAssistant V2.1 的通信参数

单片机方的通信程序如下：

```
#include <REG52.H>    /*special function register declarations*/
#include <stdio.h>    /*prototype declarations for I/O functions*/
#include <string.h>
#define TRUE  1
#define FALSE 0
#define uchar unsigned char
#define uint unsigned int
void time(unsigned int ucMs);//延时单位：ms
void initUart(void);/*初始化串口波特率，使用定时器 2*/
void sendString(uchar *ucString); //往串口发字符串
/******** main 函数 *********/
void main (void) {

    time(1);/*延时等待外围器件完成复位*/
    initUart();/*初始化串口*/
    IE=0x90; /*打开串口中断*/
    while(TRUE){}
}
/********** 初始化串口波特率 ************/
void initUart(void)/*初始化串口波特率，使用定时器 2*/
{
/*Setup the serial port for 9600 baud at 11.0592MHz*/
    SCON=0x50;  //串口工作在方式 1
    RCAP2H=(65536-(3456/96))>>8;
    RCAP2L=(65536-(3456/96))%256;
    T2CON=0x34;
}

/***********  串行口中断服务程序***************/
void serial0_int(void) interrupt 4
{
```

```
    uchar rChar;
    uchar code str1[]="What do you plan to do this Friday?"; //收到 0x01 时的返回
    uchar code str2[]="I plan to go to the concert.";    //收到 0x02 时的返回
    uchar code str3[]="What are you doing next week?";   //收到 0x03 时的返回
    uchar code str4[]="I'm thinking of going to my grandma's.";
                                                          //收到 0x04 时的返回
    uchar code strdefault[]="Please select a character '1','2','3' or '4'!";
                                                          //收到其他时的返回

       EA=0;              /*关总中断*/
        RI=0;             /*请标志*/
        rChar=SBUF;       /*读串口缓冲区，得到 PC 发来的数据*/

        switch(rChar) {
            case '1': //收到字符'1'
                P2=1; /*送 P2 口显示*/
                    SBUF='1';while(TI==0){}TI=0;     //发送字符'1'
                    SBUF=':';while(TI==0){}TI=0;     //发送字符':'
                    sendString(str1);                //发送字符串 str1
                break;
            case '2': //收到字符'2'
                P2=2; /*送 P2 口显示*/
                SBUF='2';while(TI==0){}TI=0;         //发送字符'2'
                    SBUF=':';while(TI==0){}TI=0;     //发送字符':'
                    sendString(str2);                //发送字符串 str2
                break;
            case '3': //收到字符'3'
                P2=3; /*送 P2 口显示*/
                SBUF='3';while(TI==0){}TI=0;         //发送字符'3'
                    SBUF=':';while(TI==0){}TI=0;     //发送字符':'
                    sendString(str3);                //发送字符串 str3
                break;
            case '4': //收到字符'4'

                P2=4; /*送 P2 口显示*/
                SBUF='4';while(TI==0){}TI=0;         //发送字符'4'
                    SBUF=':';while(TI==0){}TI=0;     //发送字符':'
                    sendString(str4);                //发送字符串 str4
                break;
            default:  //收到其他字符
                P2=0xd; /*送 P2 口显示*/
                SBUF='d';while(TI==0){}TI=0;         //发送字符'd'
                    SBUF=':';while(TI==0){}TI=0;     //发送字符':'
                    sendString(strdefault);          //发送字符串 strdefault
                break;
        }
        EA=1;/*开总中断*/
    }
    /*************************************************************
    * 函数说明: 往串口发字符串
    * 入口参数: 发送的字符串,包括回车
    * 出口参数: 无
    * 返回:     无
    * 作者:     张齐
    * 创建时间: 20040123
    * 修改日期:
    * 修改内容:
    *************************************************************/
    void sendString(uchar *ucString)                 //往串口发字符串
    {
    uchar i,stringLength=strlen(ucString);
```

```
        REN=0;//设置发送状态
        for(i=0;i<stringLength;i++){
            SBUF=ucString[i];while(TI==0);TI=0;      //发送字符
        }
        SBUF=0x0d;while(TI==0);TI=0;                 //发送回车
        SBUF=0x0a;while(TI==0);TI=0;                 //发送换行
        SBUF=0x0a;while(TI==0);TI=0;                 //发送换行
        REN=1;//设置接收状态
}

/*********** time C **************/
void time(unsigned int ucMs)                         //延时单位：ms
{
#define DELAYTIMES 239
unsigned char  ucCounter;                            //延时设定的循环次数

    while (ucMs!=0) {
        for (ucCounter=0; ucCounter<DELAYTIMES; ucCounter++){}//延时
        ucMs--;
    }
}
```

程序编译链接得到 HEX 文件，然后加载到图 7.61 所示仿真电路图中的 U1-AT89C52，点击按钮▶启动仿真。

如图 7.68 所示，在串行口调试助手的发送窗口，依次输入 1、2、3、4 和 5，按字符方式发送，可以看到单片机返回的字符串依次显示在接收窗口。

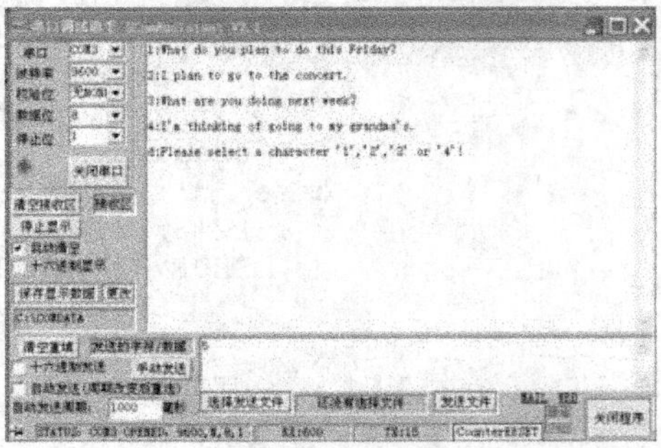

图 7.68　单片机通过虚拟串行口与 PC 通信

7.10.2　RS-485/422 接口

RS-485/422 接口采用不同的方式：每个信号都采用双绞线（两根信号线）传送，两条线间的电压差用于表示数字信号。例如，把双绞线中的一根标为 A（正），另一根标为 B（负），当 A 为正电压（通常为+5 V）而 B 为负电压时（通常为 0），表示信号 1；反之，A 为负电压而 B 为正电压时，表示信号 0。RS-485/422 允许通信距离可达到 1200 m，采用合适的电路可达到 2.5 Mbps 的传输速率。

RS-422 与 RS-485 采用相同的通信协议，但有所不同。RS-422 通常作为 RS-232 通信的扩展，它采用两对双绞线，数据可以同时双向传递（全双工）。RS-485 则采用一对双绞线，输入/输出信号不能同时进行（半双工）。RS-485 可用于多点通信，一条信号线上可连接多个设备，它通常采用主/从结构。

RS-485 串行总线接口标准以差分平衡方式传输信号，具有很强的抗共模干扰的能力，允许一对双绞线上一个发送器驱动多个负载设备。工业现场控制系统中一般都采用该总线标准进行数据传输，用户在开发一般的单片机嵌入式系统时，利用单片机本身所提供的简单串行接口，加上总线驱动器如 MAX485 等组合成简单的 RS-485 通信网络。

1. RS-485 接口特点

① RS-485 的电气特性，逻辑 1 以两线间的电压差为+2～+6 V 表示；逻辑 0 以两线间的电压差为−2～−6 V 表示。接口信号电平比 RS-232C 降低了，这样就不易损坏接口电路的芯片，且该电平与 TTL 电平兼容，可方便与 TTL 电路连接。

② RS-485 的数据最高传输速率为 10 Mbps。

③ RS-485 接口是采用平衡驱动器和差分接收器的组合，抗共模干扰能力增强，即抗噪声干扰性好。

⑤ RS-485 接口的最大传输距离标准值为 1.2 km，实际上可达 3 km。另外，RS-232C 接口在总线上只允许连接 1 个收发器，即单站能力；RS-485 接口在总线上是允许连接多达 128 个（如果使用特制的 485 芯片，最大的可以支持到 400 个）收发器的，即具有多站能力，这样用户可以利用单一的 RS-485 接口方便地建立设备网络。

2. RS-485 和 TTL 电平转换

RS-485 通信方式规定了自己的电气标准，都不能直接满足 TTL 电平的传送要求。为了通过 RS-485 接口通信，必须在单片机嵌入式系统中加入电平转换芯片，以实现 TTL 电平向 RS-485 差分信号的转换。图 7.69 和图 7.70 所示为实现 TTL 电平和 RS-485 电平的转换电路，采用 MAX485 芯片实现。

RS-485 采用一对双绞线，输入/输出信号不能同时进行（半双工），MAX485 芯片的发送和接收功能转换是由芯片的 $\overline{RE}$ 和 DE 端控制的。$\overline{RE}$ =0 时，允许接收；$\overline{RE}$ =1 时，接收端 R 高阻。DE=1 时，允许发送；DE＝0 时，发送端 A 和 B 高阻。在单片机系统中常把 $\overline{RE}$ 和 DE 接在一起用单片机的一个 I/O 线控制收发。图 7.70 中当 P1.0＝1 时经反相器为 0，MAX485 处于接收状态，当 P1.0＝0 时经反相器为 1，MAX485 处于发送状态。由于单片机各端口复位后处于高电平状态，图 7.70 中 P1.0＝1 经反相器保证了上电时 MAX485 处于接收状态。

需要注意的是 RS-232C 串口对单片机串口接收和发送是透明的，无须控制。RS-485 输入/输出信号不能同时进行，RS-485 串口需由单片机控制收发。图 7.70 中发送数据时 P1.0=0，接收数据时 P1.0=1。通常将 RS-485 芯片设置为接收状态。

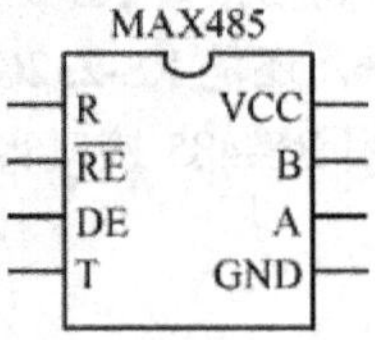

图 7.69　MAX485 封装

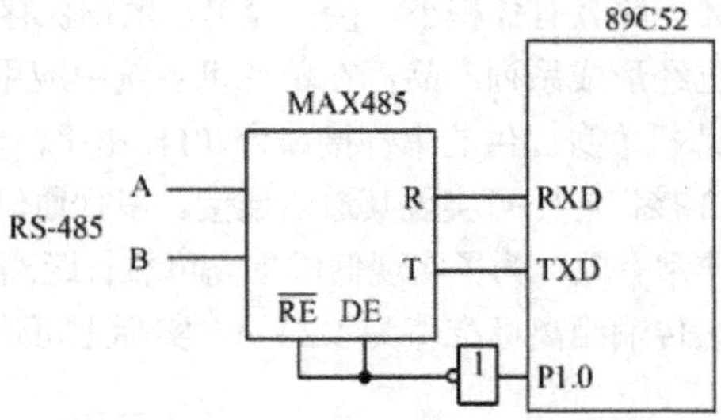

图 7.70　TTL 电平和 RS-485 电平的转换电路

本 章 小 结

单片机通过三总线扩展外部接口电路。这时 P0、P2 口用做外部扩展总线，无法再作为通用 I/O 口。

为了避免出现数据总线竞争现象，外部扩展接口电路的地址空间不能重叠，这一点通过地址译码保证。地址译码有两种方法：线选法和全地址译码法。线选法不用增加额外的电路，但只适用于扩展少量的片外接口电路。全地址译码法要增加译码器实现地址译码，适用于在单片机外围扩展较多的接口电路。

除程序存储器外，80C51 单片机嵌入式系统中采用三总线扩展的各种功能的接口电路或外围设备，采取与数据存储器相同的寻址方法。所有接口电路或外围设备均与片外数据存储器统一编址。任何一个扩展电路根据地址线的选择方式不同，占用一个片外 RAM 地址或一个片外 RAM 区域，而与外部程序存储器无关。

如果单片机通过三总线扩展外部接口电路，则至少损失18个I/O 口，可以采用通用 I/O 接口或 74HC 系列芯片扩展 I/O 接口。

在单片机系统中扩展超过 64 KB 的大容量存储器时，通过增加高位地址线的方法将该存储器分为几个页面去访问。可以使用单片机多余的 I/O 线作为高位地址线，也可以通过 74HC 系列中的锁存器扩展高位地址线。

键盘是单片机嵌入式系统最常用的输入设备，单片机系统中常用的有独立式键盘和行列式键盘。当键数较少时，使用独立式键盘；当键数较多时，使用行列式键盘。这两种键盘的硬件都可以直接由单片机的 I/O 口构成，软件则要增加防抖动处理。

显示器常作为单片机系统中的输出设备，用以显示单片机系统的运行结果与运行状态等。常用的显示器主要有 LED 数码显示器、LCD 液晶显示器和 CRT 显示器。LED 显示器有静态和动态驱动之分。静态驱动外围电路多，功耗大，但驱动程序简单；动态驱动外围电路少，功耗低，但驱动程序复杂。

常见的液晶显示器有七段式 LCD 显示器、点阵式字符型 LCD 显示器和点阵式图形 LCD 显示器。字符型液晶显示模块是专门用于显示字母、数字、符号等的点阵式字符型显示模块。点阵式图形 LCD 显示器不仅可以显示字符，还可以显示汉字和图形。

实时日历时钟芯片是单片机系统中常用的扩展接口单元，通过对其片内控制寄存器读/写，实现对实时日历时钟的操作。时钟芯片有并行接口和串行接口芯片，并行接口芯片体积大，但控制程序简单；串行接口芯片体积大，但控制程序复杂。

A/D 转换器单片机数据采集系统关键接口电路，按照和单片机系统的接口形式可分为并行 A/D 转换器和串行 A/D 转换器。在单片机系统采用串行 A/D 转换器，能够节省 80C51 系列单片机的 I/O 资源。

I^2C 总线采用时钟（SCL）和数据（SDA）两根线进行数据传输，接口十分简单。串行 I^2C 接口 E^2PROM 电路具有体积小、接口简单、数据保存可靠、可在线改写、功耗低等特点，而且为低电压操作，并已经形成系列产品，在单片机系统中应用十分普遍。

单片机本身提供的串行接口为 TTL 电平，无法直接与 PC 的串行通信接口 RS-232C 相连，通过 MAX232 接口电路可实现其透明连接。串行通信接口无论是 TTL 电平，还是 RS-232C 电平，其传输距离都非常有限。为了实现低成本高可靠长距离之间的通信，通常使用 RS-485 接口实现。RS-485 接口的最大传输距离标准值为 1.2 km，实际上可达 3 km。

习　题　7

1. 为什么要对单片机系统进行扩展？系统扩展主要包括哪些方面？
2. 请概述单片机嵌入式系统中外部扩展资源的种类。
3. 请简述 8255 芯片的定义、内部结构。
4. 某单片机系统应用 8255 扩展 I/O 口，设其 A 口为方式 1 输入，B 口为方式 1 输出，C 口余下的引脚用于输出，试写出其方式控制字。
5. 试分析 8255 实际可能有的各种置位/复位控制字。
6. 什么是键盘的抖动？为什么要对键盘进行消抖处理？如何消除键盘的抖动？
7. 单片机嵌入式系统中有哪几种键盘类型？
8. 对于行列矩阵式非编码键盘中按键的识别通常采用两步扫描判别法。以图 7.17 所示的 4×4 键盘为例，画出两步扫描判别法识别按键流程图。
9. 编写一个程序，单片机外接 4×4 阵列式按键键盘和蜂鸣器，根据按键键值的不同使蜂鸣器响相应的次数。
10. 简述 LED 显示器的静态与动态显示原理。
11. 图 7.19 中“串行口扩展 8 位 LED 显示器静态驱动电路”使用单片机的 RXD 和 TXD 引脚发送移位时钟和移位数据给 74HC164，如果单片机的 RXD 和 TXD 被占用，改用 P1.6 和 P1.7 发送移位时钟和移位数据给 74HC164，请编程实现。

12. 动态显示是指每隔一段时间循环点亮每个 LED 数码管，每次只有一个 LED 被点亮。根据人眼的视觉暂留效应，当循环点亮的速度很快时，可以认为各个 LED 是稳定显示的。根据这个原理，设计一个 8 位 LED 数码管动态显示的电路和程序。
13. 串行接口的芯片有哪些特点？为什么说串行接口芯片能节约单片机资源？
14. 简述 Flash E^2PROM 存储器的特点。当 Flash E^2PROM 存储器容量大于 64KB 时，在单片机系统如何能访问到所有空间？
15. 简述串行 E^2PROM 的器件地址和引脚地址？引脚地址的作用是什么。
16. 编写一个写 I^2C 总线接口 E^2PROM 的程序，并提供校验功能，当校验失败的时候提供报警。可用串口精灵发送要写入的数据给单片机。
17. 简述 RS-232 串行通信接口的工作原理。RS-232 高低电平定义与 TTL/CMOS 的高低电平定义有什么区别？
18. 简述 RS-485 串行接口标准的特点。
19. RS-485 发送与接收数据为何不能同时进行？串行接口使用 RS-485 时，在程序中应注意什么？
20. 设计一个单片机程序，接收计算机通过串口发送的数据流，将其中的小写字符转换为大写字符，并回送给计算机。

第 8 章　单片机嵌入式系统设计实例

本章将把前 7 章所学的知识进行一次综合性的应用。以电梯控制器的设计和实现为例，介绍 80C51 单片机嵌入式系统硬件电路设计和软件编程方法。

通过前面 7 章内容的学习，我们对单片机嵌入式系统的概貌已经有了初步的认识，知道单片机嵌入式系统由硬件系统和软件系统组成。硬件系统又是由单片机内部资源与外部扩展资源组成的。并且分章节学习了单片机的软件系统、软件环境、内部资源和外部资源使用方法。本章将以单片机嵌入式系统——电梯控制器为实例，将前面学习的内容贯穿起来，使大家对单片机嵌入式系统设计方法有一个较完整的概念。

8.1　设 计 要 求

以 8 位微处理器/微控制器和步进电动机为核心设计电梯控制器。假设电梯安装在一个楼层为四层的小楼上。其人机接口包括显示器、按键、喇叭、指示灯。中间层每层楼的电梯口都有上楼、下楼两个按钮，顶层只有下楼按钮，底层只有上楼按钮。一个 7 段数码管显示器作为电梯当前层的指示灯，两个发光二极管作为电梯运行方向指示灯；进入电梯里边，按数字键选择想要去的目的楼层，一个 7 段数码管显示器作为电梯当前层的指示灯，两个发光二极管作为电梯上行和下行指示灯。步进电动机正转表示电梯上行，步进电动机反转表示电梯下行。启动按钮按下去表示电梯控制系统可以运行。紧急停止按钮按下，电动机停止运动。报警按钮按下，启动蜂鸣器和闪烁红色报警灯。

8.2　总 体 方 案

电梯控制器的整体工作流程是：当用户需要乘坐电梯时，可按下电梯外部操作单元的呼叫按钮。呼叫按钮分为两种，一种是上行按钮，一种是下行按钮，分别对应用户上楼或下楼的需求。电梯根据电梯调度算法，操作步进电机，响应用户的需求并达到乘客所在楼层。乘客进入电梯后，可以对电梯内的按键进行操作，从而控制步进电机实现电梯的升降、紧急停止、报警。电梯的状态信息可以通过指示灯显示出来。

综上所述，电梯控制器组成可分为六个单元，分别为 CPU 单元、步进电机单元、电梯内部状态显示单元、电梯内部按键操作单元、电梯外部状态显示单元、电梯外部按键操作单元和电源供电模块，如图 8.1 所示。

CPU 单元用于信息的处理和获取，并做出一些相应的控制判断。步进电机单元用于控制电梯的升降。电梯外部按键操作单元用于提供与电梯外用户的交互，响应电梯外用户的呼叫，电梯外部状态显示单元显示当前电梯所处的楼层。电梯内部状态显示单元主要用于给电梯内的用户提供状态信息。电梯内部按键操作单元用于服务电梯内部的乘客，并接受电梯内部乘客的各种指令。电源供电模块给电梯控制器各单元提供电源。

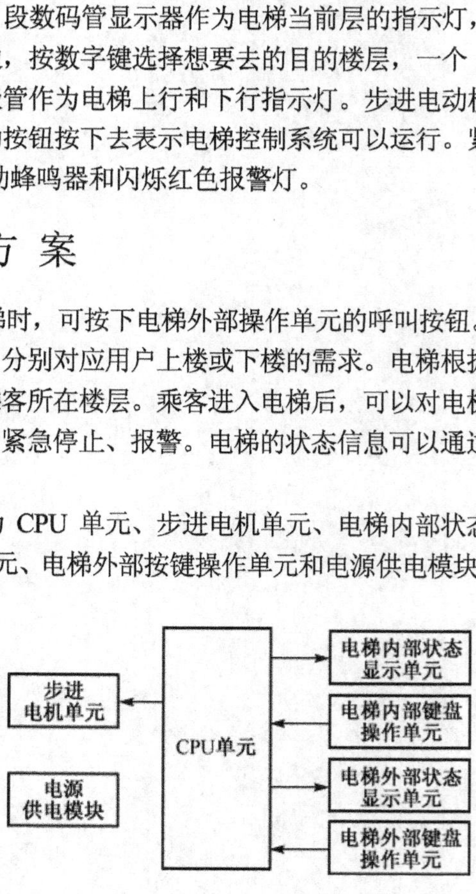

图 8.1　电梯控制器组成框图

8.3　硬件电路设计

根据总体方案，电梯控制器仿真电路如图8.2 所示。图中未包含电源供电模块，有关电源设计请读者参考第 2 章中的相关内容。下面分别对电梯控制器各单元的作用、工作方式、连接关系进行简要介绍。

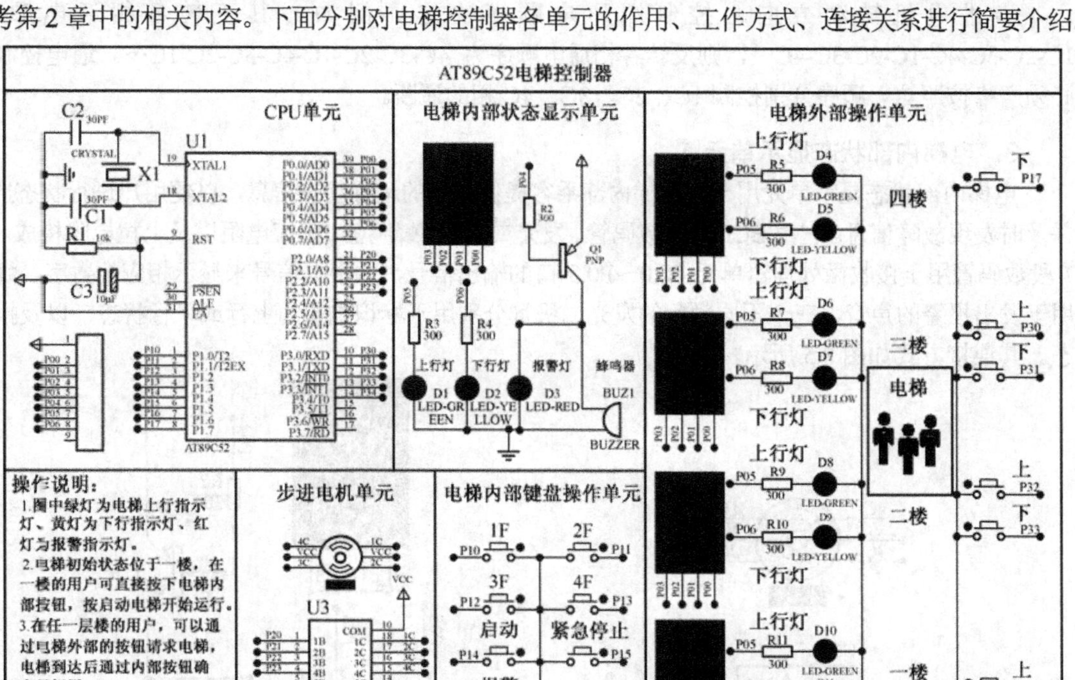

图 8.2　电梯控制器仿真电路

1．CPU 单元

CPU 单元由 AT89C52 单片机、晶振时钟和复位电路组成，如图 8.3 所示。AT89C52 芯片内部的闪速存储器 Flash ROM 用于存放电梯控制器监控程序，RAM 用于堆栈和数据缓存。另外，由于 P0 口是漏电极输出，因此必须添加上拉电阻。

P0～P3 口用于接收用户的输入信号，向外部各个单元提供各种控制信号，控制各个单元进行工作。描述如下：

P0 口：提供各楼层和电梯内部的楼层显示信号、报警声光信号、上下和下行指示灯驱动信号。

P1、P3 口：接收各楼层和电梯内部的所有按键信号，包括上下楼、楼层、报警、启动、紧急停止按键。

P2 口：提供步进电机驱动信号。

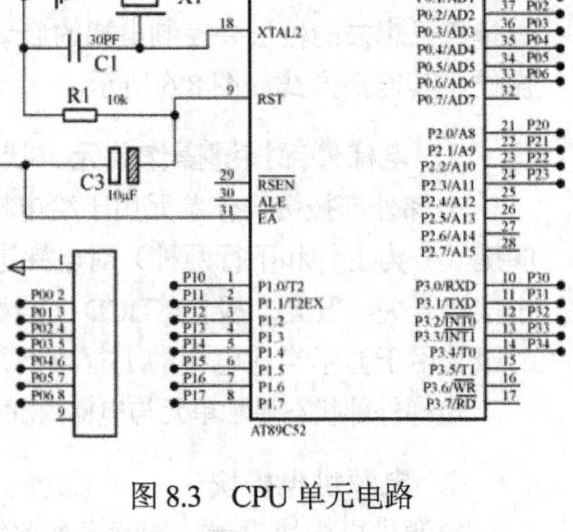

图 8.3　CPU 单元电路

2．步进电机单元

步进电机单元负责电梯的升降，是电梯的动力部分。它主要由步进电机（MOTOR-STEPPER）以及达林顿管阵列大电流输出电路（ULN2803）组成。其中，步进电机根据输入端的控制信号进行工作，它将脉冲信号转变成角位移，即给一个脉冲信号，步进电机就转动一个角度。电机的总转动角度由输入脉冲数决定，而电机的转速由脉冲信号频率决定。达林顿管阵列用于给小功率的步进电机提供驱动控制脉冲电流，其连接方式如图8.4所示。ULN2803 的最大驱动电流为 500 mA，当输入控制端全部输入为高电平时，则 ULN2803 的 Q0～Q7 每个引脚有 80 mA 的电流输出，绝大多数继电器的驱动电流只要十几毫安即可。

步进电机转动方向由控制端通电顺序决定。例如，其正转各相通电顺序为 1C-2C-3C-4C-1C-2C-3C-4C…，则反转各相通电顺序为 4C-3C-2C-1C-4C-3C-2C-1C…。通电控制脉冲必须严格按照这一顺序分别控制 1C、2C、3C、4C 相的通断。

3. 电梯内部状态显示单元

电梯内部状态显示单元用于给电梯内部乘客提供电梯的运行状态信息，以便用户进行状态监视，并及时发现故障信息。它由 BCD 7 段数码管、发光二极管、蜂鸣器、限流电阻以及上拉电阻构成。BCD 7 段数码管用于接收微处理器单元 P0.0～P0.3 口的输出信号，并根据信号来显示相应的数字。蜂鸣器用于发出报警的声音，三个不同颜色的发光二极管分别用于标识电梯的上行或下行状态，以及报警状态。其连接方式如图 8.5 所示。

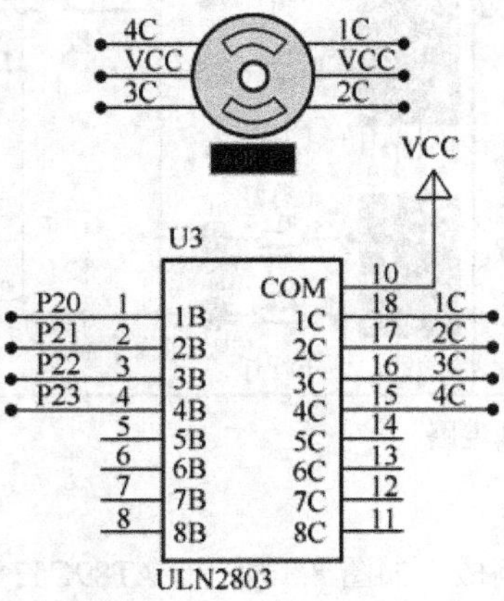

图 8.4　步进电机单元电路

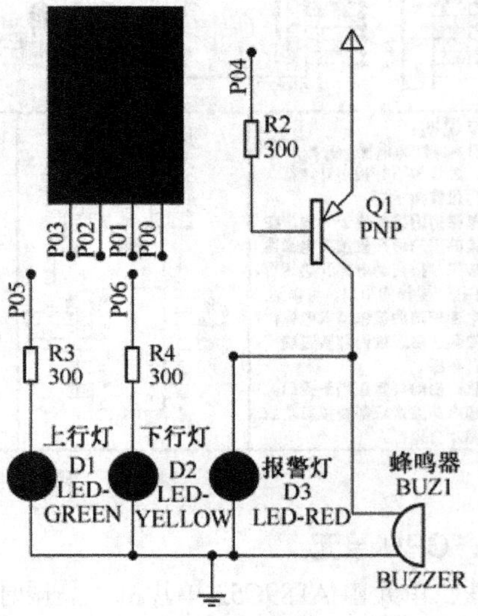

图 8.5　电梯内部状态显示单元电路

4. 电梯内部按键操作单元

电梯内部按键操作单元用于给处于电梯内部的用户提供一个可操作的界面，用户通过该按键可以选择自己想去的楼层并控制电梯的启动、停止和报警。该单元主要由按钮开关组成，用于捕获用户的操作，其连接方式如图 8.6 所示。

5. 电梯外部按键操作单元、状态显示单元

电梯外部按键操作单元用于给电梯外的用户提供操作接口。等待乘坐电梯的乘客可以通过按下呼叫键（分为上行和下行两种）对电梯进行呼叫，电梯通过电梯调度算法响应用户的呼叫。该单元主要由按钮开关、发光二极管、BCD 7 段数码管组成。其中按钮开关用来接收用户的呼叫请求，8 个发光二极管用于显示当前电梯的上行或下行状态，BCD 7 段数码管用于显示当前电梯所处楼层。

电梯外部状态显示单元与电梯内部状态显示单元并联，见 8.3.3 节所述。具体连接方式如图 8.7 所示。

6. 电源供电模块

电源供电模块设计，请读者参照第 2 章中的相关章节。

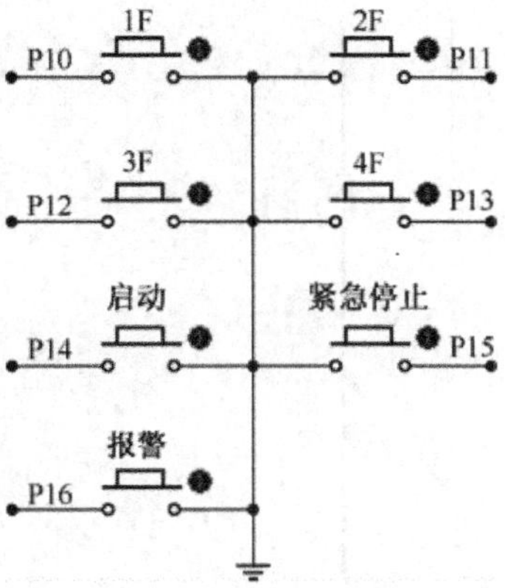

图 8.6　电梯内部按键操作单元

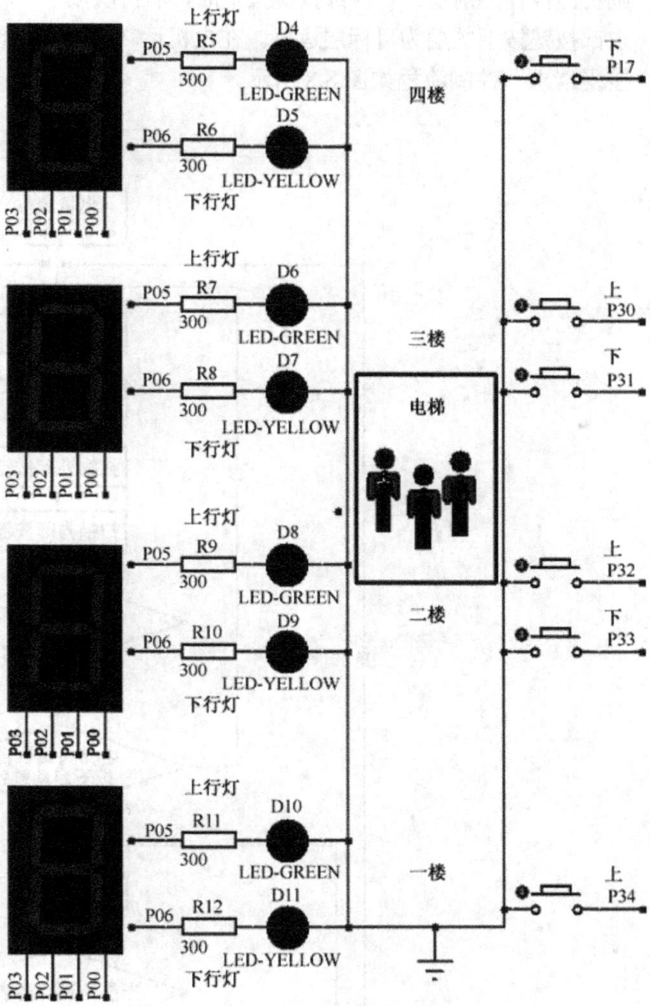

图 8.7　电梯外部按键操作单元电路

8.4　软 件 设 计

电梯控制器软件主要设计人机交互和步进电机驱动。

结合现实生活中的电梯和上述硬件设计图，软件总体设计可分为按键扫描、电机运转、每一层的状态控制、其他显示功能四大部分。

其中按键扫描和电机运转构成了程序的主流程。程序用两个数组分别存储上行和下行请求，每次扫描到按键按下，则把对应元素置 1，当电梯到达某个请求层时，则把相应方向请求置 0，因此电梯每趟（往上或往下）都能按顺序处理已经存储在数组中的请求。处理过程中，依然可以检查是否有新的按钮按下。

8.4.1　主程序模块

主程序可分为三大部分，分别为外部按键扫描、内部按键扫描、电机运转。程序初始化后，便循环执行上述三个部分，外部按键一被扫描到有按下时，如果电梯不在当前层，则马上响应并运转，否则仍然停在当前层。当内部按键按下时，需再次按下“启动”键，相当实际中的“关门”，此时电梯以内部按键按下的层为目标层运行。在电机运转循环中，也增加了内外按键的扫描，以时电梯运行时能接受请求。控制流程如图 8.8 所示。

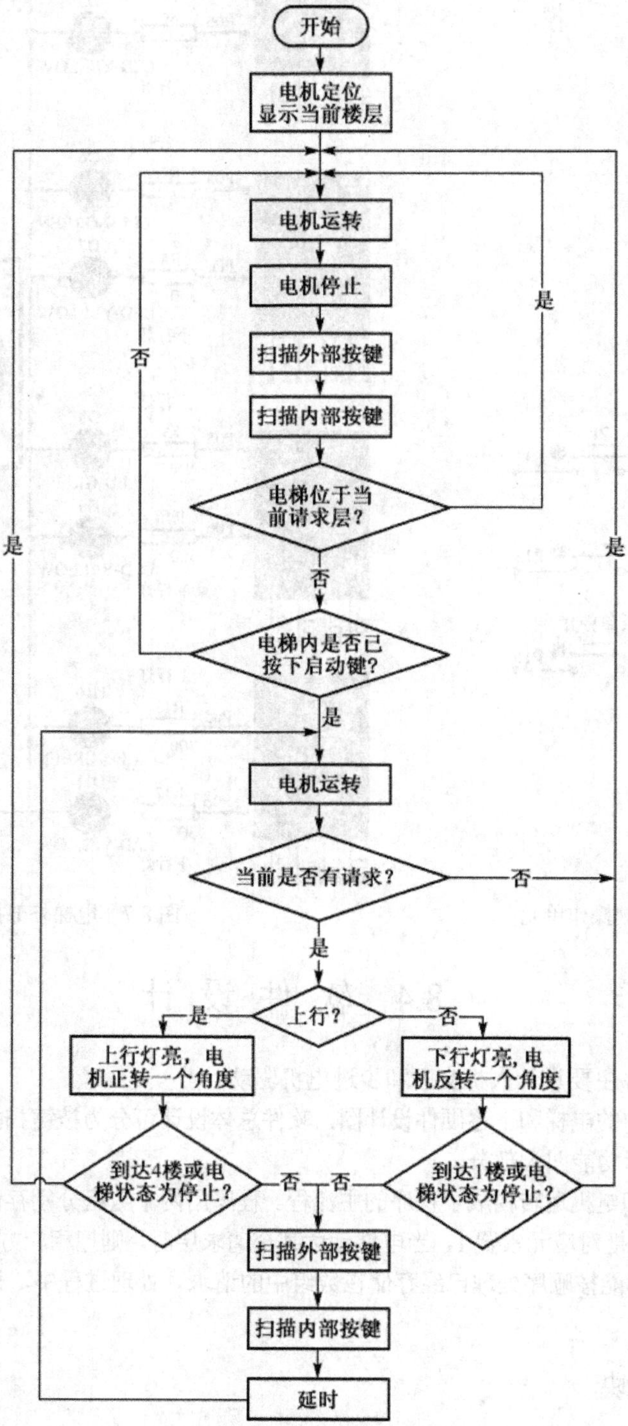

图 8.8　电梯主程序流程图

8.4.2　每到一层的状态控制

需要判断该层是否有当前运行方向的请求，若有，则停留在此层，按下启动键继续运行，若没有任何请求或者请求方向不同，则不停留。流程如图 8.9 所示。

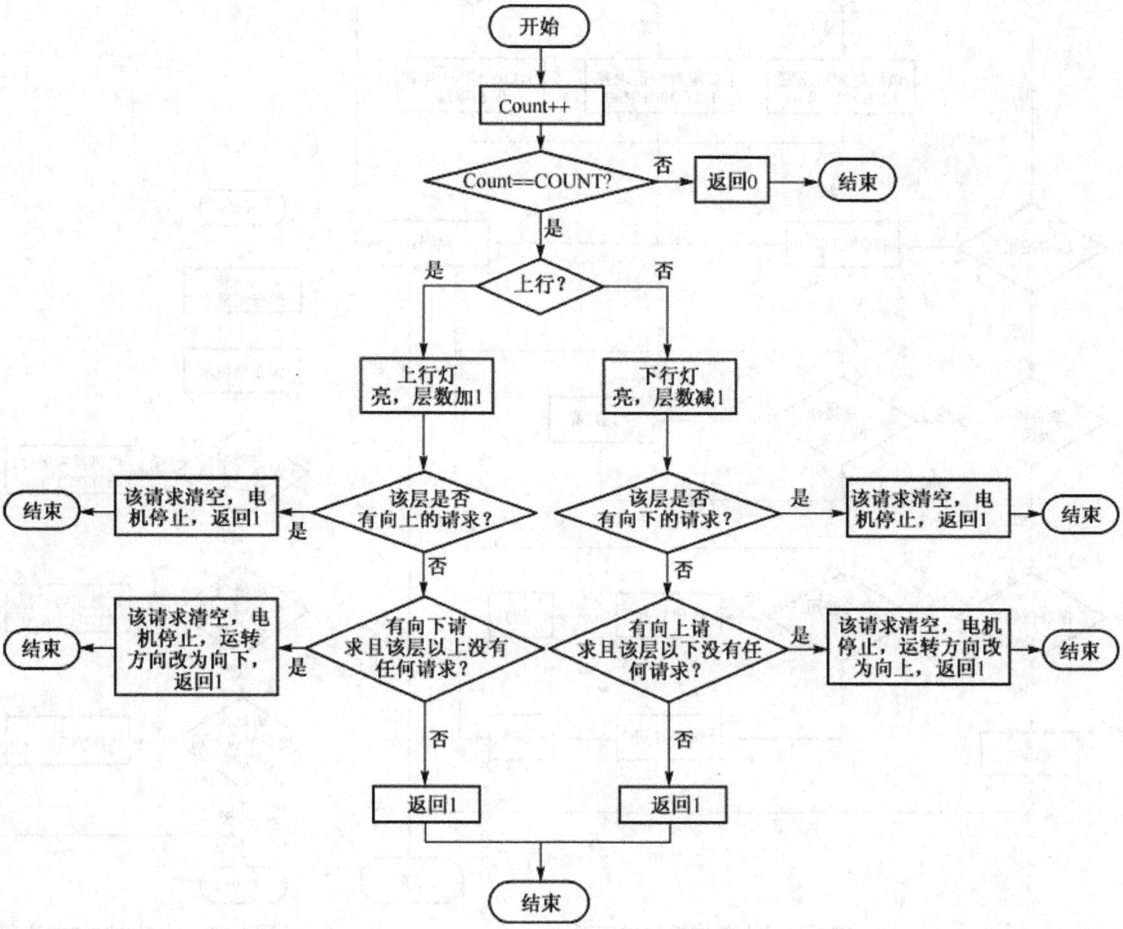

图 8.9　每到一层的状态控制流程图

8.4.3　内部按键扫描

按顺序扫描每个按键，如果按键被按下，则保存其值，若发现被按下的按键刚好是电梯当前所在的层，则电梯保持不动，否则，若电梯当前为停止状态，则马上做运行方向相应的调整并自动启动，若电梯当前为运行状态，则只保存请求。内部按键扫描流程如图 8.10 所示。

8.4.4　外部按键扫描

按顺序扫描每个按键，如果按键被按下，则保存其值，若发现被按下的按键刚好是电梯当前所在的层，则电梯保持不动，否则，若电梯当前为停止状态，则马上做运行方向相应的调整并自动启动，若电梯当前为运行状态，则只保存请求。外部按键扫描流程如图 8.11 所示。

本例程序代码见：..\\McuBookExam\Chapter_8\Exam8_1。

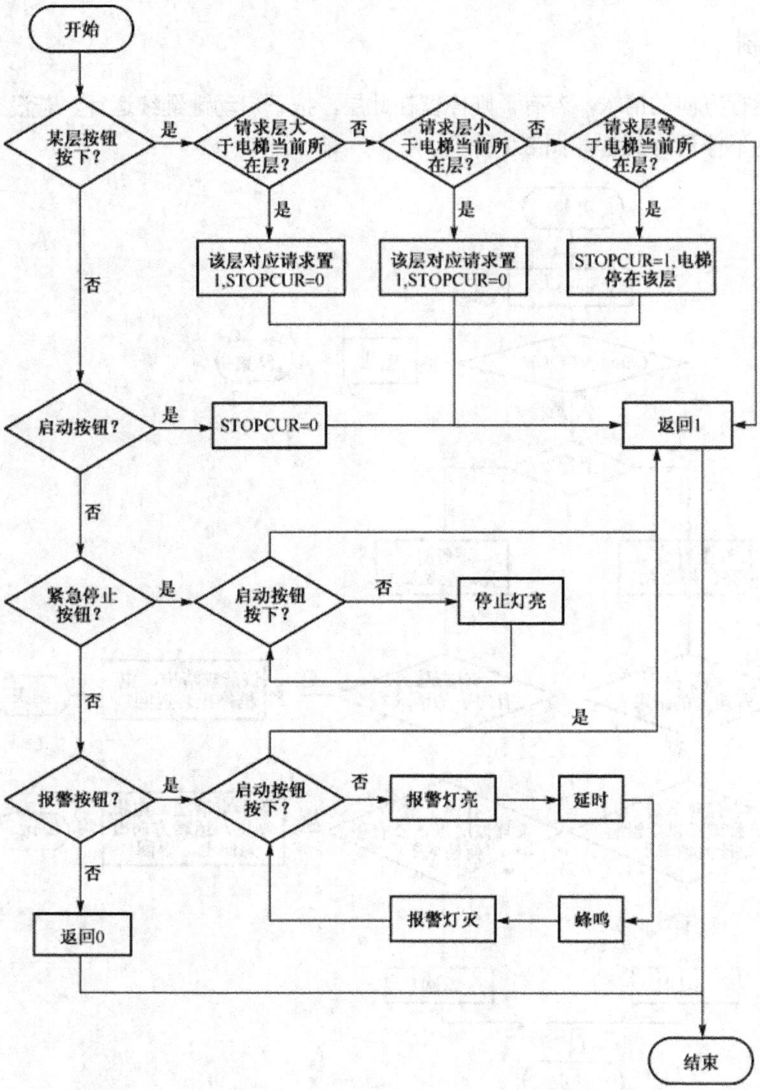

图 8.10　内部按键扫描流程图

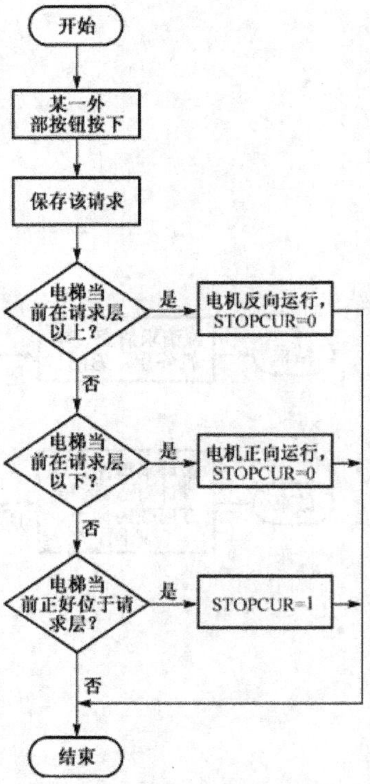

图 8.11　外部按键扫描流程图

8.5　仿 真 测 试

在软硬件设计完成后，开始测试。运行仿真系统后，电梯初始化停在一楼。

8.5.1　测试正常功能

1．人在外部，测试外部按钮。

现象：当电梯不在当前层时，电梯自动启动响应请求，如果电梯在当前层则不动。

2．一直有人在电梯内部，测试内部按钮。

现象：按下电梯任一按钮再按启动，除了选择本层外（电梯不应该动），电梯能正常到达目标层。

3．人从外部请求电梯，电梯到达后进入电梯，选择目标层，按下启动键。

现象：电梯正常响应外部请求，选择内部按钮的目标层后，按下启动键，电梯能正常到达目标层。

4．电梯运行时，测试紧急停止按键，按下启动键解除停止。

现象：按下紧急停止按键，电梯停止，所有灯灭，按下启动键，电梯继续运行。

5．电梯运行时，测试报警按键，按下启动键解除报警。

现象：按下报警键，电梯停止，报警灯闪烁，蜂鸣器响，其他灯仍正常显示，按下启动键，电梯继续运行。

8.5.2　测试异常功能

1．假设当电梯位于一楼时，在三楼按下下行请求，进入电梯后选择二楼，按下启动键。

现象：电梯到三楼后停下，按下启动键后，电梯能正常运行到二楼，各显示器件显示正常。

2．当电梯从一楼正往四楼运行但还没到达三楼时，在三楼按下上行请求键。

现象：电梯到达三楼后停下，梯内按下启动键时继续运行到四楼。

3．当电梯从一楼正往四楼运行但还没到达三楼时，在三楼按下下行请求键。

现象：电梯上行经过三楼时，忽略下行请求，到了四楼后停下，四楼按下启动键后电梯才运行到三楼响应三楼的下行请求。

4．连续按下内部的不同楼层时。

现象：电梯每到被请求的楼层均能正常停下，按下启动键则继续运行，每趟运行处理完同方向的请求。

以上所述只是在仿真系统中模拟电梯控制器，实际系统要考虑诸多因素：

1．为了增强电路的抗干扰能力，复位电路可采用看门狗监控电路。

2．当楼层较多时，远距离传送信号可采用差分信号，或采用 RS485 总线连接子机的电路，由子机控制各楼层的按键与显示。

3．为了提高 CPU 的工作效率，某些功能可以用中断服务程序实现。

本 章 小 结

根据嵌入式应用系统要实现的功能要求，对系统功能细化，分成若干功能模块，画出系统功能框图，再对功能模块进行硬件和软件功能实现的分配。

具体设计包括硬件设计和软件设计。硬件设计主要是根据性能参数要求对各功能模块所需要使用的元器件进行选择和组合，其选择的基本原则就是市场上可以购买到的性价比最高的通用元器件。必要时，须分别对各个没有把握的部分进行搭试、功能检验和性能测试，从模块到系统找到相对优化的方案，画出电路原理图。硬件设计的关键一步就是利用印制板（PCB）计算机辅助设计（CAD）软件对系统的元器件进行布局和布线，接着是印制板加工、装配和硬件调试。

工作量最大的部分是软件设计。软件设计贯穿整个系统的设计过程，主要包括任务分析、资源分配、模块划分、流程设计和细化、编码调试等。软件设计的工作量主要集中在程序调试，所以软件调试工具就是关键。

基于 Proteus 电路设计、Keil C51 程序设计以及两者联合仿真调试的方法，建立起单片机嵌入式系统硬件电路设计、软件设计以及调试的全虚拟环境，使得全部的设计工作在 PC 上就能完成，可显著提高单片机嵌入式系统的设计开发效率，降低开发风险，这对嵌入式系统设计无疑是一个很好的思路。

第 9 章　多任务实时操作系统 RTX-51

在嵌入式软件系统中引入嵌入式实时操作系统（Real-Time Operating System，RTOS），不仅能较方便地完成测量、数据采集、通信、控制等多任务，而且能满足嵌入式系统的实时性、可靠性和稳定性的要求。RTX-51 是 Keil 公司开发的一款应用于 80C51 系列单片机的实时多任务操作系统。采用 RTX-51 可简化复杂的软件设计，缩短项目周期。RTX-51 使得复杂的多任务程序设计变得简单，因此在 80C51 系列单片机嵌入式系统中应用很广泛。

在简单的单片机程序中，采用单一进程并配以中断处理则可以完成大部分的设计需求。但是，对于一些复杂的应用程序，需要同时执行多个进程或者任务。传统的程序设计方式使得程序比较复杂，难以满足多任务实时性的要求。此时，便需要实时多任务操作系统（RTOS）。

RTOS 可以灵活地为各个任务分配系统资源，包括 CPU、内存以及时间等。因此，CPU 同时执行多个任务或者进程，在一定程度上实现了多任务并行工作。

9.1　RTX-51 实时多任务操作系统简介

RTX-51 是 Keil 公司开发的用于 80C51 系列单片机的多任务实时操作系统。RTX-51 可以在单个 CPU 上管理几个作业（任务），因而使复杂的系统和软件设计以及有时间限制的工程开发变得简单。

RTX-51 有 2 个模式：RTX-51 FULL（完全模式）和 RTX-51 TINY（最小模式）。

RTX-51 FULL 允许 4 个优先权任务的循环和切换，并且还能并行地利用中断功能。RTX-51 支持信号传递，以及与系统邮箱和信号量进行消息传递。RTX-51 的 os_wait 函数可以等待以下事件：中断、时间到、来自任务或中断的信号、来自任务或中断的消息、信号量。

RTX-51 TINY 是 RTX-51 FULL 的一个子集，可以很容易地运行在 80C51 系统上，而不需要外部 RAM。RTX-51 TINY 支持按时间片循环任务调度，支持任务间信号传递，最大 16 个任务，可以并行地利用中断。具有以下等待操作：超时、另一个任务或中断的信号。但它不能进行信息处理，不支持存储区的分配和释放，不支持占先式调度。RTX-51 TINY 是一个很小的内核，完全集成在 Keil C51 编译器中。更重要的是，它仅占用 800 B 左右的程序存储空间，可以在没有外部数据存储器的 80C51 系统中运行，但应用程序仍然可以访问外部存储器。

本章以 RTX-51 TINY 为主，介绍 RTX-51 的任务管理、配置、系统函数及使用实例。

9.1.1　单任务程序与多任务程序的比较

1．简单的单任务

嵌入式程序和标准 C 程序都是从 main()函数开始执行的，在嵌入式应用中，main()通常是一个无限循环，可以认为是一个持续执行的单个任务，例如

```
void main (void){
    while(1)                    /*永远重复*/
    {
        do_something();         /*执行 do_something“任务”*/
    }
}
```

在这个例子里，do_something 函数可以认为是一个单任务，由于仅有一个任务在执行，所以没有必要进行多任务处理或使用多任务操作系统。

2. 多任务循环

main()函数通过在一个循环里调用多个服务函数（或任务）来实现伪多任务调度。例如

```
void main(void){
int counter="0";
while(1)                              /*一直重复执行*/
  {
     check_serial_io();               /*检查串行输入*/
     process_serial_cmds() ;          /*处理串行输入*/
     check_kbd_io();                  /*检查键盘输入*/
     process_kbd_cmds();              /*处理键盘输入*/
     adjust_ctrlr_parms();            /*调整控制器*/
     counter++;                       /*增加计数器*/
  }
}
```

该例中，每个函数执行一个单独的操作或任务，函数（或任务）按次序依次执行。当任务越来越多时，调度问题就被自然而然地提出来了。例如，如果 process_kbd_cmds 函数执行时间较长，主循环就可能需要较长的时间才能返回来执行 check_sericd_io 函数，导致串行数据可能被丢失。当然，可以在主循环中更频繁地调用 check_serial_io 函数来纠正这个问题，但最终这个方法还是会失效。

3. 前后台系统

main()函数仍然是在一个循环中调用相应的函数完成相应的操作，这部分可以看成是后台行为，前台程序则通过中断来处理紧急事件。例如

```
bit  int0_flag=0;                     //中断 0 发生标记，初始化为 0
void main(void){
int counter="0";
TCON=0x55;                                 /*电平触发外部中断*/
IE=0x81;                                   /*打开外中断 int0*/
while(1)                                   /*后台运行的任务*/
  {
       check_serial_io();                  /*检查串行输入*/
       process_serial_cmds() ;             /*处理串行输入*/
       check_kbd_io();                     /*检查键盘输入*/
       process_kbd_cmds();                 /*处理键盘输入*/
       counter++;                          /*增加计数器*/
       if(int0_flag){
           do_int0_something();            /*执行 do_int0_something"任务"*/
           int0_flag=0;                    //清除 int0_flag
       }
  }
}
void exint0(void) interrupt 0              //处理紧急事件任务
{
    int0_flag=1;                           /*设置中断 0 标记*/;
}
```

在程序运行时，后台程序检查每个任务是否具备运行条件，通过一定的调度算法来完成相应的操作。对于实时性要求特别严格的操作通常由中断来完成，仅在中断服务程序中标记事件的发生，不再做任何工作就退出中断，经过后台程序的调度完成事件的处理，这样就不会造成在中断服务程序中处理费时的事件而影响后续事件和其他中断。

实际上，前后台系统的实时性比预计的要差。这是因为前后台系统认为所有的任务具有相同的优先级别，即是平等的，而且任务的执行又是通过 FIFO 队列排队，因而对那些实时性要求高的任务不

可能立刻得到处理。另外，由于后台程序是一个无限循环的结构，一旦在这个循环体中正在处理的任务崩溃，使得整个任务队列中的其他任务得不到机会被处理，从而造成整个系统的崩溃。

4．RTX-51 实时多任务

RTX-51TINY 允许“准并行”同时执行几个任务。各个任务并非持续运行，CPU 执行时间被划分为若干时间片（time slice），每一个任务在预先定义好的时间片内得以执行。时间到使正在执行的任务挂起，并使另一个任务开始执行。

当使用 RTX-51 TINY 时，为每个任务建立独立的任务函数，例如

```
void check_serial_io_task(void) _task_ 1
  {/*该任务检测串行 I/O*/}
void process_serial_cmds_task(void) _task_ 2
  {/*该任务处理串行命令*/}
void check_kbd_io_task(void) _task_ 3
  {/*该任务检测键盘 I/O*/}
void process_kbd_cmds_task(void) _task_ 4
  {/*处理键盘命令*/}
void startup-_task(void) _task_ 0
{
        os_create_task(1);                 /*建立串行 I/O 任务*/
        os_create_task(2);                 /*建立串行命令任务*/
        os_create_task(3);                 /*建立键盘 I/O 任务*/
        os_create_task(4);                 /*建立键盘命令任务*/
        os_delete task(0);                 /*删除启动任务*/
}
```

该例中，每个函数定义为一个 RTX-51 TINY 任务。RTX-51 TINY 程序不需要 main()函数，取而代之，RTX-51 TINY 从任务 0 开始执行。在典型的应用中，任务 0 简单地建立所有其他的任务。

9.1.2 使用 RTX-51 TINY 的软硬件要求

使用 RTX-51 TINY 系统时，需要了解其在编译环境、硬件系统方面的要求和技术参数。

1．编译环境

操作系统 RTX-51 的软件环境要求：

- C51 编译程序。
- BL51 连接程序。
- A51 宏汇编程序。
- 库文件 RTX-51TNY.LIB 必须保存在 DOS 环境变量 C51LIB 指定的程序库路径内，一般是目录 C51\LIB。头文件 RTX-51TNY.H 必须保存在 DOS 环境变量 C51INC 指定的包含路径内，一般是目录 C51\INC。

RTX-51 内核完全集成在 Keil C51 编译器中，在 μVision2 IDE 完成安装之后，软件环境即满足上述要求。

2．硬件系统

RTX-51 TINY 运行于大多数 80C51 兼容的器件及其变种上。RTX-51 TINY 应用程序可以访问外部数据存储器，但 RTX-51 TINY 内核无此需求。RTX-51 TINY 技术参数见表 9.1。

RTX-51 TINY 支持 Keil C51 编译器全部的存储模式。存储模式的选择只影响应用程序对象的位置，

表 9.1 RTX-51 TINY 技术参数

描 述	RTX-51 TINY
任务数量	16 个
RAM 需求	7 字节 DATA 空间 3 倍于任务数量的 IDATA 空间
代码要求	900 字节
硬件要求	定时器 0
系统时钟	1000～65535 个周期
中断请求时间	小于 20 个周期
任务切换时间	100～700 个周期取决于堆栈的负载

RTX-51 TINY 系统变量和应用程序栈空间总是位于 8051 的内部存储区（DATA 或 IDATA 区），一般情况下，应用程序应使用小（SMALL）模式。

RTX-51 TINY 执行协作式任务切换（每个任务至少调用一个操作系统例程）和循环任务切换（每个任务在操作系统切换到下一个任务前运行一个固定的时间段），不支持抢先式任务切换以及任务优先级。

9.1.3　使用 RTX-51 TINY 的注意事项

RTX-51 TINY 中的中断、再入函数、指针和寄存器的选择，与普通的单片机程序也有所区别，这些在使用时都要及时注意。

1. 中断

RTX-51 TINY 与中断函数并行运作，中断服务程序可以通过发送信号（用 isr_send_signal 函数）或设置任务的就序标志（用 isr_set_ ready 函数）与 RTX-51 TINY 的任务进行通信。

如同在一个标准的、没有 RTX-51 TINY 的应用中一样，中断例程必须在 RTX-51TINY 应用中实现并允许，RTX-51 TINY 没有中断服务程序的管理。

RTX-51 TINY 使用定时器 0、定时器 0 中断和寄存器组 1。如果在程序中使用了定时器 0，则 RTX-51 TINY 将不能正常运转。

RTX-51 TINY 认为总中断总是允许（EA=1）。RTX-51 TINY 库例程在需要时改变中断系统（EA）的状态，以确保 RTX-51 TINY 的内部结构不被中断破坏。当允许或禁止总中断时，RTX-51 TINY 只是简单地改变 EA 的状态，不保存并重装 EA，EA 只是简单地被置位或清除。因此，如果程序在调用 RTX-51 例程前禁止了中断，RTX-51 可能会失去响应。

在程序的临界区，可能需要在短时间内禁止中断。但是，在中断禁止后，不能调用任何 RTX-51 TINY 的例程。如果程序确实需要禁止中断，应该持续很短的时间。

2. 再入函数

C51 编译器提供对再入函数的支持，再入函数在再入堆栈中存储参数和局部变量，从而保护递归调用或并行调用。RTX-51 TINY 不支持对 C51 再入栈的任何管理。因此，如果在程序中使用再入函数，必须确保这此函数不调用任何 RTX-51 TINY 系统函数，且不被循环任务切换所打断。

仅用寄存器传递参数和保存自动变量的 C 函数具有内在的再入性，这些函数可以被不同的 RTX-51 TINY 任务无限制地调用。

非可再入 C51 函数不能被超过一个以上的任务或中断过程调用。非再入 C51 函数在静态存储区段保存参数和自动变量（局部数据），该区域在函数被多个任务同时调用或递归调用时可能会被修改。

如果确定多个任务不会递归（或同时）调用，则多个任务可以调用非再入函数。通常，这意味着必须禁止循环任务调度，且该非再入函数不能调用任何 RTX-51 TINY 系统函数。

3. C51 库例程

可再入 C51 库函数可在任何任务中无限制地使用。对于非再入的 C51 库函数，用户要保证它们不能同时被几个任务所调用。

4. 多数据指针

Keil C51 编译器允许使用多数据指针（存在于许多 80C51 的派生芯片中），但 RTX-51 TINY 不提供对它们的支持。因此，在 RTX-51 TINY 的应用程序中应小心使用多数据指针。

从本质上说，必须确保循环任务切换不会在操作数据指针的代码时发生。

5. 运算单元

Keil C51 编译器允许使用运算单元（存在于许多 8051 的派生芯片中）。RTX-51 TINY 不提供对它们的支持。因此，在 RTX-51 TINY 的应用程序中须小心使用运算单元。

从本质上说，必须确保循环任务切换不会在执行运算单元的代码时发生。

6. 寄存器组

RTX-51 TINY 分配所有的任务到寄存器 0，因此，所有的函数必须用 C51 的默认设置进行编译。中断函数可以使用剩余的寄存器组。然而，RTX-51 TINY 需要寄存器组中的 6 个固定的字节，用于这些字节的寄存器组在配置文件 Conf_tny.A51 中由 INT_REGBANK 指定。

9.2 RTX-51 TINY 的任务管理

9.2.1 定时器滴答中断

RTX-51 TINY 用标准 80C51 的定时器 0（模式 1）生产一个周期性的中断。该中断就是 RTX-51 TINY 的定时滴答（Timer Tick）。库函数中的超时和时间间隔就是基于该定时滴答来测量的。

默认情况下，RTX-51 每 10000 个机器周期产生一个滴答中断，因此，对于运行于 12 MHz 的标准 8051 来说，滴答的周期是 0.01 秒/10 毫秒，也即频率是 100 Hz（12 MHz/12/10000）。该值可以在 Conf_tny.A51 配置文件中修改。

可以在 RTX-51 的定时滴答中断（定时器 0 中断）里追加自己的代码。参见 Conf_tny.A51 配置文件。

9.2.2 任务

RTX-51 TINY 本质上是一个任务切换器，建立一个 RTX-51 TINY 程序，就是建立一个或多个任务函数的应用程序。下面的信息可以帮助读者快速地理解 RTX-51。

任务函数用关键字_task_定义，该关键字是 Keil C51 所支持的。

RTX-51 TINY 维护每个任务的正确状态（运行、就绪、等待、删除、超时）。某个时刻只有一个任务处于运行态。任务可能处于就绪态、等待态、删除态或超时态。空闲任务（Idle_Task）总是处于就绪态，当定义的所有任务处于等待状态时，运行该任务。

9.2.3 任务状态

RTX-51 TINY 的用户任务具有表 9.2 所列的几个状态。

表 9.2 RTX-51 TINY 任务可以处于的状态

状态名称	说　明
RUNNING 运行	当前正在运行的任务处于 RUNNING 状态。同一时间只有一个任务可以处于运行状态。os_running_task_id 函数返回当前正在运行的任务编号
READY 就绪	准备运行的任务处于 READY 状态。在当前运行的任务处理完成之后，RTX-51 TINY 开始下一个处于 READY 状态的任务。一个任务可以通过用 os_set_ready 或 isr_set_ready 函数设置就绪标志来使其立即就绪（即便该任务正在等待超时或信号）
WAITING 等待	等待一个事件的任务处于 WAITING 状态。如果事件发生的话，任务进入 READY 状态。os_wait 函数用于将一个任务置为等待态
DELETED 删除	没有开始的任务处于 DELETED 状态。os_delete_task 函数将一个已经启动（用 os_create_task）的任务置为 DELETED 状态
TIME-OUT 超时	被时间片轮转超时中断的任务处于 TIME-OUT 状态。这个状态与 READY 状态相同

各状态按如图 9.1 所示进行切换。

处于 READY/TIME-OUT、RUNNING 和 WAITING 状态的任务被认为是激活的状态，三者之间可以进行切换。DELETED 状态的任务是非激活的，不能被执行或认为已经终止。

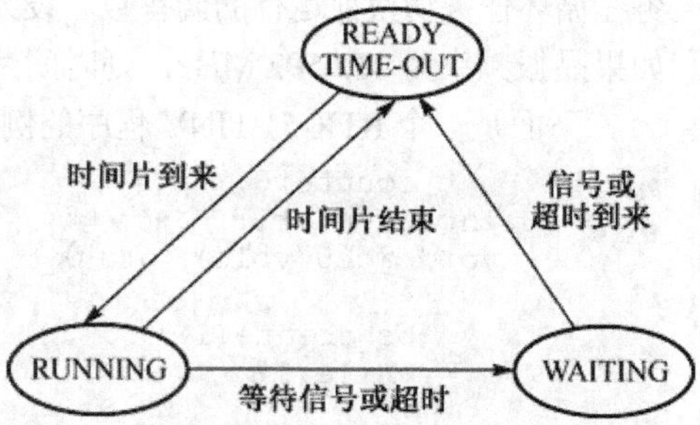

图 9.1　RTX-51 TINY 任务状态切换图

9.2.4　事件

在实时操作系统中，事件可用于控制任务的执行，一个任务可能等待一个事件，也可能向其他任务发送任务标志。

超时（timeout）：挂起运行的任务指定数量的时钟周期。

间隔（interval）：类似于超时，但是软件定时器没有复位，典型应用是产生时钟。

信号（signal）：用于任务内部同步协调。

os_wait()函数挂起一个任务来等待一个事件的发生。这样可以同步 2 个或几个任务。它的工作过程如下：当任务等待的事件没有发生时，系统挂起这个任务；当事件发生时，系统根据任务切换规则切换任务。

9.2.5　任务调度

RTX-51 TINY 能完成时间片轮转多重任务，而且允许准并行执行多个无限循环或任务，任务并不是并行执行的，而是按时间片执行的。这就涉及任务调度的问题。

可利用的中央处理器时间被划分成时间片，由 RTX-51 TINY 分配一个时间片给每个任务。每个任务允许执行一个预先确定的时间，然后，RTX-51 TINY 切换到另一个准备运行的任务并且允许这个任务执行片刻。一个时间片的持续时间可以用配置变量 TIMESHARING 定义。即使是在等待一个任务的时间片到达时，也可以使用 os_wait 系统函数通知 RTX-51 让另一个任务开始执行。os_wait 中止正在运行的当前任务，然后等待一个指定事件的发生，这时，任意数量的其他任务仍然可以执行。

RTX-51 TINY 将处理器分配到一个任务的过程称为调度程序。RTX-51 TINY 调度程序定义那些任务按照下面的规则运行。

如果出现以下情况，当前运行任务中断：

1. 任务调用 os_wait 函数并且指定事件没有发生。
2. 任务运行时间超过定义的时间片轮转超时时间。

如果出现以下情况，则开始另一个任务：

1. 没有其他的任务运行。
2. 将要开始的任务处于 READY 或 TIME-OUT 状态。

9.2.6　任务切换

1. 循环任务切换

RTX-51 TINY 可以配置为用循环法进行多任务处理（任务切换）。循环法允许并行地执行若干任务。任务并非真的同时执行，而是分时间片执行的。由于时间片很短（几毫秒），看起来就好像任务在同时执行。

任务在它的时间片内持续执行（除非任务的时间片用完）。然后，RTX-51 TINY 切换到下一个就绪的任务运行。时间片的持续时间可以通过 RTX-51 TINY 配置定义。对 RTX-51 TINY 进行配置可以通过修改在\c51\lib\子目录的 RTX-51 TINY 配置文件 conf_tny.a51 来实现。TIMESHARING 指定每个任务在循环任务切换前运行的滴答数。设为 0 时禁止循环任务切换。系统默认 5 个滴答为一个时间片，如果晶振频率为 11.0592 MHz，则时间片为 10.8507×5 = 54.253 5 ms。

下面是一个 RTX-51 TINY 程序的例子，用循环法多任务处理，程序中的两个任务是计数器循环。

```
int counter0;
int counter1;
void job0(void)  _task_  0
{
    os_create(1);                 /*标记任务 1 为就绪*/
    while(1)
    {                             /*无限循环*/
        counter0++;               /*更新记数器*/
    }
}

void job1(void) _task_1
{
    while(1)
    {                             /*无限循环*/
        counter++;                /*更新记数器*/
    }
}
```

RTX-51 TINY 在启动时执行函数名为 job0 的任务 0，该函数建立了另一个任务 job1，在 job0 执行完它的时间片后， RTX-51 TINY 切换到 job1。在 job1 执行完它的时间片后，RTX-51 TINY 又切换到 job0，该过程无限重复。

2. 协作任务切换

可以用 os_wait 或 os_switch_task 让 RTX-51 TINY 切换到另一个任务而不是等待任务的时间片用完。os_wait 函数挂起当前的任务（使之变为等待态）直到指定的事件发生（接着任务变为就绪态）。在此期间，任意数量的其他任务可以运行。

如果禁止了循环任务处理，就必须让任务以协作的方式运作，在每个任务里调用 RTX-51 TINY 的系统函数 os_wait 或 os_switch_task，以通知 RTX-51 TINY 切换到另一个任务。

os_wait 与 os_switch_task 的不同是，os_wait 是让任务等待一个事件，而 os_switch_task 是立即切换到另一个就绪的任务。

下面的例子演示了在允许其他任务执行时，如何使用 os_wait 函数延迟执行。

```
#include <RTX-51tny.h> /*RTX-51 tiny functions & defines*/
int counter0;                            /*任务 0 的计数器      */
int counter1;                            /*任务 1 的计数器      */

job0 () _task_ 0 {
  os_create_task (1);                    /*启动任务 1           */
    while (1) {                          /*无穷循环             */
      counter0++;                        /*counter0 加 1        */
      os_wait (K_TMO, 5, 0);             /*等待超时信号：5 个滴答超时*/
    }
  }

job1 () _task_ 1 {
  while (1) {                            /*无穷循环             */
    counter1++;                          /*counter1 加 1        */
    os_wait (K_TMO, 10, 0);              /*等待超时信号：10 个滴答超时*/
  }
}
```

job0 先启动 job1，然后在 counter0 加 1 计数以后 job0 呼叫 os_wait 函数暂停 5 个滴答信号。这时

RTX-51 切换到下一个任务 job1。在 job1 增加 counter1 计数以后，它也调用 os_wait 以暂停 10 个滴答信号。现在 RTX-51 没有其他的任务需要执行。因此在它可以延续执行 job0 之前，它进入一个空循环，等待 5 个时钟报时信号过去。

本例的结果是 counter0 每 5 个时钟报时周期加 1，而 counter1 每 10 个时钟报时周期加 1。

下面的例子演示了在允许其他任务执行时，如何使用 RTX-51 的信号函数 os_send_signal 实现任务切换。

```
#include <RTX-51tny.h> /*RTX-51 tiny functions & defines*/
int counter0;                          /*任务 0 的计数器          */
int counter1;                          /*任务 1 的计数器          */
int counter2;                          /*任务 2 的计数器          */
int counter3;                          /*任务 3 的计数器          */
job0 () _task_ 0  {
  os_create_task (1);                  /*启动任务 1               */
  os_create_task (2);                  /*启动任务 2               */
  os_create_task (3);                  /*启动任务 3               */
 while (1)  {                          /*无穷循环                 */
     counter0++;                       /*counter0 加 1            */
     os_wait (K_TMO, 5, 0);            /*等待超时信号：5 个时钟报时*/
  }
}
job1 () _task_ 1  {
  while (1)  {                         /*无穷循环                 */
     counter1++;                       /*counter1 加 1            */
     os_wait (K_TMO, 10, 0);           /*等待超时信号：10 个时钟报时*/
  }
}
job2 () _task_ 2  {
  while (1)  {                         /*无穷循环                 */
     counter2++;                        /*counter2 加 1           */
     if ((counter2 & 0xFFFF) == 0){    /*如果 counter2=0          */
       os_send_signal (3);             /*发信号至任务 3           */
     }

  }
}
job3 () _task_ 3  {
  while (1)  {                         /*无穷循环                 */
     os_wait (K_SIG, 0, 0);            /*等待信号                 */
     counter3++;                       /*收到信号后，counter3 加 1 */
  }
}
```

jcb0 中启动任务 1、任务 2 和任务 3，其中任务 2 没有调用 os_wait 函数，当 counter2 加 1 直到 counter2 等于 0 时，任务 2 发信号给任务 3，任务 3 收到信号后将 counter3 加 1。因此 counter2 的值是 couner3 的 2^{16} 倍 。

3. 空闲任务

没有任务准备运行时，RTX-51 TINY 执行一个空闲任务。空闲任务就是一个无限循环。例如：SJMP$。

有些 8051 兼容的芯片提供一种降低功耗的空闲模式，该模式停止程序的执行，直到有中断产生。在该模式下，所有的外设包括中断系统仍在运行。

RTX-51 TINY 允许在空闲任务中启动空闲模式（在没有任务准备执行时）。当 RTX-51 TINY 的定时滴答中断（或其他中断）产生时，微控制器恢复程序的执行。

空闲任务执行的代码在 Conf_tny.A51 配置文件中允许和配置。

9.3 如何使用 RTX-51 TINY

一般地，下面三步是使用 RTX-51 TINY 要实现的：（1）编写 RTX-51 程序；（2）编译并连接程序；（3）测试和调试程序。

9.3.1 编写程序

写 RTX-51 TINY 程序时，必须用关键字对任务进行定义，并使用在 RTX-51TNY.H 中声明的 RTX-51 TINY 核心例程。

1. 包含文件

RTX-51 TINY 仅需要包含一个文件 RTX-51TNY.H，所有的库函数和常数都在该头文件中定义。在建立多任务模块的源文件中要包含：

#include<RTX-51tny.h>

2. 编程原则

以下是建立 RTX-51 TINY 程序时必须遵守的原则：

（1）确保包含了 RTX-51TNY.H 头文件。

（2）不要建立 main()函数，RTX-51 TINY 有自己的 main()函数。它会自动地从任务 0 开始运行。如果用户程序中包含有 main()函数，则需要利用 os_create_task 函数来启动 RTX-51 实时操作系统。

（3）程序必须至少包含一个任务函数。

（4）中断必须有效（EA＝1），在临界区，如果要禁止中断时一定要小心。

（5）程序必须至少调用一个 RTX-51 TINY 库函数（像 os_wait）。否则，连接时将不包含 RTX-51 TINY 库。

（6）Task 0 是程序中首先要执行的函数，必须在任务 0 中调用 os_create_task 函数以启动其他任务。

（7）任务函数必须是从不退出或返回的。任务必须用一个 while(1)或类似的结构重复。用 os_delete_task 函数停止运行的任务。

（8）必须在μVision2 中设置使用操作系统 RTX-51 TINY，或者在连接器命令行中指定。

3. 定义任务

实时或多任务应用是由一个或多个执行具体操作的任务组成的，RTX-51 TINY 支持最多 16 个任务。

任务就是一个简单的 C 函数，返回类型为 void，参数列表为 void，并且用_task_声明函数属性。例如

```
    void func (void)  _task_  task_id
```

这里，func 是任务函数的名字，task_id 是从 0 到 15 的一个任务 ID 号。

下面的例子定义函数 job0 编号为 0 的任务。该任务使一个计数器递增并不断重复。

```
    Void  job0(void) _task_ 0
    {
        while(1)
        {
          counter0++;
        }
    }
```

注意：所有的任务都应该是无限循环，任务一定不能返回。任务不能返回一个函数值，它们的返

回类型必须是 void。不能对一个任务传递参数，任务的形参必须是 void。每个任务必须赋予一个唯一的、不重复的 ID。

为了最小化 RTX-51 TINY 的存储器需求，从 0 开始对任务进行顺序编号。

9.3.2　编译和连接

用μVision2 IDE 建立工程，添加 RTX-51 TINY 程序文件。

（1）打开如图 9.2 所示的目标对话框选项（从 project 菜单中选择 Options for Target）。

（2）选择 Target 标签。

（3）从 Operating 选项列表中选择 RTX-51 TINY，使用操作系统。

其他设置同非 RTX-51 TINY 一致。

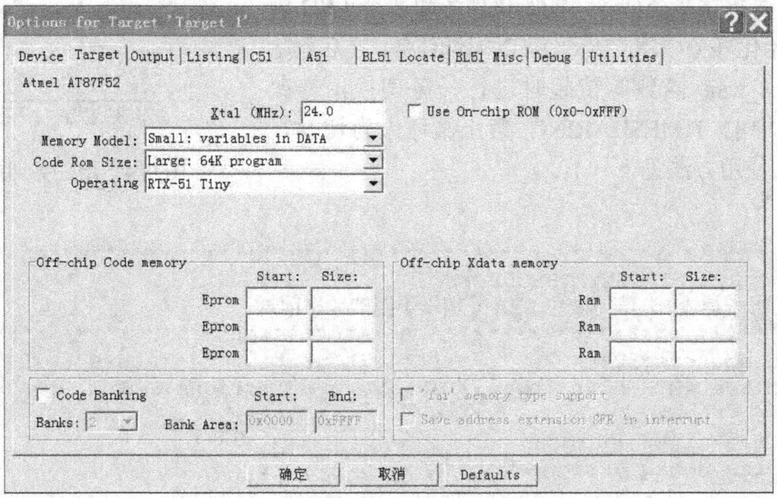

图 9.2　设置 Options for Target—Target

9.3.3　调试

μVision2 模拟器允许运行和测试 RTX-51 TINY 应用程序。RTX-51 TINY 程序的加载和非 RTX-51 TINY 程序的加载是一样的。无须指定特别的命令和选项。

启动调试后，一个核心的对话框显示 RTX-51 TINY 核心和程序中任务的所有特征。从 Peripherals 菜单中选择 RTX-51 TINY Tasklist 显示该对话框，如图 9.3 所示。

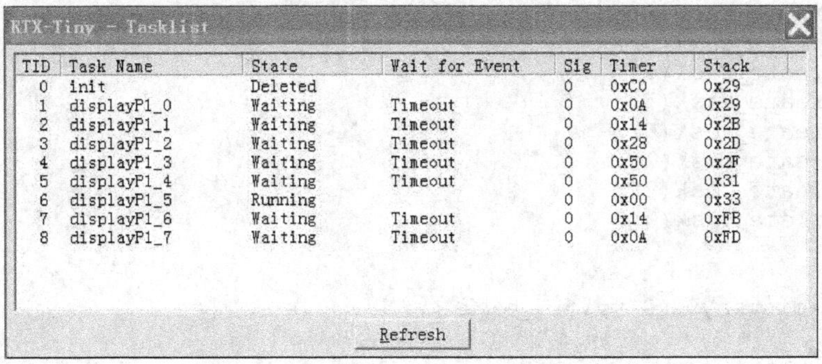

图 9.3　RTX-51 TINY Tasklist 对话框

该对话框中，TID 是在任务定义中指定的任务 ID；Task Name 是任务函数的名字；State 是任务当前的状态；Wait for Event 指出任务正在等待什么事件；Sig 显示任务信号标志的状态（1 为置位）；Timer 指示任务距超时的滴答数，这是一个自由运行的定时器，仅在任务等待超时和时间间隔时使用；Stack 指示任务栈的起始地址。

9.3.4　实例 1——os_wait 函数的使用

【例 9.1】 如图 9.4 所示，假设在 AT89C52 的 P1 口接有 8 个 LED，使用 RTX-51 TINY，编写程序使 8 个 LED 以不同的频率闪烁。

分析：需要建立 9 个任务，初始化任务和 8 个 LED 闪烁任务，在初始化任务中建立 8 个 LED 闪烁任务，之后删除自身。使用 os_wait 函数等待超时进行任务切换，修改 Conf_tny.A51 中的 TIMESHARING 禁止循环人为切换，os_wait 函数的使用方法见下一节。

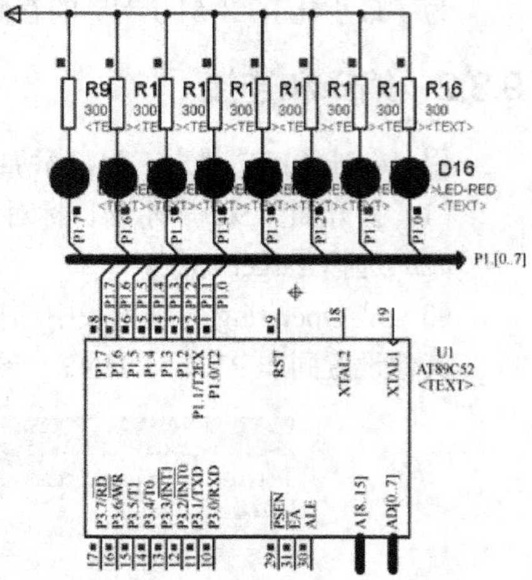

图 9.4　用任务切换实现流水灯

C 语言如下：

```
/*************************************************************************
**基于 RTX-51 TINYAT89C52 流水灯
**此程序是让 P1 口的 8 个 LED 分别以不同的频率闪烁
*************************************************************************/
#include <reg52.h>        /*special function registers 8052            */
#include <RTX-51tny.h>   /*RTX-51 tiny functions & defines-必须包含这个头文件*/

#define uint  unsigned  int
#define uchar unsigned char

sbit  P1_0    = P1^0;
sbit  P1_1    = P1^1;
sbit  P1_2    = P1^2;
sbit  P1_3    = P1^3;
sbit  P1_4    = P1^4;
sbit  P1_5    = P1^5;
sbit  P1_6    = P1^6;
sbit  P1_7    = P1^7;

void init(void)_task_ 0//建立任务，并删除自身！
{
os_create_task(1);
os_create_task(2);
os_create_task(3);
os_create_task(4);
os_create_task(5);
os_create_task(6);
os_create_task(7);
os_create_task(8);
os_delete_task(0);
}

void displayP1_0(void) _task_ 1
{
  while(1)
   {
    P1_0=!P1_0;
```

```
        os_wait(K_TMO,10,0);
      }
  }

  void displayP1_1(void) _task_ 2
  {
    while(1)
      {
        P1_1=!P1_1;
        os_wait(K_TMO,20,0);
      }
  }

  void displayP1_2(void) _task_ 3
  {
    while(1)
      {
        P1_2=!P1_2;
        os_wait(K_TMO,40,0);
      }
  }

  void displayP1_3(void) _task_ 4
  {
    while(1)
      {
        P1_3=!P1_3;
        os_wait(K_TMO,80,0);
      }
  }


  void displayP1_4(void) _task_ 5
  {
    while(1)
      {
        P1_4=!P1_4;
        os_wait(K_TMO,80,0);
      }
  }
  void displayP1_5(void) _task_ 6
  {
    while(1)
      {
        P1_5=!P1_5;
        os_wait(K_TMO,40,0);
      }
  }

  void displayP1_6(void) _task_ 7
  {
    while(1)
      {
        P1_6=!P1_6;
        os_wait(K_TMO,20,0);
      }
  }

  void displayP1_7(void) _task_ 8
  {
    while(1)
```

```
      {
        P1_7=!P1_7;
        os_wait(K_TMO,10,0);
      }
    }
```

9.4 RTX-51 TINY 提供的系统函数

RTX-51 TINY 为任务管理、任务通信、中断服务以及其他服务提供系统函数。

以下部分描述 RTX-51 TINY 的系统函数。以 os_开头的函数可以由任务调用，但不能由中断服务程序调用。以 isr_开头的函数可以由中断服务程序调用，但不能由任务调用。

函数依字母顺序排列，分为以下部分：

概要：简述程序作用，列出包含的文件，包括它的声明和原型，语法举例和参数描述。

描述：程序的详细描述，如何使用的说明。

返回值：程序返回值说明。

参阅：相关程序。

例子：如何正确使用该函数的程序例子。

1．isr_send_signal

概要： #include<RTX-51tny.h>

char isr_send_signal(unsigned char task_id); /*信号发往的任务*/

描述：isr_send_signal 函数给任务 task_id 发送一个信号。如果指定的任务正在等待一个信号，则该函数使该任务就绪，但不启动它，信号存储在任务的信号标志中。该函数仅被中断函数调用。

返回值：成功调用后返回 0，如果指定任务不存在，则返回–1。

参阅：os_clear_signal, os_send_signal, os_wait

例子：#include<RTX-51tny.h>

```
void   tst_isr_send_signal(void)   interrupt 2
{
   isr_send_signal(6);         /*给任务 6 发信号*/
}
```

2．isr_set_ready

概要：#include< RTX-51tny.h>

char isr_set_ready{ unsigned char task_id}; /*使就绪的任务*/

描述：将由 task_id 指定的任务置为就绪态。该函数仅被中断函数调用。

返回值：无。

例子：#include< RTX-51tny.h>

```
void tst_isr_set_ready(void)interrupt 2
{
        isr_set_ready(1);      /*置位任务 1 的就绪标志*/
}
```

3．os_clear_signal

概要：#include< RTX-51tny.h>

char os_clesr_signal(unsigned cahr task_id); /*清除信号的任务*/

描述：清除由 task_id 指定的任务信号标志。

返回值：信号成功清除后返回 0，指定的任务不存在时返回-1。

参阅：isr_send_signal, os_send_signal, os_wait

例子：#include< RTX-51tny.h>

```
void tst_os_clsar_siganl(void)_task_8
{
 ...
  os_clear_signal(5);            /*清除任务 5 的信号标志*/
 ...
}
```

4. os_create_task

概要：#include<RTX-51tny.h>

char os_create_task(unsigned char task_id);　　/*要启动的任务 ID*/

描述：启动任务 task_id，该任务被标记为就绪，并在下一个时间点开始执行。

返回值：任务成功启动后返回 0，如果任务不能启动或任务已在运行，或没有以 task_id 定义的任务，返回–1。

参阅：os_delete_task

例子：#include< RTX-51tny.h>

```
#include<stdio.h>       /*用于 printf*/
void new_task(void)_task_2 /*创建任务 2*/
{
        ...
}
void tst_os_create_task(void)_task_0
{
        ...
        if(os_create_task(2)) /*启动任务 2*/
        {
              printf("couldn't start task2"n");
        }
        ...
   }
```

5. os_delete_task

概要：#include<RTX-51tny.h>

char os_delete_task(unsigned char task_id);　/*要删除的任务*/

描述：函数将以 task_id 指定的任务停止，并从任务列表中将其删除。如果任务删除自已，将立即发生任务切换。

返回值：任务成功停止并删除后返回 0。指定任务不存在或未启动时返回–1。

参阅：os_create_task

例子：
```
#include<RTX-51tny.h>
#include<stdio.h>
void tst_os_delete_task(void)_task_0
{
    ...
    if(os_delete_task(2))
    {
        printf("couldn't stop task2"n");
    }
    ...
}
```

6. os_reset_interval

概要：
```
#include<RTX-51tny.h>
void os_reset_interval(unsigned char ticks);  /*滴答数*/
```

描述：用于纠正由于 os_wait 函数同时等待 K_IVL 和 K_SIG 事件而产生的时间问题，在这种情况下，如果一个信号事件（K_SIG）引起 os_wait 退出，时间间隔定时器并不调整，这样，会导致后续的 os_wait 调用（等待一个时间间隔）延迟的不是预期的时间周期。允许你将时间间隔定时器复位，这样，后续对 os_wait 的调用就会按预期的操作进行。

返回值：无。

例子：
```
#include<RTX-51tny.h>
void task_func(void)_task_4
{
    ...
    switch(os_wait2(KSIG|K_IVL,100))
    {
        case   TMO_EVENT:        /*发生了超时，不需要 os_waitreset_interval*/
                break;
        case   SIG_EVCENT:       /*收到信号，需要 os_waitreset_interval*/
                os_reset_interval(100);  /*依信号执行的其他操作*/
                break;
    }
    ...
}
```

7. os_running_task_id

概要：
```
#include<RTX-51tny.h>
char os_running_task_id(void);
```

描述：函数确认当前正在执行的任务的任务 ID。

返回值：返回当前正在执行的任务的任务号，该值为 0～15 之间的一个数。

例子：
```
#include<RTX-51tny.h>
void tst_os_running_task(void)_task_3
```

```
    {
        unsigned char tid;
        tid=os_running_task_id( ); /*tid=3*/
    }
```

8. os_send_signal

概要：#include<RTX-51tny.h>

char os_send_signal(char task_id); /*信号发往的任务*/

描述：函数向任务 task_id 发送一个信号。如果指定的任务已经在等待一个信号，则该函数使任务准备执行但不启动它。信号存储在任务的信号标志中。

返回值：成功调用后返回 0，指定任务不存在时返回–1。

参阅：isr_send_signal, os_clear_signal, os_wait

例子：#include<RTX-51tny.h>

```
void signal_func(void)_task_2
{
    …
    os_send_signal(8);                    /*向 8 号任务发信号*/
    …
}
void tst_os_send_signal(void)_task_8
{
    …
    os_send_signal(2);                    /*向 2 号任务发信号*/
    …
}
```

9. os_set_ready

概要：#include<RTX-51tny.h>

char os_set_ready(unsigned char task_id);　　/*就绪的任务*/

描述：将以 task_id 指定的任务置为就绪状态。

返回值：无。

例子：#include<RTX-51tny.h>

```
void ready_func(void)_task_2
{
    …
    os_set_ready(1);                      /*置位任务 1 的就绪标志*/
    …
}
```

10. os_switch_task

概要：#include<RTX-51tny.h>

char os_switch_task(void);

描述：该函数允许一个任务停止执行，切换到另一个任务。如果调用 os_switch_task 的任务是唯一的就绪任务，它将立即恢复运行。

返回值：无。

例子：

```
#include<RTX-51tny.h>
#include<stdio>
void long_job(void)_task_1
{
    float f1,f2;
    f1=0.0;
    while(1)
    {
        f2=log(f1);
        f1+=0.0001;
        os_switch_task( );          /*运行其他任务*/
    }
}
```

11．os_wait

概要：

```
#include<RTX-51tny.h>
char os_wait(
        unsigned char event_sel,        /*要等待的事件*/
        unsigned char ticks,            /*要等待的滴答数*/
        unsigned int   dummy);          /*无用参数*/
```

描述：该函数挂起当前任务，并等待一个或几个事件，如时间间隔、超时或从其他任务和中断发来的信号。参数 event_set 指定要等待的事件，可以是表 9.3 中常数的一些组合。

事件可以用竖线符（"|"）进行逻辑或。例如，K_TMO | K_SIG 指定任务等待一个超时或者一个信号。

ticks 参数指定要等待的时间间隔事件（K_IVL）或超时事件（K_TMO）的定时器滴答数。参数 dummy 是为了提供与 RTX-51 FULL 的兼容性而设置的，在 RTX-51 TINY 中并不使用。

返回值：当有一个指定的事件发生时，任务进入就绪态。任务恢复执行时，由返回的常数指出使任务重新启动的事件。可能的返回值见表 9.4。

表 9.3　os_wait 函数等待的事件

事　件	描　述
K_IVL	等待滴答值为单位的时间间隔
K_SIG	等待一个信号
K_TMO	等待一个以滴答值为单位的超时

表 9.4　os_wait 可能的返回值

返 回 值	描　述
RDY_EVENT	任务的就绪标志位是 os_set_ready 或 isr_set_ready 置位
SIG_EVENT	收到一个信号
TMO_EVENT	超时完成，或时间间隔到
NOT_OK	event_sel 参数的值无效

参阅：isr_send_signal, isr_set_ready, os_clear_signal, os_reset_interval, os_send_signal, os_set_ready, os_wait1,os_wait2

例子：

```
#include<RTX-51tny.h>
#include<stdio.h>
void tst_os_wait(void)_task_9
```

```
{
    while(1)
    {
        char event;
        event=os_wait(K_SIG|K_TMO,50.0);
        switch(event)
        {
            default:                    /*从不发生，该情况*/
            break;
            case    TMO_EVENT;  /*超时*/
            break;                      /*50 次滴答超时*/
            case    SIG_EVENT;      /*收到信号*/
            break;
        }
    }
}
```

12. os_wait1

概要：#include<RTX-51tny.h>

char os_wait1(unsigned char event_sel); /*要等待的事件*/

描述：该函数挂起当前的任务等待一个事件发生。os_wait1 是 os_wait 的一个子集，它不支持 os_wait 提供的全部事件。参数 event_sel 指定要等待的事件，该函数只能是 K_SIG。

返回值：当指定的事件发生，任务进入就绪态。任务恢复运行时，os_wait1 返回的值表明启动任务的事件，返回值见表 9.5。

表 9.5　os_wait1 的返回值

返 回 值	描　述
RDY_EVENT	任务的就绪标志位是被 os_set_ready 或 isr_set_ready 置位的
SIG_EVENT	收到一个信号
NOT_OK	event_sel 参数的值无效

例子：见 os_wait。

13. os_wait2

概要：#include<RTX-51tny.h>

char os_wait2(unsigned char event_sel, /*要等待的事件*/
unsigned char ticks); /*要等待的滴答数*/

描述：函数挂起当前任务等待一个或几个事件发生，如时间间隔、超时或一个从其他任务或中断来的信号。参数 event_sel 指定的事件可以是表 9.6 中常数的组合。

事件可以用“|”进行逻辑或。如 K_TMO|K_SIG 表示任务等待一个超时或一个信号。参数 ticks 指定等待时间间隔（K_IVL）或超时（K_TMO）事件时的滴答数。

返回值：当一个或几个事件产生时，任务进入就绪态。任务恢复执行时，os_wait2 的返回值见表 9.7。

表 9.6　os_wait2 函数等待的事件

事　件	描　述
K_IVL	等待滴答值为单位的时间间隔
K_SIG	等待一个信号
K_TMO	等待一个以滴答值为单位的超时

表 9.7　os_wait2 的返回值

返 回 值	描　述
RDY_EVENT	任务的就绪标志位是被 os_set_ready 或 isr_set_ready 置位的
SIG_EVENT	收到一个信号
TMO_EVENT	返回时完成，或时间间隔到达
NOT_OK	event_sel 参数的值无效

例子：见 os_wait。

9.5 RTX-51 TINY 的配置

RTX-51 TINY 可根据应用的不同定制。

9.5.1 配置

对 RTX-51 TINY 进行配置可以通过修改在\c51\lib\子目录的 RTX-51 TINY 配置文件 conf_tny.a51 来实现。在这个配置文件中，可以改变以下参数：

（1）用于系统时钟报时中断的寄存器组。

（2）系统计时器的间隔时间。

（3）指定在时钟报时中断中执行的代理。

（4）时间片轮转超时值。

（5）允许或禁止任务切换。

（6）指定应用程序占用长时间的中断。

（7）指定是否使用 code banking。

（8）定义 RTX-51 TINY 的顶栈。

（9）指定最小的栈空间需求。

（10）指定栈错误发生时要执行的代码。

（11）定义站错误发生时要执行的代码。

（12）定义空闲任务操作。

Conf_tny.A51 的默认配置包含在 RTX-51 TINY 库中。但是，为了保证配置的有效和正确，须将 Conf_tny.A51 文件拷贝到工程目录下并将其加入到工程中。

通过改变 Conf_tny.A51 中的设置来定制 RTX-51 TINY 的配置。

需要注意的是，如果在工程中没有包含配置文件（Conf_tny.A51），库中的默认配置将自动加载，后续的改变将存储在库中，这样可能会对以后的应用起到不良影响。

1．硬件定时器

下面的常数指定 RTX-51 TINY 的硬件定时器如何配置。

INT_REGBANK 指定用于定时器中断的寄存器组，默认为 1（寄存器组 1）。

INT_CLOCK 指定定时器产生中断前的指令周期数。INT_CLOCK 用于计算定时器所设初值（65536-INT_CLOCK），默认该值为 10000。

HW_TIMER_CODE 是一个宏，它指出在 RTX-51 TINY 定时器中断结尾处要执行的代码。该宏默认是中断返回，如

```
HW_TIMER_CODE MACRO
RETI
ENDM
```

2．循环

默认情况下，循环任务切换是使能的。TIMESHARING 指定每个任务在循环任务切换前运行的滴答数。设为 0 时禁止循环任务切换。系统默认 5 个系统时钟为一个时间片。如果晶振频率为 11.0592 MHz，则时间片为

$$(1 \div (11.0592 \times 10^6)) \times 12 \times 10000 \times 5 = 0.0542535\ \text{s} = 54.2535\ \text{ms}$$

3．长中断

一般情况下，中断服务程序设计为快速执行的程序，在某些情况下，中断服务程序可能执行较长的时间。如果一个高优先级的中断服务程序执行的时间比 RTX-51 TINY 滴答的时间间隔长，RTX-51 TINY 定时器中断可能被中断并可能重入（被后继的 RTX-51 定时器中断）。

如果要使用执行时间较长的高优先级中断，应该考虑减少 ISR 中执行的作业的数量，改变 RTX-51 定时器的滴答率，使其低一些，或者使用下面的配置选项。

LONG_USR_ISR 指示器表明是否有执行时间长于滴答时间间隔的中断（滴答中断除外）。当该选项设为 1 时，RTX-51 TINY 就会包括保护再入滴答中断的代码。该值默认为 0，即认为中断是快速的。

4．Code Banking

以下配置选项允许你指定 RTX-51 TINY 应用是否使用 code banking。

CODE_BANKING 指定是否使用 code banking。使用 code banking 时该选项必须设为 1，未使用 code banking 时，该选项须设为 0，默认的值为 0。

附注：L51_BANK.A51 2.12 及其以上，需要 RTX-51 TINY 程序使用 code banking。

5．栈

一些选项用于栈配置。下面的常数定义用于栈区域的内部 RAM 的大小和栈的最小自由空间。一个宏允许指定当没有足够的自由栈时执行的代码。

RAM TOP 指定片上栈顶部的地址。除所有位于栈之上的 IDATA 变量，否则不应修改该值。该值默认为 0xFF。

FREE_STACK 指定栈允许的最小字节数。切换任务时，如果 RTX-51 TINY 检测到低于该值时，STACK_ERROR 宏将被执行。设为 0 禁止栈检查，默认设置是 20 字节。

STACK_ERROR 是一个指定发生栈错误（少于 FREE_STACK 字节数）时要执行的指令的宏。该宏默认是禁止中断并进入无限循环：

```
STACK_ERROR MACRO
CLR   EA
SJMP $
ENDM
```

6．空闲任务

当没有任务准备运行时，RTX-51 TINY 执行一个空闲任务。空闲任务只是一个循环，不做任何事，只是等待滴答中断切换到一个就绪的任务。下列常数允许配置空闲任务。

CPU_IDLE 宏指定空闲任务中执行的代码。默认的指令是置位 PCON 寄存器的空闲模式位（大多数 8051 设备适用）。这将停止执行程序，降低功耗，直到有中断产生：

```
CPU_IDLE MACRO
ORL PCON， #1
ENDM
```

CPU_IDLE MACRO 指定在空闲任务中是否执行 CPU_IDLE 宏。默认为 0，CPU_IDLE 宏不包括在空闲任务中。

9.5.2　库文件

建立μVision2 IDE 应用工程时并不需要显式地包含一个 RTX-51 TINY 库。当使用 μVision 集成环境或命令行连接器时会自动执行。

建立 RTX-51 TINY 库时，默认配置文件（Conf_tny.A51）包括在库中。如果在工程中未显示包含配置文件（Conf_tny.A51），将从库中包含一个默认的配置文件，后续对配置文件的修改将存储到库中，这可能对你的后续 RTX-51 应用编程产生负面影响。

9.5.3 优化

下面的事情是为了优化 RTX-51 TINY 程序应该做的。

① 尽可能不使用循环任务切换。使用循环任务切换时要求有 13 个字节的堆栈区来保存任务内容（工作寄存器等）。如果由 os_wait( )函数来进行任务触发，则不需要保存任务内容。由于正处于等待运行的任务并不需要等待全部循环切换时间结束，因此 os_wait( )函数可以产生一种改进的系统响应时间。

② 不要将时钟节拍中断速率设置得太高，设定为一个较低的数值可以增加每秒的时钟节拍个数。每次时钟节拍中断大约需要 100～200 个 CPU 周期，因此应将时钟节拍率设定得足够高，以便使中断响应时间达到最小化。

③ 在 os_wait( )函数中有 3 个参数：K_TMO、K_IVL 和 K_SIG。其中对于 K_TMO 和 K_IVL 的使用要加以区别。在使用时，两者似乎差别不是很大。其实不然，两者存在很大的区别：K_TMO 是指等待一个超时信号，只有时间到了，才会产生一个信号。它产生的信号是不会累计的，产生信号后，任务进入就绪状态。而 K_IVL 是指周期信号，每隔一个指定的周期，就会产生一次信号，产生的信号是可以累计的。这样就使得在指定事件内没有响应的信号，通过信号次数的叠加，在以后信号处理时，重新得以响应，从而保证了信号不会被丢失。而通过 K_TMO 方式进行延时的任务，由于某种原因信号没有得到及时的响应，那么这样就可能会丢失一部分没有响应的信号。不过两者都是有效的任务切换方式，在使用时要根据应用场合来确定对两者的使用。

9.6 基于 Proteus 的 RTX-51 应用实例——交通信号灯控制器

【例 9.2】 结合一个 Proteus 仿真电路的具体实例——交通信号灯控制器，阐述实时多任务操作系统 RTX-51 的应用。

9.6.1 交通信号灯控制器设计要求

① 在用户设定的工作时间段内，红绿灯正常运行；在红绿灯转换之前 3 秒起，绿灯方向绿灯灭，黄灯闪烁。

② 在工作时间段外，黄色信号灯闪烁。同时倒计时显示数码管熄灭显示。

③ 无论是在工作时间段内还是在工作时间段外，当按下禁止通行按钮后，两个方向均亮红灯，禁止车辆通行，倒计时显示数码管熄灭显示“99”；在松开禁止通行按钮后，红绿灯继续正常工作。

④ 通过键盘可以修改时钟数据，并可设置工作时间段的起始时间和结束时间。

⑤ 按键查看日历时钟的时间和所设置的参数。

⑥ 任何针对于交通信号灯控制器按键、查询和参数设置操作，都不能影响红绿灯和倒计时显示数码管的显示。

这是一个典型的实时多任务系统，采用普通的多任务循环或前后台系统很难实现，而采用 RTX-51 TINY 实时操作系统则可以获得很好的控制效果。

9.6.2 总体方案

交通信号灯控制器组成框图如图 9.5 所示。

CPU：AT89C52 或其他 80C51 系列的处理器芯片。

按键：4 ×4=16 键盘。

紧急按钮：一端接 CPU 的一个 I/O 口，另一端接地。

显示及显示驱动：倒计时显示数码管及驱动电路，每个路口的红、黄、绿指示灯及驱动电路。

日历时钟：具备串行接口的 DS1302 芯片。

利用 Proteus 提供的串口虚拟终端作为信息输出窗口。

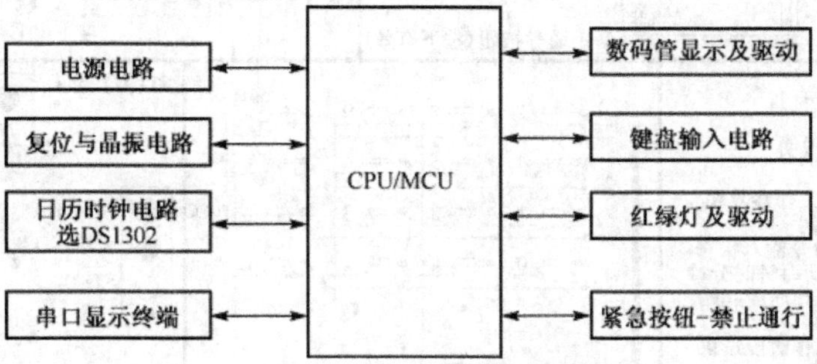

图 9.5 交通信号灯控制器组成框图

软件上实现：交通信号灯的工作、参数设置与显示、时钟读取、倒计时显示将分时处理。

在非工作时段，四盏灯都是黄灯闪烁。

在工作时段，

（1）南北方向变为绿灯，东西方向变为红灯，同时 LED 数码管显示器显示倒计时时间从设定 25 秒开始倒计时，当倒计时剩 3 秒时，南北方向绿灯熄灭，黄灯闪烁，倒计时至 0 秒，切换到（2）；

（2）东西方向变为绿灯，东西方向变为红灯，同时 LED 数码管显示器显示倒计时时间从设定 25 秒开始倒计时，当倒计时剩 3 秒时，东西方向绿灯熄灭，黄灯闪烁，倒计时至 0 秒，切换到（1）。

按下紧急按钮后，东西南北方向均为红灯，禁止通行。

利用 RTX-51 的任务来处理，以便在设置和查询过程中交通灯仍然能正常运行。

9.6.3 硬件电路

按照总体方案设计的交通信号灯控制器电路如图 9.6 所示。

1. CPU、日历时钟单元

CPU 采用 AT89C52，芯片内部有 8KB 的 Flash ROM 和 256 字节的 RAM，有定时器 0、1、2 等外设，完全满足运行 RTX-51 TINY 的软硬件资源要求。

AT89C52 外接 11.0592MHz 晶振，可实现多种串口通信波特率，也完全满足交通信号灯控制器工作速度要求。

复位电路采用 RC 阻容复位电路，实际工程中可以考虑使用看门狗监控复位电路。

下面介绍 AT89C52 各引脚的功能与连接方法。

P0 口的 8 个引脚中使用了其中的 6 个引脚，接东西和南北方向的红黄绿交通指示灯。需要注意的是，P0 口为开漏输出，要通过一个 10 K × 8（图中）排电阻上拉的电源 VCC。多余 2 个引脚保留备用。

P1 口的 8 个引脚接 4 × 4 键盘的行线和列线。

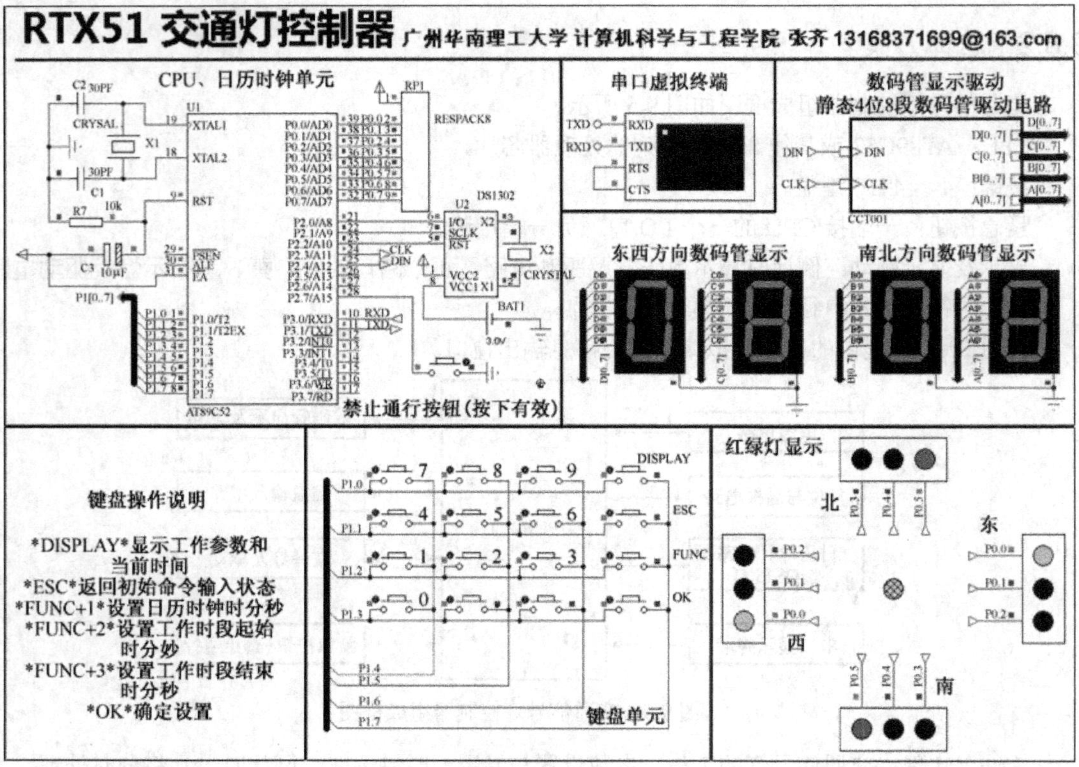

图 9.6　交通信号灯控制器主电路

P2 口用于串行扩展，P2.0～P2.2 用于扩展串行时钟 DS1302，P2.3～P2.4 用于数码管驱动电路的串行时钟和串行数据输入，P2.7 接禁止通行的紧急按钮，按下时有效。多余 2 个引脚保留备用。

P3 口的 P3.0～P3.1 接串口虚拟终端。多余 6 个引脚保留备用。

日历时钟采用串行接口的时钟芯片 DS1302，可节省 CPU 的 I/O 口线。DS1302 的 VCC2 接主电源 VCC，DS1302 的 VCC1 接备份电池 BAT1，在主电源出现意外时保证时钟仍然正常运转。

2. 数码管显示及驱动

每个路口需要 2 位 8 段数码管用于倒计时显示，共需要 8 位 8 段数码管。因版面限制，图中只给出 4 位 8 段数码管。每个方向 2 位。8 段数码管通过移位寄存器 74HC164 的输出驱动，74HC164 的输入接 CPU 的 2 个 I/O 引脚，用于输入时钟和数据。因版面限制，74HC164 的输出驱动采用子电路设计，如图 9.7 所示。子电路画法见《单片机原理与应用系统设计——基于 C51 的 Proteus 仿真实验与解题指导》一书中的相关介绍。

3. 键盘单元

采用 4×4 键盘，共 16 个按键，2 个键保留备用，其他 14 个键分别定义为：0, 1, 2, …, 9, DISPLAY, ESC, FUNC, OK。

4. 红绿灯显示单元

在 Proteus 仿真电路中可直接使用 TRAFFICLIGHTS 元件，CPU 的输出引脚可直接驱动。在实际工程电路中，CPU 的输出信号需要隔离并增强后来驱动红绿灯。

5. 电源电路

在 Proteus 仿真电路可省略。在实际工程电路中要设计优良的电源电路。

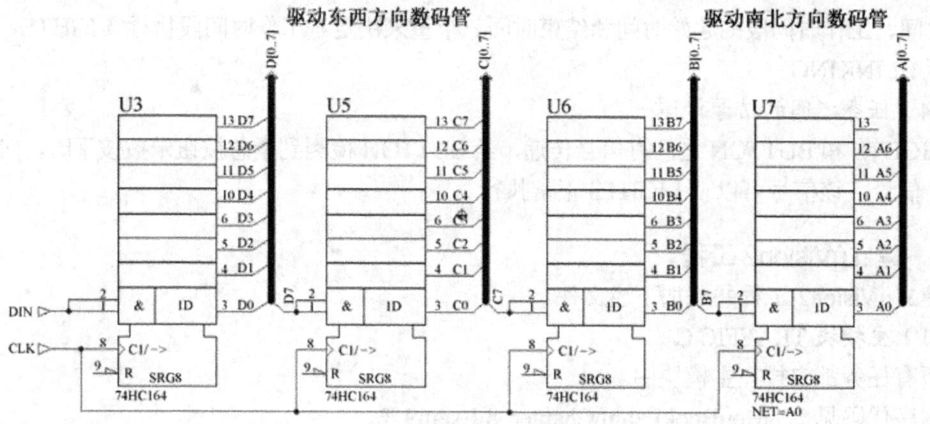

图 9.7　数码管驱动电路

9.6.4　软件设计

1．软件设计思路

软件上采用 RTX-51 多任务操作系统来实现交通信号灯控制器。主要分为以下几个模块：

① 主模块——全部任务。

② 日历时钟模块——DS1302 驱动库函数。

③ 串口控制模块——串行通信及移位寄存器驱动库函数。

④ 键盘模块——获取键值库函数。

2．任务设计

（1）任务划分

① 任务 INIT

该任务主要完成整个程序的初始化，包括串口的初始化、变量的初始化，以及其他相关任务的创建。该任务只需要启动时执行一次。

② 任务 LIGHTS

该任务执行工作时段交通灯的显示控制。

③ 任务 CLOCK

该任务执行时间的获取，通过读取 DS1302 中的时间寄存器完成。

④ 任务 BLINKING

该任务执行非工作时段的交通灯的显示控制。

⑤ 任务 COMMAND

该任务执行交通信号灯控制器和用户的交互。提供了键盘操作的处理和虚拟终端的显示。针对用户不同的键盘操作，进行对应的操作，同时通过虚拟终端给用户一个交互显示。

⑥ 任务 BUTTON

该任务处理紧急按钮。当紧急按钮按下时，两个方向亮红灯禁止通行。

（2）任务优先级安排

任务 INIT 为任务 0，享有最高的优先级，其他任务都要在该任务执行后才能执行，都是同等优先级。

（3）任务之间的同步和互斥

COMMAND、BUTTON、CLOCK 和所有任务都是同步的，且这三个任务处于一直活动的状态。LIGHTS 与 BLINKING 两个任务是互斥的，一个执行时另外一个就不会执行，执行的判断条件由当前时间、工作时间段的起始时间和结束时间三个量来决定。工作时间段执行 LIGHTS，非工作时间段执行 BLINKING。

（4）任务之间的信号传递

LIGHTS 和 BUTTON 之间有信号传递，当 BUTTON 检测到紧急按钮未被按下时，向 LIGHTS 发送一个信号，该信号可以使 LIGHTS 正常执行。

3. 建立μVision2 工程

建立μVision2 工程并添加下述文件。

（1）主模块 TRAFFIC.C

所有任务都安排在主模块中。

程序代码见：..\MouBookExam\Chapter_8\Exam9_2。

（2）模块 Key.c

仅一个函数，读取按键键值，采用 2 步判别扫描法获取键值。

程序代码见：..\McuBookExam\Chapter 9\Exam9_1。

（3）模块 SERIAL.c

3 个函数，串口初始化函数，74HC164 输入数据驱动函数，4 个数码管的一次写入驱动函数。

程序代码见：..\McuBookExam\Chapter_9\Exam9_1。

（4）模块 ds1302.c

DS1302 所有驱动函数。详见课件或第 7 章。

（5）配置文件 Conf_tny.A51

针对不同应用 conf_tny.a51 往往需要修改其中的默认配置，为了不影响其他应用项目，把在\c51\lib\子目录的 RTX-51 TINY 配置文件 conf_tny.a51 复制到本项目文件夹，并添加到所建立的μVision2 工程中。打开 conf_tny.a51 文件，将

```
TIMESHARING    EQU    5   ; default is 5 Hardware-Timer ticks.
```

改为

```
TIMESHARING    EQU    0   ; disables Round-Robin Task Switching.
```

禁止循环任务切换。

4. 基于 RTX- TINY 51 μVision2 工程调试

基于 RTX- TINY 80C51 的工程调试与标准μVision2 工程一致。另外，需要对工程进行设置，从 project 菜单中选择 Options for Target。选择 Target 标签，从 Operating 选项列表中选择 RTX-51 TINY，如图 9.2 所示。

如果需要和 Proteus 联调，还需要对 Debug 项进行设置，如图 9.8 所示。

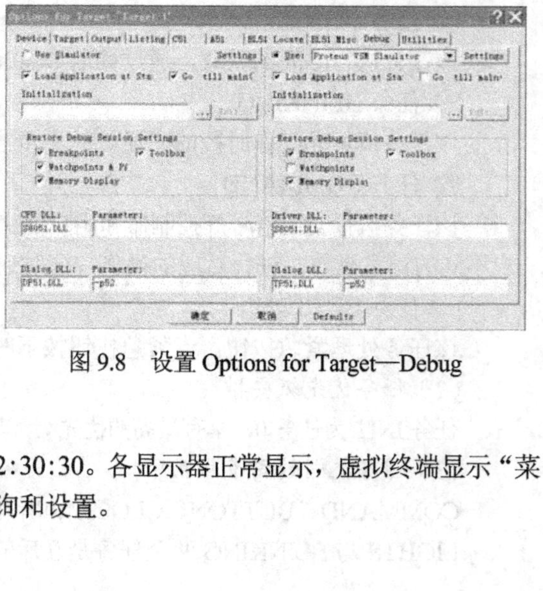

图 9.8 设置 Options for Target—Debug

9.6.5 功能使用说明

程序启动后，默认的工作时间段为 06:30:30～22:30:30。各显示器正常显示，虚拟终端显示“菜单和 command:”，用户可以在 4 × 4 键盘按键进行查询和设置。

1. DISPLAY 功能

按下键盘的 DISPLAY 按钮，便可查看当前时间、工作时间段起始时间和工作时间段结束时间，然后自动返回命令输入状态。

2. FUNC、OK 和 ESC 功能

在 command 命令状态下，按下 FUNC 键，进入设置功能状态，显示器输出“chose function:”。

按“1”键，选择功能 1。屏幕输出“set clock time:”，修改当前日历时钟的时间，按照格式 hhmmss 输入需要设置的时间（如 080000，代表 08:00:00），输入后，按 OK，完成输入。

按“2”键，选择功能 2。屏幕输出“set start time:”，修改工作时间段起始时间，按照格式 hhmmss 输入需要设置的时间（如 063023，代表 06:30:23），输入后，按 OK，完成输入。

按“3”键，选择功能 3。屏幕输出“set end time:”，修改工作时间段结束时间，按照格式 hhmmss 输入需要设置的时间（如 183856，代表 18:38:56），输入后，按 OK，完成输入。

在操作的任意时刻，按下 ESC，均可退出当前功能，返回到 command 状态。

3. 紧急按钮功能

紧急按钮，按下后，进入紧急状态，所有方向均为红灯禁止通行，其他状态均停止，需要手动恢复。

9.6.6　程序运行与测试

程序运行界面如图 9.9 所示。

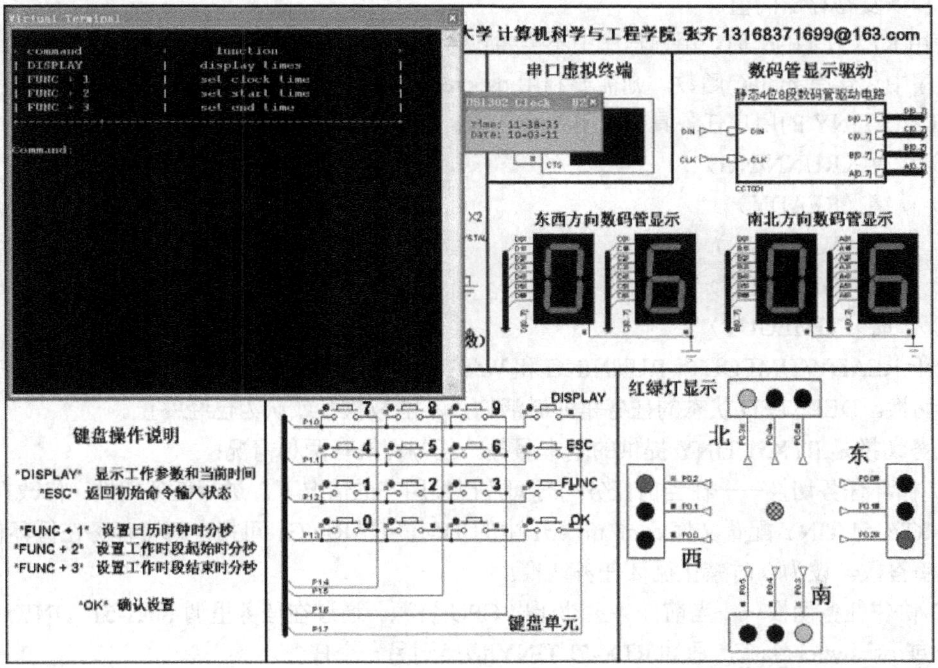

图 9.9　交通信号灯控制器运行界面

1. 测试正常功能

按键查询，看显示是否满足要求。

按键设置时钟和工作时间段参数，按键查询，观察参数是否被修改，运行是否符合设计要求。

按下紧急按钮，看运行是否符合功能要求。

2. 测试异常功能

输入未定义的按键，看程序如何反应。

在设置时钟和工作时间段参数中，输入非法数据，看是否被接受。

本 章 小 结

RTX51 TINY 是一种应用于 80C51 系列单片机的小型多任务实时操作系统。它完全集成在 Keil C51 编译器中，具有运行速度快、对硬件要求不高、使用方便灵活等优点。它可以在单个 CPU 上管理几个作业（任务），同时可以在没有扩展外部存储器的单片机系统上运行。

RTX51 TINY 允许同时"准并行"地执行多个任务：各个任务并非持续运行，而是在预先设定的时间片（time slice）内执行。CPU 执行时间被划分为若干时间片，RTX51 TINY 为每个任务分配一个时间片，在一个时间片内允许执行某个任务，然后 RTX51 TINY 切换到另一个就绪的任务并允许它在其规定的时间片内执行。由于各个时间片非常短，通常只有几 ms，因此各个任务看起来似乎就是被同时执行了。

RTX51 TINY 利用单片机内部定时器 0 的中断功能实现定时，用周期性定时中断驱动 RTX51 TINY 的时钟。它最多可以定义 16 个任务，所有的任务可以同时被激活，允许循环任务切换，仅支持非抢占式的任务切换，操作系统为每一个任务分配一个独立的堆栈区，在任务切换的同时改变堆栈的指针，并保存和恢复寄存器的值。

使用 RTX51 TINY 时，用户程序中不需要包含 main()函数，它会自动地从任务 0 开始运行。如果用户程序中包含有 main()函数，则需要利用 os_create_task 函数来启动 RTX-51 实时操作系统。

RTX51 TINY 的用户任务具有以下几个状态：

① 运行（RUNNING）

② 就绪（READY）

③ 等待（WAITING）

④ 删除（DELETED）

⑤ 超时（TIMEOUT）

处于 READY/TIMEOUT、RUNNING 和 WAITING 状态的任务被认为是激活的状态，三者之间可以进行切换。DELETED 状态的任务是非激活的，不能被执行或认为已经终止。

任务切换是 RTX51 TINY 提供的基本服务。任务切换有两种情况：

① 循环任务切换——在当前任务的时间片已经用完的情况下，进行任务切换。修改在\c51\lib\子目录的 RTX-51 TINY 配置文件 conf_tny.a51 中的 TIMESHARING，可指定每个任务在循环任务切换前运行的滴答数。设为 0 时禁止循环任务切换。

② 协作任务切换——当前任务主动让出 CPU 资源。通过在任务里调 RTX-51 TINY 的系统函数 os_wait 或 os_switch_task，通知 RTX-51 TINY 切换到另一个任务。

建议使用协作任务切换，使用循环任务切换时要求有 13 个字节的堆栈区来保存任务内容（工作寄存器等）。如果由 os_wait()函数来进行任务触发，则不需要保存任务内容。

交通信号灯控制器是一个典型的实时多任务系统，采用普通的多任务循环很难实现，而采用 RTX-51 TINY 实时操作系统则可以获得很好的控制效果。

习　题　9

1．在 Keil μVision2 中支持两种模式的 RTX-51，即完全模式的＿＿＿＿＿＿＿＿和最小模式的＿＿＿＿＿＿＿＿。

2．RTX-51 内核将有效的 CPU 时间划分为＿＿＿＿＿＿，然后将时间片合理地分配给多个任务。程序中每个任务执行＿＿＿＿＿＿＿＿，然后切换到另一个任务的＿＿＿＿＿＿上执行。

3．＿＿＿＿＿作为 RTX-51 FULL 的一个子集，主要运行在＿＿＿＿＿＿的 51 单片机系统中。

4．RTX-51 实时多任务操作系统运行于＿＿＿＿＿＿平台，其根据＿＿＿＿＿＿的特点进行了特定的优化和限定。

5．＿＿＿＿＿＿＿＿主要用于暂停当前任务，等待一个或多个事件发生。

6．程序不要求有 main( )主函数。RTX-51 内核自动从任务（　　）来开始执行。

A．0　　B．1　　C．2　　D．main()

7．如下哪些是 RTX-51 的功能（多选）（　　）。

A．合理划分时间片　　B．CAN 通信　　C．4 种任务调度　　D．BITBUS 通信

8．RTX-51 Tiny 系统需要使用定时器（　　）。

A．0　　B．1　　C．0 或 1 均可以　　D．0 和 1 都需要

9．RTX-51 FULL 中优先级可以设置为（多选）（　　）。

A．0　　B．1　　C．2　　D．3

10．简述 RTX-51 多任务系统与普通的多任务循环的区别。

11．简述 RTX-51 多任务系统的不同任务调度方式。

12．编写一个程序，包含三个任务，一个任务监控 P0 端口，另一个任务向 P2 端口写数据，第三个任务通过串口输出字符串。

13．参见例 9.2，要求红绿灯持续时间也可以设置，请编程实现。

14．参见例 9.2，将禁止通行按钮由 P2.7 改接到 INT0（P3.2），在 INT0 的中断服务中发送信号给 BLINKING，当按一下按钮（按下又抬起）则禁止通行 30 秒，之后自动恢复正常的交通灯控制，请编程实现。

15．将第 8 章“单片机应用系统设计实例”电梯控制器的控制软件改为用 RTX- TINY 多任务实现。

第 10 章　教学实验和课程设计

为了节省版面，部分实验电路中省略了电源、复位与时钟电路。但在实际的工程实践中，这些部分缺一不可！时钟固有频率以在单片机的属性中所做的设置为准，与外接晶振无关。

实验 1　单片机 I/O 口——流水灯

一、实验目的

1．学习单片机各 I/O 口结构特点及相关寄存器的使用方法。
2．掌握一个简单具体的单片机项目的开发流程。
3．了解 Proteus ISIS 软件及使用方法。
4．熟悉 Proteus ISIS 与μVision2 IDE 开发环境的互连调试。

二、实验电路

本实验电路如图 10.1 所示，所用元件清单如表 10.1 所示。

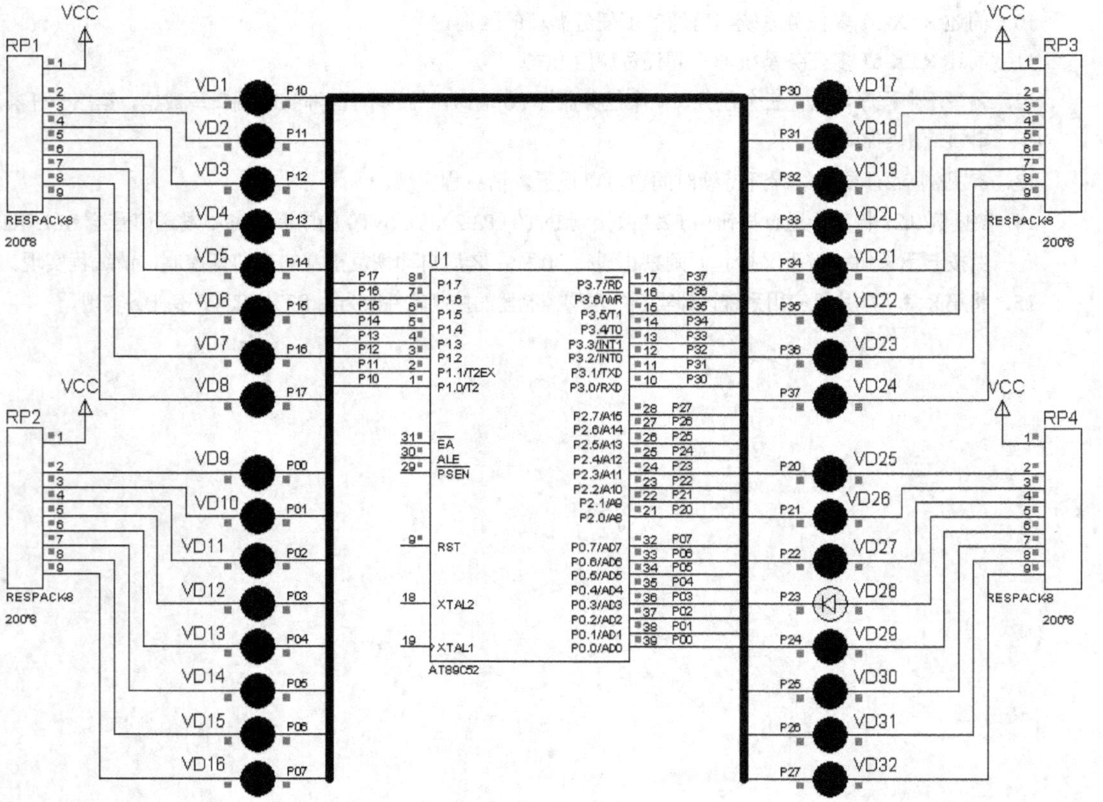

图 10.1　流水灯电路原理图

表 10.1　流水灯电路元件清单

元器件编号	元器件名称	说　明
U1	AT89C52	AT89C52 单片机
RP1～RP4	RESPACK-8	200Ω × 8 排电阻
VD1～VD32	LED-YELLOW	黄色 LED

三、实验内容

1．打开 ISIS 7 Professional，参照“二、实验电路”绘制仿真电路原理图。

2．编程实现：

（1）从 VD1～VD32 逐次点亮每个 LED，然后熄灭。每个 LED 亮灯时间约 200ms。

（2）点亮 VD32，200ms 后再点亮 VD31……最后点亮 VD1，直到全部灯被点亮。

（3）在全部灯亮的情况下，从 VD1～VD32 逐次熄灭 LED，熄灭 VD1，延时 200ms；然后熄灭 VD2，延时 200ms……熄灭 VD32，全部灯被熄灭。

（4）重复上述过程。

四、实验要求

1．预习“80C51 并行输入/输出端口”部分章节，了解单片机各 I/O 口的结构和寄存器的用法。

2．写出实验报告，内容包括：

（1）实验目的。

（2）实验电路组成及各单元描述。

（3）软件组成和主要模块流程图。

（4）写出详细的调试步骤，记录实验现象。可通过μVision2 IDE 提供的单步、断点、连续等调试功能，查看仿真实验电路中指示灯的变化和内部寄存器、存储器的变化情况。

（5）记录必要的实验数据。

3．提交电子文件，包括实验电路、对应的μVision2 IDE 项目。

五、思考与讨论

1．仿真电路图中的总线是必需的吗？总线在此起什么作用？

实验 2　单片机 I/O 口——汽车灯光控制器

一、实验目的

1．学习使用单片机各 I/O 口的输入/输出功能。

2．了解汽车灯光控制需求。

3．熟悉软件延时程序的编写方法。

二、实验电路

本实验电路如图 10.2 所示，所用元件清单如表 10.2 所示。

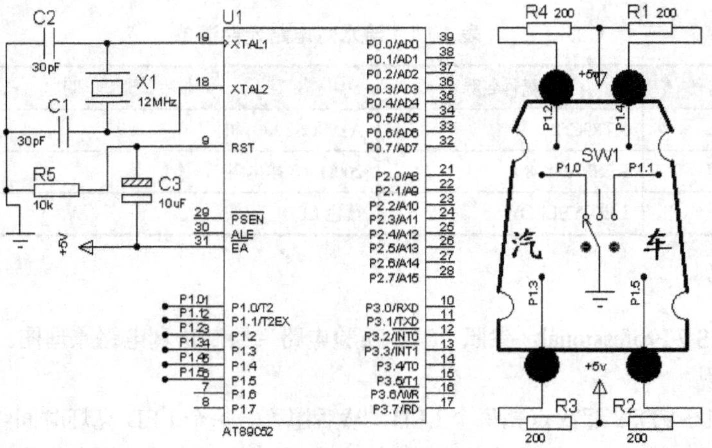

图 10.2　单片机汽车灯光控制器原理图

表 10.2　单片机汽车灯光控制器元件清单

元器件编号	元器件名称	说　明
U1	AT89C52	AT89C52 单片机
R1～R7	RES	电阻
D1～D4	LED-RED	红色 LED
SW1	SW-ROT-3	三选一旋转开关

三、实验内容

1．打开 ISIS 7 Professional，参照“二、实验电路”绘制仿真电路原理图。

2．编程实现分别实现控制左转向灯、右转向灯。

3．重新绘制仿真电路，在上述电路基础上增加倒车灯。编程实现倒车灯功能，要求倒车灯打开后常亮，且不影响转向灯。

4．重新绘制仿真电路，在上述电路的基础上增加故障灯。编程实现故障灯功能，要求故障灯打开后不影响转向灯和倒车灯的功能。

四、实验要求

1．预习“80C51 并行输入/输出端口”部分章节，查阅分析汽车灯光控制器的需求。

2．写出实验报告，内容包括：

（1）实验目的。

（2）实验电路组成及各单元描述。

（3）软件组成和主要模块流程图。

（4）写出详细的调试步骤，记录实验现象。可通过μVision2 IDE 提供的单步、断点、连续等调试功能，查看仿真实验电路中指示灯的变化和内部寄存器、存储器的变化情况。

（5）记录必要的实验数据。

3．提交电子文件，包括实验电路、对应的μVision2 IDE 项目。

五、思考与讨论

1．电路应使用何种元件如何进行连接，才能保证左转向灯或右转向灯不能同时开？

2．参考电路，转向开关和转向灯使用 P1.0～P1.5 引脚驱动，能否直接改为使用 P0.1～P0.5 引脚驱动？应该增加哪些元件？说明原因。

实验 3　外 部 中 断

一、实验目的

1．掌握单片机外部中断的基本使用方法。
2．了解单片机外部中断脉冲触发和电平触发的不同应用。
3．掌握外部中断处理程序的编程方法。

二、实验电路

本实验电路如图 10.3 所示，所用元件清单如表 10.3 所示。

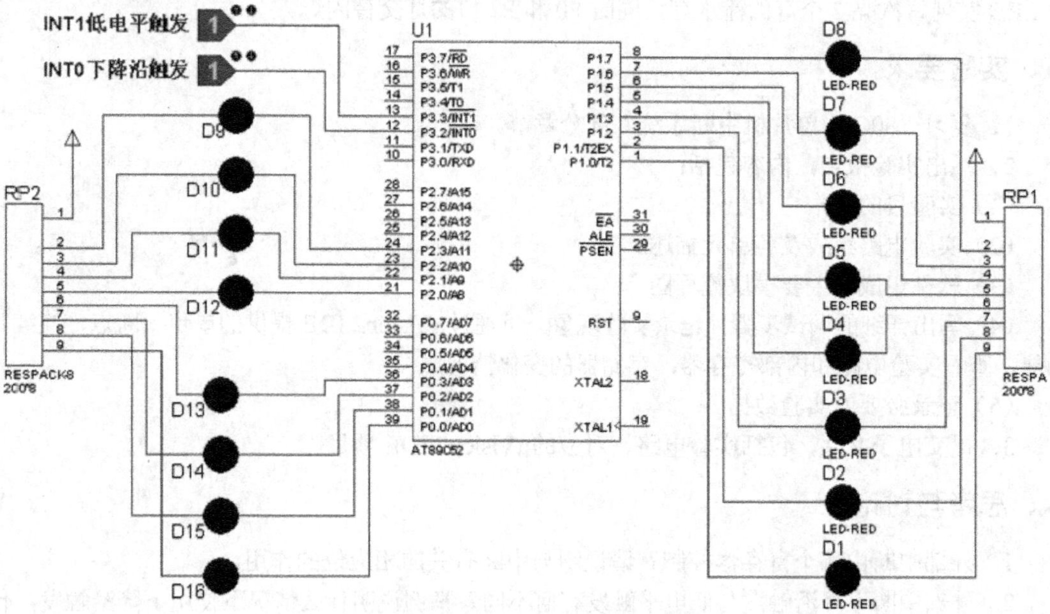

图 10.3　单片机外部中断实验电路

表 10.3　单片机外部中断实验电路元件清单

元器件编号	元器件名称	说　明
U1	AT89C52	AT89C52 单片机
RP1～RP2	RESPACK-8	电阻
D1～D16	LED-RED	红色 LED
	LOGICSTATE	脉冲发生器，接单片机外中断 0、1

三、相关知识

实验电路用到一个仿真元件 LOGICSTATE，如图 10.4 所示。LOGICSTATE 的作用是可以向其他电路的输入端提供高低电平。单击图标，LOGICSTATE 的输出会在高低电平之间切换，红色表示输出为 1 即高电平，蓝色表示输出为 0 即低电平。

中断实验中，我们使用 LOGICSTATE 给单片机中断口提供输入信号。

四、实验内容

1．打开 ISIS 7 Professional，参照“二、实验电路”设计仿真电路原理图。

图 10.4　仿真元件 LOGICSTATE 的两种状态

2．编写程序实现：

（1）主流程为 P1 口接 8 个 LED，实现每次亮一个灯的流水灯；外部中断 0-INT0 为下降沿触发，INT0 中断服务程序是接在 P0 口的四个灯闪烁 3 次后返回主流程-流水灯。外部中断 1-INT1 为低电平触发，INT1 中断服务程序是接在 P2 口的四个灯闪烁 6 次后返回主流程-流水灯。

（2）主流程为 P1 口接 8 个 LED，实现每次亮一个灯的流水灯；外部中断 0-INT0 为下降沿触发，INT0 中断服务程序实现 P1 口的 8 个 LED 实现每次亮 2 个灯的流水灯。

（3）主流程为 P1 口接 8 个 LED，首先点亮所有灯，然后每次灭一个灯，当 P1 所有灯全部熄灭时，在点亮所有灯，进入下一循环。外部中断 1-INT1 为下降沿触发，INT1 中断服务程序实现 P1 口的 8 个 LED 实现每次亮 2 个灯的流水灯，同时 P0 和 P2 口的灯交替闪烁。

五、实验要求

1．复习“80C51 单片机中断系统”部分章节。

2．写出实验报告，内容包括：

（1）实验目的。

（2）实验电路组成及各单元描述。

（3）软件组成和主要模块流程图。

（4）写出详细的调试步骤，记录实验现象。可通过μVision2 IDE 提供的单步、断点、连续等调试功能，查看实验电路和内部寄存器，存储器的变化情况。

（5）记录必要的实验数据。

3．提交电子文件，包括实验电路、对应的μVision2 IDE 项目。

六、思考与讨论

1．外部中断由哪个寄存器控制？请说明与中断有关的相应位的作用。

2．外部中断下降沿触发与低电平触发有何不同？举例说明什么情况下使用下降沿触发，什么情况下使用低电平触发。

3．80C51 的 2 个外部中断可以实现嵌套吗？程序上如何实现？

实验 4　定　时　器

一、实验目的

1．学习 80C51 单片机定时器的使用和编程。

2．熟悉定时器中断处理程序的编程。

3．掌握编写数据处理程序。

4．掌握具体的单片机嵌入式系统的软硬件设计方法。

二、实验电路

本实验电路如图 10.5 所示，所用元件清单如表 10.4 所示。

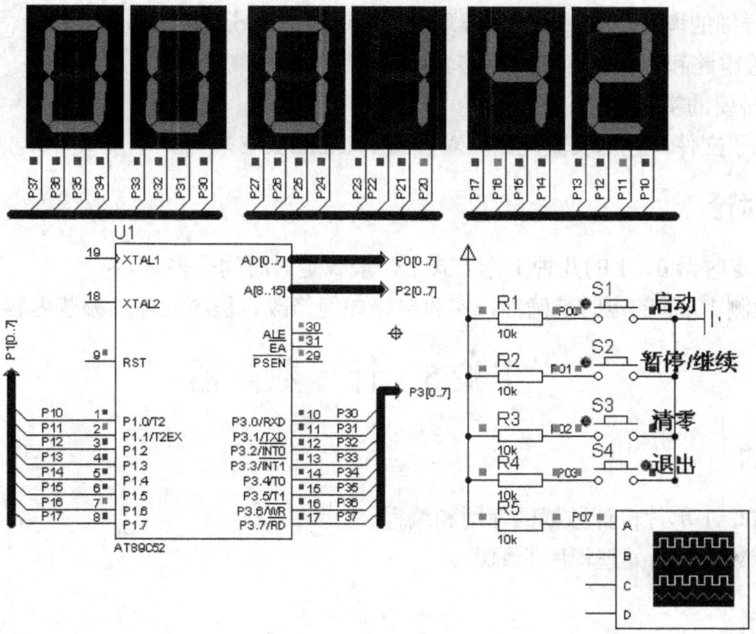

图 10.5　单片机定时器实验电路

表 10.4　单片机定时器实验电路元件清单

元器件编号	元器件名称	说　明
U1	AT89C52.BUS	总线型 AT89C52 单片机
S1~S4	BUTTON	按钮开关
R1~R4	RES	电阻
	7SEG-BCD	BCD 译码 7 段数码管显示器

三、实验内容

1．打开 ISIS 7 Professional，参照“二、实验电路”设计仿真电路原理图。

2．编写程序实现：

（1）计时精度百分之一秒的田径比赛电子计时器。

（2）计时精度百分之一秒的篮球比赛电子计时器。

（3）计时精度 1ms 的电子计时器，可实现正计时和倒计时。

要求：按“启动”按钮后，计时器开始工作；按“暂停/继续”按钮后，计时器停止计时，再按“暂停/继续”按钮后，计时器在此基础上开始计时；按“清 0”按钮后，计时器变为 0；按“退出”按钮后，退出计时器模式。

四、实验要求

1．复习“80C51 单片机定时器/计数器”部分章节。

2．写出实验报告，内容包括：

（1）实验目的。

（2）实验电路组成及各单元描述。

（3）软件组成和主要模块流程图。

（4）写出详细的调试步骤，记录实验现象。可通过μVision2 IDE 提供的单步、断点、连续等调试功能，查看实验电路和内部寄存器，存储器的变化情况。

（5）记录必要的实验数据。

3．提交电子文件，包括实验电路、对应的μVision2 IDE 项目。

五、思考与讨论

1．80C51 定时器 0、1 的几种工作方式下，最长定时时间是多少？

2．为了检测 10ms 的定时准确性，实验电路如何修改？程序应增加哪些内容？

实验 5　计　数　器

一、实验目的

1．学习 80C51 单片机计数器的使用和编程。

2．熟悉计数器中断处理程序的编程。

二、实验电路

本实验电路如图 10.6 所示，所用元件清单如表 10.5 所示。

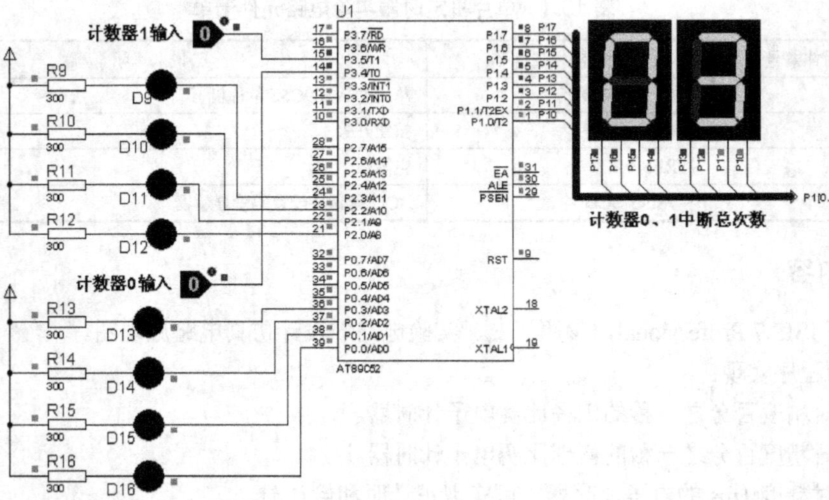

图 10.6　单片机计数器实验电路

表 10.5　单片机计数器实验电路元件清单

元器件编号	元器件名称	说　明
U1	AT89C52	AT89C52 单片机
R9～R16	RES	电阻
D9～D16	LED-RED LED-GREEN	红色 LED 绿色 LED
	7SEG-BCD-GRN	7 段 BCD 数码管
	LOGICTOGGLE	单脉冲触发器

三、相关知识

实验电路用到一个仿真元件 LOGICTOGGLE，如图 10.7 所示。LOGICTOGGLE 的作用是可以给其他电路的输入端提供一个高脉冲。在图标上按下鼠标左键，LOGICTOGGLE 的输出变高，松开后，LOGICTOGGLE 的输出变低，由此在输出端产生一个单脉冲。也可以按图标右上方的，LOGICTOGGLE 的输出则在高低电平之间切换。

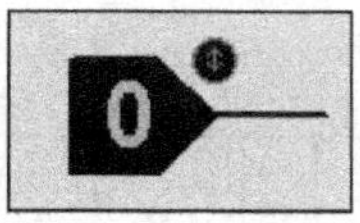

图 10.7　仿真元件 LOGICTOGGLE

计数器实验中我们使用 LOGICTOGGLE 给单片机计数器提供计数脉冲。

四、实验内容

1．打开 ISIS 7 Professional，参照“二、实验电路”设计仿真电路原理图。

2．编写程序实现：

（1）引脚 T0 从外部输入 3 个计数脉冲后触发中断，在 T0 的计数中断服务程序中，接在 P0 口的绿色 LED 闪烁 3 次，返回主程序。

（2）引脚 T1 从外部输入 6 个计数脉冲后触发中断，在 T1 的计数中断服务程序中，接在 P2 口的红色 LED 闪烁 6 次，返回主程序。

（3）T0 和 T1 总的中断次数在 P1 口 7 段 BCD 数码管显示。

五、实验要求

1．复习“80C51 单片机定时器/计数器”部分章节。

2．写出实验报告，内容包括：

（1）实验目的。

（2）实验电路组成及各单元描述。

（3）软件组成和主要模块流程图。

（4）写出详细的调试步骤，记录实验现象。可通过μVision2 IDE 提供的单步、断点、连续等调试功能，查看实验电路和内部寄存器，存储器的变化情况。

（5）记录必要的实验数据。

3．提交电子文件，包括实验电路、对应的μVision2 IDE 项目。

六、思考与讨论

1．80C51 计数器能否作为外中断使用？软件上如何设置？

2．80C52 中的一个定时器 2，与定时器 0、1 比有什么特别之处？

实验 6　单片机和 PC 通信

一、实验目的

1．掌握单片机与 PC 或其他非单片机系统的通信原理及编程。

2．掌握串行口中断的设置和中断服务程序的编写方法。

二、实验电路

本实验电路如图 10.8 所示，所用元件清单如表 10.6 所示。

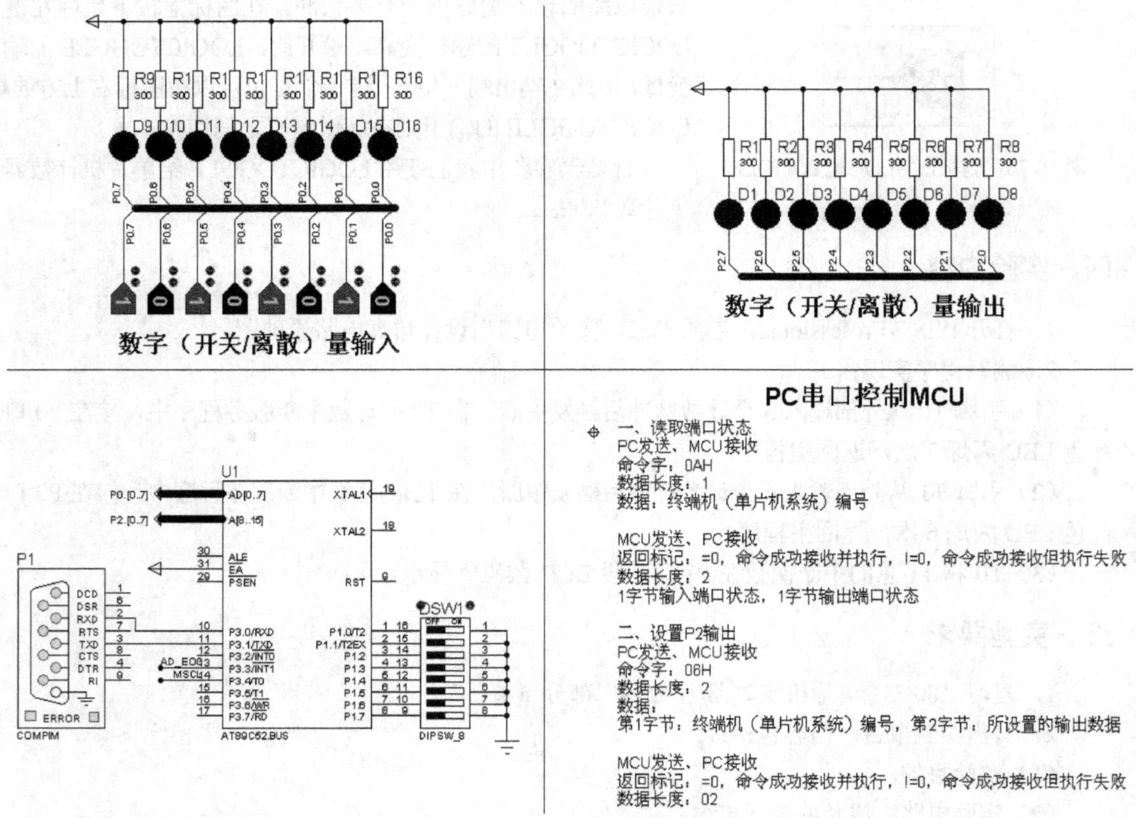

图 10.8 单片机和 PC 通信实验电路

表 10.6 单片机和 PC 通信实验电路元件清单

元器件编号	元器件名称	说 明
U1	AT89C52	AT89C52 单片机
P1	COMPIM	集成电平转换的串行通信接口
DSW1	DIP-SW8	双列直插封装的集成 8 路开关
D1～D16	LED-RED	红色发光二极管
R1～R16	RES	电阻

三、通信协议

PC 与 MCU 串口通信应用层协议需要用户自行定义，本实验定义的协议格式如下：

调用格式（PC 发送、MCU 接收）

CMD	LEN	DATA

CMD：命令字。

LEN：数据长度。

DATA：数据。

返回格式（MCU 发送、PC 接收）

RETF	LEN	DATA

RETF：返回标记 =0，命令成功执行；!=0 命令失败，相应错误代码。

LEN：数据长度。

DATA：数据。

四、实验内容

1．打开 ISIS 7 Professional，参照“二、实验电路”设计仿真电路原理图。

2．按照“三、通信协议”编写程序实现：

（1）设置单片机串行口设为工作方式 1，波特率为 19200。

（2）实现控制命令如下：

① 读取端口状态

（调用）PC 发送、MCU 接收

命令字：0AH。

数据长度：1。

数据：终端机（单片机系统）编号。

（返回）MCU 发送、PC 接收

返回标记：=0，命令成功接收并执行；!=0，命令成功接收但执行失败。

数据长度：2。

数据：第 1 字节——输入端口状态，第 2 字节——输出端口状态。

② 设置 P2 输出

（调用）PC 发送、MCU 接收

命令字：06H。

数据长度：2。

数据：第 1 字节——终端机（单片机系统）编号，第 2 字节——所设置的输出数据。

（返回）MCU 发送、PC 接收

返回标记：=0，命令成功接收并执行；!=0，命令成功接收但执行失败。

数据长度：0。

3．使用串口精灵，按照上面的“控制命令”进行测试。

五、实验要求

1．复习“串行通信”部分相关章节。

2．写出实验报告，内容包括：

（1）实验目的。

（2）实验电路组成及各单元描述。

（3）软件组成和主要模块流程图。

（4）写出详细的调试步骤，记录实验现象。可通过μVision2 IDE 提供的单步、断点、连续等调试功能，查看实验电路和内部寄存器，存储器的变化情况。

（5）记录必要的实验数据。

3．提交电子文件，包括实验电路、对应的μVision2 IDE 项目。

六、思考与讨论

1．本实验对发送方和接收方串行口的波特率有什么特别要求？为什么？

2．如何设置 PC 的串行口参数？本实验为何要有无校验位、8 个数据位和 1 个停止位？

3．串口设为中断接收有什么好处？

4．PC 的串行口通信软件实际上可以采用任一种编程工具开发，如 Microsoft Visual Basic 6.0 和 Microsoft Visual C++ 6.0，这两个工具都提供了串行口通信控件，可以快速地开发串行口通信软件，对计算机编程熟悉的同学请自己尝试编写串口精灵。

实验 7　外部数据存储器的扩展

一、实验目的

1．掌握单片机系统外部存储器电路的扩展方法。

2．掌握单片机外部存储器中变量定义和读写编程。

3．熟悉在仿真电路中如何观察存储器内部数据的变化。

二、实验电路

本实验电路如图 10.9 所示，所用元件清单如表 10.7 所示。

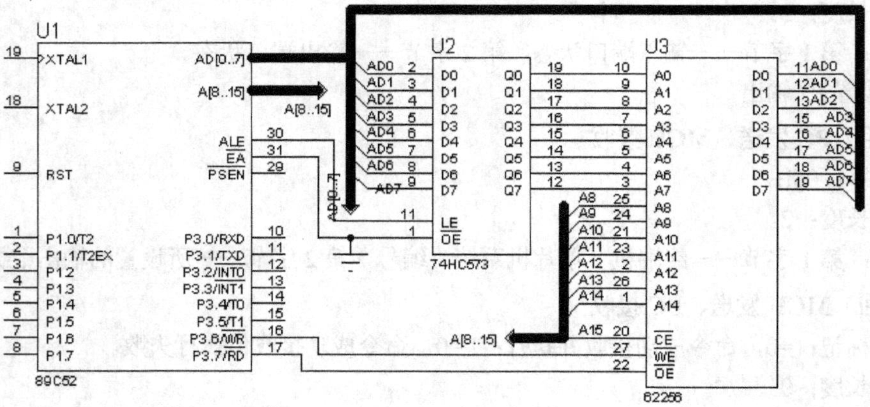

图 10.9　扩展外部存储器实验电路

表 10.7　扩展外部存储器实验电路元件清单

元器件编号	元器件名称	说明
U1	AT89C52.BUS	总线型 AT89C52 单片机
U2	74HC573	锁存器用于锁存地址总线低 8 位
U3	62256	32KB 的 SRAM 存储器

三、实验内容

1．打开 ISIS 7 Professional，参照“二、实验电路”设计仿真电路原理图。

2．编写程序实现：

（1）整片 62256 内容写成 0xff。

（2）从起始地址 0x0000 处开始写入共 256 个字节，每个存储单元的写入内容为 0x55。

（3）把数据 0x00，0x01，0x02，…，0xff 共 256 个字节写入起始地址 0x1000 处。

（4）从起始地址 0x0000 处开始共 256 个字节，依次读出并取反后写入 0x4000 处。

（5）从起始地址 0x1000 处开始共 256 个字节，依次读出并取反后写入 0x5000 处。

（6）整片 62256 内容清 0，即所有存储单元内容写 0x00。

要求μVision2 IDE 和 Proteus 联机调试，（1）、（2）、（3）、（4）、（5）、（6）采用程序单步运行方式，在 C 语言调试环境下每执行一步，暂停，右键单击仿真电路中的 62256，再选择 Memory Contents，即可观察到 62256 存储器内容的变化情况。

四、实验要求

1．复习“单片机系统总线与单片机系统存储器扩展方法”部分章节。

2．写出实验报告，内容包括：

（1）实验目的。

（2）实验电路组成及各单元描述。

（3）软件组成和主要模块流程图。

（4）写出详细的调试步骤，记录实验现象。可通过μVision2 IDE 提供的单步、断点、连续等调试功能，查看实验电路和内部寄存器、存储器的变化情况。

（5）记录必要的实验数据。

3．提交电子文件，包括实验电路、对应的μVision2 IDE 项目。

五、思考与讨论

1．如何得知数据存储器的存储容量？

2．62256 数据存储器的起始地址修改为 0x8000 的话，电路应如何修改？

实验 8　键盘与显示

一、实验目的

1．学习并掌握行列式键盘的设计方法和工作原理。

2．掌握单片机系统行列式键盘驱动程序的编写方法。

3．学习并掌握 LED 数码管的接口设计。

4．掌握多位 LED 数码管动态扫描显示驱动程序的编写方法。

二、实验电路

本实验电路如图 10.10 所示，所用元件清单如表 10.8 所示。

表 10.8　扩展行列式键盘实验电路元件清单

元器件编号	元器件名称	说　明
U1	AT89C52	AT89C52 单片机
U2	7445	集电极开路的 BCD-十进制译码器/驱动器
U3	74HC245	8 位总线驱动器
RP1	RESPACK8	具有公共端的排电阻
	7SEG-MPX8-CC-BLUE	共阴极 8 位 7 段 LED 蓝色显示器
BUTTON	按钮	

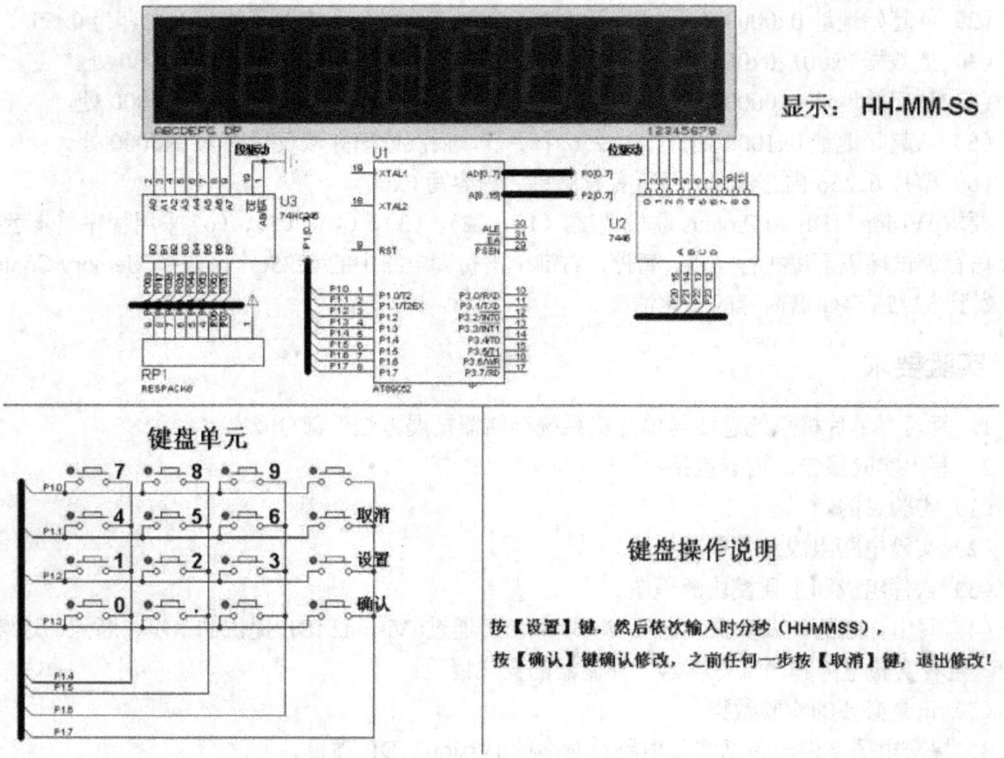

图 10.10　扩展行列式键盘实验电路

三、实验内容

1．打开 ISIS 7 Professional，参照“二、实验电路”设计仿真电路原理图。

2．编写程序实现：

（1）两步扫描判别法识别 16 个按键，并将获取的键值在数码管上显示。

（2）将 16 个按键的 13 个定义为：0～9、取消、设置、确认。设单片机所用晶振为 12MHz，编写程序实现电子钟，上电启动后初始时钟为 09 年 3 月 20 日。用户可自由修改时钟，修改方法如下：

按【设置】键，然后依次输入时分秒（HHMMSS）。

按【确认】键确认修改，之前任何一步按【取消】键，退出修改。

四、实验要求

1．复习“单片机系统中的 LED 数码显示器”部分章节，查阅学习通用集成电路 74HC245、7445 资料和使用方法。

2．写出实验报告，内容包括：

（1）实验目的。

（2）实验电路组成及各单元描述。

（3）软件组成和主要模块流程图。

（4）写出详细的调试步骤，记录实验现象。可通过μVision2 IDE 提供的单步、断点、连续等调试功能，查看实验电路和内部寄存器，存储器的变化情况。

（5）记录必要的实验数据。

3．提交电子文件给老师验收，包括实验电路、对应的μVision2 IDE 项目。

五、思考与讨论

1. 按键的抖动处理，软硬件上可采用哪些方法？

2. 是否可以把 P1 口的行线和列线交换？

3. PC 用的是什么类型的键盘？单片机系统上可以扩展 PC 键盘吗？

4. 能否像 PC 那样，在内存中建立一个显示缓冲区，通过修改缓冲区达到修改显示器内容的目的？这样的缓冲区需要几个字节？这样做有什么优点？试编写程序实现。

实验 9　串行日历时钟与字符 LCD 显示器

一、实验目的

1. 掌握串行日历时钟芯片 DS1302 的结构特点、工作原理和使用方法。

2. 掌握串行日历时钟驱动程序的开发。

3. 掌握点阵式字符型液晶显示器 LCD1602 的使用方法。

二、实验电路

本实验电路如图 10.11 所示，所用元件清单如表 10.9 所示。

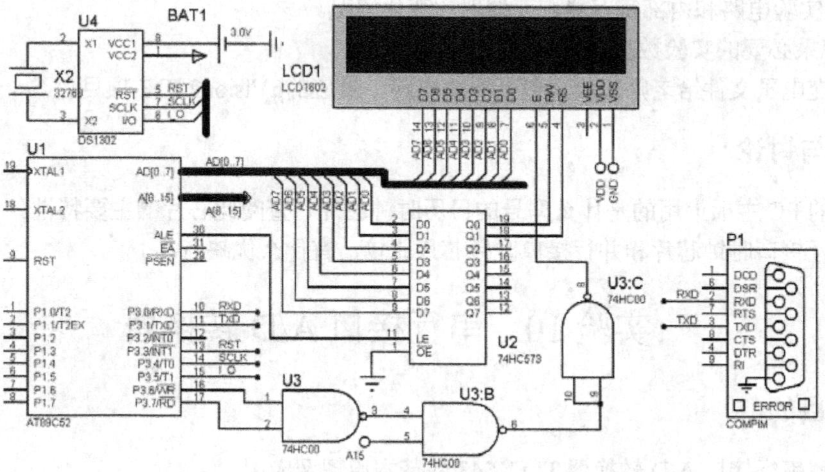

图 10.11　串行日历时钟芯片 DS1302 实验电路

表 10.9　串行日历时钟芯片 DS1302 实验电路元件清单

元器件编号	元器件名称	说明
U1	AT89C52.BUS	总线型 AT89C52 单片机
U2	74HC573	8 位数据锁存器
U3	74HC00	2 输入与非门
U4	DS1302	串行接口日历
LCD1	LM032L	点阵式字符型液晶显示器
P1	COMPIM	集成电平转换的串行通信接口

三、实验内容

1. 打开 ISIS 7 Professional，参照“二、实验电路”设计仿真电路原理图。

2．编写程序实现：

（1）在 LCD1602 显示"-DS1302/LCD1602 -calendar clock"；显示保持约 2 秒；然后在 LCD1602 第 1 行显示"年-月-日"，在 LCD1602 第 2 行显示"时-分-秒 星期"。

"星期"具体显示内容要求为：

Sun-周日　Mon-周一　Tue-周二　Wed-周三　Thu-周四　Fri-周五　Sat-周六

（2）使用串口精灵由串口传送新的时钟数据给单片机，修改 DS1302 的时钟。

（3）使用一个空闲的 I/O 口扩展一个蜂鸣器作为闹钟，编写设置每日定时闹的程序。每次闹钟持续时间为 15 秒。使用串口精灵由串口传送闹钟数据给单片机。

四、实验要求

1．复习"DS1302 和 LCD1602"有关内容。

2．写出实验报告，内容包括：

（1）实验目的。

（2）实验电路组成及各单元描述。

（3）软件组成和主要模块流程图。

（4）写出详细的调试步骤，记录实验现象。可通过μVision2 IDE 提供的单步、断点、连续等调试功能，查看实验电路和内部寄存器，存储器的变化情况。

（5）记录必要的实验数据。

3．提交电子文件给老师验收，包括实验电路、对应的μVision2 IDE 项目。

五、思考与讨论

1．你的 PC 主板上用的是什么型号的日历时钟芯片？查阅此芯片的主要特性。

2．串行接口时钟芯片和并行接口时钟芯片比较，有什么优缺点？

实验 10　串行接口 A/D 转换器

一、实验目的

1．了解串行接口 A/D 转换器 TLC2543 的基本原理及应用。

2．掌握串行接口 A/D 转换器驱动程序的编程。

二、实验电路

本实验电路如图 10.12 所示，所用元件清单如表 10.10 所示。

表 10.10　串行接口 A/D 转换器 TLC2543 实验电路元件清单

元器件编号	元器件名称	说　明
U1	AT89C52.BUS	总线型 AT89C52 单片机
U2	TLC2543	串行接口 A/D 转换器
U3	OP1P	通用理想运算放大器
R1	POT-HG	中间抽头电位器
	VIRTUAL TERMINAL	串行口虚拟终端
	DC VOLTMETER	直流电压表
	OSCILLOSCOPE	示波器

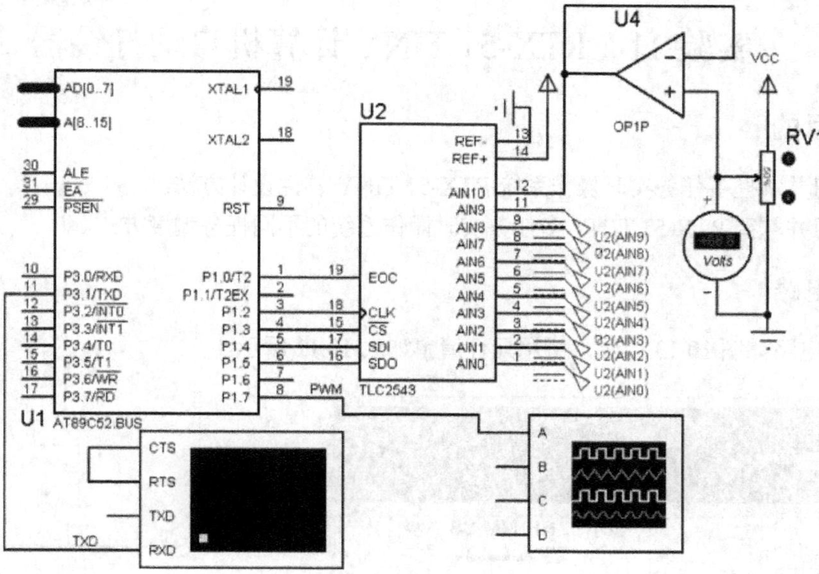

图 10.12 串行接口 A/D 转换器 TLC2543 实验电路

三、实验内容

1．打开 ISIS 7 Professional，参照“二、实验电路”设计仿真电路原理图。

2．编写程序实现：

（1）每隔 1 秒，采集 AIN0～AIN11 模拟输入，并将转换结果从串行口送到虚拟终端显示。

（2）设计 PWM 输出控制电路，根据 TLC2543 AIN10 的输入调制 PWM 占空比。PWM 从 P1.7 口输出。

（3）设计一个数字电压表，在串行口连接虚拟终端，将测量结果送到虚拟终端显示。要求测量 0～5 V 之间的模拟电压。

四、实验要求

1．复习“串行 A/D 转换器 TLC2543”部分章节。

2．写出实验报告，内容包括：

（1）实验目的。

（2）实验电路组成及各单元描述。

（3）软件组成和主要模块流程图。

（4）写出详细的调试步骤，记录实验现象。可通过μVision2 IDE 提供的单步、断点、连续等调试功能，查看实验电路和内部寄存器，存储器的变化情况。

（5）记录必要的实验数据。

3．提交电子文件给老师验收，包括实验电路、对应的μVision2 IDE 项目。

五、思考与讨论

1．串行接口 A/D 转换器与并行接口 A/D 转换器比较有什么优点？

2．如何测量 4～20mA 的电流信号？

实验 11 RTX-51 TINY 计算机自动打铃器

一、实验目的

1．学习并掌握多任务实时操作系统 RTX-51 TINY 软件设计方法。

2．学习并掌握 RTX-51 TINY 多任务实时操作系统的不同任务调度方式。

二、实验电路

本实验电路如图 10.13 所示，所用元件清单如表 10.11 所示。

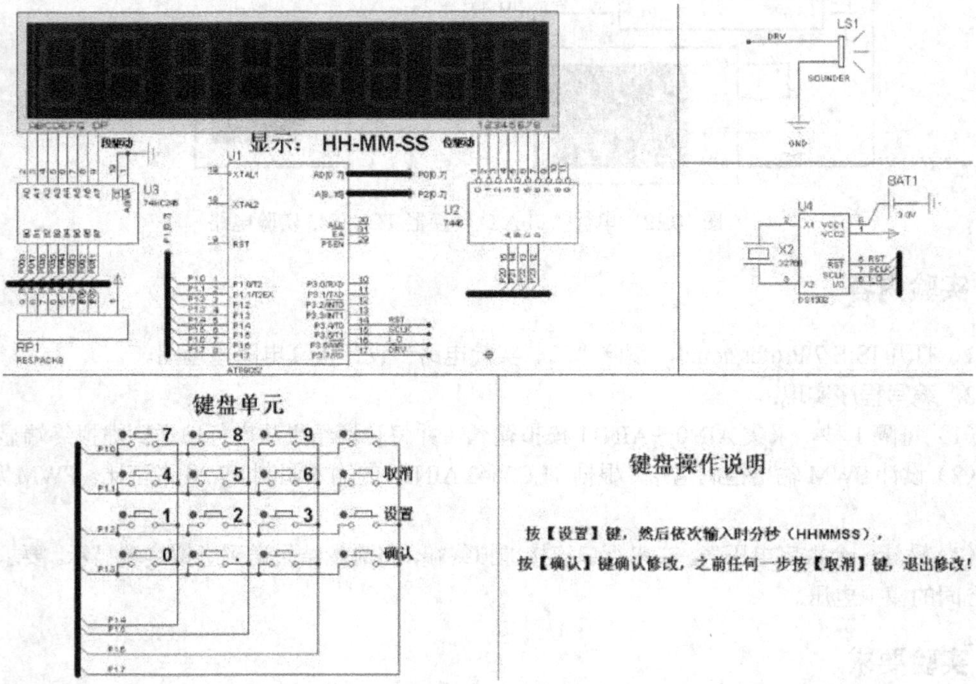

图 10.13 计算机自动打铃器实验电路

表 10.11 计算机自动打铃器实验电路元件清单

元器件编号	元器件名称	说明
U1	AT89C52	AT89C52 单片机
U2	7445	集电极开路的 BCD-十进制译码器/驱动器
U3	74HC245	8 位总线驱动器
RP1	RESPACK8	具有公共端的排电阻
	7SEG-MPX8-CC-BLUE	共阴极 8 位 7 段 LED 蓝色显示器
BUTTON	按钮	
U4	DS1302	串行接口日历
LS1	SOUNDER	喇叭——代替铃（实际电路使用继电器）

三、实验内容

1．打开 ISIS 7 Professional，参照“二、实验电路”设计仿真电路原理图。

2．计算机自动打铃器功能需求如下：

（1）具有实时时钟功能，能显示时、分、秒、年、月、日、星期（采用 8 位数码管显示）。

（2）具有键盘输入功能。

（3）具有显示输出功能。

（4）可以设置若干个闹钟，以及闹钟的禁止与使能。

（5）可设置每个闹钟发生时的输出动作。

按“功能需求”进行任务设计，按 RTX-51 TINY 要求编写任务函数、中断函数和驱动函数，实现上述功能。

四、实验要求

1．复习“多任务实时操作系统 RTX-51”一章内容。

2．写出实验报告，内容包括：

（1）实验目的。

（2）实验电路组成及各单元描述。

（3）软件组成、任务功能说明、主要模块流程图。

（4）写出详细的调试步骤，记录实验现象。可通过μVision2 IDE 提供的单步、断点、连续等调试功能，查看实验电路和内部寄存器，存储器的变化情况。

（5）记录必要的实验数据。

3．提交电子文件给老师验收，包括实验电路、对应的μVision2 IDE 项目。

五、思考与讨论

1．RTX-51 TINY 多任务系统有哪些调度方式？

2．事件任务调度和信号任务调度分别用于什么场合？

课 程 设 计

题目 1 电子密码锁

以单片机为核心设计单片机电子密码锁，其人机接口包括：点阵式图形 LCD 液晶器、4×4 行列式键盘、喇叭，由继电器控制模拟开锁关锁的指示灯。键盘至少包括下列键：0、1、2、3、4、5、6、7、8、9、修改、确认。密码锁首次上电会自动设置一个初始密码 888888。密码锁平常处于待机关锁状态。

在待机关锁状态下，用户在键盘上按数字键，密码锁认为用户开始输入开锁密码，并自动记录所按键值，待用户在键盘上按“确认”键后，密码锁开始比较用户密码是否正确。如果密码正确，给继电器线圈加电，指示灯亮，表示开锁；如果密码错误，声光报警并提示用户重新输入正确的开锁密码，如果连续 3 次开锁密码错误，系统自锁 10 分钟，10 分钟后，用户可再次输入开锁密码。

在待机关锁状态下，用户在键盘上按“修改”按钮，在显示器上提示输入旧的密码，输入旧的密码后，按“确定”按钮，如果旧密码错误，蜂鸣器报警，返回待机状态。如旧密码正确，在显示器上提示输入新的密码，输入新的密码后按“确定”按钮，在显示器上提示再次输入新的密码，再次输入新的密码后按“确定”按钮，如果两次输入的新密码一致，在显示器上提示修改密码成功，否则蜂鸣器报警，之后均返回待机关锁状态。

除开锁密码错误系统自锁外，密码锁在一分钟内如果没有接收到任何按键的情况下，均自动返回待机关锁状态。

题目 2 出租车计费器

出租车计费器是一个智能化仪表，其人机对话、每千米单价、总里程价格、等候时间计费等功能完全可由单片机系统实现。本课程设计以单片机为核心设计单片机出租车计费器，其人机接口包括：点阵式图形 LCD 液晶器、4 × 4 行列式键盘、喇叭、指示灯、串行口打印机等。另外还有日历时钟，用于获取时间数据。

出租车计费器使用霍尔传感器测量出租车车轮转的圈数，霍尔传感器每输出一个脉冲，表示车轮转了一圈。用单片机内置的计数器对霍尔传感器输出的脉冲计数，即可得到出租车车轮转的总圈数，再乘以出租车车轮周长即得到里程数。

在仿真电路中，我们需要自己设计一个可调频率的脉冲发生器作为车轮转速输出，用电位器调节输出脉冲频率以达到调节车轮转速的目的，调节电位器相当于调节车速。

软件要实现总里程价格计算、等候时间计费，在显示器上实现里程及价格显示，在键盘实现人机对话功能，如修改单价、起步价、停车等候、设置密码等。

题目 3 RTX-51 TINY 电梯控制器

以单片机和步进电动机为核心设计单片机电梯控制器，假设电梯安装在一个楼层为四层的小楼上。其人机接口包括显示器、键盘、喇叭、指示灯。每层楼电梯口都有上楼、下楼两个按钮，一个 7 段数码管显示器作为电梯当前层指示灯，2 个发光二极管作为电梯运行方向指示灯；进入电梯里边，按数字键选择想要去的目的楼层，一个 7 段数码管显示器作为电梯当前层指示灯，2 个发光二极管作为电梯上行和下行指示灯。步进电动机正转表示电梯上行，步进电动机反转表示电梯下行。启动按钮按下去表示电梯控制系统可以运行。紧急停止按钮按下，电动机停止运动。报警按钮按下，启动蜂鸣器和闪烁红色报警灯。

要求用多任务实时操作系统 RTX-51 TINY 实现。

课程设计报告撰写内容

1. 题目。
2. 内容和要求。
3. 目的和意义。
4. 总体方案和设计思路。
5. 仿真电路设计（要求画出电路原理图及关键单元说明）。
6. 软件设计（包括系统资源分配、软件流程图、源程序设计及关键模块程序说明）。
7. 仿真调试。
8. 实际目标系统测试情况（需要制作实际电路板，此项选做）。
9. 课程设计总结心得体会。
10. 参考文献。

课程设计提交内容

1. 纸质材料：课程设计报告。
2. 课程设计光盘：

（1）课程设计报告电子文件。

（2）仿真电路*.DSN 文件和对应的μVision2 IDE 项目文件。

（3）如果已做线路板，提供相应的 PCB 文件。

附录A 指令速查表

表A.1 80C51指令总表

	0	1	2	3	4	5	6～7	8～F
0	NOP	AJMP addr11	LJMP addr16	RR A	INC A	INC direct	INC @Ri	INC Rn
1	JBC bit, rel	ACALL addr11	LCALL addr16	RRC A	DEC A	DEC direct	DEC @Ri	DEC Rn
2	JB bit, rel	AJMP addr11	RET	RL A	ADD A, #data	ADD A, direct	ADD A, @Ri	ADD A, Rn
3	JNB bit, rel	ACALL addr11	RETI	RLC A	ADDC A, #data	ADDC A, direct	ADDC A, @Ri	ADDC A, Rn
4	JC bit, rel	AJMP addr11	ORL direct, A	ORL direct, #data	ORL A, #data	ORL A, direct	ORL A, @Ri	ORL A, Rn
5	JNC bit, rel	ACALL addr11	ANL direct, A	ANL direct, #data	ANL A, #data	ANL A, direct	ANL A, @Ri	ANL A, Rn
6	JZ bit, rel	AJMP addr11	XRL direct, A	XRL direct, #data	XRL A, #data	XRL A, direct	XRL A, @Ri	XRL A, Rn
7	JNZ bit, rel	ACALL addr11	ORL C, bit	JMP @A+DPTR	MOV A, #data	MOV direct, #data	MOV A, @Ri	MOV A, Rn
8	SJMP rel	AJMP addr11	ANL C, bit	MOVC A, @A+PC	DIV AB	MOV direct, direct	MOV direct, @Ri	MOV direct, Rn
9	MOV DPTR, #data16	ACALL addr11	MOV bit, C	MOVC A, @A+DPTR	SUBB A, #data	SUBB A, direct	SUBB A, @Ri	SUBB A, Rn
A	ORL C, /bit	AJMP addr11	MOV C, bit	INC DPTR	MUL AB		MOV @Ri, direct	MOV Rn, direct
B	ANL C, /bit	ACALL addr11	CPL bit	CPL C	CJNE A, #data, rel	CJNE A, direct, rel	CJNE @Ri, #data, rel	CJNE Rn, #data, rel
C	PUSH direct	AJMP addr11	CLR bit	CLR C	SWAP A	XCH A, direct	XCH A, @Ri	XCH A, Rn
D	POP direct	ACALL addr11	SETB bit	SETB C	DA A	DJNZ direct, rel	XCHD A, @Ri	DJNZ Rn, rel
E	MOVX A, @DPTR	AJMP addr11	MOVX A, @R0	MOVX A, @R1	CLR A	MOV A, direct	MOV A, @Ri	MOV A, Rn
F	MOVX @DPTR, A	ACALL addr11	MOVX @R0, A	MOVX @R1, A	CPL A	MOV direct, A	MOV @Ri, A	MOV Rn, A

注：（1）rel：带符号的8位地址。

（2）addr11：11位目的地址；addr16：16位目的地址。

（3）#data：8位数据；　　#data16：16位数据。

（4）direct：直接地址。

（5）bit：直接寻址位地址。

（6）i=0～1。

（7）n=0～7。

表 A.2 数据传送类指令一览表

指令助记符	功 能 简 述	字 节 数	时钟周期数
MOV A, Rn	寄存器送累加器	1	12
MOV Rn, A	累加器送寄存器	1	12
MOV A, @Ri	内部 RAM 送累加器	1	12
MOV @Ri, A	累加器送内部 RAM	1	12
MOV A, #data	立即数送累加器	2	12
MOV A, direct	直接寻址字节送累加器	2	12
MOV direct, A	累加器送直接寻址字节	2	12
MOV Rn, #data	立即数送寄存器	2	12
MOV direct, #data	立即数送直接寻址字节	3	24
MOV @Ri, #data	立即数送内部 RAM	2	12
MOV direct, Rn	寄存器送直接寻址字节	2	24
MOV Rn, direct	直接寻址字节送寄存器	2	24
MOV direct, @Ri	内部 RAM 送直接寻址字节	2	24
MOV @Ri, direct	直接寻址字节送内部 RAM	2	24
MOV direct, direct	直接寻址字节送直接寻址字节	3	24
MOV DPTR, #data16	16 位立即数送数据指针	3	24
MOVX A, @Ri	外部 RAM 送累加器(8 位地址)	2	24
MOVX @Ri, A	累加器送外部 RAM（8 位地址）	1	24
MOVX A, @DPTR	外部 RAM 送累加器(16 位地址)	1	24
MOVX @DPTR, A	累加器送外部 RAM（16 位地址）	1	24
MOVC A, @A+DPTR	程序代码送累加器（相对数据指针）	1	24
MOVC A, @A+PC	程序代码送累加器（相对程序计数器）	2	24
XCH A, Rn	累加器与寄存器交换	1	24
XCH A, @Ri	累加器与内部 RAM 交换	1	12
XCH A, direct	累加器与直接寻址字节交换	2	12
XCHD A, @Ri	累加器与内部 RAM 低 4 位交换	1	12
SWAP A	累加器高 4 位与低 4 位交换	1	12
POP direct	栈顶弹至直接寻址字节	2	24
PUSH direct	直接寻址字节压入栈顶	2	24

表 A.3 算术操作类指令一览表

指令助记符	功 能 简 述	字 节 数	时钟周期数
ADD A, Rn	累加器加寄存器	1	12
ADD A, @Ri	累加器加内部 RAM	1	12
ADD A, direct	累加器加直接寻址字节	2	12
ADD A, #data	累加器加立即数	2	12
ADDC A, Rn	累加器加寄存器和进位位	1	12
ADDC A, @Ri	累加器加内部 RAM 和进位位	1	12
ADDC A, #data	累加器加立即数和进位位	2	12
ADDC A, direct	累加器加直接寻址字节和进位位	2	12

（续表）

指令助记符	功 能 简 述	字 节 数	时钟周期数
INC A	累加器加 1	1	12
INC Rn	寄存器加 1	1	12
INC direct	直接寻址字节加 1	2	12
INC @Ri	内部 RAM 加 1	1	12
INC DPTR	数据指针加 1	1	24
DA A	十进制调整	1	12
SUBB A, Rn	累加器减寄存器和借位	1	12
SUBB A, @Ri	累加器减内部 RAM 和借位	1	12
SUBB A, #data	累加器减立即数和借位	2	12
SUBB A, direct	累加器减直接寻址字节和借位	2	12
DEC A	累加器减 1	1	12
DEC Rn	寄存器减 1	1	12
DEC @Ri	间接 RAM 减 1	1	12
DEC direct	直接寻址字节减 1	2	12
MUL AB	累加器 A 乘寄存器 B	1	48
DIV AB	累加器 A 除以寄存器 B	1	48

表 A.4 逻辑运算类指令一览表

指令助记符	功 能 简 述	字 节 数	时钟周期数
ANL A, Rn	累加器与寄存器	1	12
ANL A, @Ri	累加器与内部 RAM	1	12
ANL A, #data	累加器与立即数	2	12
ANL A, direct	累加器与直接寻址字节	2	12
ANL direct, A	直接寻址字节与累加器	2	12
ANL direct, #data	直接寻址字节与立即数	3	24
ORL A, Rn	累加器或寄存器	1	12
ORL A, @Ri	累加器或内部 RAM	1	12
ORL A, #data	累加器或立即数	2	12
ORL A, direct	累加器或直接寻址字节	2	12
ORL direct, A	直接寻址字节或累加器	2	12
ORL direct, #data	直接寻址字节或立即数	3	24
XRL A, Rn	累加器异或寄存器	1	12
XRL A, @Ri	累加器异或内部 RAM	1	12
XRL A, #data	累加器异或立即数	2	12
XRL A, direct	累加器异或直接寻址字节	2	12
XRL direct, A	直接寻址字节异或累加器	2	12
XRL direct, #data	直接寻址字节异或立即数	3	24
RL A	累加器左环移位	1	12
RLC A	累加器带进位标志左环移位	1	12
RR A	累加器右环移位	1	12
RRC A	累加器带进位标志右环移位	1	12
CPL A	累加器取反	1	12
CLR A	累加器清 0	1	12

表 A.5 控制程序转移类指令一览表

指令助记符	功 能 简 述	字 节 数	时钟周期数
ACALL addr11	2KB 内绝对调用	2	24
AJMP addr11	2KB 内绝对转移	2	24
LCALL addr16	64KB 内长调用	3	24
LJMP addr16	64KB 内长转移	3	24
SJMP rel	相对短转移	2	24
JMP @A+DPTR	相对长转移	1	24
RET	子程序返回	1	24
RETI	中断返回	2	24
JZ rel	累加器为 0 转移	2	24
JNZ rel	累加器为非 0 转移	3	24
CJNE A, #data, rel	累加器与立即数不等转移	3	24
CJNE A, direct, rel	累加器与直接寻址字节不等转移	3	24
CJNE Rn, #data, rel	寄存器与立即数不等转移	3	24
CJNE @Ri, #data, rel	内部 RAM 与立即数不等转移	3	24
DJNZ Rn, rel	寄存器减 1 不为 0 转移	2	24
DJNZ direct, rel	直接寻址字节减 1 不为 0 转移	3	24
NOP	空操作	1	12

表 A.6 布尔变量操作类一览表

指令助记符	功 能 简 述	字 节 数	时钟周期数
MOV C, bit	直接寻址位送 CY	2	12
MOV bit, C	CY 送直接寻址位	2	12
CLR C	CY 清 0	1	12
CLR bit	直接寻址位清 0	2	12
CPL C	CY 取反	1	12
CPL bit	直接寻址位取反	2	12
SETB C	CY 置位	1	12
SETB bit	直接寻址位置位	2	12
ANL C, bit	CY 逻辑与直接寻址位	2	24
ANL C, /bit	CY 逻辑与直接寻址位的反	2	24
ORL C, bit	CY 逻辑或直接寻址位	2	24
ORL C, /bit	CY 逻辑或直接寻址位的反	2	24
JC rel	CY 置位转移	2	24
JNC rel	CY 清 0 转移	2	24
JB bit, rel	直接寻址位为 1 转移	2	24
JNB bit, rel	直接寻址位为 0 转移	3	24
JBC bit, rel	直接寻址位置位转移并清该位	3	24

参 考 文 献

[1] 何立民．单片机高级教程．北京：北京航空航天大学出版社，2000

[2] 许兴存，曾琪琳．微型计算机接口技术．北京：电子工业出版社，2003

[3] 矢宇光．单片机应用新技术教程．北京：电子工业出版社，2000

[4] 徐爱钧，彭秀华．单片机高级语言编程与μVision2 应用实践（第二版）．北京：电子工业出版社，2008

[5] 马忠梅等．单片机的 C 语言应用程序设计．北京：北京航空航天大学出版社，1999

[6] 李朝青．PC 及单片机数据通信技术．北京：北京航空航天大学出版社，2000

[7] 王福瑞．单片微机测控系统设计大全．北京：北京航空航天大学出版社，1998

[8] 白中英．数字逻辑与数字系统．北京：科学出版社，2002

[9] 张齐．单片机应用系统设计技术——基于 C 语言编程．北京：电子工业出版社，2004

[10] 刘文秀．单片机应用系统仿真策略的研究．现代电子技术，2005，28(14): 25-27

[11] 朱善君等．单片机接口技术与应用．北京：清华大学出版社，2005

[12] 沙占友等．单片机外围电路设计（第 2 版）．北京：电子工业出版社，2006

[13] 徐安等．微控制器原理与应用．北京：科学出版社，2006

[14] 周润景等．PROTEUS 入门实用教程．北京：机械工业出版社，2007

[15] 刘心红等．Proteus 仿真技术在单片机教学中的应用．实验技术与管理，2007，24(3): 96-98

[16] 朱清慧等．Proteus 教程——电子线路设计、制版与仿真．北京：清华大学出版社，2008

[17] 吴飞青等．单片机原理与应用实践指导．北京：机械工业出版社，2009

[18] 张齐．单片机应用系统设计技术——基于 C51 的 Proteus 仿真．北京：电子工业出版社，2009

[19] 张齐．单片机原理与应用系统设计——基于 C51 的 Proteus 仿真实验与解题指导．北京：电子工业出版社，2010

[20] 1Mbit/2Mbit/4Mbit(x8) Multi-Purpose Flash SST39SF010A/SST39SF020A/SST39SF040. http://www.sst.com/dotAsset/40746.pdf